高等院校土木工程专业"十二五"规划教材

土木工程材料

主　编　陈忠购　付传清
副主编　陈　峰　杨英武　张燕飞

中国水利水电出版社
www.waterpub.com.cn

内 容 提 要

本书是高等院校土木工程专业"十二五"规划教材之一,主要介绍土木工程中常用建筑材料的基本组成、材料性能、质量要求及检验方法,包括无机气硬性胶凝材料、水泥、混凝土、建筑砂浆、金属材料、沥青及沥青混合料、墙体材料、木材、合成高分子材料和功能材料,以及土木工程材料试验等。

本书采用最新国家或行业标准,可作为土木工程专业或土木建筑类其他专业本科教学的教材,也可作为从事建设工程勘测、设计、施工、科研和管理工作专业人员的参考书。

图书在版编目(CIP)数据

土木工程材料 / 陈忠购,付传清主编. -- 北京:中国水利水电出版社,2013.6
 高等院校土木工程专业"十二五"规划教材
 ISBN 978-7-5170-1011-1

Ⅰ.①土… Ⅱ.①陈… ②付… Ⅲ.①土木工程-建筑材料-高等学校-教材 Ⅳ.①TU5

中国版本图书馆CIP数据核字(2013)第146021号

书　名	高等院校土木工程专业"十二五"规划教材 **土木工程材料**
作　者	主编　陈忠购　付传清　　副主编　陈峰　杨英武　张燕飞
出版发行	中国水利水电出版社 (北京市海淀区玉渊潭南路1号D座　100038) 网址:www.waterpub.com.cn E-mail:sales@waterpub.com.cn 电话:(010) 68367658 (发行部)
经　售	北京科水图书销售中心(零售) 电话:(010) 88383994、63202643、68545874 全国各地新华书店和相关出版物销售网点
排　版	中国水利水电出版社微机排版中心
印　刷	北京瑞斯通印务发展有限公司
规　格	184mm×260mm　16开本　19印张　451千字
版　次	2013年6月第1版　2013年6月第1次印刷
印　数	0001—3000册
定　价	**35.00元**

凡购买我社图书,如有缺页、倒页、脱页的,本社发行部负责调换

版权所有·侵权必究

前　言

"土木工程材料"课程是土木工程专业本科生的一门重要的专业基础课。其教学目的，就是为学生提供合理选择、正确使用土木工程材料的基本知识，培养学生应用土木工程材料的能力。近年来，建筑材料技术和产品不断创新，有关标准和规范不断更新，这对"土木工程材料"教材的编写提出了新的要求。

本书以国家住房与城乡建设部高等土木工程专业委员会制定的土木工程专业培养目标、培养规格及土木工程专业课程设置方案为指导，以专业委员会审定的土木工程材料课程教学大纲为基本依据编写。全书按照国家最新标准、规范和规程编写，并注重吸收最新的研究成果，更新和充实了传统土木工程材料教材的骨架和内容，使之更适合现代社会的知识需求和教学要求。

本教材是高等院校土木工程专业"十二五"规划教材编写计划项目之一，由浙江农林大学陈忠购和浙江工业大学付传清主编，浙江大学金贤玉教授主审。各章编写分工为：绪论、第三章、第六章由陈忠购（浙江农林大学）负责；第一章、第二章、第四章由付传清（浙江工业大学）负责；第五章、第八章由张燕飞（浙江农林大学）负责；第七章、第十章由陈峰（福州大学）负责；第九章、第十一章、第十二章由杨英武（浙江农林大学）负责。

本书可作为土木工程专业或土木建筑类其他专业本科教学的教材，也可作为从事建设工程勘测、设计、施工、科研和管理工作专业人员的参考书。

限于编者的学识，本书中定有不当或错误之处，敬请广大读者批评指正！

编　者

2013 年 5 月

目 录

前言

绪论 ··· 1
    第一节　土木工程与土木工程材料 ··· 1
    第二节　土木工程材料的发展 ·· 1
    第三节　土木工程材料的分类 ·· 3
    第四节　土木工程材料的质量及其控制 ·· 4
    第五节　本课程内容和学习要点 ··· 5
    复习思考题 ·· 6

第一章　土木工程材料的基本性质 ·· 7
    第一节　材料的物理性质 ··· 7
    第二节　材料的力学性质 ··· 15
    第三节　材料的耐久性 ·· 19
    第四节　材料的组成、结构和构造 ··· 20
    复习思考题 ·· 23

第二章　无机气硬性胶凝材料 ··· 24
    第一节　建筑石膏 ··· 24
    第二节　建筑石灰 ··· 27
    第三节　水玻璃 ·· 31
    复习思考题 ·· 33

第三章　水泥 ·· 34
    第一节　硅酸盐水泥与普通硅酸盐水泥 ·· 34
    第二节　掺大量混合材料的硅酸盐水泥 ·· 44
    第三节　特性水泥 ··· 50
    复习思考题 ·· 54

第四章　混凝土 ··· 56
    第一节　概述 ··· 56
    第二节　普通混凝土的组成材料 ··· 58
    第三节　混凝土外加剂 ·· 71
    第四节　混凝土的技术性质 ··· 78
    第五节　混凝土的质量控制与评定 ··· 98

第六节	普通混凝土的配合比设计	102
第七节	其他混凝土	109
复习思考题		123

第五章　建筑砂浆 ··· 125
　　第一节　建筑砂浆的基本组成和性质 ··· 125
　　第二节　砌筑砂浆 ··· 128
　　第三节　抹面砂浆 ··· 129
　　第四节　特种砂浆 ··· 131
　　第五节　预拌砂浆 ··· 133
　　复习思考题 ·· 135

第六章　金属材料 ··· 136
　　第一节　钢材的冶炼与分类 ·· 136
　　第二节　钢材的技术性质 ··· 138
　　第三节　钢材的组织、化学成分及其对钢材性能的影响 ················ 145
　　第四节　钢材的冷加工强化与时效处理 ······································ 148
　　第五节　钢材的热处理与焊接 ·· 149
　　第六节　建筑钢材的技术标准及选用 ··· 151
　　第七节　钢材的锈蚀与防止 ·· 163
　　第八节　建筑装饰用钢材制品 ·· 164
　　第九节　铝和铝合金 ··· 165
　　复习思考题 ·· 169

第七章　沥青及沥青混合料 ·· 170
　　第一节　沥青材料 ··· 170
　　第二节　沥青混合料 ··· 179
　　第三节　沥青混合料配合比设计 ··· 185
　　复习思考题 ·· 189

第八章　墙体材料 ··· 191
　　第一节　砌墙砖 ··· 191
　　第二节　建筑砌块 ··· 198
　　第三节　建筑墙板 ··· 202
　　第四节　天然石料 ··· 205
　　复习思考题 ·· 209

第九章　木材 ··· 210
　　第一节　木材的分类、构造及物理性质 ······································ 210
　　第二节　木材在土木工程中的应用 ·· 216
　　第三节　木材的防腐与防火 ·· 222
　　复习思考题 ·· 223

第十章　合成高分子材料 ·· 225
第一节　高分子化合物概述 ·· 225
第二节　建筑塑料 ·· 227
第三节　建筑涂料 ·· 232
第四节　胶黏剂 ··· 235
复习思考题 ·· 236

第十一章　功能材料 ··· 238
第一节　防水材料 ·· 238
第二节　保温隔热材料 ·· 248
第三节　吸声材料 ·· 252
复习思考题 ·· 255

第十二章　土木工程材料试验 ·· 256
试验一　材料基本性质试验 ·· 256
试验二　水泥试验 ·· 260
试验三　混凝土用砂、石试验 ··· 268
试验四　普通混凝土配合比试验 ·· 275
试验五　混凝土性能与非破损法抗压强度试验 ······················ 279
试验六　建筑砂浆试验 ·· 284
试验七　钢筋试验 ·· 286
试验八　石油沥青试验 ·· 290
试验九　沥青混合料试验 ··· 293

参考文献 ·· 297

绪　论

第一节　土木工程与土木工程材料

土木工程包括建筑工程、道路工程、桥梁工程、岩土与地下工程、港口工程、水利工程和市政工程等，用于建设这些工程的材料统称为土木工程材料。土木工程材料品种繁多，性能各异，土木工程材料的选用直接影响工程造价、工程质量、使用功能和工程耐久性。因此，土木工程材料是土木工程建设的物质基础。

土木工程材料与工程的建筑形式、结构构造、施工工艺之间存在着相互促进、相互依存的密切关系。一种新的土木工程材料的出现，必将促进建筑形式的再创新，同时，结构设计理论和施工技术也将相应地进行改革和革新。例如，钢材及混凝土强度的提高，预应力技术的应用，在同样承载力下构件的截面尺寸可以缩小，自重也随之降低；采用多孔砖、空心砌砖、轻质墙板等取代实心砖，不仅可以减轻墙体自重、改善墙体绝热功能，还减轻了下部结构和基础的负荷，增强了结构抗震能力，也利于机械化施工。反过来，新的土木工程技术又对土木工程材料提出了更高的要求，从而促进新材料的诞生和材料科学的发展。例如，现代高层建筑和大跨度桥梁工程需要高强轻质材料；化学工业厂房、港口工程、海洋工程等需要耐化学腐蚀材料；建筑物地下结构、地铁和隧道工程等需要高性能防水材料；建筑节能需要高效保温隔热材料；严寒地区的工程需要高性能抗冻性材料；核工业发展需要防核辐射材料；为使建筑物装修得更美观，则需要各种绚丽多彩的装饰材料，等等。

土木工程材料品种繁多，又性能各异。因此，在土木工程中，按照建筑物和构筑物对材料功能的要求及其使用时的环境条件，正确合理地选用材料，做到才尽其能、物尽其用。这对于节约材料、降低工程造价、提高基本建设的技术经济效益，具有十分重要的意义。

土木工程建设是人类对自然资源、环境影响最大的活动之一。我国正处于经济建设快速发展阶段，年土建工程总量居世界第一位，资源消耗逐年快速增长。因此，必须牢固树立和认真落实科学发展观，坚持以人为本、可持续发展的理念，大力发展绿色工程、绿色建筑、绿色材料。

第二节　土木工程材料的发展

土木工程材料是伴随着人类社会的不断进步和社会生产力的发展而发展，经历了从无到有，从天然材料到人工材料，从手工业生产到工业化生产这样几个阶段。

纵观土木工程材料的发展历程，无不闪烁着人类智慧的光芒，可以说，土木工程材料的发展史就是人类文明的编年史。在远古时代，人类居于天然山洞或树巢中，18000

年前的北京周口店龙骨山山顶洞人（旧石器时代晚期），仍是住在天然岩洞里。大约距今10000～6000年前，人类学会了建造自己的居所。这一时期的房屋多为半地穴式，所使用的材料为天然的木、竹、苇、草、泥等。墙体多为木骨抹泥，有的还用火烤得极为坚实，屋顶多为茅草或草泥。在距今约6000年前的西安半坡遗址（新石器时代后期），已是采用木骨泥墙建房，并发现有制陶窑场。随着人类生产工具的进步，取材能力增强，人们开始利用天然石材建造房屋和纪念性结构物。天然石材具有比木材、泥、土等材料更坚硬、耐久的性质，但不易切割和使用。最早利用大块石材的结构物当数公元前2500年前后建造的埃及金字塔。石材的开采利用难度较大，制约了其大面积推广应用。为了改善土制材料的耐久性，在公元前500年左右，人们将土坯在高温下焙烧，成为坚实、耐水的黏土砖。这种黏土砖最早被苏美尔人用于建造宫殿。我国的秦汉时期，黏土砖已经作为最主要的房屋建筑材料被大量使用，因此有"秦砖汉瓦"之称。黏土砖是烧土制品的代表性材料，其强度高、耐水性好，同时外形规则、尺寸适中，易于砌筑。2000多年以来，黏土砖在我国房屋建筑中始终是墙体材料的主角。但是烧制黏土砖要破坏大量的耕地，随着人口的增多，土地资源的匮乏，我国正在逐步限制实心黏土砖的使用和生产。这种传统的墙体材料将逐步被其他材料所取代。

烧土制品的出现，使人类建造房屋的能力和水平跃上了新的台阶，土坯、黏土砖作为块体材料用来砌筑墙体，其强度和保温隔热性能远远优于木骨抹泥的墙体。烧制黏土瓦作为屋面材料大大提高了房屋的防雨、防渗漏功能，使居室环境得到改善。以石灰为胶凝材料拌制的砂浆，既可以用于块体材料之间的胶结，提高砌筑墙体的强度和整体性。又可以用于墙体的抹面，提高墙体的隔断性能和表面美观性。玻璃用于房屋建筑的门窗，大大提高了居室的采光效果。因此，烧土制品作为最早的人工建筑材料，使人类的居住环境得到了根本性的改善。

水泥的发明和钢材在土木工程中的应用掀开了建筑材料发展史的新篇章。土木工程材料、土木工程结构发生了翻天覆地的变化。水泥的应用可追溯到公元前2世纪的欧洲，人们用天然火山灰、石灰、碎石拌制天然混凝土用于建筑。直到1824年，英国人Joseph Asping将石灰石与黏土混合制成料浆，再经煅烧、磨细制成水泥，并取得了发明专利。因其凝结后与英国波特兰岛的石灰石颜色相似，故称波特兰水泥（我国称之为硅酸盐水泥）。钢材在土木工程中的应用也始于19世纪。1823年，英国建成世界上第一条铁路，1889年建造的巴黎埃菲尔铁塔高达320m。钢材在使用过程中容易生锈，而混凝土属于脆性材料，虽然抗压强度较高，但抗拉强度很低，易开裂。在混凝土中放入钢筋，既可以使钢筋免于大气中有害介质的侵蚀，防止生锈，同时钢筋提高了构件的抗拉性能，于是出现了钢筋混凝土材料。1850年，法国人朗波制造了第一只钢筋混凝土小船，1872年，在纽约出现了第一所钢筋混凝土房屋。1887年，M. Koenen发表了钢筋混凝土梁的荷载计算方法。1892年，法国的Hennebique发表了梁的剪切增强配筋方法。这些计算及设计方法成为今天钢筋混凝土结构设计的基础。

进入20世纪，社会生产力的提高和高新科学技术的进步，尤其是材料科学与工程学的形成与发展，使无机材料的性能和质量不断改善，品种不断增加。特别是以有机材料为主的化学建材的异军突起，使高性能和多功能的新型材料有了长足的发展。铝合金、不锈钢等新型金属材料，成为现代建理想的门窗以及住宅设备材料，其应用极大地改善了建筑物的密封性、美观性与清洁性，提高了人们的居住质量。

20世纪材料科学的另一个明显的进步，就是各种复合材料的出现和使用，大大地改善了材料的工程性能。例如，纤维增强混凝土提高了混凝土的抗拉强度和抗冲击韧性，克服了混凝土材料脆性大、容易开裂的缺点，使混凝土材料的适用范围得到扩大；聚合物混凝土制造的仿大理石台面，既有天然石材的质地和纹理，又具有良好的加工性；利用含水钙硅酸盐、玻璃纤维和高分子材料制造的硅钙板，不仅可以替代天然木材，解决木材资源不足的问题，而且这种材料耐高温，尺寸稳定，加工性好。

绿色建筑材料又称生态建筑材料或健康建筑材料。它是指采用清洁生产技术，不用或少用天然资源和能源，大量使用工农业或城市固态废弃物生产的无毒害、无污染、无放射性，达到使用周期后，可回收利用，有利于环境保护和人体健康的建筑材料。总之，绿色建材是既能满足可持续发展之需，又做到发展与环保统一；既满足现代人安居乐业、健康长寿的需要，又不损害后代人利益的一种材料。因此，绿色建材已成为世界各国21世纪建材工业发展的战略重点。

第三节　土木工程材料的分类

土木工程材料的种类繁多，为了研究、使用上的方便，通常根据材料的组成、功能和用途分别加以分类。

一、按土木工程材料的使用性能分类

通常分为承重结构材料、非承重结构材料及功能材料三大类。

（1）承重结构材料。主要指梁、板、柱、基础、墙体和其他受力构件所用的材料。最常用的有钢材、混凝土、沥青混合料、砖、砌块、木材、石材和部分合成高分子材料等。

（2）非承重结构材料。主要包括框架结构的填充墙、内隔墙和其他围护材料等。

（3）功能材料。主要有防水材料、防火材料、装饰材料、保温隔热材料、吸声（隔声）材料、采光材料、防腐材料、合成高分子材料等。

二、按土木工程材料的使用部位分类

按土木工程材料的使用部位通常分为结构材料、墙体材料、屋面材料、楼地面材料、路面材料、路基材料、饰面材料和基础材料等。

三、按土木工程材料的化学组成分类

根据土木工程材料的化学组成，通常可分为无机材料、有机材料和复合材料三大类。这三大类中又分别包含多种材料类别，如图0-1所示。

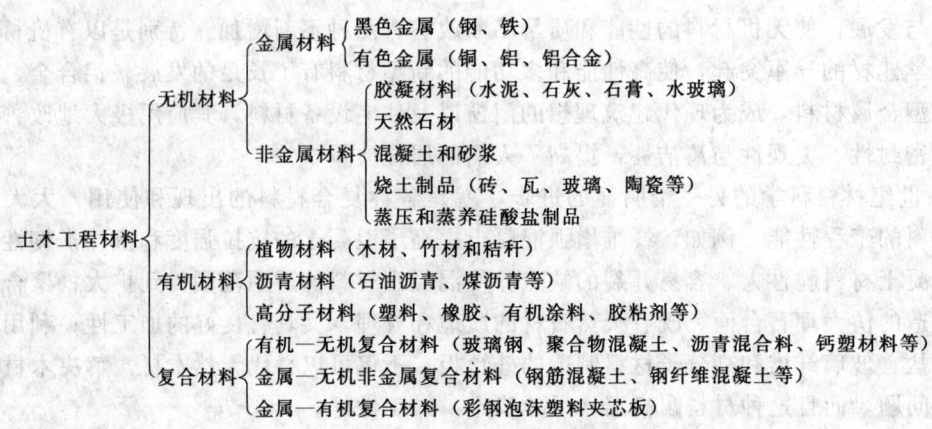

图0-1 土木工程材料的分类

第四节 土木工程材料的质量及其控制

质量是材料技术性能指标的综合体现。材料的质量对土木工程的质量与技术水平会产生十分重要的影响。因此，掌握与控制好材料的质量对于保证工程质量具有决定性的作用。然而，不同类别的工程或工程所处的位置，对于材料的技术指标会有所差别，这就需要针对不同的工程确定相适应的质量等级或技术指标。

材料的质量等级或技术指标取决于材料的组成与结构，形成于其生产、储运、使用等过程中，正确地选择和使用质量合格的材料，不仅要熟悉工程对其质量的具体要求，了解质量的形成过程，而且要正确掌握检测或鉴别材料质量的方法。

一、土木工程材料的技术标准

技术标准主要是对产品与工程建设的质量、规格及其检验方法等所做的技术规定，是从事生产、建设、科学研究工作与商品流通的一种共同的技术依据。

(一) 技术标准的分类

技术标准通常分为基础标准、产品标准和方法标准。

(1) 基础标准。基础标准是指在一定范围内作为其他标准的基础，并普遍使用的具有广泛指导意义的标准，如《水泥、命名、定义和术语》(CB/T 4131—1997)。

(2) 产品标准。产品标准是衡量产品质量优劣的技术依据，如《通用硅酸盐水泥》(CB 175—2007)。

(3) 方法标准。方法标准是指以试验、检查、分析、抽样、统计、计算、测定作业等各种方法为对象制定的标准，如《水泥胶砂强度检验方法（ISO法）》(GB/T 17671—1999)。

(二) 技术标准的等级

根据发布单位与适用范围，土木工程材料技术标准分为国家标准、行业标准（含协会标准）、地方标准和企业标准四级。

各级标准分别由相应的标准化管理部门批准并颁布，我国国家质量监督检验检疫总局是国家标准化管理的最高机关。国家标准和部门行业标准都是全国通用标准，分为强制性标准和推荐性标准；省、自治区、直辖市有关部门制定的工业产品的安全、卫生要求等地方标准在本行政区域内是强制性标准；企业生产的产品没有国家标准、行业标准和地方标准的，企业应制定相应的企业标准作为组织生产的依据。企业标准由企业组织制定，并报请有关主管部门审查备案。鼓励企业制定各项技术指标均严于国家、行业、地方标准的企业标准在企业内使用。

(三) 技术标准的代号与表示方法

各级标准都有自己的部门代号，常用的有：GB 中华人民共和国国家标准，GBJ 国家工程建设标准，GB/T 中华人民共和国推荐性国家标准，ZB 中华人民共和国专业标准，ZB/T 中华人民共和国推荐性专业标准，JG 中华人民共和国建筑材料行业标准，JG/T 中华人民共和国建筑工程行业推荐性标准，JGJ 中华人民共和国建筑工程行业标准，YB 中华人民共和国冶金行业标准，SL 中华人民共和国水利行业标准，JTJ 中华人民共和国交通行业标准，CECS 中国工程建设标准化协会标准，JJC 国家计量检定规程，DB 地方标准，Q/×××—×××企业标准。

各个国家均有自己的国家标准代号，例如，ASTM 美国材料试验标准，JIS 日本国家标准，BS 英国国家标准。另外，在世界范围内统一执行的标准为国际标准，其代号为 ISO。我国是国际标准化协会成员国，当前，我国各项技术标准都正在向国际标准靠拢，以便于科学技术的交流与提高。例如，我国制定的《水泥胶砂强度检验方法 (ISO 法)》(GB/T 17671—1999)，其主要内容与 ISO 679 完全一致，其抗压强度检验结果与 ISO 679：1989 等同。

标准的表示方法，系由标准名称、部门代号、编号和批准年份等组成。例如，我们常用的国家标准《通用硅酸盐水泥》(GB 175—2007)，标准名称为"通用硅酸盐水泥"，部门代码位"GB"，编号为"175"，批准年份为 2007 年。

二、土木工程材料的质量控制

为满足工程设计要求的技术性能和使用条件，所用材料的质量必须达到相应的要求。工程中对材料质量控制的方法主要有：

(1) 通过对材料有关的质量文件 (书面检验报告) 的检查初步确定其来源及其质量状况。

(2) 对工程拟采用的材料进行抽样检验，根据检验的技术指标判定其实际质量，只有相关指标达到标准规定的要求时，才允许其在工程中使用。

(3) 在使用过程中，监测材料的使用行为，监测半成品和成品的技术性能，从而评定材料在实际工程中的实际技术性能。

(4) 在使用过程中，材料性能未能达到相应指标要求时，应根据材料的有关知识判定其原因，并采取相应的措施避免其对工程质量造成的不良影响。

第五节　本课程内容和学习要点

土木工程材料是土木工程类专业的专业基础课。它是以数学、力学、物理、化学等课程为基础，而又为学习建筑、结构、施工等后续专业课程提供材料基础知识，同时它还为今后从事工程实践和科学研究打下必要的专业基础。

书中对每一种土木工程材料的叙述，一般包括原材料、生产、组成、构造、性质、应用、检验、运输和贮存等方面的内容，以及现行的相关技术标准。学习本课程的学生，多数是材料的使用者，所以学习重点应是掌握材料的基本性质和合理选用材料。要达到这一点，就必须了解各种材料的特性，在学习时，不但要了解每一种材料具有哪些基本性质，而且还应对不同类属、不同品种材料的特性相互进行比较。只有掌握其特点，才能做到正确合理地选用材料。同时，还要知道材料之所以具有某种基本性质的基本原理，以及影响其性质变化的外界条件。此外，材料的运输和贮存的注意事项，也是根据该材料的性质所规定的。

实验课是本课程的重要教学环节，其任务是验证基本理论，学习试验方法，培养科学研究能力和严谨缜密的科学态度。做实验时要严肃认真，一丝不苟，即使对一些操作简单的实验，也不应例外。要了解实验条件对实验结果的严重影响，并对实验结果作出正确的分析和判断。

复习思考题

0-1 土木工程材料主要有哪些类别？

0-2 土木工程材料的发展与建设工程技术进步的关系如何？

0-3 土木工程材料的发展趋势如何？

0-4 土木工程材料性能的检测方法与技术标准主要有哪些？

第一章 土木工程材料的基本性质

材料是构成土木工程的物质基础。所有的建筑物、桥梁、道路等都是由各种不同的材料经设计、施工建造而成的。这些材料所处的环境和部位不同，所起的作用也各不相同。为此，要求材料必须具备相应的基本性质。例如，结构材料必须具有良好的力学性能和耐久性能；屋面材料应具有保温隔热、抗渗性能；地面材料应具有耐磨性能等。根据构筑物中的不同使用部位和功能，建筑工程材料要求具有保温隔热、吸声、耐腐蚀等性能，而对于长期暴露于大气环境中的材料，要求能经受风吹、雨淋、日晒、冰冻等而引起的冲刷、化学侵蚀、生物作用、温度变化、干湿循环及冻融循环等破坏作用，即具有良好的耐久性。可见，建筑工程材料在使用过程中所受的影响很复杂，而且它们之间又是相互影响的。因此，对建筑工程材料性质的要求应当是严格的和多方面的，充分发挥建筑工程材料的正常服役性能，满足建筑结构的正常使用寿命。

建筑工程材料所具有的各项性质主要是由材料的组成、结构和构造等因素决定的。为了保证构筑物经久耐用，就需要掌握建筑工程材料的性质，并了解它们与材料的组成、结构、构造的关系，从而合理地选用材料。

第一节 材料的物理性质

一、材料的密度、表观密度和堆积密度

（一）密度

材料在绝对密实状态下单位体积的质量（俗称重量）称为材料的密度（又称质量密度）。可用公式表示如下

$$\rho = \frac{m}{V} \tag{1-1}$$

式中　ρ——材料的密度，g/cm^3；

　　　m——材料在干燥状态下的质量，g；

　　　V——干燥材料在绝对密实状态下的体积，cm^3。

材料在绝对密实状态下的体积，是指不包括材料内部孔隙的固定物体本身的体积，亦称实体积。建筑材料中除钢材、玻璃、沥青等外，绝大多数材料均含有一定的孔隙。测定含孔材料的密度时，须将材料磨成细粉（粒径小于 0.20mm），经干燥后用李氏瓶测得其实体积。材料磨得愈细，测得的密度值愈精确。对砖、石材料常采用此种方法测定其密度。

（二）表观密度

材料在自然状态下单位体积的质量称为材料的表观密度，亦称体积密度。用公式表示为

$$\rho_0 = \frac{m}{V_0} \qquad (1-2)$$

式中　ρ_0——材料的表观密度，kg/m^3；

　　　m——材料的质量，kg；

　　　V_0——材料在自然状态下的体积，m^3。

材料在自然状态下的体积是指材料的实体积与材料所含全部空隙体积之和。对于外形规则的材料，其表观密度的测定很简单，只要测得材料的质量和体积（可用量具测量），即可算得。不规则材料的体积要采用排水法求得，但材料的表面应先涂上蜡，以防水分渗入材料内部而使测值不准。

土木工程中常用砂、石材料，其颗粒内部孔隙极少，用排水法测出的颗粒体积与实体体积基本相同，所以，砂、石的表观密度可近似地视作其密度，常称视密度。

材料表观密度的大小与其含水情况有关。当材料含水时，其质量增大，体积也会发生不同程度的变化。因此测定材料表观密度时，须同时测定其含水率，并给予注明。通常材料的表观密度是指气干状态下的表观密度。材料在烘干状态下的表观密度称干表观密度。

（三）堆积密度

散粒材料在自然堆积状态下的单位体积的质量称为堆积密度。可用下式表示为

$$\rho_0' = \frac{m}{V_0'} \qquad (1-3)$$

式中　ρ_0'——散粒材料的堆积密度，kg/m^3；

　　　m——散粒材料的质量，kg；

　　　V_0'——散粒材料在自然堆积状态下的体积，m^3。

散粒材料在自然堆积状态下的体积，是指其既含颗粒内部的孔隙又含颗粒之间空隙在内的总体积。测定散粒材料的体积可通过已标定容积的容器计量而得。测定砂子、石子的堆积密度即用此方法求得。若以捣实体积计算时，则称紧密堆积密度。

由于大多数材料或多或少均含有一些空隙，故一般材料的表观密度总是小于其密度，即 $\rho_0 < \rho$。

在土木工程中，计算材料用量、构件自重、配料、材料堆场体积或面积时，常用到材料的密度、表观密度和堆积密度。常用土木工程材料的密度、表观密度和堆积密度如表 1-1 所示。

表 1-1　　常用土木工程材料的密度、表观密度和堆积密度

材　料　名　称	密　度 (g/cm^3)	表　观　密　度 (kg/m^3)	堆　积　密　度 (kg/m^3)
钢	7.85	7850	
花岗岩	2.60~2.90	2500~2900	
石灰石	2.40~2.60	1600~2400	1400~1700（碎石）
砂	2.50~2.60		1450~1700
水泥	2.80~3.10		1250~1600
烧结普通砖	2.60~2.70	1600~1900	

续表

材料名称	密度 （g/cm³）	表观密度 （kg/m³）	堆积密度 （kg/m³）
烧结多孔砖	2.60～2.70	800～1480	
红松木	1.55～1.60	400～600	
泡沫塑料		20～50	
玻璃	2.45～2.55	2450～2550	
铝合金	2.70～2.90	2700～2900	
普通混凝土	2.50～2.90	2100～2600	

二、材料的孔隙率与密实度

（一）孔隙率

材料内部孔隙的体积占材料总体积的百分率，称为材料的孔隙率（P_0）。可用下式表示

$$P_0 = \frac{V_0 - V}{V_0} \times 100\% = \left(1 - \frac{\rho_0}{\rho}\right) \times 100\% \tag{1-4}$$

材料的孔隙率的大小直接反映材料的密实程度，孔隙率小，则密实程度高。孔隙率相同的材料，它们的孔隙特征（即孔隙构造与孔径）可以不同。按孔隙构造，材料的孔隙可分为开口孔隙（连通孔隙）和闭口孔隙（封闭孔隙）两种，两者孔隙率之和等于材料的总孔隙率。连通孔隙不仅彼此贯通而且与外界相通，而封闭孔隙彼此独立且与外界隔绝。按孔隙的尺寸大小，孔隙又可分为微孔、细孔及大孔三种。不同的孔隙对材料的性能影响各不相同。一般而言，孔隙率较小，封闭的微孔较多且孔隙分布均匀的材料，其吸水性较小，强度较高，导热系数较小，抗渗性好。

（二）密实度

材料内部固体物质的体积占总体积的百分率称为密实度。反映材料体积内固体物质充实的程度。用公式表示为

$$D = \frac{V}{V_0} \times 100\% = \frac{\rho_0}{\rho} \times 100\% \tag{1-5}$$

根据上述孔隙率和密实度的定义，孔隙率和密实度的关系为

$$P_0 + D = 1 \tag{1-6}$$

三、材料的空隙率与填充率

（一）空隙率

散粒材料（如砂、石子）的堆积体积（V_0'）中，颗粒间空隙体积所占的百分率称为空隙率（P_0'）。可用下式表示为

$$P_0' = \frac{V_0' - V_0}{V_0'} \times 100\% = \left(1 - \frac{\rho_0'}{\rho_0}\right) \times 100\% \tag{1-7}$$

空隙率的大小反映了粒状材料的颗粒之间相互填充的密实程度。

在配制混凝土时，砂、石子的空隙率是作为控制混凝土中骨料级配与计算混凝土含砂率时的重要依据。

(二) 填充率

粒状材料堆积体积中,颗粒体积所占总体积的百分率称为填充率。反映粒状材料堆积体积中颗粒填充的程度。用公式表示为

$$D' = \frac{V}{V'_0} \times 100\% = \frac{\rho'_0}{\rho_0} \times 100\% \qquad (1-8)$$

根据上述孔隙率和填充率的定义,孔隙率和填充率的关系为

$$P'_0 + D' = 1 \qquad (1-9)$$

四、材料与水有关的性质

(一) 亲水性与憎水性

当材料与水接触时可以发现,有些材料能被水润湿,有些材料则不能被水润湿,前者称材料具有亲水性,后者称具有憎水性。

材料产生亲水性的原因是因其与水接触时,材料与水之间的分子亲和力大于水本身分子间的内聚力所致。当材料与水接触,材料与水之间的分子亲和力小于水本身之间的内聚力时,则材料表现为憎水性。

材料被水润湿的情况可用润湿边角 θ 表示。当材料与水接触时,在材料、水、空气这三相体的交点处,作沿水滴表面的切线,此切线与材料和水接触面的夹角,称为润湿边角,如图 1-1 所示。θ 角愈小,表面材料愈易被水润湿。实验证明,当 $\theta \leqslant 90°$,如图 1-1(a)所示,材料表面容易吸附水,材料能被水润湿而表现出亲水性。当 $\theta > 90°$,如图 1-1(b)所示,材料表面不易吸附水,此称憎水性材料。当 $\theta = 0°$,表面材料完全被水润湿。上述概念也适用于其他液体对固体的润湿情况,相应称为亲液材料和憎液材料。

(a) 亲水性材料　　　　　　　(b) 憎水性材料

图 1-1　材料润湿示意图

亲水性材料易被水润湿,且水能沿着材料表面的连通孔隙或通过毛细管作用而渗入材料内部。憎水性材料则能阻止水分渗入毛细管中,从而降低材料的吸水性。憎水性材料常常被用作防水材料,或用作亲水性材料的覆面层,以提高其防水、防潮性能。

土木工程材料大多数为亲水性材料,如水泥、混凝土、砂、石、砖、木材等,只有少数材料如沥青、石蜡及塑料等为憎水性材料。

(二) 材料的吸水性与吸湿性

1. 吸水性

材料在水中能吸收水分的性质称为吸水性。材料的吸水性用吸水率表示,吸水率有以下两种表示方法。

(1) 质量吸水率:质量吸水率是指材料在吸水饱和时,内部所吸水分的质量占材料干质量的百分率。用公式表示如下

$$W_m = \frac{m_b - m_g}{m_g} \times 100\% \qquad (1-10)$$

式中 W_m——材料的质量吸水率,%;
m_b——材料在吸水饱和状态下的质量,g;
m_g——材料在干燥状态下的质量,g。

(2) 体积吸水率:体积吸水率是指材料在吸水饱和时,其内部所吸水分的体积占干燥材料自然体积的百分率。用公式表示如下

$$W_v = \frac{m_b - m_g}{V_0} \frac{1}{\rho_w} \times 100\% \tag{1-11}$$

式中 W_v——材料的体积吸水率,%;
V_0——干燥材料在自然状态下的体积,cm³;
ρ_w——水的密度,g/cm³,在常温下取 $\rho_w = 1$g/cm³。

土木工程用材料一般均采用质量吸水率。质量吸水率与体积吸水率存在下列关系:

$$W_v = W_m \rho_0 \frac{1}{\rho_w} \times 100\% \tag{1-12}$$

式中 ρ_0——材料在干燥状态下的表观密度,g/cm³。

材料所吸水分是通过连通孔隙吸入的,连通孔隙率愈大,材料的吸水量愈多。由此可知,材料吸水达饱和时的体积吸水率,即为材料的连通孔隙率。

材料的吸水性与材料的孔隙率和孔隙特征有关。对于细微连通孔隙,孔隙率愈大,则吸水率愈大。闭口孔隙水分不能进去,而开口大孔虽然水分易进入,但不能存留,只能润湿孔壁,所用吸水率仍然较小。各种材料的吸水率很不相同,差异很大,如花岗岩的吸水率只有 0.5%~0.7%,混凝土的吸水率为 2%~3%,烧结黏土砖的吸水率达 8%~20%,而木材的吸水率可超过 100%。

材料的吸水率不大时通常用质量吸水率表示;对于一些轻质多孔材料,如加气混凝土、木材等,由于质量吸水率往往超过 100%,故可用体积吸水率表示。

2. 吸湿性

材料在潮湿空气中吸收水分的性质称为吸湿性。潮湿材料在干燥的空气中也会放出水分,此称还湿性。材料的吸湿性用含水率表示。含水率系指材料内部所含水的质量占材料干质量的百分率。用公式表示为

$$W_h = \frac{m_s - m_g}{m_g} \times 100\% \tag{1-13}$$

式中 W_h——材料的含水率,%;
m_s——材料在吸湿状态下的质量,g;
m_g——材料在干燥状态下的质量,g。

材料的吸湿性随空气的湿度和环境温度的变化而改变,当空气湿度较大且温度较低时,材料的含水率就大,反之则小。材料中所含水分与空气的湿度相平衡时的含水率,称为平衡含水率。具有微小开口孔隙的材料,吸湿性特别强,如木材及某些绝热材料,在潮湿空气中能吸收很多水分,这是由于这类材料的内表面积大,吸附水分的能力强所致。

材料的吸水性和吸湿性均会对材料的性能产生不利影响。材料吸水后会导致其自重增大、绝热性能降低、强度和耐久性将产生不同程度的下降。材料干湿交替还会引起其体积

变形，影响使用。

(三) 耐水性

材料长期在饱和水作用下，强度不显著降低的性质称为耐水性。材料的耐水性用软化系数表示

$$K_R = \frac{f_b}{f_g} \tag{1-14}$$

式中　K_R——材料的软化系数；

　　　f_b——材料在饱水状态下的抗压强度，MPa；

　　　f_g——材料在干燥状态下的抗压强度，MPa。

软化系数的大小表明材料在浸水饱和后强度降低的程度。一般来说，材料被水浸湿后，强度均会有所下降。这是因为水分被组成材料的微粒表面吸附，形成水膜，削弱了微粒间的结合力所致。软化系数愈小，表示材料吸水饱和后强度下降愈大，即耐水性愈差。材料的软化系数在0~1之间。不同材料的软化系数相差颇大，如黏土$K_R=0$，而金属$K_R=1$。土木工程中将$K_R>0.85$的材料，称为耐水性材料。在设计长期处于水中或潮湿环境中的重要结构时，必须选用耐水性材料。对用于受潮较轻或次要结构物的材料，其软化系数不宜小于0.75。

(四) 抗渗性

材料抵抗压力水渗透的性质称为抗渗性（或不透水性）。材料的抗渗性通常用渗透系数K_s表示。渗透系数的物理意义是：一定厚度的材料，在单位压力水头作用下，在单位时间内透过单位面积的水量。用公式表示为

$$K_S = \frac{Qd}{AtH} \tag{1-15}$$

式中　K_S——材料的渗透系数，cm/h；

　　　Q——渗透水量，cm³；

　　　d——材料的厚度，cm；

　　　A——渗水面积，cm²；

　　　t——渗水时间，h；

　　　H——静水压力水头，cm。

K_S值愈大，表示材料渗透的水量愈多，即抗渗性愈差。

材料的抗渗性也可用抗渗等级表示。抗渗等级是以规定的试件、在规定的条件和标准试验方法下所能承受的最大水压力来确定。用公式表示为

$$P_n = 10H - 1 \tag{1-16}$$

式中　P_n——抗渗等级；

　　　H——试件开始渗水时的水压力，MPa。

抗渗等级以符号"P_n"表示，其中n为该材料所能承受的最大水压力的10倍值，如P4、P6、P8、P10、P12等分别表示材料的最大能承受0.4MPa、0.6MPa、0.8MPa、1.0MPa、1.2MPa的水压力而不渗水。

材料的抗渗性与其孔隙率和孔隙特征有关。细微连通的孔隙水易渗水，故这种孔隙愈

多，材料的抗渗性愈差。封闭孔隙中水不易渗入，因此封闭孔隙率大的材料，其抗渗性仍然良好。开口大孔水最易渗入，故其抗渗性最差。材料的抗渗性还与材料的亲水性和憎水性有关，憎水性材料的抗渗性优于亲水性材料。

抗渗性是决定土木工程材料耐久性的最要因素。在设计地下结构、压力管道、压力容器等结构时，均要求其所有材料必须具有良好的抗渗性能。抗渗性也是检验防水材料质量的重要指标。

（五）抗冻性

材料在吸水饱和状态下，能经受多次冻融循环作用而不破坏，同时材料强度也不严重降低的性质，称为抗冻性。

材料的抗冻性用抗冻等级表示。抗冻等级是以规定的试件在规定试验条件下，测得其强度降低不超过规定值，并无明显损坏和剥落时所能经受的冻融循环次数来确定，用符号"F_n"表示，其中 n 即为最大冻融循环次数，如 F50 表示材料经受 50 次冻融循环而不破坏。抗冻等级大于或等于 F50 的混凝土成为抗冻混凝土。

材料抗冻等级的选择，是根据结构物的种类、使用条件、气候条件等来决定的。例如，烧结普通砖、陶瓷面砖、轻混凝土等墙体材料，一般要求其抗冻标号为 F15 或 F25；用于桥梁和道路的混凝土的抗冻标号应为 F50、F100 或 F200，而水工混凝土的抗冻标号要求高达 F500。

材料受冻融破坏主要是因其孔隙中的水结冰所致。水结冰时体积增大约 9%，若材料孔隙中充满水，则结冰膨胀对孔壁产生很大应力。当此应力超过材料的抗拉强度时，孔壁将产生局部开裂。随着冻融次数的增多，材料破坏加重。所以材料的抗冻性取决于其孔隙率、孔隙特征及充水程度。如果孔隙不充满水，即远未达饱和，具有足够的自由空间，则即使受冻也不致产生很大冻胀应力。极细的孔隙，虽可充满水，但因孔壁对水的吸附力极大，吸附在孔壁上的水冰点很低，它在一般负温下不会结冰。粗大孔隙一般水分不会充满其中，对冻胀破坏可起缓冲作用。毛细管孔隙中易充满水分，又能结冰，故对材料的冰冻破坏作用最大。若材料的变形能力大、强度高、软化系数大，则其抗冻性较高。一般认为软化系数小于 0.80 的材料，其抗冻性较差。

另外，从外界条件来看，材料受冻融破坏的程度，与冻融温度、结冰速度、冻融频繁程度等因素有关。环境温度愈低、降温愈快、冻融愈频繁，则材料受冻破坏愈严重。材料的冻融破坏作用时从外表开始产生剥落，逐渐向内部深入发展。

抗冻性良好的材料，抵抗大气温度变化、干湿交替等破坏作用的能力较强，所以抗冻性常作为考察材料耐久性的一项重要指标。在设计寒冷地区及寒冷环境（如冷库）的工程建筑物时，必须要考虑材料的抗冻性。处于温暖地区的建筑物，虽无冰冻作用，但为抵抗大气的作用，确保建筑物的耐久性，也常对材料提出一定的抗冻性要求。

五、材料的热工性质

土木工程材料除了须满足必要的强度及其他性能的要求外，为了节约建筑结构物的使用能耗以及为生产和生活创造适宜的条件，常要求土木工程材料具有一定的热工性质，以维持室内温度。常用材料的热工性质有导热性、热容量、比热容等。

(一) 导热性

当材料两侧存在温度差时,热量将由温度高的一侧、通过材料传递到温度低的一侧,材料的这种传导热量的能力,称为导热性。

材料的导热性可用导热系数来表示。导热系数的物理意义是:厚度为1m的材料,当温度改变1K(热力学温度单位开尔文)时,在1s时间内通过$1m^2$面积的热量。用公式表示为

$$\lambda = \frac{Qa}{A \Delta T t} \tag{1-17}$$

式中 λ——材料的导热系数,W/(m·K);
  Q——传导的热量,J;
  a——材料的厚度,m;
  A——材料传热的面积,m^2;
  t——传热的时间,s;
  ΔT——材料两侧的温度差,K。

材料的导热系数越小,表示其绝热性能越好。各种材料的导热系数差别很大,如泡沫塑料$\lambda = 0.03$W/(m·K),而大理石$\lambda = 3.48$W/(m·K)。工程中通常把$\lambda < 0.23$W/(m·K)的材料称为绝热材料。材料的导热系数不仅取决于材料的组成,还与材料内部的孔隙率和含水状态有关。由表1-2数据可见,空气的导热系数很小,而水的导热系数较大,如果材料内部含有大量封闭的、微小孔隙,同时保持干燥状态,孔隙内部充满空气,可有效地降低材料的导热系数;但是如果多孔材料吸收大量水分,将使导热系数增大,降低其保温效果。

(二) 热容量与比热容

热容量是指材料受热时吸收热量或冷却时放出热量的性质,其值可通过材料的比热算得。材料的比热由实验测得。材料比热容的物理意义是指1g质量的材料,在温度改变1K时所吸收或放出的热量。因此,热容量可用公式表示为

$$Q = mc\Delta T \tag{1-18}$$

式中 Q——材料的热容量,J;
  m——材料的质量,g;
  ΔT——材料受热或冷却前后的温度差,K;
  c——材料的比热容,J/(g·K)。

比热容的物理意义是指:1g质量的材料,在温度升高或降低1K时所吸收或放出的热量。用公式表示为

$$c = \frac{Q}{m\Delta T} \tag{1-19}$$

式中:c、Q、m、ΔT的意义,如前所述。

材料的比热容,对保持建筑物内部温度稳定有很大意义,比热容大的材料,能在热流变动或采暖设备供热不均匀时,缓和室内的温度变动。

材料的导热系数和热容量是设计建筑物围护结构(墙体、屋盖)进行热工计算时的重

要参数，设计时应选用导热系数较小而热容量较大的材料，以使建筑物保持室内温度的稳定性。同时，导热系数也是工业窑炉热工计算和确定冷藏库绝热层厚度的重要数据。几种典型材料的热工性质指标如表1-2所示。

表1-2　　　　　　　　　　几种典型材料的热工性质指标

材　料	导热系数 [W/(m·K)]	比热 [J/(G·K)]	材　料	导热系数 [W/(m·K)]	比热 [J/(G·K)]
铜	360	0.38	泡沫塑料	0.03	1.30
钢	58	0.47	沥青混凝土	1.05	—
花岗岩	2.9～3.1	0.82	冰	2.20	2.05
普通混凝土	1.3～1.8	0.86	水	0.60	4.19
烧结普通砖	0.65	0.84	静止空气	0.023	1.00
松木（横纹）	0.15	1.63			

第二节　材料的力学性质

材料的力学性质通常是指材料在外力（荷载）作用下的变形性质及抵抗外力破坏的能力。外力作用于材料或多或少会引起材料的变形，随外力增大，变形也会相应地增加，直到破坏。材料对外力的抵抗行为取决于材料的组成、结构和构造。

一、材料的强度与强度等级

（一）材料的强度

材料在外力作用下抵抗破坏的能力，称为材料的强度。当材料受外力作用时，其内部就产生应力，外力增加，应力相应增大，直至材料内部质点间结合力不足以抵抗所作用的外力时，材料即发生破坏。材料破坏时，应力达极限值。这个极限应力值就是材料的强度，也称为极限强度。

在工程上，材料经常会受到压、拉、弯、剪等四种不同外力的作用，如图1-2所示。相应地材料也有抗压强度、抗拉强度、抗弯强度及抗剪强度等。

材料的这些强度是通过静力试验来测定的，故总称为静力强度。材料的静力强度是通过标准试件的破坏试验而测得。材料的抗压、抗拉和抗剪强度的计算公式为

$$f = \frac{P_{max}}{A} \tag{1-20}$$

式中　f——材料的极限强度（抗压、抗拉或抗剪），MPa；

P_{max}——试件破坏时的最大荷载，N；

A——试件受力面积，mm^2。

对于矩形截面的条形试件，材料的抗弯强度与试件的荷载施加的情况有关。当其两支点间的中间作用一集中荷载时，其抗弯极限强度按下式计算

$$f_{tm} = \frac{3Pl}{2bh^2} \tag{1-21}$$

式中 f_{tm}——材料的抗弯极限强度,MPa;
P——试件破坏时的最大荷载,N;
l——试件两支点间的距离,mm;
b、h——试件截面的宽度和高度,mm。

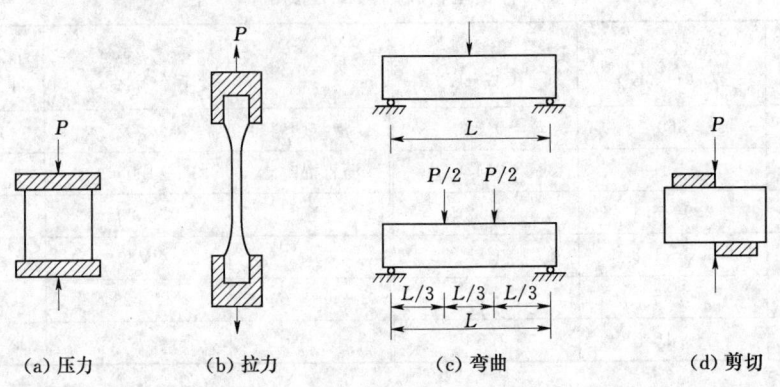

(a) 压力　　　(b) 拉力　　　(c) 弯曲　　　(d) 剪切

图 1-2　材料所受外力示意图

当在试件支点间的三分点处作用两个相等的集中荷载（$P/2$）时,则其抗弯强度的计算公式为

$$f_{tm}=\frac{Pl}{bh^2} \qquad (1-22)$$

式中,各符号意义同上式。

(二) 影响材料强度的主要因素

(1) 材料的组成。材料的组成是材料性质的基础,不同化学成分或矿物成分的材料,具有不同的力学性质,它对材料的性质起着决定性作用。

(2) 材料的结构。即使材料的组成相同,其结构不同,强度也不同。材料的孔隙率、孔隙特征及内部质点间结合方式等均影响材料的强度。晶体结构材料,其强度还与晶粒粗细有关,其中细晶粒的强度高。玻璃是脆性材料,抗拉强度很低,但当制成玻璃纤维后,具有较高的抗拉强度。一般材料的孔隙率愈小,强度愈高。对于同一品种的材料,其强度与孔隙率之间存在近似直线的反比关系。

(3) 含水状态。大多数材料被水浸湿后或吸水饱和状态下的强度低于干燥状态下的强度。这是由于水分被组成材料的微粒表面吸附,形成水膜,增大材料内部质点间距离,材料体积膨胀,削弱微粒间的结合力。

(4) 温度。温度升高,材料内部质点的振动加强,质点间距离增大,质点间的作用力减弱,材料的强度降低。

(5) 试件的形状和尺寸。相同的材料及形状,小尺寸试件的强度高于大尺寸试件的强度；相同的材料及受压面积,立方体试件的强度要高于棱柱体试件的强度。

(6) 加荷速度。加荷速度快时,由于变形速度落后于荷载增长速度,故测得的强度值偏高；反之,因材料有充裕的变形时间,测得的强度值偏低。

(7) 受力面状态。试件受力表面不平整或表面润滑时,所测强度值偏低。

由此可知，材料的强度是在特定条件下测定的数值。为了使试验结果准确，且具有可比性，各个国家均制定了统一的材料试验标准。在测定材料强度时，必须严格按照规定的试验方法进行。材料强度是大多数材料划分等级的依据。

（三）强度等级

各种材料的强度差别甚大。土木工程材料常按其强度值的大小划分为若干个等级或牌号，如烧结普通砖按其抗压强度分为 5 个强度等级；硅酸盐水泥按其抗压和抗折强度分为 6 个强度等级；普通混凝土按其抗压强度分为 12 个强度等级；碳素结构钢按其抗拉强度分为 5 个牌号，等等。土木工程材料按其强度划分等级或牌号，对生产者和使用者均有重要的意义，它可使生产者在生产中控制质量时有据可依，从而达到产品质量要求；对使用者则有利于掌握材料的性能指标，以便于合理选用材料、正确进行设计和控制工程施工质量。常用土木工程材料的强度见表 1-3 所示。

表 1-3　　　　　　　　常用土木工程材料的强度　　　　　　　　单位：MPa

材料种类	抗压强度	抗拉强度	抗弯强度
花岗石	100～250	5～8	10～14
普通黏土砖	5～20	—	1.6～4.0
普通混凝土	7.5～60	1～9	2.0～8.0
松木（顺纹）	30～50	80～120	60～100
建筑钢材	235～1800	235～1800	

（四）比强度

对于不同强度的材料进行比较，可采用比强度这一指标。比强度是按单位体积质量计算的材料强度，其值等于材料强度与其表观密度之比，即用 f/ρ_0 来表示。比强度是衡量材料轻质高强的重要指标，优质结构材料要求具有较高的比强度。几种主要材料的比强度见表 1-4 所示。

表 1-4　　　　　　　　几种主要材料的比强度

材料	表观密度 ρ_0（kg/m³）	强度 f_c（MPa）	比强度 f/ρ_0
低碳钢	7850	420	0.054
玻璃钢	2000	450	0.225
铝合金	2800	450	0.160
普通混凝土	2400	40	0.017
松木（顺纹抗压）	500	36	0.072
松木（顺纹抗拉）	500	100	0.200
烧结普通砖	1700	10	0.006

由表 1-4 可知，玻璃钢和木材是轻质高强的材料，而普通混凝土则为质量大而强度较低的材料，所以，努力促进普通混凝土——这一当代最重要的结构材料向轻质、高强方向发展，是一项十分重要的工作。

二、材料的弹性与塑性

材料在外力作用下产生变形，当外力除去后，变形能完全消失的性质称为弹性。材料的这种可恢复的变形称为弹性变形，或暂时变形，属可逆变形，其数值大小与外力成正比，这时的比例系数称为材料的弹性模量，如图 1-3 所示。若当外力除去后，材料仍保留一部分残余变形，且不产生裂缝的性质称为塑性。这部分残余变形称为塑性变形，或永久变形，属不可逆变形。如图 1-4 所示。

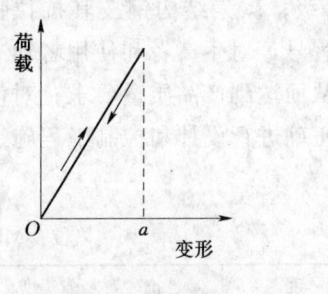
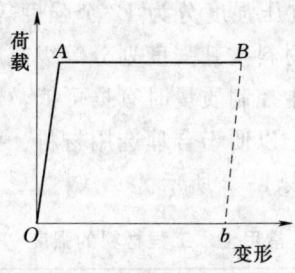
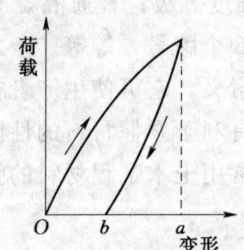

图 1-3　材料的弹性变形曲线　　图 1-4　材料的塑性变形曲线　　图 1-5　材料的弹塑性变形曲线

实际上，完全的弹性材料是没有的。许多材料在受力不大时，仅产生弹性变形，可视为弹性材料，当受力超过一定限度后，便出现塑性变形，如建筑钢材。另外，有的材料在受力一开始，弹性变形和塑性变形便同时发生，除去外力后，弹性变形可以恢复（ab），而塑性变形（Ob）不会消失（见图 1-5）。这类材料称之为弹塑性材料，如常见的混凝土材料。

弹性模量是衡量材料抵抗变形能力的一个指标。其值愈大，材料愈不易变形，即刚度好。弹性模量是结构设计时的主要参数。常用建筑钢材的弹性模量约为 2.1×10^5 MPa；普通混凝土的弹性模量是个变值，一般约为 2.0×10^4 MPa。

材料的弹性模量和强度之间没有固定的关系。钢材的弹性模量不受强度变化的影响；混凝土的弹性模量，在相同的温度和湿度条件下，一般强度高，弹性模量大，二者关系密切，但并不呈线性关系。

三、材料的脆性与韧性

（一）脆性

材料受外力作用，当外力达一定值时，材料发生突然破坏，且破坏时无明显的塑性变形。这种性质称为脆性，具有这种性质的材料称脆性材料。脆性材料的抗压强度远大于其抗拉强度，可高达数倍甚至数十倍，所以，脆性材料不能承受振动和冲击荷载，也不宜用于受拉部位，只适用于作承压构件。土木工程材料中大部分无机非金属材料均为脆性材料，如天然岩石、陶瓷、玻璃、普通混凝土等。

（二）韧性

材料在冲击或振动荷载作用下，能吸收较大的能量，同时产生较大的变形而不破坏的性质称为韧性。材料的韧性用冲击韧性指标 α_k 表示。冲击韧性指标系指用带缺口的试件做冲击破坏试验时，断口处单位面积所吸收的功。其计算公式为

$$\alpha_K = \frac{A_K}{A} \tag{1-23}$$

式中 α_K——材料的冲击韧性指标，J/mm^2；

A_K——试件破坏时所消耗的功，J；

A——试件受力净截面积，mm^2。

在土建工程中，对于要求承受冲击荷载和有抗震要求的结构，如吊车梁、桥梁、路面等所用的材料，均应具有较高的韧性。

四、材料的硬度与耐磨性

（一）硬度

硬度是指材料表面抵抗硬物压入或刻划的能力。材料的硬度愈大，则其强度愈高，耐磨性愈好。

测定材料硬度的方法有多种，通常采用的有刻划法、压入法和回弹法，不同材料其硬度的测定方法不同。刻划法常用于测定天然矿物的硬度，按硬度递增顺序分为10级，即滑石、石膏、方解石、萤石、磷灰石、正长石、石英、黄玉、刚玉、金刚石。钢材、木材及混凝土等的硬度常用压入法测定，比如，布氏硬度就是以压痕单位面积上所受压力来表示的。回弹法常用于测定混凝土构件表面的硬度，并以此估算混凝土的抗压强度。

（二）耐磨性

耐磨性是材料表面抵抗磨损的能力。材料的耐磨性用磨损率表示，其计算公式为

$$N = \frac{m_1 - m_2}{A} \tag{1-24}$$

式中 N——材料的磨损率，g/cm^2；

m_1、m_2——磨损前、后的质量，g；

A——试件受磨面积，cm^2。

材料的耐磨性与材料的组成成分、构造、强度、硬度等因素有关。在土木工程中，对于用作踏步、台阶、地面、路面等部位的材料，应具有较高的耐磨性。一般来说，强度较高且密实的材料，其硬度较大，耐磨性较好。

第三节 材料的耐久性

材料的耐久性是指用于土木工程的材料，在环境的多种因素作用下，能保持其原有使用性能、不破坏的性质。

耐久性是材料的一项综合性质，诸如抗冻性、抗渗性、抗碳化性、抗风化性、大气稳定性、耐腐蚀性等均属耐久性的范围。此外，材料的强度、耐磨性、耐热性等也与材料的耐久性有着密切关系。

一、环境对材料的作用

在工程建筑物使用过程中，材料除内在原因使其组成、构造、性能发生变化以外，还要长期受到使用条件及各种环境因素的作用。这些作用可概括为以下几方面：

（1）物理作用。包括环境温度、湿度的交替变化，即冷热、干湿、冻融等循环作用。

材料在经受这些作用后，将发生膨胀、收缩或产生内应力。长期的反复作用，将使材料渐遭破坏。

（2）化学作用。包括大气和环境水中的酸、碱、盐等溶液或其他有害物质对材料的侵蚀作用，以及日光、紫外线等对材料的作用，使材料产生本质的变化而破坏。

（3）机械作用。包括荷载的持续作用或交变荷载对材料引起的疲劳、冲击、磨损、磨耗等破坏。

（4）生物作用。包括菌类、昆虫等的侵害作用，导致材料发生腐朽、蛀蚀等而破坏。

各种材料耐久性的具体内容，因其成分和构造不同而异。例如，钢材易受氧化而锈蚀；无机非金属材料常因氧化、风化、碳化、溶蚀、冻融、热应力、干湿交替作用等而破坏；有机材料多因腐烂、虫蛀、老化而变质等。

二、材料耐久性的测定

对材料耐久性最可靠的判断，是对其在使用条件下的观察和测定，但这需要很长的时间。为此，多采用快速检测法。这种方法是模拟实际使用条件，将材料在实验室进行有关的快速实验，根据实验结果对材料的耐久性做出判定。在实验室进行快速实验的项目主要有：干湿循环、冻融循环、人工碳化、高温高湿与紫外线干燥循环、盐溶液浸渍与干燥循环、化学介质浸渍等。

三、提高材料耐久性的重要意义

在设计建筑物和构筑建筑物时，必须考虑材料的耐久性问题，尤其是当建筑结构工程需要有很长的使用年限，或当结构所处环境能够明显导致其所用土木工程材料性能劣化时。在结构的设计与施工过程中，必须专门考虑环境作用下材料的耐久性要求，因为只有选用了耐久性良好的土木工程材料，才能保证建筑物的耐久性。提高材料的耐久性，对节约工程材料、保证建筑物长期安全使用、减少维修费用、延长建筑物使用寿命等，均具有十分重要的现实意义。

第四节 材料的组成、结构和构造

材料的组成成分、结构和构造是影响材料性质的内因，材料的使用条件及其所处的环境条件则是影响材料性质的外因。为了深入了解材料的各种性质及其变化规律，就必须了解其组成成分、结构和构造对材料性质的影响。

一、材料的组成

材料的组成包括材料的化学组成、矿物组成和相组成。它不仅影响着材料的化学性质，而且也是决定材料物理力学性质的重要因素。

（一）化学组成

化学组成是指构成材料的化学元素及化合物的种类及数量。当材料与自然环境或各类物质相接触时，它们之间必然按化学变化规律发生作用。如材料受到酸、碱、盐类物质的侵蚀作用，或材料遇到火焰的耐燃、耐火性能，以及钢材和其他金属材料的锈蚀等都属于化学作用。

(二) 矿物组成

无机非金属材料中具有特定的晶体结构、物理力学性能的组织结构称为矿物。矿物组成是指构成材料的矿物种类和数量。某些土木工程材料如天然石材、无机胶凝材料等，其矿物组成是决定其材料性质的主要因素。水泥因所含有的熟料矿物不同或其含量不同，表现出的水泥性质各有差异。例如，硅酸盐水泥中，硅酸三钙含量高，其硬化速度较快，强度较高。

(三) 相组成

材料中具有相同的物理、化学性质的均匀部分称为相。自然界中的物质可分为气相、液相、固相。即使是同种物质在温度、压力等条件发生变化时常常会转变其存在状态，例如，气相变为液相或固相。凡是由两相或两相以上物质组成的材料称为复合材料。土木工程材料大多数可看作复合材料。

复合材料的性质与材料的组成及界面特性有密切关系。所谓界面从广义来讲是指多相材料中相与相之间的分界面。在实际材料中，界面是一个薄弱区，它的成分及结构与相是不一样的，它们之间是不均匀的，可将其作为"界面相"来处理。因此，通过改变和控制材料的相组成，可改善和提高材料的技术性能。

材料的化学组成有的简单，有的复杂。材料的化学组成决定着材料的化学稳定性、大气稳定性、耐火性等性质。例如石膏、石灰和石灰石的主要化学组成分别是 $CaSO_4$、CaO 和 $CaCO_3$，均比较单一，这些化学组成就决定了石膏、石灰易溶于水而耐水性差，而石灰石较稳定。花岗石、水泥、木材、沥青等化学组成就比较复杂，花岗岩主要是由多种氧化物形成的天然矿物，如石英、长石、云母等组成，它强度高，抗风化性好；普通水泥主要由 CaO、SiO_2、Al_2O_3 等氧化物形成的硅酸钙及铝酸钙等矿物组成，它决定了水泥易水化形成凝胶体，具有胶凝性，且呈碱性；木材主要由 C、H、O 形成的纤维素和木质素组成，故易于燃烧；石油沥青则由多种 C—H 化合物及其衍生物组成，故决定了其易于老化等性质。

总之，各种材料均有其各异的化学成分，不同化学成分的材料，具有不同的化学、物理及力学性质。因此，化学成分（或组成）是材料性质的基础，它对材料的性质起着决定性作用。

人工复合材料，如混凝土、建筑涂料等是由各种原材料配合而成的，因此影响这类材料性质的主要因素是其原材料的品质及配合比例。

二、材料的结构

材料的结构同样决定着材料的性质。一般从宏观、细观和微观三个层次来分析研究材料的结构与性质的关系。

(一) 宏观结构

宏观结构（或称构造）是指材料宏观存在的状态，即用肉眼或放大镜就可分辨的粗大组织。其尺寸在 10^{-3} m 以上。

材料的性质与其宏观结构有着密切的关系。如材料中孔隙的大小、分布、特征的改变，都会使材料的强度、抗冻性、保温隔热性、吸声性等性质发生变化。

土木工程材料的构造状态同样决定着材料的使用性质，而且材料的宏观结构较易改变。为此,可以将材料加工成致密结构,如钢材、玻璃、沥青、塑料等,使材料强度高、吸水性小、抗渗和抗冻性好;也可以将材料加工成多孔结构,如泡沫塑料、加气混凝土、烧结普通砖、石膏制品等,使材料质量轻、保温性能好。当然也可以将材料加工成层状、纤维、散粒等不同构造状态,以适应不同的使用要求。

(二) 细观结构

细观结构(也称显微或亚微观结构)是指用光学显微镜所能观察到的材料结构。其尺寸范围在 $10^{-3} \sim 10^{-6}$ m。如金属材料的金相组织,木材的木纤维、导管、髓线、树脂道等显微组织,以及混凝土内部的微裂缝等。

材料在细观结构层次上,各种组织的性质是各不相同的,这些组织的特征、数量、分布以及界面之间的结合情况等,都对土木工程材料的整体性质起着重要的影响。

(三) 微观结构

微观结构是指材料原子、分子层次的结构。可借助电子显微镜、扫描电子显微镜和X射线衍射仪等手段来分析研究该层次上的结构特征。其尺寸范围在 $10^{-6} \sim 10^{-10}$ m。材料的许多物理、力学性质,如强度、硬度、熔点、导热性、导电性等都是由材料内部的微观结构所决定的。

土木工程材料使用状态均为固体,其微观结构可分为晶体、玻璃体和胶体三类。

晶体结构的特征是由其内部质点(离子、原子、分子)按特定的规则在空间呈有规律的排列。因此,晶体具有一定的几何外形,并显示各向异性。然而晶体材料又是由大量排列不规则的晶粒所组成,因此在宏观上材料整体又具有各向同性的性质。材料的化学成分相同,但形成的晶体结构可以不同,其性能也就大有差异。如石英、石英玻璃和硅藻土,化学成分同为 SiO_2,但性能各不相同。

玻璃体是熔融物在急速冷却时形成的无定形体。其质点来不及作有规则的排列就凝固了,大量的化学能未能释放出来,故其具有化学不稳定性,亦即存在化学潜能,容易和其他物质反应或自行缓慢向晶体转换,如在水泥、混凝土中使用的粒化高炉矿渣、火山灰、粉煤灰等均属玻璃体。另外,由于质点排列无规律,玻璃体具有各向同性,而且没有固定的熔点。

胶体是物质以极微小的质点(粒径为 $1 \sim 100 \mu m$)分散在介质中所形成的结构。由于胶体的质点很微小,其总的表面积很大,因而表面能很大,有很强的吸附力,所以胶体具有较强的黏结力。胶体可以经脱水或质点的凝聚作用而形成凝胶,凝胶具有固体的性质,但在长期应力作用下,又具有黏性液体的流动性质。硅酸盐水泥的主要水化产物是凝胶体,混凝土的徐变就是由于水泥凝胶体而产生的。

三、材料的构造

材料的构造是指具有特定性质的材料结构单元相互组合搭配情况。构造概念比结构概念更强调了相同材料或不同材料的搭配组合关系。如木材的宏观构造和微观构造,就是指具有相同材料结构单元——木纤维管胞按不同的形态和方式在宏观和微观层次上的组合和搭配情况。它决定了木材的各向异性等一系列物理力学性质。又如具有特定构造的节能墙板,就是具有不同性质的材料经特定组合搭配而组成的一种复合材料,这种构造赋予墙板良好的隔热保温、隔声吸声、防火抗震、坚固耐久等整体功能和综合性质。

第一章 土木工程材料的基本性质

综上所述，材料由于组成、结构、构造不同，故各种材料各具各种特性。为了充分利用材料的特性，近年来各国均在研制推广多功能的复合材料。随着材料科学的日益发展，不断深入探索和掌握材料的组成、结构、构造与材料性质之间的关系，将会研制出更多性能优异的多功能复合材料，以适应现代土木工程的多种需要。

复习思考题

1-1 材料的密度、表观密度、堆积密度有何区别？如何测定？材料含水后对三者有什么影响？

1-2 材料的孔隙率、孔隙特征、孔隙尺寸对材料的性质（如强度、保温、抗渗、抗冻、耐腐蚀、吸水性等）有何影响？

1-3 影响材料吸水率的因素有哪些？

1-4 影响材料导热系数的因素有哪些？

1-5 影响材料强度测试结果的试验条件有哪些？

1-6 什么是材料的耐久性？为什么对材料有耐久性要求？

1-7 某石灰岩的密度为 2.62g/cm³，孔隙率为 1.20%。今将该石灰岩破碎成碎石，碎石的堆积密度为 1580kg/m³，求此碎石的表观密度和空隙率。

1-8 一块烧结普通砖的外形尺寸为 240mm×115mm×53mm，吸水饱和后重为 2940g，烘干至恒重为 2580g。今将该砖磨细并烘干后取 50g，用李氏瓶测得其体积为 18.58cm³。试求该砖的密度、表观密度、孔隙率、质量吸水率、开口孔隙率及闭口孔隙率。

1-9 某材料的体积吸水率 10%，密度为 3.0g/cm³，烘干后的表观密度为 1500kg/m³。试求该材料的质量吸水率、开口孔隙率、闭口孔隙率，并评估该材料的抗冻性如何？

1-10 含水率为 10% 的 100g 湿砂，其中干砂的质量为多少克？

1-11 已测得陶粒混凝土的 $\lambda=0.35$ W/(m·K)，普通混凝土的 $\lambda=1.40$ W/(m·K)。若在传热面积为 0.4m²、温差为 20℃、传热时间为 1h 的情况下，问要使普通混凝土墙与厚 20cm 的陶粒混凝土墙所传导的热量相等，则普通混凝土墙需要多厚？

1-12 现有同一组成的甲、乙两种墙体材料，密度为 2.7g/cm³；甲的绝干表观密度为 1400kg/m³，质量吸水率为 17%；乙的吸水饱和后表观密度为 1862kg/m³，体积吸水率为 46.2%。试求：①甲材料的孔隙率和体积吸水率；②乙材料的绝干表观密度和孔隙率；③评价甲、乙两材料，哪种材料更适宜做外墙板，说明依据。

第二章 无机气硬性胶凝材料

建筑上用来将散粒材料（如砂、石子等）或块状材料（如砖、石块等）黏结成为整体的材料，统称为胶凝材料。胶凝材料按其化学成分可分为无机胶凝材料和有机胶凝材料两类，前者如水泥、石灰、石膏等，后者如沥青、树脂等，其中无机胶凝材料在土木工程中应用广泛，沥青则主要应用于道路工程。

无机胶凝材料按其硬化条件的不同又分为气硬性和水硬性两类。所谓气硬性胶凝材料是指只能在空气中硬化，也只能在空气中保持或继续发展其强度的胶凝材料，如石膏、石灰、水玻璃等。水硬性胶凝材料是指不仅能在空气中硬化，而且能更好地在水中硬化，并保持和继续发展其强度的胶凝材料，如各种水泥。所以，气硬性胶凝材料只适用于地上或干燥环境，不宜用于潮湿环境，更不可用于水中，而水硬性胶凝材料既适用于地上，也可用于地下或水中环境。

第一节 建 筑 石 膏

在建筑中应用石膏作胶凝材料和制品已经有很长的历史。石膏是一种以硫酸钙为主要成分的气硬性胶凝材料，有着悠久的发展历史，具有良好的建筑性能，在建筑材料领域中得到了广泛的应用。生产石膏的原料天然石膏矿在我国分布很广，储量很大。石膏在我国建筑材料中占有重要的地位。

目前常用的石膏胶凝材料主要有建筑石膏、高强石膏和无水石膏水泥等。

一、建筑石膏的原料、生产与品种

生产石膏胶凝材料的原料主要是天然二水石膏（$CaSO_4 \cdot 2H_2O$），又称软石膏或生石膏；还有天然无水石膏（$CaSO_4$），又称天然硬石膏；以及含 $CaSO_4 \cdot 2H_2O$ 与 $CaSO_4$ 混合物的化工副产品。采用化工石膏时应注意，如废渣（液）中含有酸性成分时，须预先用水洗涤或用石灰中和后才能使用。

石膏按其生产时煅烧的温度不同，分为低温煅烧石膏和高温煅烧石膏。

（一）低温煅烧石膏

低温煅烧石膏是在低温下（110～170℃）煅烧天然石膏所获得的产品，其主要成分为半水石膏（$CaSO_4 \cdot 0.5H_2O$）。在此温度下，二水石膏脱水，转变为半水石膏，化学反应式为

$$CaSO_4 \cdot 2H_2O \longrightarrow CaSO_4 \cdot 0.5H_2O + 1.5H_2O$$

建筑石膏、模型石膏和高强度石膏都属于低温煅烧石膏。

1. 建筑石膏

建筑石膏也称熟石膏，是天然石膏在回转窑或炒锅中煅烧后经磨细所得到的产品。煅烧时设备与大气相通，原料中的水分呈蒸汽排出，生成的半水石膏是细小的晶体，称 β 型

半水石膏。建筑石膏中还含有少量的无水石膏（$CaSO_4$）和未分解的原料颗粒。建筑上所用的石膏均属这一品种。

2. 模型石膏

模型石膏也是 β 型半水石膏，但含杂质少，细度小。它在陶瓷工业中用作成型的模型材料。

3. 高强石膏

高强石膏是以杂质较少的天然石膏为原料，在压蒸条件下（0.13MPa，125℃）加热而成。生成的半水石膏是粗大而密实的晶体，称 α 型半水石膏。它与 β 型半水石膏比较，达到一定稠度所需的用水量小。这就决定了 α 型半水石膏硬化后具有密实结构，抗压强度高，可达 15~25MPa。

（二）高温煅烧石膏

高温煅烧石膏是天然石膏在 800~1000℃ 下煅烧后经磨细而得到的产品。高温下二水石膏不但完全脱水生成无水硫酸钙（$CaSO_4$），并且部分硫酸钙分解成氧化钙，而少量的氧化钙是无水石膏与水进行反应的激发剂。

高温煅烧石膏与建筑石膏比较，凝结硬化慢，但耐水性和强度高，耐磨性好。用它调制抹灰、砌筑及制造人造大理石的砂浆，可用于铺设地面，也称地板石膏。

二、建筑石膏的水化与硬化

建筑石膏与适量的水相混后，最初为可塑的浆体，但很快就失去塑性而产生凝结硬化，继而发展成为固体。发生这种现象的实质，是由于浆体内部经历了一系列的物理化学变化。首先，β 型半水石膏溶解于水，很快成为不稳定的饱和溶液。溶液中的 β 型半水石膏又与水化合形成了二水石膏，水化反应按下式进行：

$$CaSO_4 \cdot 0.5H_2O + 1.5H_2O \longrightarrow CaSO_4 \cdot 2H_2O$$

由于水化产物二水石膏在水中的溶解度比 β 半水石膏小得多（仅为 β 型半水石膏溶解度的 1/5），因此 β 型半水石膏的饱和溶液对二水石膏就成了过饱和溶液，从而逐渐形成晶核，在晶核大到某一临界值以后，二水石膏就结晶析出。这时溶液浓度降低，使新的一批半水石膏又可继续溶解和水化。如此循环进行，直到 β 型半水石膏全部耗尽。随着水化的进行，二水石膏生成量不断增加，水分逐渐减少，浆体开始失去可塑性，这称为初凝。而后浆体继续变稠，颗粒之间的摩擦力、黏结力增加，并开始产生结构强度，表现为终凝。石膏终凝后，其晶体颗粒仍在逐渐长大、连生和互相交错，使其强度不断增长，直到剩余水分完全蒸发后，强度才停止发展。这就是建筑石膏的硬化过程（如图 2-1 所示）。

三、建筑石膏的主要技术性质

（1）凝结硬化快。

建筑石膏加水拌和后 10min 内便失去塑性而初凝，30min 内即终凝硬化，并产生强度。由于初凝时间短不便施工操作，使用时一般加入缓凝剂以延长凝结时间。常用的缓凝剂有：经石灰处理的动物胶（掺量 0.1%~0.2%）、亚硫酸酒精废液（掺量 1%）、硼砂、柠檬酸、聚乙烯醇，等等。掺缓凝剂后，石膏制品的强度将有所降低。

（2）强度较高。

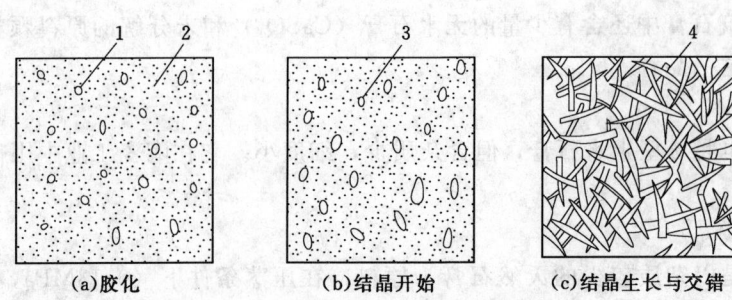

图 2-1 建筑石膏凝结硬化示意图
1—半水石膏；2—二水石膏胶体微粒；3—二水石膏晶体；4—交错的晶体

建筑石膏的强度发展快，一般 7h 即可达最大值。抗压强度约为 8～12MPa。

(3) 体积微膨胀。

建筑石膏凝结硬化过程的体积微膨胀特性，使得石膏制品表面光滑、体形饱满、无收缩裂纹，特别适用于刷面和制作建筑装饰制品。

(4) 色白可加彩色。

建筑石膏颜色洁白。杂质含量越少，颜色越白。可加入各种颜料调制成彩色石膏制品，且保色性好。

(5) 保温性能好。

由于石膏制品生产时往往加入过量的水，蒸发后形成大量的内部毛细孔，孔隙率达 50%～60%，表观密度小（800～1000kg/m³），导热系数小，故具有良好的保温绝热性能，常用作保温隔热材料，并具有一定的吸声效果。

(6) 耐水性差。

建筑石膏制品的软化系数只有 0.2～0.3，不耐水。但由于毛细孔隙较多，比表面积大，当空气过于潮湿时能吸收水分；而当空气过于干燥时则能释放出水分，从而调节空气中的相对湿度。提高石膏耐水性的主要措施有掺加矿渣、粉煤灰等活性混合材，或者掺加防水剂、表面防水处理等。

(7) 防火性好。

建筑石膏制品的导热系数小，传热慢，比热又大，更重要的是二水石膏遇火脱水，产生的水蒸气能有效阻止火势蔓延，起到防火作用。但脱水后制品强度下降。

四、建筑石膏的应用

建筑石膏广泛用于配制石膏抹面灰浆和制作各种石膏制品。高强石膏适用于强度要求较高的抹灰工程和石膏制品。在建筑石膏中掺入防水剂可用于湿度较高的环境中，加入有机材料如聚乙烯醇水溶液、聚醋酸乙烯乳液等，可配成黏结剂，其特点是无收缩性。

(一) 抹灰及粉刷石膏

抹灰指的是以建筑石膏为胶凝材料，加入水和砂子配成石膏砂浆，作为内墙面抹平用。由建筑石膏特性可知，石膏砂浆具有良好的保温隔热性能，调节室内空气的湿度和良好的隔音与防火性能。由于不耐水，故不宜在外墙使用。

粉刷指的是建筑石膏加水和适量外加剂，调制成涂料，涂刷装修内墙面。表面光洁、细腻、色白，且透湿透气，凝结硬化快、施工方便、黏结强度高，是良好的内墙涂料。

粉刷石膏在运输与贮存时不得受潮和混入杂物，贮存期为六个月。

（二）建筑石膏制品

由于石膏制品质量轻，加工性能好，可锯、可钉、可刨，同时石膏凝结硬化快、制品可连续生产，工艺简单，能耗低，生产效率高，施工时制品拼装快，可加快施工进度等，所以石膏制品有着广泛的发展前途，是当前着重发展的新型轻质材料之一。目前我国生产的石膏制品主要有各类石膏板、石膏砌块、石膏角线、角花、线板以及雕塑艺术装饰制品等。此外，建筑石膏还可用于一些建筑材料的原材料，如用于生产水泥及人造大理石等。

五、建筑石膏的技术标准

建筑石膏为粉状胶凝材料，堆积密度 $800\sim1000kg/m^3$，密度约为 $2.5\sim2.8g/cm^3$。建筑石膏按照强度、细度和凝结时间划分为优等品、一等品和合格品（见表2-1）。其中各等级建筑石膏的初凝时间均不得小于6min，终凝时间不得大于30min。表2-1中所列强度指标为2h的强度值。

表 2-1　　　　　　　　　　建筑石膏的质量指标

等　　级	优等品	一等品	合格品
抗折强度（MPa）	2.5	2.1	1.8
抗压强度（MPa）	4.9	3.9	2.0～2.9
细度0.2mm方孔筛筛余（%），不大于	5.0	10.0	15.0

注　建筑石膏的质量指标摘自《建筑石膏》（GB/T 17669—1999）。

第二节　建　筑　石　灰

建筑石灰是建筑中使用最早的矿物胶凝材料之一。由于生产石灰的原料来源广泛，生产工艺简单，成本低廉，所以在建筑上一直得到广泛应用。

一、石灰的原材料、生产与品种

石灰最主要的原材料是含碳酸钙（$CaCO_3$）的石灰石、白云石和白垩。原材料的品种和产地不同，对石灰性质影响较大，一般要求原材料中黏土杂质含量小于8%。

石灰的生产，实际上就是将石灰石在高温下煅烧，使碳酸钙分解成 CaO 和 CO_2，CO_2 以气体逸出。反应式如下：

$$CaCO_3 \xrightarrow{900\sim1200℃} CaO + CO_2 \uparrow$$

由于石灰石的致密程度、块体大小、杂质含量不同，为了使 $CaCO_3$ 能充分分解，煅烧温度常控制在900～1200℃。生产得到的生石灰呈块状，也称块灰。由于生产原料中多少含有一些碳酸镁，因而生石灰还有次要成分氧化镁。氧化镁含量不大于5%的生石灰称钙质石灰，氧化镁含量大于5%的生石灰称为镁质石灰。镁质石灰熟化较慢，但硬化后强度稍高。

当煅烧温度过高或时间过长时，部分块状石灰的表层会被煅烧成十分致密的釉状物，这类石灰称为过火石灰。过火石灰的特点为颜色较深，密度较大，与水反应熟化的速度较慢,往往要在石灰固化后才开始水化熟化,从而产生局部体积变化,影响工程质量。由于过火石灰在生产中是很难避免的,所以石灰膏在使用前必须经过陈伏,即石灰膏使用前在化灰池中存放 2 周以上,使过火石灰充分熟化。

将煅烧成的块状生石灰经过不同加工,还可得到石灰的另外三种产品。

(1) 生石灰粉:由块状生石灰磨细而成。

(2) 消石灰粉:将生石灰用适量水经消化和干燥而成的粉末,主要成分为 $Ca(OH)_2$,亦称熟石灰。

(3) 石灰膏:将块状生石灰用过量水(为生石灰体积的 3~4 倍)消化,或将消石灰粉和水拌和,所得达一定稠度的膏状物,主要成分为 $Ca(OH)_2$ 和水。

二、石灰的熟化

生石灰 CaO 加水反应生成 $Ca(OH)_2$ 的过程称为石灰的熟化或消化。生成物 $Ca(OH)_2$ 称为熟石灰。其反应式如下:

$$CaO + H_2O \longrightarrow Ca(OH)_2 + 64.9kJ$$

生石灰熟化反应的特点:

(1) 水化热大。生石灰的消化反应为放热反应,消化时不但水化热大,而且放热速率也快。1kg 生石灰消化放热 1160kJ,它在最初 1h 放出的热量几乎是硅酸盐水泥 1d 放热量的 9 倍,是硅酸盐水泥 28d 放热量的 3 倍。

(2) 水化速率快。由于生石灰结构多孔、CaO 的晶粒细小、内比表面积大,煅烧良好的 CaO 与水接触时几秒钟内即反应完毕。

(3) 水化过程中体积增大。块状生石灰消化过程中其外观体积可增大 1.5~2 倍。

按石灰的用途,熟化石灰常用的方法有两种:石灰膏法和消石灰粉法。

1. 石灰膏法

当熟化时加入大量的水,则生成浆状石灰膏。CaO 熟化生成 $Ca(OH)_2$ 的理论需水量只要 32.1%,实际熟化过程均加入过量的水。一方面考虑熟化时放热引起水分蒸发损失;另一方面是确保 CaO 充分熟化。通常在化灰池中进行石灰膏的生产,即将块状生石灰用水冲淋,通过筛网,滤去欠火石灰和杂质,流入化灰池沉淀而得。石灰膏面层必须蓄水保养,其目的是隔断与空气直接接触,防止干硬固化和碳化固结,以免影响正常使用和效果。

在石灰煅烧中产生过火石灰是十分难免的。由于过火石灰的表面包覆着一层玻璃釉状物,熟化很慢,若在石灰使用并硬化后再继续熟化,则产生的体积膨胀将引起局部鼓泡、隆起和开裂。为消除过火石灰的危害,需要"陈伏",但若将生石灰磨细后使用,则不需要陈伏。这是因为粉磨过程使过火石灰表面积大大增加,与水熟化反应速度加快,几乎可以同步熟化,而且又均匀分散在生石灰粉中,不致引起过火石灰的种种危害。

2. 消石灰粉法

工地制备消石灰粉常采用人工喷淋(水)法。将生石灰块分层平铺于能吸水的基面上,每层厚约 20cm,然后喷淋占石灰重 60%~80% 的水,接着在其上再铺放一层生石灰,再淋一次水,如此使之成粉为止。所得消石灰粉还需经筛分后方可储存备用。

生石灰消化成消石灰粉时其用水量的多少十分重要,水分不宜过多或过少。加水过多,将使所得消石灰粉变潮湿,影响质量;加水太少,则使生石灰消化不完全,且易引起消化温度过高,从而使生石灰颗粒表面已形成的 $Ca(OH)_2$ 部分脱水,发生凝聚作用,使水不能渗入颗粒内部继续消化,也造成消化不完全。

三、石灰的硬化

石灰浆体在空气中逐渐硬化,是由下面两个同时进行的过程来完成。

(1) 结晶作用。

石灰浆在使用过程中,因游离水分逐渐蒸发和被砌体吸收,引起溶液某种程度的过饱和,使 $Ca(OH)_2$ 逐渐结晶析出,促进石灰浆体的硬化,这个过程称为结晶。

(2) 碳化作用。

氢氧化钙与空气中的二氧化碳和水化合生成碳酸钙,释放出水分并被蒸发,其反应式为

$$Ca(OH)_2 + CO_2 + H_2O \longrightarrow CaCO_3 + (n+1)H_2O$$

这个过程称为"碳化",形成的 $CaCO_3$ 晶体,使硬化石灰浆体结构致密,强度提高。

碳化作用实际是二氧化碳与水生成碳酸,然后再与氢氧化钙反应生成碳酸钙。所以这个过程不能在没有水分的全干状态下进行。而且,由于空气中 CO_2 的含量少,碳化作用主要发生在与空气接触的表层上,而且表层生成的致密 $CaCO_3$ 膜层,阻碍了空气中 CO_2 进一步的渗入,同时也阻碍了内部水分向外蒸发,使 $Ca(OH)_2$ 结晶作用也进行得较慢。随着时间的增长,表层 $CaCO_3$ 厚度增加,阻碍作用更大。在相当长的时间内,它仍然是表层为 $CaCO_3$,内部为 $Ca(OH)_2$。所以石灰硬化是个相当缓慢的过程。

四、建筑石灰的特性

1. 可塑性和保水性好

生石灰熟化后形成的石灰浆,是球体细颗粒高度分散的胶体,氢氧化钙颗粒极细(直径约为 $1\mu m$),其比表面积大,可吸附大量水,表面附有较厚的水膜,降低了颗粒之间的摩擦力,具有良好的塑性和保水性,易铺摊成均匀的薄层。利用这一性质,在水泥砂浆中加入石灰浆,可使其可塑性和保水性显著提高。

2. 凝结硬化慢,强度低

石灰浆的硬化只能在空气中进行,由于空气中 CO_2 含量少,使碳化作用进行缓慢,加之已硬化的表层对内部的硬化起阻碍作用,所以石灰浆的硬化过程较长。已硬化的石灰强度很低,以 1∶3 配成的石灰砂浆,28d 强度通常只有 $0.2 \sim 0.5 MPa$。

3. 耐水性差

由于石灰浆硬化慢,强度低,当其受潮后,其中尚未碳化的 $Ca(OH)_2$ 易产生溶解,硬化石灰体遇水会产生溃散,故石灰不宜用于潮湿环境。

4. 硬化时体积收缩大

石灰浆体黏结硬化过程中,蒸发出大量水分,由于毛细管失水收缩,引起体积收缩,使硬化石灰体产生裂纹,故石灰浆不宜单独使用,通常工程施工时常掺入一定量的集料(砂子)或纤维材料(麻刀,纸筋等)。

五、建筑石灰在土木工程中的应用

石灰在土木工程中的应用非常广泛,其主要用途有以下几种。

1. 配制石灰砂浆和石灰乳

用石灰膏和砂子（或麻刀、纸筋等）配制成石灰砂浆（或麻刀灰、纸筋灰）用于内墙、顶棚的抹面；将石灰膏、水泥和砂子配制成混合砂浆用于砌筑和抹面；将消石灰粉或熟化好的石灰膏加入大量水稀释成石灰乳用于内墙和顶棚的粉刷。

2. 配制灰土和三合土

将生石灰熟化成消石灰粉，再与黏土拌和即为灰土；若再加入一定的砂石或炉渣等填料一起拌和则成为三合土。灰土和三合土的应用在我国已有数千年的历史，经夯实后广泛用作基础、地面或路面的垫层，其强度和耐水性比石灰或黏土都高得多。究其原因，主要是黏土颗粒表面的少量活性氧化硅、氧化铝与石灰起化学反应，生成了具有较高强度和耐水性的水化硅酸钙和水化铝酸钙等不溶于水的水化物。另外，石灰的加入改善了黏土的可塑性，在强力夯打之下大大提高了垫层的紧密度，从而也使其强度和耐水性得到进一步提高。

3. 制作硅酸盐制品

将磨细生石灰与砂或粒化高炉矿渣、炉渣、粉煤灰等硅质材料混合成型，在一定条件下养护，可制得各种硅酸盐制品（如灰砂砖、粉煤灰砖、砌块等）而用作墙体材料。

4. 制作碳化石灰板

碳化石灰板是将磨细生石灰、纤维状填料（如玻璃纤维）或轻质集料（如矿渣）搅拌成型，然后经人工碳化而成的一种轻质材料。为了提高碳化效果和减小表观密度，多制成空心板。一般孔洞率为34%～39%时，其表观密度约为700～800kg/m³，抗弯强度为3～5MPa，抗压强度5～15MPa，导热系数小于0.2W/(m·K)，能锯、能刨、能钉，适宜做非承重内隔墙板和天花板等。

5. 配制无熟料水泥

将具有一定活性的硅质材料（如粒化高炉矿渣、粉煤灰、火山灰等）与石灰按适当比例混合磨细即可制得具有水硬性的胶凝材料，如石灰矿渣水泥、石灰粉煤灰水泥、石灰火山灰水泥等。

六、建筑石灰的技术标准

（一）建筑生石灰

建筑生石灰按化学成分分为钙质生石灰和镁质生石灰。按标准JC/T 479—1992规定，钙质生石灰和镁质生石灰根据其主要技术指标，见表2-2。

表2-2　　　　　　　　　　建筑生石灰的技术指标

项　目	钙质生石灰			镁质生石灰		
	优等品	一等品	合格品	优等品	一等品	合格品
(CaO+MgO)含量(%)，不小于	90	85	80	85	80	75
未消化残渣含量(5mm圆孔筛余)(%)，不大于	5	10	15	5	10	15
CO_2含量(%)，不大于	5	7	9	6	8	10
产浆量(L·kg^{-1})，不小于	2.8	2.3	2.0	2.8	2.3	2.0

（二）建筑消石灰粉

建筑消石灰粉按化学成分可分为钙质消石灰粉、镁质消石灰粉和白云石消石灰粉三种，每种又有优等品、一等品和合格品三个等级，它们的技术要求见表2-3。

表2-3　　　　　　　　　　　建筑消石灰粉的技术指标

项　目	钙质消石灰粉			镁质消石灰粉			白云石消石灰粉		
	优等品	一等品	合格品	优等品	一等品	合格品	优等品	一等品	合格品
(CaO+MgO) 含量（%），不小于	70	65	60	65	60	55	65	60	55
游离水	0.4～2								
体积安定性	合格	合格	—	合格	合格	—	合格	合格	—
0.9mm 筛筛余（%），不大于	0	0	0.5	0	0	0.5	0	0	0.5
0.125mm 筛筛余（%），不大于	3	10	15	3	10	15	3	10	15

消石灰粉的游离水是指在100～105℃时烘至恒重后的质量损失。消石灰粉的体积安定性是将一定稠度的消石灰浆做成中间厚、边缘薄的一定直径的试饼，然后在100～105℃下烘干4h，若无溃散、裂纹、鼓包等现象则为体积安定性合格。

（三）建筑生石灰粉

建筑生石灰粉由块状生石灰磨细而成，按化学成分分为钙质生石灰粉和镁质生石灰粉，按标准 JC/T 480—1992，每种生石灰粉又有三个等级，其主要技术指标见表2-4。

表2-4　　　　　　　　　　　建筑生石灰粉技术指标

项　目	钙质生石灰			镁质生石灰		
	优等品	一等品	合格品	优等品	一等品	合格品
(CaO+MgO) 含量（%），不小于	85	80	75	80	75	70
CO_2 含量（%），不大于	7	9	11	8	10	12
0.9mm 筛筛余（%），不大于	0.2	0.5	1.5	0.2	0.5	1.5
0.125mm 筛筛余（%），不大于	7.0	12.0	18.0	7.0	12.0	18.0

第三节　水　玻　璃

水玻璃俗称泡花碱，是由碱金属氧化物和二氧化硅结合而成的能溶解于水的一种硅酸盐材料。其化学通式为 $R_2O \cdot nSiO_2$，式中 R_2O 为碱金属氧化物，n 为 SiO_2 和 R_2O 的摩尔比值，称为水玻璃的模数。根据碱金属氧化物的不同，水玻璃有许多品种，如硅酸钠水玻璃（$Na_2O \cdot nSiO_2$），硅酸钾水玻璃（$K_2O \cdot nSiO_2$），硅酸锂水玻璃（$Li_2O \cdot nSiO_2$），钠钾水玻璃（$K_2O \cdot Na_2O \cdot nSiO_2$）等。但最常用的是硅酸钠水玻璃，下面就以其为例介绍水玻璃的生产概况、硬化机理、性质和应用。

一、水玻璃的生产

钠水玻璃的水溶液为无色或淡绿色黏稠液体。水玻璃的生产方法有湿法生产和干法生产两种。湿法生产是将石英砂和氢氧化钠水溶液在压蒸锅（0.2～0.3MPa）内用蒸汽加热溶解而制成水玻璃溶液。干法是将石英砂和碳酸钠按一定比例磨细拌匀，在熔炉中于1300～1400℃温度下熔融，其反应式如下：

$$Na_2CO_3 + nSiO_2 \xrightarrow{1300～1400℃} Na_2O \cdot nSiO_2 + CO_2$$

熔融的水玻璃冷却后得到固态水玻璃，然后在 0.3～0.8MPa 的蒸压釜内加热溶解成胶状玻璃溶液。

水玻璃分子式中 SiO_2 与 Na_2O 分子数比 n 称为水玻璃的模数，一般在 1.5～3.5 之间。水玻璃的模数愈大，愈难溶于水。模数为 1 时，能在常温水中溶解，模数增大，只能在热水中溶解，当模数大于 3 时，要在 4 个大气压（0.4MPa）以上的蒸汽中才能溶解。但水玻璃的模数愈大，胶体组分愈多，其水溶液的黏结能力愈大。当模数相同时，水玻璃溶液的密度愈大，则浓度愈稠、黏性愈大、黏结能力愈强。工程中常用的水玻璃模数为 2.6～2.8，其密度为 1.3～1.4g/cm³。

二、水玻璃的凝结硬化

水玻璃在空气中的凝结固化与石灰的凝结固化非常相似，主要通过碳化和脱水结晶固结两个过程来实现，反应过程如下：

$$Na_2O \cdot nSiO_2 + CO_2 + mH_2O \longrightarrow Na_2CO_3 + nSiO_2 \cdot mH_2O$$

随着碳化反应的进行，硅胶（$nSiO_2 \cdot mH_2O$）含量增加，接着自由水分蒸发和硅胶脱水成固体 SiO_2 而凝结硬化。由于空气中 CO_2 的浓度很低，上述反应过程进行很慢。为加速水玻璃的凝结固化速度和提高强度，水玻璃使用时一般要求加入固化剂氟硅酸钠，分子式为 Na_2SiF_6。其反应过程如下：

$$2[Na_2O \cdot nSiO_2] + Na_2SiF_6 + mH_2O \longrightarrow 6NaF + (2n+1)SiO_2 \cdot mH_2O$$
$$(2n+1)SiO_2 \cdot mH_2O \longrightarrow (2n+1)SiO_2 + mH_2O$$

氟硅酸钠的掺量一般为 12%～15%。掺量少，凝结固化慢，且强度低；掺量太多，则凝结硬化过快，不便施工操作，而且硬化后的早期强度虽高，但后期强度明显降低。因此，使用时应严格控制固化剂掺量，并根据气温、湿度、水玻璃的模数、密度在上述范围内适当调整。即：气温高、模数大、密度小时选下限，反之亦然。

三、水玻璃的技术性质

（1）水玻璃有良好的黏结能力，硬化后具有较高强度（如水玻璃胶泥的抗拉强度大于 2.5MPa，水玻璃混凝土的抗压强度约在 15～40MPa 之间），而且硬化时析出的硅酸凝胶有堵塞毛细孔隙而提高材料密实度和防止水渗透的作用。

（2）水玻璃不燃烧，在高温下凝胶干燥得更加强烈，强度并不降低，甚至有所提高。

（3）硬化后的水玻璃，因其主要成分是硅胶，所以能抵抗大多数无机酸和有机酸的作用，从而使其具有良好的耐酸性，但不耐碱。

四、水玻璃的应用

（1）用作灌浆材料加固地基。

使用时将水玻璃溶液与氯化钙溶液交替注入土壤中，反应式如下：

$$Na_2O \cdot nSiO_2 + CaCl_2 + mH_2O \longrightarrow nSiO_2 \cdot (m-1)H_2O + Ca(OH)_2 + 2NaCl$$

两种溶液迅速反应生成硅胶和硅酸钙凝胶，起到胶结和填充孔隙的作用。这不仅能提高基础的承载能力，而且也可以增强不透水性。

（2）涂刷建筑材料表面用以提高密实性和抗风化能力。

水玻璃溶液涂刷或浸渍材料后，能渗入缝隙和孔隙中，固化的硅凝胶能堵塞毛细孔通道，提高材料的密度和强度，从而提高材料的抗风化能力。但水玻璃不得用来涂刷或浸渍石膏制品。因为水玻璃与石膏反应生成硫酸钠（Na_2SO_4），在制品孔隙内结晶膨胀，导致石膏制品开裂破坏。

（3）配制速凝防水剂。

因水玻璃能促进水泥凝结，所以可用它配制各种促凝剂，掺入水泥浆、砂浆或混凝土中，用于堵漏、抢修，故称为快凝防水剂。如在水泥中掺入约为水泥重量 0.7 倍的水玻璃，初凝为 2min，可直接用于堵漏。以水玻璃为基料，加入两种、三种、四种或五种矾配制成的防水剂，分别称为二矾、三矾、四矾或五矾防水剂。

（4）配制耐酸混凝土和耐酸砂浆。

水玻璃硬化后具有很高的耐酸性，常与耐酸集料一起配制成耐酸砂浆和耐酸混凝土，用于耐酸工程中，如硫酸池等。

（5）配制耐热混凝土和耐热砂浆。

由于硬化后的水玻璃耐热性能好，能长期承受一定高温作用（极限温度在 1200℃ 以下）而强度不降低，因而可用它与耐热集料配制成耐热砂浆和耐热混凝土，用于耐热工程中。

复习思考题

2-1 气硬性胶凝材料和水硬性胶凝材料有何区别？

2-2 建筑石膏的凝结硬化过程有何特点？

2-3 建筑石膏具有哪些技术性质？

2-4 石灰的煅烧温度对其质量有何影响？

2-5 石灰的熟化和硬化原理是什么？

2-6 何谓陈伏？石灰在使用前为何要陈伏？磨细生石灰是否需要陈伏？

2-7 某多层住宅楼室内抹灰采用的是石灰砂浆，交付使用后逐渐出现墙面普遍鼓包开裂，试分析其原因。欲避免这种事故发生，应采取什么措施？

2-8 水玻璃的主要技术性质和用途？

2-9 水玻璃硬化时有何特点？试述水玻璃的凝结硬化机理。

2-10 何谓水玻璃的模数？水玻璃的模数和密度对水玻璃的黏结力有何影响？

第三章 水 泥

水泥呈粉末状，与水混合后，经过物理化学反应过程能由可塑性浆体变成坚硬的石状体，并能将散粒状材料胶结成为整体，所以水泥是一种良好的矿物胶凝材料。就硬化条件而言，水泥浆体不但能在空气中硬化，还能更好地在水中硬化，保持并继续增长其强度，故水泥属于水硬性胶凝材料。

水泥在胶凝材料中占有极其重要的地位，是最重要的建筑材料之一。它不但大量应用于工业与民用建筑工程中，还广泛地应用于农业、水利、公路、铁路、海港和国防等工程中，常用来制造各种形式的钢筋混凝土、预应力混凝土构件和建筑物，也常用于配制砂浆，以及用作灌浆材料等。

水泥品种繁多，按性能和用途可分为通用硅酸盐水泥、专用水泥和特性水泥三大类。通用硅酸盐水泥为用于一般土木建筑工程的水泥，包括硅酸盐水泥、普通硅酸盐水泥、矿渣硅酸盐水泥、火山灰质硅酸盐水泥、粉煤灰硅酸盐水泥和复合硅酸盐水泥等；专用水泥指有专门用途的水泥，如砌筑水泥、油井水泥等；特性水泥指某种性能比较突出的水泥，如白色硅酸盐水泥，低水化热水泥等。按照水泥熟料的矿物组成又可分为硅酸盐水泥、铝酸盐水泥、硫铝酸盐水泥、铁铝酸盐水泥、氟铝酸盐水泥和无熟料水泥等。目前，通用硅酸盐水泥是使用最普遍、产量最多、在工程建设中占重要地位的水泥品种。本章以通用硅酸盐水泥为主要内容，在此基础上介绍其他品种水泥。

第一节 硅酸盐水泥与普通硅酸盐水泥

由于普通硅酸盐水泥中混合材掺量较少，故其性能与硅酸盐水泥相近，为此，本节对硅酸盐水泥讨论的问题，也适用于普通硅酸盐水泥。

一、硅酸盐水泥与普通硅酸盐水泥的定义、类型及代号

按国家标准《通用硅酸盐水泥》（GB 175—2007）规定：凡是由硅酸盐水泥熟料，再掺入0%～5%石灰石或粒化高炉矿渣、适量石膏磨细制成的水硬性胶凝材料，称为硅酸盐水泥。硅酸盐水泥又分为两种类型，不掺加混合材料的称为Ⅰ型硅酸盐水泥，代号为P·Ⅰ；在硅酸盐水泥粉磨时掺加不超过水泥质量5%的石灰石或粒化高炉矿渣混合材料的称为Ⅱ型硅酸盐水泥，代号为P·Ⅱ。凡由硅酸盐水泥熟料，再加入6%～15%混合材料及适量石膏，经磨细制成的水硬性胶凝材料称为普通硅酸盐水泥（简称普通水泥），代号为P·O。活性混合材料的最大掺量不得超过15%，其中允许用不超过水泥质量5%的窑灰或不超过水泥10%的非活性混合材料来代替。

二、硅酸盐水泥的生产

生产硅酸盐水泥的主要原料是石灰质原料和黏土质原料。石灰质原料主要提供CaO，常采用石灰石、白垩、石灰质凝灰岩等。黏土质原料主要提供SiO_2、Al_2O_3及Fe_2O_3，常

采用黏土、黏土质页岩、黄土等。有时两种原料的化学成分不能满足要求，还需加入少量校正原料来调整，常采用黄铁矿生产硫酸时产生的废渣——铁矿粉等。为了改善煅烧条件，提高熟料质量，常加入少量矿化剂，如萤石、石膏等。

生产水泥时首先将原料按适当比例混合再磨细成生料，然后将制成的生料入窑（回转窑或立窑）进行高温煅烧；再将烧好的熟料配以适当的石膏和混合材料在粉磨机中磨成细粉，即得到水泥，简称两磨一烧，如图 3-1 所示。

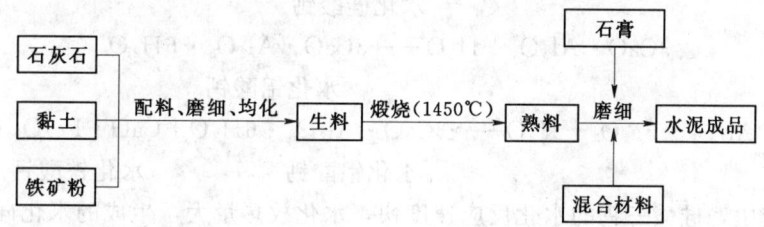

图 3-1 硅酸盐水泥生产工艺流程图

三、硅酸盐水泥熟料的组成

硅酸盐水泥的生料在煅烧过程中，经过一系列的化学反应，从而成为熟料。熟料是一种复杂的混合物，它的主要矿物组成为：硅酸三钙（$3CaO \cdot SiO_2$，简写为 C_3S），硅酸二钙（$2CaO \cdot SiO_2$，简写为 C_2S），铝酸三钙（$3CaO \cdot Al_2O_3$，简写为 C_3A），铁铝酸四钙（$4CaO \cdot Al_2O_3 \cdot Fe_2O_3$，简写为 C_4AF）。

硅酸盐水泥熟料除上述主要组成外，尚含有少量以下成分。

（1）游离氧化钙。它是在煅烧过程中没有全部化合而残留下来呈游离态存在的氧化钙，其含量过高将造成水泥安定性不良，危害很大。

（2）游离氧化镁。若其含量高、晶粒大时也会导致水泥安定性不良。

（3）含碱矿物以及玻璃体等。含碱矿物及玻璃体中 Na_2O 和 K_2O 含量高的水泥，当遇有活性骨料时，易产生碱—骨料膨胀反应。

硅酸盐水泥熟料的化学成分和矿物组分含量如表 3-1 所示。

表 3-1　　　　　　　硅酸盐水泥熟料的化学成分及矿物成分含量

化学成分	简写	矿物分子式	矿物成分	含量（%）
CaO	C	$3CaO \cdot SiO_2$	硅酸三钙（C_3S）	37~60
SiO_2	S	$2CaO \cdot SiO_2$	硅酸二钙（C_2S）	15~37
Al_2O_3	A	$3CaO \cdot Al_2O_3$	铝酸三钙（C_3A）	7~15
Fe_2O_3	F	$4CaO \cdot Al_2O_3 \cdot Fe_2O_3$	铁铝酸四钙（C_4AF）	10~18

四、硅酸盐水泥的水化和凝结硬化

水泥加水拌和后，最初形成具有可塑性的水泥浆体，随着水泥水化反应的进行逐渐变稠失去可塑性，这一过程称为凝结。此后，随着水化反应的继续，浆体逐渐变为具有一定强度的坚硬的固体水泥石，这一过程称为硬化。可见，水化是水泥产生凝结硬化的前提，而凝结硬化则是水泥水化的必然结果。

(一) 硅酸盐水泥的水化

硅酸盐水泥与水拌和后，其熟料颗粒表面的四种矿物立即与水发生的化学反应称为水化。熟料单矿物的水化反应式如下：

$$3CaO \cdot SiO_2 + H_2O \longrightarrow 3CaO \cdot 2SiO_2 \cdot 3H_2O + 3Ca(OH)_2$$
$$\text{水化硅酸钙}$$

$$2CaO \cdot SiO_2 + H_2O \longrightarrow 3CaO \cdot 2SiO_2 \cdot 3H_2O + 3Ca(OH)_2$$
$$\text{水化硅酸钙}$$

$$3CaO \cdot Al_2O_3 + H_2O \longrightarrow 3CaO \cdot Al_2O_3 \cdot 6H_2O$$
$$\text{水化铝酸钙}$$

$$4CaO \cdot Al_2O_3 \cdot Fe_2O_3 + H_2O \longrightarrow 3CaO \cdot Al_2O_3 \cdot 6H_2O + CaO \cdot Fe_2O_3 \cdot H_2O$$
$$\text{水化铝酸钙} \qquad \text{水化铁酸钙}$$

上述反应中，硅酸三钙的水化反应速度快，水化放热量大，生成的水化硅酸钙（简写为 C—S—H）几乎不溶于水，而以胶体微粒析出，并逐渐凝聚成为凝胶。经电子显微镜观察，水化硅酸钙的颗粒尺寸与胶体相当，实际呈结晶度较差的箔片状和纤维颗粒，由这些颗粒构成的网状结构具有很高的强度。反应生成的氢氧化钙很快在溶液中达到饱和，呈六方板状晶体析出。硅酸三钙早期与后期强度均高。

硅酸二钙水化反应的产物与硅酸三钙的相同，只是数量上有所不同，而它水化反应慢，水化放热小。由于水化反应速度慢，因此早期强度低，但后期强度增进率大，一年后可赶上甚至超过硅酸三钙的强度。

铁铝酸四钙水化反应快，水化放热中等，生成的水化产物为水化铝酸三钙立方晶体与水化铁酸一钙凝胶，强度较低。

铝酸三钙的水化反应速度极快，水化放热量最大，其部分水化产物——水化铝酸三钙晶体在氢氧化钙的饱和溶液中能与氢氧化钙进一步反应，生成水化铝酸钙晶体，两者的强度均较低。上述熟料矿物水化与凝结硬化特性见表 3-2 与图 3-2 所示。

表 3-2　　　　　　　　硅酸盐水泥主要矿物组成及其特性

性能指标		熟料矿物			
		C_3S	C_2S	C_3A	C_4AF
密度 (g/cm³)		3.25	3.28	304	3.77
水化反应速率		快	慢	最快	快，仅次于C_3A
水化放热量		大	小	最大	中
强度	早期	高	低	低	低
	后期		高		
收缩		中	中	大	小
抗硫酸盐腐蚀性		中	最好	差	好

由上述可知，在四种熟料矿物中，铝酸三钙水化速率最快，会使浆体迅速产生凝结，这在使用时便无法正常施工。为了控制铝酸三钙的水化和凝结硬化速度，在水泥生产时必须加入适量的石膏。水泥中的石膏与水化铝酸三钙反应生成高硫型水化硫铝酸钙

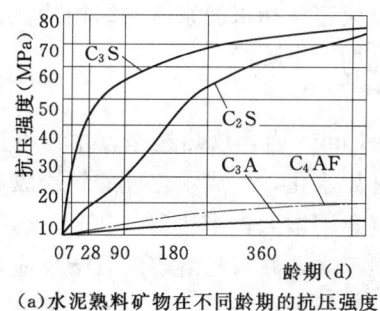
(a) 水泥熟料矿物在不同龄期的抗压强度

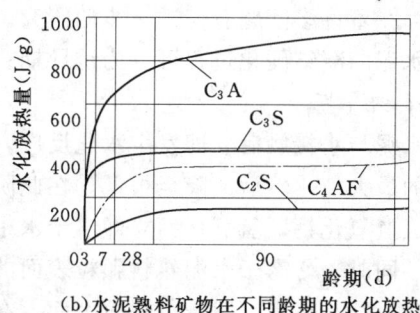
(b) 水泥熟料矿物在不同龄期的水化放热

图3-2 熟料矿物的水化和凝结硬化特性

($3CaO \cdot Al_2O_3 \cdot 3CaSO_4 \cdot 32H_2O$，简写 $C_6A\bar{S}_3H_{32}$）针状晶体，其矿物名称为钙矾石，简称 AFt。当石膏完全消耗后，一部分将转变为单硫型水化硫铝酸钙（$3CaO \cdot Al_2O_3 \cdot CaSO_4 \cdot 18H_2O$，简写 $C_4A\bar{S}H_{18}$）晶体，简称 AFm。通常，AFt 在水泥加水后的 24h 内大量生成，随后逐渐转变成 AFm。其反应式如下：

$$3CaO \cdot Al_2O_3 \cdot 6H_2O + 3(CaSO_4 \cdot 2H_2O) + 20H_2O \longrightarrow 3CaO \cdot Al_2O_3 \cdot 3CaSO_4 \cdot 32H_2O$$
高硫型水化硫铝酸钙

$$3CaO \cdot Al_2O_3 \cdot 3CaSO_4 \cdot 32H_2O + 2(3CaO \cdot Al_2O_3 \cdot 6H_2O) \longrightarrow$$
$$3(3CaO \cdot Al_2O_3 \cdot CaSO_4 \cdot 12H_2O)$$
单硫型水化硫铝酸钙

综上所述，如果忽略一些次要的和少量的成分，则硅酸盐水泥与水作用后，生成的主要水化产物为：水化硅酸钙和水化铁酸钙凝胶，氢氧化钙、水化铝酸钙和水化硫铝酸钙晶体。

在完全水化的水泥石中，水化硅酸钙约占 70%，氢氧化钙约占 20%，钙矾石和单硫型水化硫铝酸钙约占 7%。图 3-3 是用扫描电子显微镜观察到的水泥水化产物的形貌。

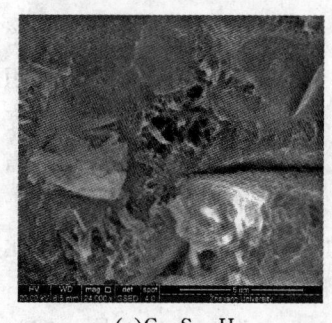
(a) C—S—H

(b) CH

(c) AFt

图 3-3 用扫描电子显微镜观察到的水泥主要水化产物的形貌

（二）硅酸盐水泥的凝结硬化过程

水泥的凝结和硬化是人为划分的。实际上，凝结和硬化是一个连续的复杂的物理、化学变化过程。自 1882 年雷·查特里（H. Lechatelier）首先提出凝结硬化理论以来，至今仍在继续研究。迄今为止，尚没有统一的理论来阐述水泥的凝结硬化具体过程，现有的理论还存在着许多问题有待进一步的研究。一般按水化反应速率和水泥浆体的结构特征,硅酸盐水泥的凝结硬化过程可分为诱导期、凝结期、硬化期三个阶段。

1. 诱导期

水泥与水接触后立即发生水化反应,在初始的 5～10min 内,放热速率剧增,可达此阶段的最大值,然后又降至很低。在此阶段硅酸三钙开始水化,生成水化硅酸钙凝胶,同时生成氢氧化钙,氢氧化钙立即溶于水中,钙离子浓度急剧增大,当达到饱和时,则结晶析出。同时,暴露于水泥熟料颗粒表面的铝酸三钙也溶于水,并与已溶解的石膏反应,生成钙矾石结晶析出,附着在颗粒表面,在这个阶段中,水化的水泥只是极少的一部分。在 1h 左右,水泥浆的放热速率很低。这说明此时水泥水化已变得十分缓慢。这主要是由于水泥颗粒表面覆盖了一层以水化硅酸钙凝胶为主的渗透膜层,阻碍了水泥颗粒与水的接触。在此期间,由于水泥水化产物数量不多,水泥颗粒仍呈分散状态,所以水泥浆基本保持塑性状态。

2. 凝结期

在诱导期后由于渗透压的作用,水泥颗粒表面的膜层破裂,水进入膜内与熟料发生反应,水泥继续水化,放热速率又开始增大,6h 内可增至最大值,然后又缓慢下降。在此阶段,水化产物不断增加并填充水泥颗粒之间的空间,随着接触点的增多,形成了由分子力结合的凝聚结构,使水泥浆体逐渐失去塑性,这一过程称为水泥的凝结。此阶段结束约有 15% 的水泥水化。

3. 硬化期

在凝结期后放热速率逐渐下降,至水泥水化 24h 后,放热速率已降到一个很低值,此时,水泥水化仍在继续进行,水化铁铝酸钙形成。由于石膏的耗尽,高硫型水化硫铝酸钙转变为低硫型水化硫铝酸钙,水化硅酸钙凝胶形成纤维状。在这一过程中,水化产物越来越多,它们更进一步地填充孔隙且彼此间的结合更加紧密,使得水泥浆体产生强度而形成水泥石,这一过程称为水泥的硬化。

水泥的水化与凝结硬化是从水泥颗粒表面开始进行的,逐渐深入到水泥的内核。初始的水化速度较快,水化产物增长较快,水泥石的强度提高也快。由于水化产物增多,堆积在水泥颗粒周围,水分渗入到水泥颗粒内部速度和数量大大减小,水化速度也随之大幅度降低。但是无论时间持续多久,多数水泥颗粒内核不可能完全水化。故硬化期是一个相当长的过程,在适当的养护条件下,水泥硬化可以持续很长时间,几个月、几年、甚至几十年后强度还会继续增长。因此,硬化的水泥石中是由水化产物(凝胶体和晶体)、未水化的水泥颗粒内核、水(自由水和吸附水)和孔隙(毛细孔和凝胶孔)组成的非均质体。

水泥石强度发展的一般规律是:3～7d 内强度增长最快,28d 内强度增长较快。超过 28d 后强度将继续发展而增长较慢。需要注意的是,水泥凝结硬化过程的各个阶段不是彼此截然分开,而是交错进行的。

(三) 影响硅酸盐水泥凝结硬化的主要因素

从硅酸盐水泥熟料的单矿物水化及凝结硬化特性不难看出,熟料的矿物组成直接影响着水泥水化与凝结硬化,除此以外,水泥的凝结硬化还与下列因素有关。

(1) 水泥细度。

水泥颗粒越细,与水起反应的表面积愈大,水化作用的发展就越迅速而充分,使凝结硬化的速度加快,早期强度大。但颗粒过细的水泥硬化时产生的收缩亦越大,而且磨制水泥能耗多成本高,一般认为,水泥颗粒小于 $40\mu m$ 才具有较高的活性,大于 $100\mu m$ 活性就很小了。

(2) 调凝外加剂的影响。

由于实际上硅酸盐水泥的水化、凝结硬化在很大程度上受到 C_3S、C_3A 的制约,因此凡对 C_3S 和 C_3A 的水化能产生影响的外加剂,都能改变硅酸盐水泥的水化、凝结硬化性能。例如加入促凝剂($CaCl_2$、Na_2SO_4 等)就能促进水泥水化、硬化,提高早期强度。相反,掺加缓凝剂(木钙、糖类等)就会延缓水泥的水化硬化,影响水泥早期强度的发展。

(3) 水泥浆的水灰比。

拌和水泥浆时,水与水泥的质量比称为水灰比(W/C)。为使水泥浆体具有一定塑性和流动性,所以加入的水量通常要大大超过水泥充分水化时所需的水量,多余的水在硬化的水泥石内形成毛细孔隙,W/C 越大,硬化水泥石的毛细孔隙率越大,水泥石的强度随其增加而呈直线下降。

(4) 温度与湿度。

温度升高,水泥的水化反应加速,从而使其凝结硬化速率加快,早期强度提高,但对后期强度反而可能有所下降;相反,在较低温度下,水泥的凝结硬化速度慢,早期强度低,但因生成的水化产物较致密而可以获得较高的最终强度;负温下水结成冰时,水泥的水化将停止。

水是水泥水化硬化的必要条件,在干燥环境中,水分蒸发快,易使水泥浆失水而使水化不能正常进行,影响水泥石强度的正常增长,因此用水泥拌制的砂浆和混凝土,在浇筑后应注意保水养护。

(5) 养护龄期。

水泥的水化硬化是一个较长时期不断进行的过程,随着水泥颗粒内各熟料矿物水化程度的提高,凝胶体不断增加,毛细孔隙相应减少,从而随着龄期的增长水泥石的强度逐渐提高。由于熟料矿物中对强度起决定性作用的 C_3S 在早期的强度发展快,所以水泥在 3~14d 内强度增长较快,28d 后增长缓慢。

五、硅酸盐水泥与普通水泥的技术性质

根据国家标准《通用硅酸盐水泥》(GB 175—2007),对硅酸盐水泥的技术要求主要有细度、凝结时间、体积安定性、强度等。

(一) 细度

细度是指水泥颗粒的粗细程度,它是影响水泥性能的重要指标。水泥颗粒粒径一般在 7~$200\mu m$ 范围内,颗粒愈细,与水反应的表面积愈大,水化反应快而且较完全,早期强度和后期强度都较高。但在空气中硬化时收缩性较大,成本较高,在储运过程中也易受潮而降低活性。若水泥颗粒过粗则不利于水泥活性的发挥,一般认为水泥颗粒小于 $40\mu m$ 时,才具有较高活性,大于 $90\mu m$ 后其活性就很小了。因此,为保证水泥具有一定的活性和具有一定的凝结硬化速度,必须对水泥提出细度要求。

国家标准规定,水泥的细度可用筛析法和比表面积法检验。筛析法是采用孔径为

$80\mu m$ 或 $45\mu m$ 的方孔筛对水泥试样进行筛析试验，用筛余百分率表示水泥细度的方法。该法又有干筛法、水筛法、负压筛法三种检验方法。比表面积法是根据一定量空气通过一定空隙率和厚度的水泥层时，所受阻力不同而引起流速的变化来测定水泥的比表面积（单位质量的水泥颗粒所具有的总表面积），以 m^2/kg 表示。国家标准规定，硅酸盐水泥的细度采用比表面积法检验，其比表面积应大于 $300m^2/kg$。

（二）凝结时间

水泥凝结时间是指水泥从开始加水拌和到失去流动性所需要的时间，分初凝时间和终凝时间。

初凝时间为水泥从开始加水拌和起至水泥浆开始失去可塑性所需要的时间；终凝时间是从水泥开始加水拌和起至水泥浆完全失去可塑性并开始产生强度所需的时间。水泥的凝结时间对施工有重要实际意义，其初凝时间不宜过早，以便在施工中有足够的时间完成混凝土或砂浆的搅拌、运输、浇捣和砌筑等操作；终凝时间又不宜过迟，以使水泥能尽快硬化和产生强度，进而缩短施工工期。国家标准规定：硅酸盐水泥初凝时间不小于 45min；终凝时间不大于 390min。

（三）体积安定性

水泥的体积安定性是指水泥在凝结硬化过程中体积变化的均匀性。水泥硬化后产生不均匀的体积变化即体积安定性不良，水泥体积安定性不良会使水泥制品、混凝土构件产生膨胀性裂缝，降低建筑物质量，甚至引起严重工程事故。因此，水泥的体积安定性检验必须合格，体积安定性不合格的水泥作废品处理。

水泥安定性不良的原因是由于其熟料矿物组成中含有过多的游离氧化钙或游离氧化镁，以及水泥粉磨时所掺石膏超量等所致。熟料中所含的游离氧化钙或游离氧化镁都是在高温下生成的，属过烧氧化物，水化很慢，它们要在水泥凝结硬化后才慢慢开始水化，水化时产生体积膨胀，从而引起不均匀的体积变化而使硬化水泥石开裂。

国家标准规定，由游离氧化钙引起的水泥安定性不良可采用试饼法或雷氏法检验。在有争议时以雷氏法为准。试饼法是将标准稠度的水泥净浆做成试饼经恒沸 3h 后，用肉眼观察未发现裂纹，用直尺检查没有弯曲现象，则称为安定性合格；反之，为不合格。雷氏法是测定水泥浆在雷氏夹中硬化沸煮后的膨胀值，当两个试件沸煮后的膨胀值的平均值不大于 5.0mm 时，即判该水泥安定性合格；反之，为不合格。

当水泥中石膏掺量过多时，多余的石膏将与已固化的水化铝酸钙作用生成水化硫铝酸钙晶体，体积膨胀 1.5 倍，造成硬化水泥石开裂破坏。因氧化镁和石膏的危害作用不易快速检验，故常在水泥生产中严格加以控制。国家标准规定，水泥中游离氧化镁含量不得超过水泥质量的 5.0%，三氧化硫含量不得超过水泥质量的 3.5%。

（四）强度及强度等级

水泥的强度是评定水泥质量的重要指标。水泥强度测定必须严格遵守国家标准规定的方法。测定水泥强度一方面可以确定水泥的强度等级以评定和对比水泥的质量；另一方面可作为设计混凝土和砂浆配合比时的强度依据。

水泥轻度检测按照国家标准《通用硅酸盐水泥》（GB 175—2007）和《水泥胶砂强度检验方法（ISO法）》（GB/T 17671—1999）的规定来测量。根据测量结果，将硅酸盐水泥分为 42.5、42.5R、52.5、52.5R、62.5 和 62.5R 六个强度等级，其中代号 R 表示早强型水泥。各强度等级硅酸盐水泥的各龄期强度不得低于表 3-3 中的数值。

表 3-3　　　　　　硅酸盐水泥各龄期的强度要求（GB 175—2007）

品　　种	强度等级	抗压强度（MPa）		抗折强度（MPa）	
		3d	28d	3d	28d
硅酸盐水泥	42.5	17.0	42.5	3.5	6.5
	42.5R	22.0		4.0	
	52.5	23.0	52.5	4.0	7.0
	52.5R	27.0		5.0	
	62.5	28.0	62.5	5.0	8.0
	62.5R	32.0		5.5	

（五）碱含量

水泥中碱含量按 $Na_2O+0.658K_2O$ 计算的质量百分率来表示。若使用活性骨料，水泥中的碱会和骨料中的活性物质如活性 SiO_2 反应，生成膨胀性的碱硅酸盐凝胶，导致混凝土开裂破坏。这种反应和水泥碱含量、骨料的活性物质含量及混凝土的使用环境有关。为防止碱骨料反应，即使用户要求提供低碱水泥时，水泥中碱含量不得大于 0.60%，或由供需双方商定。

（六）水化热

水泥在凝结硬化过程中因水化反应所放出的热量，称为水泥的水化热，通常以 kJ/kg 表示。大部分水化热是伴随着强度的增长在水化初期放出的。水泥的水化热大小和释放速率主要与水泥熟料的矿物组成、混合材料的品种与数量、水泥的细度及养护条件等有关，另外，加入外加剂可改变水泥的释热速率。大型基础、水坝、桥墩、厚大构件等大体积混凝土构筑物，由于水化热聚集在内部不易散发，内部温升可达 50~60℃甚至更高，内外温差产生的应力和温降收缩产生的应力常使混凝土产生裂缝，因此，大体积混凝土工程不宜采用水化热较大、放热较快的水泥，如硅酸盐水泥，因为它含熟料最多。但国家标准尚未就该项指标作出具体的规定。

六、水泥石的腐蚀与防止

硅酸盐水泥硬化后，在通常使用条件下具有较好的耐久性，但在某些侵蚀性液体或气体等介质的作用下，水泥石结构会逐渐遭到破坏，这种现象称为水泥石的腐蚀。

（一）水泥石的几种主要侵蚀作用

1. 软水侵蚀（溶出性侵蚀）

水泥石中的水化产物须在一定浓度的氢氧化钙溶液中才能稳定存在，如果溶液中的氢氧化钙浓度小于水化产物所要求的极限浓度时，则水化产物将被溶解或分解，从而造成水泥石结构的破坏。这就是硬化水泥石软水侵蚀的原理。

雨水、雪水、蒸馏水、工厂冷凝水及含碳酸盐甚少的河水与湖水等都属于软水。当水泥石长期与这些水相接融时，氢氧化钙会被溶出（每升水中能溶解氢氧化钙 1.23g 以上）。在静水无压力的情况下，由于氢氧化钙的溶解度小，易达饱和，故溶出仅限于表层，影响不大。但在流水及压力水作用下,氢氧化钙被不断溶解流失,使水泥石碱度不断降低,从而引起其他水化产物的分解溶蚀,如高碱性的水化硅酸盐、水化铝酸盐等分解成为低碱性的水化产物,最后会变成胶结能力很差的产物,使水泥石结构遭受破坏,这种现象称为溶析。

2. 盐类侵蚀

在水中通常溶有大量的盐类,某些溶解于水中的盐类会与水泥石相互作用产生置换反应,生成一些易溶或无胶结能力或产生膨胀的物质,从而使水泥石结构破坏。最常见的盐类侵蚀是硫酸盐侵蚀与镁盐侵蚀。

(1) 硫酸盐侵蚀。

在海水、湖水、盐沼水、地下水、某些工业污水及流经高炉矿渣或煤渣的水中,常含钾、钠、氨的硫酸盐,它们易与水泥石中的氢氧化钙反应生成硫酸钙,硫酸钙再与水泥石中的固态水化铝酸钙反应,生成体积比原体积增加 1.5 倍的高硫型水化硫铝酸钙。由于体积膨胀而使已经硬化的水泥石开裂、破坏。其反应式为

$$4CaO \cdot Al_2O_3 \cdot 12H_2O + 3CaSO_4 + 20H_2O = 3CaO \cdot Al_2O_3 \cdot 3CaSO_4 \cdot 31H_2O + Ca(OH)_2$$

(2) 镁盐侵蚀。

在海水及地下水中,常含有大量的镁盐,主要是硫酸镁和氯化镁。它们与水泥石中的氢氧化钙起复分解反应如下:

$$MgSO_4 + Ca(OH)_2 + 2H_2O = CaSO_4 \cdot 2H_2O + Mg(OH)_2$$

$$MgCl_2 + Ca(OH)_2 = CaCl_2 + Mg(OH)_2$$

生成的氢氧化镁松软而无胶凝力,氯化钙易溶于水,二水石膏又将引起硫酸盐的破坏作用。因此,硫酸镁对水泥石起镁盐和硫酸盐的双重侵蚀作用。

3. 酸类侵蚀

水泥石含有较多的氢氧化钙,属于碱性物质,因此遇酸将发生中和反应;酸类侵蚀主要包括碳酸侵蚀和一般酸的侵蚀作用。

碳酸的侵蚀指溶于环境水中的二氧化碳对水泥石的作用。开始时,二氧化碳与水泥石中的氢氧化钙作用生成碳酸钙,其反应式如下:

$$Ca(OH)_2 + CO_2 + H_2O = CaCO_3 + 2H_2O$$

生成的碳酸钙再与含碳酸的水作用转变成重碳酸钙,此反应为可逆反应:

$$CaCO_3 + CO_2 + H_2O = Ca(HCO)_2$$

上式是可逆反应,如果环境水中碳酸含量较少,则生成较多的碳酸钙,只有少量的碳酸氢钙,对水泥石没有侵蚀作用;但是如果环境水中碳酸浓度较高,则上式反应向右进行,大量生成易溶于水的碳酸氢钙,使水泥石中的氢氧化钙大量溶失,导致破坏。

除了碳酸、硫酸、盐酸等无机酸之外,环境中的有机酸对水泥石也有侵蚀作用,例如,醋酸、蚁酸、乳酸等,这些酸类可能与水泥石中的 $Ca(OH)_2$ 反应,或者生成易溶于水的物质,或者生成体积膨胀性的物质,从而对水泥石起侵蚀作用。

4. 强碱腐蚀

碱类溶液如浓度不大时一般无害。但铝酸盐含量较高的硅酸盐水泥遇到强碱(如氢氧化钠)作用后也会被腐蚀破坏。氢氧化钠与水泥熟料中未水化的铝酸盐作用,生成易溶的

铝酸钠，其反应式为

$$3CaO \cdot Al_2O_3 + 6NaOH = 3Na_2 \cdot Al_2O_3 + 3Ca(OH)_2$$

当水泥石被氢氧化钠浸透后又在空气中干燥，与空气中的二氧化碳作用生成碳酸钠，碳酸钠在水泥石毛细孔中结晶沉积，而使水泥石胀裂。

实际上，水泥石的腐蚀是一个极为复杂的物理化学作用过程，在遭受腐蚀时，很少仅为单一的侵蚀作用，往往是几种同时存在，互相影响。但产生水泥石腐蚀的基本内因：一是泥石中存在有易被腐蚀的组分，即$Ca(OH)_2$和水化铝酸钙；二是水泥石本身不密实，有很多毛细孔通道，侵蚀性介质易于进入其内部。

应该说明，干的固体化合物对水泥石不起侵蚀作用，腐蚀性化合物必须呈溶液状态，而且其浓度要达一定值以上。促进化学腐蚀的因素为较高的温度、较快的流速、干湿交替和出现钢筋锈蚀等。

（二）防止水泥石腐蚀的措施

（1）根据侵蚀环境特点合理选用水泥品种。例如采用水化产物中氢氧化钙含量较少的水泥，可提高对各种侵蚀作用的抵抗能力；对抵抗硫酸盐的腐蚀，应采用铝酸三钙含量低于5%的抗硫酸盐水泥。另外，掺入活性混合材料，可提高硅酸盐水泥对多种介质的抗腐蚀性。

（2）提高水泥石的密实度。从理论上讲，硅酸盐水泥水化只需水（化学结合水）23%左右（占水泥质量的百分数），但实际用水量约占水泥重的40%～70%，多余的水分蒸发后形成连通孔隙，腐蚀介质就容易侵入水泥石内部，从而加速水泥石的腐蚀。在实际工程中，提高混凝土或砂浆密实度的措施有：合理进行混凝土配合比设计、降低水灰比、选择性能良好的骨料、掺加外加剂以及改善施工方法（如振动成型、真空吸水作业）等。

（3）设置隔离层或保护层。当侵蚀作用较强时，可在混凝土或砂浆表面加做耐腐蚀性高且不透水的保护层，保护层的材料可为耐酸石料、耐酸陶瓷、玻璃、塑料、沥青等。对具有特殊要求的抗侵蚀混凝土，还可采用聚合物混凝土。

七、硅酸盐水泥的特性与应用

水泥的特性与其应用是相适应的，硅酸盐水泥具有以下特性：

（1）凝结硬化快，早期强度与后期强度均高。

这是因为硅酸盐水泥中硅酸盐水泥熟料多，即水泥中C_3S多。因此，适用于现浇混凝土工程、预制混凝土工程、冬期施工混凝土工程、预应力混凝土工程、高强混凝土工程等。

（2）抗冻性好。

由于硅酸盐水泥凝结硬化快，早期强度高，而且其拌和物不易发生泌水，密实度高，适用于寒冷地区和严寒地区遭受反复冻融的混凝土工程。

（3）水化热高。

由于硅酸盐水泥熟料中硅酸三钙和铝酸三钙含量较高，水化热高，而且释放集中，因此不宜用于大体积混凝土工程中。但可应用于冬期施工的工程中。

（4）耐腐蚀性差。

由于硅酸盐熟料中硅酸三钙和铝酸三钙含量高，其水化产物中易腐蚀的氢氧化钙和水化铝酸三钙含量高，因此耐腐蚀性差，不宜长期使用在受流动水和压力水作用的工程，也不适用于受海水及其他侵蚀性介质作用的工程。

(5) 耐热性差。

硅酸盐水泥混凝土在温度不高时（一般为100～250℃），尚存的游离水的水化继续进行，混凝土的密实度进一步增加，强度有所提高。当温度高于250℃时，水泥中的水化产物氢氧化钙分解为氧化钙，如再遇到潮湿的环境，氧化钙熟化体积膨胀，使混凝土遭到破坏。另外，水泥受热约300℃时，体积收缩，强度开始下降。温度达700℃时，强度降低很多，甚至完全破坏，因此，硅酸盐水泥不宜应用于有耐热性要求的混凝土工程中。

(6) 抗碳化性能好。

由于硅酸盐水泥凝结硬化后，水化产物中氢氧化钙浓度高，水泥石的碱度高，再加上硅酸盐水泥混凝土的密实度高，开始碳化生成的碳酸钙填充混凝土表面的孔隙，使混凝土表面更密实，有效地阻止了进一步碳化。因此，硅酸盐水泥抗碳化性能高，可用于有碳化要求的混凝土工程中。

(7) 干缩小。

硅酸盐水泥硬化时干燥收缩小，不易产生干缩裂缝，故适用于干燥环境。

八、硅酸盐水泥和普通水泥的包装标志及贮运

为了便于识别，避免错用，国家标准规定，水泥袋上应清楚标明：产品名称，代号，净含量，强度等级，生产许可证编号，生产者名称和地址，出厂编号，执行标准号，包装年、月、日。掺火山灰质混合材料的普通水泥还应标上"掺火山灰"字样。包装袋两侧应印有水泥名称和强度等级，硅酸盐水泥和普通水泥的印刷采用红色。水泥包装标志中水泥品种、强度等级、生产者名称和出厂编号不全的属不合格品。

水泥在运输和贮存时不得受潮和混入杂物，不同品种和强度等级的水泥应分别贮存，不得混杂堆放，并应采取防潮措施。

第二节　掺大量混合材料的硅酸盐水泥

一、混合材料

在磨制水泥时加入的天然或人工矿物材料称为混合材料。混合材料的加入可以改善水泥的某些性能，拓宽水泥强度等级，扩大应用范围，并能降低水泥生成成本；掺加工业废料作为混合材料，能有效减少污染，有利于环境保护和可持续发展。水泥混合材料包括活性混合材料和非活性混合材料两大类。

(一) 活性混合材料

磨细的混合材料与石灰、石膏或硅酸盐水泥一起，加水拌和后能发生化学反应，生成有一定胶凝性的物质，且具有水硬性，这种混合材料称为活性混合材。常用的活性混合材料有粒化高炉矿渣、火山灰质混合材料、硅灰及粉煤灰等。

1. 粒化高炉矿渣

粒化高炉矿渣是将高炉冶炼生铁时浮在铁水表面的熔融物，经急冷处理后形成粒径

0.5～5mm 的质地疏松的颗粒材料。由于采用水淬方法进行急冷，故又称水淬高炉矿渣。

高炉矿渣主要化学成分为 CaO、SiO_2、Al_2O_3，少量的 MgO、Fe_2O_3 及其他杂质。矿渣中玻璃体含量达 80% 以上，因此储有大量化学潜能，即具有较高的活性。此外，矿渣中还含有钙镁铝黄长石和很少量的硅酸一钙和硅酸二钙等晶体，因此，矿渣具有微弱的自身水硬性。粒化高炉矿渣的活性主要来自玻璃体结构中的活性 SiO_2 和 Al_2O_3，它们在与水作用时，尤其是在碱性激发剂 $Ca(OH)_2$ 的作用下，会使玻璃体中的 Ca^{2+}、AlO_4^{5-}、Al^{3+}、SiO_4^{4-} 离子进入溶液，生成新的水化产物，即水化硅酸钙、水化铝酸钙等，从而产生强度。

矿渣的活性用质量系数 K 评定。按照国家标准《用于水泥中的粒化高炉矿渣》(GB/T 203—2008)，K 是指矿渣的化学成分中 CaO、MgO、Al_2O_3 的质量分数之和与 SiO_2、MnO、TiO_2 的质量分数之和的比值。它反映了矿渣中活性组分与低活性和非活性组分之间的比例，K 值越大，则矿渣的活性越高。水泥用粒化高炉矿渣的质量系数不得小于 1.2。

2. 火山灰质混合材料

火山灰质混合材料是指具有火山灰性质的天然或人工的矿物材料。其品种很多，天然的有火山灰、浮石、浮石岩、沸石、硅藻土等；人工的有烧页岩、烧黏土、煤渣、烧煤矸石或自燃煤矸石、硅灰等。火山灰的主要活性成分是活性 SiO_2 和活性 Al_2O_3，在激发剂作用下可发挥出水硬性。

3. 硅灰

硅灰是硅铁合金生产过程排出的烟气，遇冷凝聚所形成的微细球形玻璃质粉末。硅灰颗粒的粒径约 0.1μm，比表面积在 20000m^2/kg 以上，SiO_2 含量大于 90%。由于硅灰具有很细的颗粒组成和很大的比表面积，因此其水化活性很大。当用于水泥和混凝土时，能加速水泥的水化硬化过程，改善硬化水泥浆体的微观结构，可明显提高混凝土的强度和耐久性。

4. 粉煤灰

粉煤灰是燃煤电厂所排放的工业废气经烟通道收集的粉末，因此又称为飞灰。目前我国粉煤灰的年排放量为 1.2 亿吨以上，和粒化高炉矿渣相比，目前粉煤灰的利用率偏低。粉煤灰是由煤粉悬浮态燃烧后急冷面形成的，因此，粉煤灰大多为直径 0.001～0.05mm 实心或空心玻璃态球粒。粉煤灰化学活性的高低取决于活性 SiO_2 和活性 Al_2O_3 的含量和玻璃体的含量。在激发剂作用下，活性成分可发挥出水硬性。

(二) 非活性混合材料

凡是不具有活性或活性很低的天然或人工矿物质材料称为非活性混合材料，它与水泥的水化产物基本不发生化学反应。在水泥中掺入非活性混合材料的目的是调整水泥强度等级、增加产量、减低生产成本、降低水化热等。实质上非活性混合材料仅起惰性填充作用，所以又称为填充性混合材料。常用的非活性混合材料有石英砂、石灰石和慢冷矿渣。

(三) 混合材料的作用

上述的活性混合材料，它们与水调和后，本身不会硬化或硬化极其缓慢，强度很低。但有时会存在时，就会发生显著的水化，特别是在饱和 $Ca(OH)_2$ 溶液中水化更快，其水

化反应为

$$xCa(OH)_2 + 活性 SiO_2 + n_1 H_2O \longrightarrow xCaO \cdot SiO_2 \cdot (n_1+x)H_2O$$
水化硅酸钙

$$yCa(OH)_2 + 活性 Al_2O_3 + n_2 H_2O \longrightarrow yCaO \cdot Al_2O_3 \cdot (n_2+y)H_2O$$
水化铝酸钙

式中：x、y 值决定于混合材料的种类、石灰和活性氧化硅的比例、环境温度以及作用所延续的时间等，一般为 1 或稍大。n 值一般为 1~2.5。

生成的水化硅酸钙和水化铝酸钙是具有水硬性的产物，与硅酸盐水泥中的水化产物相同。当有石膏存在时，水化铝酸钙还可以和石膏进一步反应生成水化硫铝酸钙。由此可见，是氢氧化钙和石膏激发了混合材料的活性，故称它们为活性混合材料的激发剂；氢氧化钙称为碱性激发剂，石膏称为硫酸盐激发剂。

掺活性混合材料的硅酸盐水泥与水拌和后，首先是水泥熟料水化，之后是水泥熟料的水化产物——$Ca(OH)_2$ 与活性混合材料中的活性 SiO_2 和活性 Al_2O_3 发生水化反应（亦称二次反应）生成水化产物，由此过程可知，掺活性混合材料的硅酸盐系水泥的水化速度较慢，故早期强度较低，而由于水泥中熟料含量相对减少，故水化热较低。

活性混合材料掺入水泥中的主要作用是：改善水泥的某些性能、调节水泥强度、降低水化热、降低生产成本、增加水泥产量、扩大水泥品种。

非活性混合材料掺入水泥中的主要作用是：调节水泥强度、降低水化热、降低生产成本、增加水泥产量。

二、矿渣硅酸盐水泥

凡由硅酸盐水泥熟料和粒化高炉矿渣、适量石膏磨细制成的水硬性胶凝材料称为矿渣硅酸盐水泥，简称矿渣水泥。水泥中粒化高炉矿渣掺加量按质量百分比计为大于 20% 且不超过 70%，根据矿渣掺量的不同，还可以分为 A 型矿渣水泥（代号 P·S·A）和 B 型矿渣水泥（代号 P·S·B）。其中，A 型矿渣水泥中矿渣掺量 >20% 且 ≤50%，B 型矿渣水泥中矿渣掺量大于 50% 且不超过 70%，允许用石灰石、窑灰、火山灰质混合材料中的一种代替矿渣，但代替数量不得过水泥质量的 8%，替代后水泥中粒化高炉矿渣不得少于 20%。

按照国家标准《通用硅酸盐水泥》（GB 175—2007）规定，矿渣硅酸盐水泥分为 32.5、32.5R、42.5、42.5R、52.5 和 52.5R 六个强度等级，各强度等级水泥的各龄期强度不得低于表 3-4 中的数值；细度要求 $80\mu m$ 方孔筛上的筛余不大于 10%，或 $45\mu m$ 方孔筛上的筛余不大于 30%，凝结时间及沸煮安定性的要求均与普通硅酸盐水泥相同，但如水泥经压蒸安定性试验合格，则水泥熟料中氧化镁的含量允许放宽到 6.0%，水泥中三氧化硫的含量不得超过 4.0%。

三、火山灰质硅酸盐水泥

凡由硅酸盐水泥熟料和火山灰质混合材料、适量石膏磨细制成的水硬性胶凝材料称为火山灰质硅酸盐水泥，简称火山灰水泥，其代号为 P·P，水泥中火山灰质混合材料掺加量按质量百分比计为 20%~40%。

表 3-4　　矿渣水泥、火山灰水泥、粉煤灰水泥及复合水泥各龄期强度

强度等级	抗压强度（MPa）		抗折强度（MPa）	
	3d	28d	3d	28d
32.5	10.0	32.5	2.5	5.5
32.5R	15.0		3.5	
42.5	15.0	42.5	3.5	6.5
42.5R	19.0		4.0	
52.5	21.0	52.5	4.0	7.0
52.5R	23.0		4.5	

按国家标准规定，火山灰水泥中三氧化硫的含量不得超过 3.5%，其细度、凝结时间、强度、沸煮安定性和氧化镁含量的要求均与矿渣硅酸盐水泥相同。

四、粉煤灰硅酸盐水泥

凡由硅酸盐水泥熟料和粉煤灰混合材料、适量石膏磨细制成的水硬性胶凝材料称为粉煤灰硅酸盐水泥，简称粉煤灰水泥，其代号为 P·F，水泥中粉煤灰掺加量按质量百分比计为大于 20% 且不超过 40%。

按国家标准规定，粉煤灰硅酸盐水泥的细度、凝结时间、体积安定性和强度的要求与火山灰水泥完全相同。

五、复合硅酸盐水泥

凡由硅酸盐水泥熟料、两种或两种以上规定的混合材料、适量石膏磨细制成的水硬性胶凝材料，称为复合硅酸盐水泥，简称复合水泥，其代号为 P·C。水泥中混合材料总掺量按质量百分比计应大于 20% 且不超过 50%。允许用不超过 8% 的窑灰代替部分混合材料。掺矿渣时，混合材料掺量不得与矿渣硅酸盐水泥重复。

按照国家标准规定，复合硅酸盐水泥分为 32.5、32.5R、42.5、42.5R、52.5 和 52.5R 六个强度等级，各强度等级水泥的各龄期强度不得低于表 3-4 中的数值。水泥熟料中氧化镁的含量不得超过 5.0%。如经压蒸安定性试验合格，则熟料中氧化镁的含量允许放宽到 6.0%。水泥中三氧化硫的含量不得超过 3.5%，对细度、凝结时间及体积安定性的要求与普通水泥相同。

复合硅酸盐水泥由于在水泥熟料中掺入了两种或两种以上规定的混合材料，因此其特性主要取决于所掺混合材料的种类、掺量及相对比例，既与矿渣水泥、火山灰水泥、粉煤灰水泥有相似之处，又有其本身的特性，而且较单一混合材料的水泥具有更好的技术效果，故它也广泛适用于各种混凝土工程。

六、掺混合材料硅酸盐水泥的技术性质

从这四种水泥的组成可以看出，它们的区别仅在于掺加的活性混合材料的不同，而由于四种活性混合材料的化学组成和化学活性基本相同，其水泥的水化产物及凝结硬化速度相近，因此这四种水泥的大多数性质和应用相同或相近，即这四种水泥在许多情况下可替代使用。同时，又由于这四种活性混合材料的物理性质和表面特征及水化活性等有些差异，使得这四种水泥分别具有某些特性。总之，这四种水泥与硅酸盐水泥或普通硅酸水

泥相比,具有以下特点:

(一) 四种水泥的共性

(1) 凝结硬化速度慢。

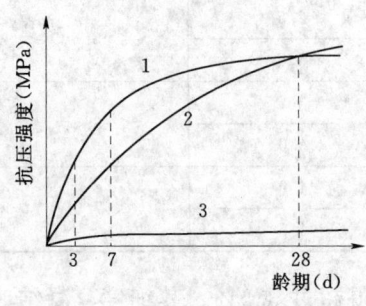

图 3-4 水泥强度发展规律
1—硅酸盐水泥;2—掺混合材料硅酸盐水泥;3—混合材料

早期强度较低,但后期强度增长较多,甚至可超过同强度等级的硅酸盐水泥,如图 3-4 所示。这是因为相对硅酸盐水泥,掺混合材料硅酸盐水泥熟料矿物较少而活性混合材料较多,其水化反应是分两步进行的。首先是熟料矿物水化,此时所生成的水化产物与硅酸盐水泥基本相同。由于熟料较少,故此时参加水化和凝结硬化的成分较少,水化产物较少,凝结硬化较慢,强度较低;随后,熟料矿物水化生成的氢氧化钙和石膏分别作为混合材料的碱性激发剂和硫酸盐激发剂,与混合材料中的活性成分发生二次水化反应,从而在较短时间内有大量水化物产生,进而使其凝结硬化速度大大加快,强度增长较多。

(2) 对温度敏感,适合高温养护。

这四种水泥在低温下水化明显减慢,强度较低。采用高温养护可大大加速活性混合材料的水化,并可加速熟料的水化,故可大大提高早期强度,且不影响常温下后期强度的发展(见图 3-4)。

(3) 水化热少。

这也是因为熟料含量相对较少,其中所含水化热大、放热速度快的铝酸三钙、硅酸钙含量较少的缘故。

(4) 抗侵蚀性好。

由于熟料水化析出的氢氧化钙本身就少,再加上与活性混合材料作用时又消耗了大量的氢氧化钙,因此水泥石中所剩余的氢氧化钙就更少了,所以,这三种水泥抵抗软水、海水和硫酸盐腐蚀的能力较强,宜用于水工和海港工程。

(5) 抗冻性。

矿渣和粉煤灰易泌水形成连通孔隙,火山灰一般需水量较大,会增加内部的孔隙含量,故这四种水泥的抗冻性均较差。

(6) 抗碳化能力较差。

由于这四种水泥在水化硬化后,水泥石中的氢氧化钙的数量少,故抵抗碳化的能力差。因而不适合用于二氧化碳浓度含量高的工业厂房,如铸造、翻砂车间等。

(二) 四种水泥的特性

1. 矿渣硅酸盐水泥

由于粒化高炉矿渣玻璃体对水的吸附能力差,即对水分的保持能力差(保水性差),与水拌和时易产生泌水造成较多的连通孔隙,因此,矿渣硅酸盐水泥的抗渗性差,且干缩较大。矿渣本身耐热性好,且矿渣硅酸盐水泥水化后氢氧化钙的含量少,故矿渣硅酸盐水泥的耐热性较好。

矿渣硅酸盐水泥适合用于有耐热要求的混凝土工程，不适合用于有抗渗要求的混凝土工程。

2. 火山灰质硅酸盐水泥

火山灰质混合材料内部含有大量的微细孔隙，故火山灰质硅酸盐水泥的保水性高；火山灰质硅酸盐水泥水化后形成较多的水化硅酸钙凝胶，使水泥石结构致密，因而其抗渗性较好；火山灰质硅酸盐水泥的干缩大，水泥石易产生微细裂纹，且空气中的二氧化碳能使水化硅酸钙凝胶分解成为碳酸钙和氧化硅的混合物，使水泥石的表面产生起粉现象。火山灰质硅酸盐水泥的耐磨性也较差。

火山灰质硅酸盐水泥适合用于有抗渗性要求的混凝土工程，不宜用于干燥环境中的地上混凝土工程，也不宜用于有耐磨性要求的混凝土工程。

3. 粉煤灰硅酸盐水泥

粉煤灰是表面致密的球形颗粒，其吸附水的能力较差，即保水性差、泌水性大，其在施工阶段易使制品表面因大量泌水产生收缩裂纹（又称失水裂纹），因而粉煤灰硅酸盐水泥抗渗性差；粉煤灰硅酸盐水泥的干缩较小，这是因为粉煤灰的比表面积小，拌和需水量小的缘故。粉煤灰硅酸盐水泥的耐磨性也较差。

粉煤灰硅酸盐水泥适合用于承载较晚的混凝土工程，不宜用于有抗渗性要求的混凝土工程，且不宜用于干燥环境中的混凝土及有耐磨性要求的混凝土工程。

4. 复合硅酸盐水泥

由于掺入了两种或两种以上规定的混合材料，其效果不只是各类混合材料的简单混合，而是互相取长补短，产生单一混合材料不能起到的优良效果，因此，复合水泥的性能介于普通硅酸盐水泥和以上 3 种混合材料硅酸盐水泥之间。

根据以上两节的阐述，在此将上述各种通用硅酸盐水泥的性质及在工程中如何选用进行适当归纳，如表 3-5 和表 3-6 所示。

表 3-5 通用水泥的成分及特性

项 目	硅酸盐水泥	普通水泥	矿渣水泥	火山灰水泥	粉煤灰水泥	复合水泥
主要成分	以硅酸盐水泥熟料为主，不掺或掺加不超过5%的混合材料	硅酸盐水泥熟料、5%～15%的混合材料	硅酸盐水泥熟料、20%～70%的粒化高炉矿渣	硅酸盐水泥熟料、20%～50%的火山灰质混合材料	硅酸盐水泥熟料、20%～40%的粉煤灰	硅酸盐水泥熟料、20%～50%的混合材料
特性	早期、后期强度高；水化热大；抗冻性好；耐热性差；耐腐蚀性差	早期强度高；水化热高；抗冻性好；耐热性差；耐腐蚀性差	硬化慢，早期强度低，后期强度逐渐提高；对温度敏感，适合高温养护；水化热小；抗冻性较差；抗碳化性较差；泌水性大；抗渗性好；耐热性好；干缩较大	保水性好；抗渗性好；干缩大；耐磨性差	泌水性大；抗渗性差；干缩小、抗裂性好；耐磨性差	早期强度较高；干缩较大

表 3-6　　通用水泥的选用

项目	混凝土工程特点及所处环境条件		优先选用	可以选用	不宜选用
普通混凝土	1	在一般气候环境中的混凝土	普通水泥	矿渣水泥、火山灰水泥、粉煤灰水泥、复合水泥	
	2	在干燥环境中的混凝土	普通水泥	矿渣水泥	火山灰水泥、粉煤灰水泥
	3	在高湿度环境中或长期处于水中的混凝土	矿渣水泥、火山灰水泥、粉煤灰水泥、复合水泥	普通水泥	
	4	厚大体积的混凝土	矿渣水泥、火山灰水泥、粉煤灰水泥、复合水泥		硅酸盐水泥、普通水泥
有特殊要求的混凝土	1	要求快硬、高强的混凝土	硅酸盐水泥	普通水泥	矿渣水泥、火山灰水泥、粉煤灰水泥、复合水泥
	2	严寒地区的露天混凝土	硅酸盐水泥、普通水泥	矿渣水泥（强度等级>32.5）	火山灰水泥、粉煤灰水泥
	3	严寒地区处于水位变化区的混凝土	普通水泥（强度等级>42.5）		火山灰水泥、粉煤灰水泥、复合水泥
	4	有抗渗要求的混凝土	普通水泥、火山灰水泥		
	5	有耐磨性要求的混凝土	硅酸盐水泥、普通水泥	矿渣水泥（强度等级>32.5）	火山灰水泥、粉煤灰水泥
	6	受侵蚀性介质作用的混凝土	矿渣水泥、火山灰水泥、粉煤灰水泥、复合水泥		硅酸盐水泥、普通水泥

第三节　特性水泥

一、道路硅酸盐水泥

国家标准《道路硅酸盐水泥》（GB 13693—2005）规定，由道路硅酸盐水泥熟料，适量石膏，可加入符合规定的混合材料，磨细制成的水硬性胶凝材料，称为道路硅酸盐水泥，简称道路水泥，代号 P.R。道路硅酸盐水泥熟料中铝酸三钙的含量应不超过 5.0%，铁铝酸四钙的含量应不低于 16.0%，游离氧化钙的含量，旋窑生产应不大于 1.0%；立窑生产应不大于 1.8%。活性混合材的掺加量按质量计为 0~10%，混合材可为符合相关标准的F类粉煤灰、粒化高炉矿渣、粒化电炉磷渣或钢渣。

道路水泥的强度等级分为32.5、42.5和52.5三级。比表面积应为$300\sim400m^2/kg$，初凝应不早于1.5h，终凝不迟于10h。28d干缩率应不大于0.10%，28d磨耗量应不大于$3.0kg/m^2$。道路水泥各龄期的强度值应不低于表3-7数值。与同强度等级的硅酸盐水泥或普通水泥相比，同龄期道路水泥的抗折强度略高。

表3-7　　　　　　　　道路水泥的强度等级与各龄期强度

强度等级	抗折强度（MPa）		抗压强度（MPa）	
	3d	28d	3d	28d
32.5	3.5	6.5	16.0	32.5
42.5	4.0	7.0	21.0	42.5
52.5	5.0	7.5	26.0	52.5

道路硅酸盐水泥适用于道路路面及对耐磨、抗干缩等性能要求较高的工程。

二、铝酸盐水泥

凡以铝酸钙为主的铝酸盐水泥熟料，磨细制成的水硬性胶凝材料，称为铝酸盐水泥，代号CA。由于其主要原料为铝矾土，故旧称矾土水泥，又由于熟料中氧化铝含量较高，也常称其为高铝水泥。

（一）铝酸盐水泥的组成、水化与硬化

铝酸盐水泥的主要化学成分是：CaO、Al_2O_3、SiO_2，生产原料是铝矾土和石灰石。

铝酸盐水泥的主要矿物成分是铝酸一钙（$CaO \cdot Al_2O_3$ 简写式CA）和二铝酸一钙（$CaO \cdot 2Al_2O_3$ 简写式CA_2），此外还有少量的其他铝酸盐和硅酸二钙。

铝酸一钙是铝酸盐水泥的最主要矿物，具有很高的活性，其特点是凝结正常、硬化迅速，是铝酸盐水泥强度的主要来源。

二铝酸一钙的凝结硬化慢，早期强度低，但后期强度较高。含量过多将影响水泥的快硬性能。

铝酸盐水泥的水化产物与温度密切相关，主要是十水铝酸一钙（$CaO \cdot Al_2O_3 \cdot 10H_2O$ 简写式CAH_{10}）、八水铝酸二钙（$2CaO \cdot Al_2O_3 \cdot 8H_2O$，简写式$C_2AH_8$）和铝胶（$Al_2O_3 \cdot 3H_2O$）。

CAH_{10}和C_2AH_8为片状或针状晶体，它们互相交错搭接，形成坚固的结晶连生体骨架，同时生成的铝胶填充于晶体骨架的空隙中，形成致密的水泥石结构，因此强度较高。水化5~7d后，水化物数量很少增长，故铝酸盐水泥早期强度增长很快，后期强度增进很小。

特别需要指出的是CAH_{10}和C_2AH_8都是不稳定的，会逐步转化为C_3AH_6，温度升高转化加快，晶体转变的结果，使水泥石内析出了游离水，增大了孔隙率；同时也由于C_3AH_6本身强度较低，且相互搭接较差，所以水泥石的强度明显下降，后期强度可能比最高强度降低达40%以上。

（二）铝酸盐水泥的技术性质

铝酸盐水泥根据其Al_2O_3含量不同分为四种类型：即CA-50、CA-60、CA-70、

CA-80，各类型水泥各龄期强度值不低于表3-8中的数值。各种水泥的比表面积不小于300m²/kg或在孔径为45μm筛上的筛余不大于20%；CA-50、CA-70、CA-80的初凝时间不得早于30min，终凝不得迟到6h；CA-60的初凝时间不得早于60min，终凝时间不得迟于18h。

表3-8　　　　　　　铝酸盐水泥各龄期强度值（GB 201—2000）

水泥类型	抗压强度（MPa）				抗折强度（MPa）			
	6h	1d	3d	28d	6h	1d	3d	28d
CA-50	20	40	50	—	3.0	5.5	6.5	—
CA-60	—	20	45	85	—	2.5	5.0	10.0
CA-70	—	30	40	—	—	5.0	6.0	—
CA-80	—	25	30	—	—	4.0	5.0	—

（三）铝酸盐水泥的特性与应用

与硅酸盐水泥相比，铝酸盐水泥具有以下特性及相应的应用。

（1）水泥早期强度增长较快。24h即可达到其极限强度的80%左右，因此宜用于要求早期强度高的特殊工程和紧急抢修工程。

（2）水化热大。放热量主要集中在早期，1d内即可放出水化总热量的70%~80%，因此，铝酸盐水泥适用于寒冷地区冬季施工的混凝土工程，但不宜用于大体积混凝土工程。

（3）抗硫酸盐侵蚀性好。铝酸盐水泥含有硅酸二钙量极少，在水化产物中几乎不含有$Ca(OH)_2$，且结构致密。适用于抗硫酸盐及海水侵蚀的工程。

（4）耐热性好。铝酸盐水泥在高温时能产生固结反应，以烧结代替了水化结合，使得铝酸盐水泥在高温时仍然可得到较高强度。因此，铝酸盐水泥可作为耐热砂浆或耐热混凝土的胶结材料，能耐1300~1400℃高温。

（5）长期强度有所降低。铝酸盐水泥随时间推移会发生晶体转化，其长期强度有降低的趋势；在使用时，最适宜的硬化温度为15℃左右，一般环境温度不得超过25℃，因此铝酸盐水泥不宜用于长期承载结构，且不宜用于高温环境中的工程。

三、膨胀型水泥

通常硅酸盐水泥在空气中硬化时会产生一定的收缩，使约束状态下的混凝土内部产生拉应力，由此导致混凝土形成微裂缝，对混凝土的整体性不利。膨胀水泥是一种能在水泥凝结之后的早期硬化阶段产生体积膨胀的水硬性水泥，可以起到补偿收缩、增加体积密实度的作用。

膨胀水泥按自应力的大小可分为两类：当其自应力值达6.9MPa时，称为自应力水泥；当自应力值为0.5MPa左右，则称为膨胀水泥。

按基本组成，我国常用的膨胀水泥品种如下。

（1）硅酸盐膨胀水泥。以硅酸盐水泥为主，外加铝酸盐水泥和石膏配制而成。

（2）铝酸盐膨胀水泥。以铝酸盐水泥为主，外加石膏组成。

（3）硫铝酸盐膨胀水泥。以无水硫铝酸钙和硅酸二钙为主要成分，外加石膏而组成。

(4) 铁铝酸钙膨胀水泥。以铁相、无水硫铝酸钙和硅酸二钙为主要矿物,加石膏制成。

上述四种膨胀水泥的膨胀均来源于水泥石中形成钙矾石产生体积膨胀而致。调整各种组成的配合比,控制生成钙矾石的数量,可以制得不同膨胀值、不同类型的膨胀水泥。

膨胀水泥适用于补偿混凝土收缩的结构工程,作防渗层或防渗混凝土;填灌构件的接缝及管道接头;结构的加固与修补;固结机器底座及地脚螺丝等。自应力水泥适用于制造自应力钢筋混凝土压力管及其配件。

使用膨胀水泥的混凝土工程应特别注意早期的潮湿养护,以便让水泥在早期充分水化,防止在后期形成钙矾石而引起开裂。

四、快硬硫铝酸盐水泥

以适当成分的生料,经煅烧所得以无水硫铝酸钙和硅酸二钙为主要矿物成分的熟料、适量的石膏和0~10%的石灰石,磨细制成的早期强度高的水硬性胶凝材料,称为快硬硫铝酸盐水泥,代号R·SAC。

快硬硫铝酸盐水泥CaO的含量应不小于50%。比表面积应不小于350m²/kg。以3d抗压强度分为42.5、52.5、62.5、72.5四个等级。各强度等级水泥的各龄期强度应不低于表3-9数值。

表3-9　　　快硬硫铝酸盐水泥各龄期强度值（JC 933—2003）

强度等级	抗压强度（MPa）			抗折强度（MPa）		
	1d	3d	28d	1d	3d	28d
42.5	33.0	42.5	45.0	6.0	6.5	7.0
52.5	42.0	52.5	55.0	6.5	7.0	7.5
62.5	50.0	62.5	65.0	7.0	7.5	8.0
72.5	56.0	72.5	75.0	7.5	8.0	8.5

快硬硫铝酸盐水泥中的无水硫铝酸钙水化很快,在水泥失去塑性前就形成大量的钙矾石和氢氧化铝凝胶,$\beta\text{-}C_2S$是低温（1250~1350℃）烧成,活性较高,水化较快,能较早生成C-S-H凝胶和氢氧化铝凝胶填充于钙矾石结晶骨架的空间,形成致密的体系,从而使快硬硫铝酸盐水泥获得较高早期强度。此外C_2S水化析出的$Ca(OH)_2$与氢氧化铝和石膏又能进一步生成钙矾石,不仅增加了钙矾石的量,而且也促进了C_2S的水化,进一步提高早强,使水泥有较好的抗冻性、抗渗性和气密性。

快硬硫铝酸盐水泥具有快凝、早强、不收缩的特点,可用于配制早强、抗渗和抗硫酸盐侵蚀的混凝土。水化放热快,适用于冬季施工,但不适合应用于大体积混凝土工程。硬化时体积微膨胀,可用于浆锚、喷锚支护、抢修、堵漏的水泥制品及一般建筑工程。由于这种水泥的碱度较低,所以适用于玻纤增强水泥制品,但是碱度低也带来了易使钢筋锈蚀的问题。此外,钙矾石在150℃以上会脱水,强度大幅度下降,故耐热性较差。

五、白色硅酸盐水泥

凡以适当成分的生料烧至部分熔融、得到以硅酸钙为主要成分、氧化铁含量很少的白色硅酸盐水泥熟料,加入适量石膏共同磨细制成的水硬性胶凝材料称为白色硅酸盐水泥,简称白水泥,代号P·W。

白水泥与硅酸盐水泥由于氧化铁含量不同,因而具有不同的颜色,一般硅酸盐水泥由于含有较多的Fe_2O_3等氧化物而呈暗灰色;而白水泥则由于Fe_2O_3等着色氧化物很少而呈白色。为了满足白色水泥的白度要求,在生产过程中应尽量降低氧化铁的含量,同时对于其他着色氧化物(如氧化锰、氧化钛、氧化铬等)的含量也要加以限制。为此,一是要求使用含着色杂质(铁、铬、锰等)极少的较纯原料,如纯净的高岭土、纯石英砂、纯石灰石或白垩等;二是在煅烧、粉磨、运输、包装过程中防止着色杂质混入;三是磨机的衬板要采用质坚的花岗石、陶瓷或优质耐磨特殊钢等,研磨体应采用硅质卵石(白卵石)或人造瓷球等;四是煅烧时用的燃料应为无灰分的天然气或液体燃料。

根据国家标准《白色硅酸盐水泥》(GB/T 2015—2005)中的规定,白水泥按强度分为32.5、42.5和52.5三个强度等级。水泥在各龄期的强度要求不低于表3-10中的数值。水泥熟料中氧化镁含量不得超过5.0%,水泥中三氧化硫含量不得超过3.5%,在80μm方孔筛上的筛余不得超过10%,初凝时间不得早于45min,终凝时间不得迟于10h,安定性用沸煮法检验必须合格。

表 3-10　　　　　　　　白色硅酸盐水泥各龄期的强度值

强度等级	抗压强度（MPa）		抗折强度（MPa）	
	3d	28d	3d	28d
32.5	12.0	32.5	3.0	6.0
42.5	17.0	42.5	3.5	6.5
52.5	22.0	52.5	4.0	7.0

复 习 思 考 题

3-1　硅酸盐水泥熟料的主要矿物组成及各自的水化特性是什么?

3-2　硅酸盐水泥的主要水化产物是什么?硬化水泥石的结构怎样?

3-3　制造硅酸盐水泥加入适量石膏的目的是什么?为什么石膏不能掺的过多或过少?

3-4　影响硅酸盐水泥凝结硬化的主要因素有哪些?如何影响?

3-5　硅酸盐水泥腐蚀的类型有哪几种?各自的腐蚀机理如何?提出防止水泥石腐蚀的措施。

3-6　硅酸盐水泥体积安定性不良的原因是什么?如何检验水泥的安定性?水泥安定性不合格怎么办?

3-7　简述硅酸盐水泥的技术性质。它们各有何实用意义?水泥通过检验,什么叫不合格品?什么叫废品?

3-8　为什么生产硅酸盐水泥时掺适量石膏对水泥石不起破坏作用,而硬化水泥石在有硫酸盐环境的环境介质中生成石膏时就有破坏作用?

3-9　何谓活性混合材料和填充性混合材料?它们掺入硅酸盐水泥中各起什么作用?

常用的水泥混合材料有哪几种？活性混合材料产生水硬性的条件是什么？

3-10 硅酸盐水泥腐蚀的类型有哪些？

3-11 为什么普通水泥早期强度较高、水化热较大、耐腐性较差，而矿渣水泥和火山灰水泥早期强度低、水化热小，但后期强度增长较快，且耐腐性较强？

3-12 有下列混凝土构件和工程，试分别选用合适的水泥品种，并说明选用的理由：

(1) 现浇混凝土楼板、梁、柱；

(2) 采用蒸汽养护的混凝土预制构件；

(3) 紧急抢修的工程或紧急军事工程；

(4) 大体积混凝土坝和大型设备基础；

(5) 有硫酸盐腐蚀的地下工程；

(6) 高炉基础；

(7) 海港码头工程；

(8) 道路工程。

3-13 某工地建筑材料仓库存有白色胶凝材料三桶，原分别标明为磨细生石灰、建筑石膏和白水泥，后因保管不善，标签脱落，问可用什么简易方法来加以辨认？

3-14 试述铝酸盐水泥的矿物组成、水化产物及特性。在使用中应注意哪些问题？

3-15 快硬硫铝酸盐水泥有何特性？

第四章 混凝土

第一节 概述

一、混凝土的定义

凡由胶凝材料把散粒状材料胶结到一起，并形成具有一定强度的人造石材，统称为混凝土。混凝土是一种人造石材，因此在一些非正式场合下，常简写为"砼"。目前使用最多的是以水泥为胶凝材料的混凝土，称为水泥混凝土。它是当今世界上用途最广、用量最大的人造土木工程材料，而且是重要的工程结构材料，混凝土也被看作一种复合材料。

二、混凝土的分类

通常混凝土可按照以下几种方法分类。

1. 按胶凝材料种类分类

混凝土按其所用胶凝材料可分为水泥混凝土、沥青混凝土、聚合物水泥混凝土、树脂混凝土、石膏混凝土、水玻璃混凝土、硅酸盐混凝土等。

2. 按表观密度分类

按照混凝土的表观密度大小，可以分为轻混凝土、普通混凝土和重混凝土。

(1) 轻混凝土。其表观密度小于 $1950kg/m^3$。它是采用轻质多孔的骨料，或者不用骨料而掺入加气剂或泡沫剂等，造成多孔结构的混凝土，包括轻骨料混凝土、多孔混凝土、大孔混凝土等。其用途可分为结构用、保温用和结构兼保温等几种。

(2) 普通混凝土。其表观密度为 $2100\sim2500kg/m^3$，一般在 $2400kg/m^3$ 左右。它是用普通的天然砂、石作骨料配制而成，为土木工程中最常用的面广量大的混凝土，通常简称混凝土。大量用作各种土木工程的承重结构材料。

(3) 重混凝土。其表观密度大于 $2600kg/m^3$。它是采用了密度很大的重骨料——重晶石、铁矿石、钢屑等配制而成，也可以同时采用重水泥—钡水泥、锶水泥进行配制。重混凝土具有防射线的性能，故又称防辐射混凝土，主要用作核能工程的屏蔽结构材料。

3. 按使用功能分类

混凝土按其用途可分为结构混凝土（即普通混凝土）、防水混凝土、耐酸混凝土、耐热混凝土、大体积混凝土、膨胀混凝土、防辐射混凝土、道路混凝土、装饰混凝土等多种。

4. 按生产和施工方法分类

混凝土按生产和施工方法可分为预拌混凝土（商品混凝土）、热拌混凝土、泵送混凝土、喷射混凝土、压力灌浆混凝土（预填骨料混凝土）、离心混凝土、真空吸水混凝土、挤压混凝土、碾压混凝土等。

三、普通混凝土的主要特点

普通混凝土是指以水泥为胶凝材料、砂子和石子为骨料，经加水搅拌、浇筑成型、凝结固化成具有一定强度的"人工石材",即水泥混凝土,是目前工程上最大量使用的混凝土品种。

(一) 普通混凝土的优点

(1) 原材料来源丰富。混凝土中砂、石骨料占70%以上,而砂、石为地方性材料,因此可就地取材,价格便宜。

(2) 混凝土拌和物具有良好的可塑性,施工方便。可按工程结构要求浇筑成各种形状和任意尺寸的整体结构或预制构件。

(3) 性能可根据需要设计调整,适应性好。改变混凝土组成材料的品种及比例,特别是掺入不同外加剂和掺合料,可制得不同物理力学性能的混凝土,以满足各种工程的不同需要。

(4) 抗压强度高。混凝土硬化后的抗压强度一般在20~60MPa之间,可高达80~100MPa,故很适于用作土木工程结构材料。

(5) 与钢筋有牢固的黏结力,且混凝土与钢筋的线膨胀系数基本相同,二者复合成钢筋混凝土后,能保证共同工作,从而大大扩展了混凝土的应用范围。

(6) 耐久性良好。原材料选择正确、配比合理、施工养护良好的混凝土具有优异的抗渗性、抗冻性和耐腐蚀性能,且对钢筋有保护作用,可保持混凝土结构长期使用性能稳定。

(二) 普通混凝土的缺点

普通混凝土的不足之处主要为:

(1) 自重大,比强度小。每立方米普通混凝土重达2400kg左右,故结构物自重较大,致使在土木工程中形成肥梁、胖柱、厚基础,对高层、大跨度建筑不利。

(2) 抗拉强度低,抗裂性能差。混凝土的抗拉强度一般为抗压强度的1/10~1/20,因此,受拉时易产生开裂。

(3) 收缩变形大。水泥水化凝结硬化引起的自身收缩和干燥收缩达500×10^{-6}m/m以上,易产生混凝土收缩裂缝。

(三) 普通混凝土的基本要求

(1) 满足便于搅拌、运输和浇捣密实的施工和易性。

(2) 满足设计要求的强度等级。

(3) 满足工程所处环境条件所必需的耐久性。

(4) 满足上述三项要求的前提下,最大限度地降低水泥用量,节约成本,即经济合理性。

综上所述,混凝土材料具有许多优点,但也存在着一些难以克服的缺点,但随着现代混凝土科学技术的发展,混凝土的不足之处已经得到很大改进,并早已成为当代最主要的土木工程材料,广泛应用于工业与民用建筑工程、水利工程、地下工程、公路、铁路、桥梁及国防建设等工程中。要深入了解混凝土,就必须研究混凝土原材料的性能,研究影响混凝土和易性、强度、耐久性、变形性能的主要因素,研究配合比设计原理、混凝土质量波动规律以及相关的检验评定标准,等等。这些将作为本章的重点展开介绍。

第二节　普通混凝土的组成材料

普通混凝土是由水泥、水和天然砂、石所组成,另外还常加入适量的掺合料和外加剂。由此可知,混凝土不是匀质材料,其组成复杂,所以影响混凝土性能的因素很多。

在混凝土组成材料中,砂、石是骨料,对混凝土起骨架作用,其中小颗粒填充大颗粒的空隙。水泥和水组成水泥浆,它包裹在所有粗、细骨料的表面并填充在骨料空隙中。在混凝土硬化前,水泥浆起润滑作用,赋予混凝土拌和物流动性,便于施工;在混凝土硬化后起胶结作用,把砂、石骨料胶结成为整体,使混凝土产生强度,成为坚硬的人造石材。

混凝土的质量在很大程度上取决于组成材料的性质和用量,同时也与混凝土的施工因素(如搅拌、振捣、养护等)有关。因此,首先必须了解混凝土组成材料的性质、作用及其质量要求,然后才能进一步了解混凝土的其他性能。

一、水泥

水泥是混凝土中很重要的组分,合理选用水泥包括以下两方面的问题。

(一) 水泥品种的选择

配制混凝土用的水泥品种,应根据混凝土工程性质与特点、工程所处环境及施工条件,然后按所掌握的各种水泥特性进行合理选择。土木工程常用水泥品种的选用及技术性质要求见第三章。

(二) 水泥强度等级的选择

水泥强度等级的选择应当与混凝土的设计强度等级相适应,一般对普通混凝土以水泥强度为混凝土强度的1.5倍左右为宜,对于高强度的混凝土可取1倍左右。若用低强度水泥来配制高强度混凝土,为满足强度要求必然使水泥用量过多,这不仅不经济,而且使混凝土收缩和水化热增大,还将因必须采用很小的水灰比而造成混凝土太干,施工困难,不易捣实,使混凝土质量不能保证。如果用高强度水泥来配制低强度混凝土,单从强度考虑只需用少量水泥就可满足要求,但为了又要满足混凝土拌和物和易性及混凝土耐久性要求,就必须再增加一些水泥用量,这样往往产生超强现象,也不经济。当在实际工程中因受供应条件限制而发生这种情况时,可在高强度水泥中掺入一定量的掺合料(如粉煤灰),即能使问题得到较好解决,又比较经济。

二、矿物掺合料

混凝土掺合料是指在混凝土拌和物中掺入的数量超过水泥质量5%的矿物粉料。混凝土中掺入掺合料不仅可以取代部分水泥,减少混凝土的水泥用量,降低工程成本,而且还能改善混凝土拌和物和硬化混凝土的各项性能。因此,混凝土中掺加矿物掺合料,具有节约能源、保护资源和减小环境污染等社会与生态多重意义。

混凝土的常用掺合料有粉煤灰、粒化高炉矿渣粉和硅灰等。其化学成分和物理性质分别见表4-1和表4-2。

(一) 粉煤灰

1. 粉煤灰的种类及技术要求

拌制混凝土和砂浆用的粉煤灰分为F类粉煤灰和C类粉煤灰两类。F类粉煤灰是由无烟煤或烟煤煅烧收集的,其 CaO 含量不大于 10% 或游离 CaO 含量不大于 1%;C 类粉煤灰是由褐煤或次烟煤煅烧收集的,其 CaO 含量大于 10% 或游离 CaO 含量大于 1%,又称高钙粉煤灰。

表 4-1　　　　　主要矿物掺合料和胶凝材料的化学成分 (%)

氧化物	粉煤灰 低钙	粉煤灰 高钙	磨细矿渣	硅粉	水泥
SiO_2	48	40	36	97	20
Al_2O_3	27	18	9	2	5
Fe_2O_3	9	8	1	0.1	4
MgO	2	4	11	0.1	1
CaO	3	20	40		64
Na_2O	1				0.2
K_2O	4				0.5

表 4-2　　　　　几种主要矿物掺合料和胶凝材料的物理性质

物理参数	粉煤灰	磨细矿渣	硅粉	水泥
密度 (g/cm³)	2.1	2.9	2.2	3.15
粒径范围 (μm)	10~150	3~100	0.01~0.5	0.5~100
比表面积 (m²/kg)	350	400	15000	350

F 类和 C 类粉煤灰又根据其技术要求分为 Ⅰ 级、Ⅱ 级和 Ⅲ 级三个等级。按《用于水泥和混凝土中的粉煤灰》(GB 1596—2005) 规定,其相应的技术要求列于表 4-3。

表 4-3　　　　　拌制混凝土和砂浆用粉煤灰技术要求

项目		技术要求 Ⅰ 级	Ⅱ 级	Ⅲ 级
细度 (45μm 方孔筛筛余)(%),不大于	F 类粉煤灰	12.0	25.0	45.0
	C 类粉煤灰			
需水量比 (%),不大于	F 类粉煤灰	95	105	115
	C 类粉煤灰			
烧失量 (%),不大于	F 类粉煤灰	5.0	8.0	15.0
	C 类粉煤灰			
含水量 (%),不大于	F 类粉煤灰	1.0		
	C 类粉煤灰			
三氧化硫 (%),不大于	F 类粉煤灰	3.0		
	C 类粉煤灰			
游离氧化钙 (%),不大于	F 类粉煤灰	1.0		
	C 类粉煤灰	4.0		
安定性 雷氏夹沸煮后增加距离 (mm),不大于	C 类粉煤灰	5.0		

与F类粉煤灰相比，C类粉煤灰一般具有需水量比小、活性高和自硬性好等特征。但由于C类粉煤灰中往往含有游离氧化钙，所以在用作混凝土掺合料时，必须对其体积安定性进行合格检验。

2. 粉煤灰效应及其对混凝土性质的影响

粉煤灰由于其本身的化学成分、结构和颗粒形状等特征，在混凝土中可产生下列三种效应，总称为"粉煤灰效应"。

(1) 活性效应。粉煤灰中所含的 SiO_2 和 Al_2O_3 具有化学活性，它们能与水泥水化产生的 $Ca(OH)_2$ 反应，生成类似水泥水化产物中的水化硅酸钙和水化铝酸钙，可作为胶凝材料一部分而起增强作用。

(2) 颗粒形态效应。煤粉在高温燃烧过程中形成的粉煤灰颗粒，绝大多数为玻璃微珠，掺入混凝土中可减小内摩阻力，从而可减少混凝土的用水量，起减水作用。

(3) 微骨料效应。粉煤灰中的微细颗粒均匀分布在水泥浆内，填充孔隙和毛细孔，改善了混凝土的孔结构和增大密实度。

由于上述效应的结果，粉煤灰可以改善混凝土拌和物的流动性、保水性、可泵性以及抹面性等性能，并能降低混凝土的水化热，以及提高混凝土的抗化学侵蚀、抗渗、抑制碱—骨料反应等耐久性能。

混凝土中掺入粉煤灰取代部分水泥后，混凝土的早期强度将随掺入量增多而有所降低，但28d以后长期强度可以赶上甚至超过不掺粉煤灰的混凝土。

3. 混凝土掺用粉煤灰的规定及方法

混凝土工程掺用粉煤灰时，应按《粉煤灰混凝土应用技术规范》(GBJ 146—1990)的规定，对于不同的混凝土工程，选用相应等级的粉煤灰：

Ⅰ级灰适用于钢筋混凝土和跨度小于6m的预应力钢筋混凝土；

Ⅱ级灰适用于钢筋混凝土和无筋混凝土；

Ⅲ级灰主要用于无筋混凝土；但大于C30的无筋混凝土，宜采用Ⅰ、Ⅱ级灰。

(二) 粒化高炉矿渣粉

用作混凝土掺合料的粒化高炉矿渣粉，是由粒化高炉矿渣经干燥、粉磨达到相当细度的一种粉体。粉磨时也可添加适量的石膏和助磨剂。粒化高炉矿渣粉简称矿渣粉，又称矿渣微粉。

按《用于水泥和混凝土中的粒化高炉矿渣粉》(GB/T 18046—2000)规定，矿渣粉应符合表4-4的技术要求。

表4-4　　　　　　　　　矿渣粉技术要求

项　目		级　别		
		S105	S95	S75
密度 ($g \cdot cm^{-3}$)，不小于		2.8		
比表面积 ($m^2 \cdot kg^{-1}$)，不小于		450	400	350
活性指数 (%)，不小于	7d	95	75	55
	28d	105	95	75

续表

项 目	级 别		
	S105	S95	S75
流动度比（%），不小于	85	90	95
含水量（%），不大于		1.0	
三氧化硫（%），不大于		4.0	
氧化镁（%），不大于		13.5	
氯离子（%），不大于		0.02	
烧失量（%），不大于		3.0	

矿渣粉按其活性指数和流动度比两项指标分为三个等级：S105、S95 和 S75。活性指数是指以矿渣粉取代 50% 水泥后的试验砂浆强度与对比的水泥砂浆强度之比值。流动度比则是这两种砂浆流动度之比值。

粒化高炉矿渣粉是混凝土的优质掺合料。它不仅可等量取代混凝土中的水泥，而且可使混凝土的每项性能获得显著改善，如降低水化热、提高抗渗和抗化学腐蚀等耐久性、抑制碱—骨料反应以及大幅度提高长期强度。

掺矿渣粉的混凝土与普通混凝土的用途一样，可用作钢筋混凝土、预应力钢筋混凝土和素混凝土。大掺量矿渣粉混凝土更适用于大体积混凝土、地下工程混凝土和水下混凝土等。矿渣粉还适用于配制高强度混凝土、高性能混凝土。

矿渣粉混凝土的配合比设计方法与普通混凝土基本相同。掺矿渣粉的混凝土允许同时掺用粉煤灰，但粉煤灰掺量不宜超过矿渣粉。混凝土中矿渣粉的掺量应根据不同强度等级和不同用途通过试验确定。对于 C50 和 C50 以上的高强混凝土，矿渣粉的掺量不宜超过 30%。

（三）硅灰

硅灰又称凝聚硅灰或硅粉，为电弧炉冶炼硅金属或硅铁合金的副产品。在温度高达 2000℃ 下，将石英还原成硅时，会产生 SiO 气体，到低温区再氧化成 SiO_2，最后冷凝成极微细的球状颗粒固体。

硅灰成分中，SiO_2 含量高达 80% 以上，主要是非晶态的无定形 SiO_2。硅灰颗粒的平均粒径为 $0.1\sim0.2\mu m$，比表面积 $20000\sim25000m^2/kg$。密度 $2.2g/cm^3$，堆积密度只有 $2.5\sim3.0g/cm^3$。硅灰的火山灰活性极高，但因其颗粒极细，单位质量很轻，给收集、装运、管理等带来不少困难。

硅灰取代水泥后，其作用与粉煤灰类似，可改善混凝土拌和物的和易性，降低水化热，提高混凝土抗侵蚀、抗冻、抗渗性，抑制碱—骨料反应，且其效果要比粉煤灰好很多。硅灰中的 SiO_2 在早期即可与 $Ca(OH)_2$ 发生反应，生成水化硅酸钙。所以，用硅灰取代水泥可提高混凝土的早期强度。

硅灰取代水泥量一般在 5%～15%，当超过 20% 以后水泥浆将变得十分黏稠。混凝土拌合用水量随硅灰的掺入而增加，为此，当混凝土掺用硅灰时，必须同时掺加减水剂，这样才可获得最佳效果。例如当以 5%～10% 硅灰等量取代混凝土中的水泥，并同时掺入高效减水剂,则可配制出100MPa的高强度混凝土。由于硅灰的售价较高,故目前主要只用于配制高强和超高强混凝土、高抗渗混凝土以及其他要求高性能的混凝土。

三、细骨料

混凝土用的骨料按其粒径大小分为细骨料和粗骨料两种,粒径为0.15～4.75mm之间的骨料称为细骨料,粒径大于4.75mm的称粗骨料。通常在混凝土中,粗、细骨料的总体积要占混凝土体积的70%～80%,因此骨料质量的优劣,对混凝土各项性质的影响很大。

（一）细骨料的种类及其特性

土木工程中常用的混凝土细骨料主要有天然砂和人工砂。按我国标准《建筑用砂》(GB/T 14684—2001)的技术要求,砂分为Ⅰ、Ⅱ、Ⅲ三类。Ⅰ类宜用于强度等级大于C60的混凝土;Ⅱ类宜用于强度等级C30～C60及抗冻、抗渗或其他要求的混凝土;Ⅲ类宜用于强度等级小于C30的混凝土和建筑砂浆。

天然砂是由天然岩石经长期自然风化、水流搬运和分选、堆积形成的、粒径小于4.75mm的细岩石颗粒,按其产源不同可分为河砂、湖砂、海砂及山砂等几种。河砂、湖砂和海砂是在河、湖、海等天然水域中形成和堆积的岩石碎屑,由于长期受水流的冲刷作用,颗粒表面比较圆滑而清洁,且这些砂产源广,但海砂中常含有碎贝壳及盐类等有害杂质,需经淡化处理才能使用。山砂是岩体风化后在山间适当地形中堆积下来的岩石碎屑,其颗粒多具棱角,表面粗糙,砂中含泥量及有机杂质较多。在天然砂中河砂的综合性质最好,故土木工程中普遍采用河砂作细骨料。

人工砂包括经除土处理的机制砂和混合砂两种。机制砂是将天然岩石经机械破碎、筛分制成粒径小于4.75mm的颗粒,其颗粒富有棱角,比较洁净,但砂中片状颗粒及细粉含量较多,且成本较高。混合砂是由机制砂和天然砂混合而成的砂,其技术性能应满足人工砂的要求。一般只有在当地缺乏天然砂源时,才采用混合砂作细骨料。

（二）混凝土用砂的质量指标

1. 砂的粗细程度及颗粒级配

砂的粗细程度是指不同粒径的砂粒混合在一起后的平均粗细程度。通常用细度模数(M_x)表示,其值并不等于平均粒径,但能较准确地反映砂的粗细程度。细度模数M_x越大,表示砂越粗,单位重量总表面积（或比表面积）越小;M_x越小,则砂比表面积越大。

砂的颗粒级配是指不同粒径的砂粒搭配比例。良好的级配指粗颗粒的空隙恰好由中颗粒填充,中颗粒的空隙恰好由细颗粒填充,如此逐级填充（如图4-1所示）使砂形成最密致的堆积状态,空隙率达到最小值,堆积密度达最大值。这样可达到节约水泥,提高混凝土综合性能的目标。因此,砂颗粒级配反映其空隙率大小。

砂子的粗细程度和颗粒级配,通常采用筛分析的方法进行测定。筛分是用一套孔径为9.50mm、4.75mm、2.36mm、1.18mm、0.60mm、0.30mm及0.15mm的标准筛,将500g干砂试样由粗到细依次过筛,然后称得剩留在各个筛上的砂质量,并计算出各筛上的分计筛余百分率（各筛上的筛余量占砂样重的百分率）,分别以a_1、a_2、a_3、a_4、a_5和a_6表示。再算出各筛的累计筛余百分率（某一筛与比该筛孔径大的所有筛之分计筛余百

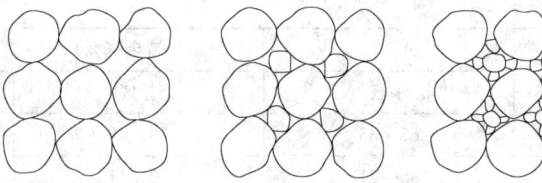

图 4-1 骨料的颗粒级配

分率之和),分别以 A_1、A_2、A_3、A_4、A_5 和 A_6 表示。累计筛余与分计筛余的关系见表 4-5 所示。

表 4-5　　　　　　　　　　累计筛余与分计筛余的关系

筛孔尺寸(mm)	筛余量(%)	分计筛余(%)	累计筛余(%)
4.75	m_1	$a_1=m_1/m$	$A_1=a_1$
2.36	m_2	$a_2=m_2/m$	$A_2=a_1+a_2$
1.18	m_3	$a_3=m_3/m$	$A_3=a_1+a_2+a_3$
0.60	m_4	$a_4=m_3/m$	$A_4=a_1+a_2+a_3+a_4$
0.30	m_5	$a_5=m_4/m$	$A_5=a_1+a_2+a_3+a_4+a_5$
0.15	m_6	$a_6=m_6/m$	$A_6=a_1+a_2+a_3+a_4+a_5+a_6$
底盘	$m_底$	$m=m_1+m_2+m_3+m_4+m_5+m_6+m_底$	

细度模数 (M_x) 根据下式计算(精确至 0.01)

$$M_x=\frac{(A_2+A_3+A_4+A_5+A_6)-5A_1}{100-A_1} \tag{4-1}$$

细度模数愈大,表示砂愈粗。普通混凝土用砂的粗细程度按细度模数分为粗、中、细三种规格:粗砂 $M_x=3.7\sim3.1$;中砂 $M_x=3.0\sim2.3$;细砂 $M_x=2.2\sim1.6$。普通混凝土用砂的细度模数范围一般为 3.7~1.6,其中以采用中砂较为适宜。

砂的细度模数并不能反映砂的级配优劣,细度模数相同的砂,其级配可以不相同。因此,在配制混凝土时,必须同时考虑砂的级配和砂的细度模数。

砂的颗粒级配用级配区表示。《建筑用砂、石》(JCJ 52—2006) 根据 0.60mm 孔径筛的累计筛余量把 M_x 划分成 I 区、II 区和 III 区三个级配区,见表 4-6。级配良好的粗砂应落在 I 区;级配良好的中砂应落在 II 区;细砂则在 III 区。实际使用的砂颗粒级配可能不完全符合要求,混凝土所用砂的实际颗粒级配的累计筛余百分率,除 4.75mm 和 0.60mm 筛号外,允许稍有超出分界线,但其总量百分率不应大于 5%。当某一筛档累计筛余率超界 5%以上时,说明砂级配很差,视作不合格。

表 4-6　　　　　　　　　　砂的颗粒级配区范围

方筛孔尺寸(mm)	累计筛余(%)		
	I 区	II 区	III 区
9.50	0	0	0
4.75	10~0	10~0	10~0
2.36	35~5	25~0	15~0

续表

方筛孔尺寸（mm）	累计筛余（%）		
	Ⅰ区	Ⅱ区	Ⅲ区
1.18	65～35	50～10	25～0
0.60	85～71	70～41	40～16
0.30	95～80	92～70	85～55
0.15	100～90	100～90	100～90

为了方便应用，可将表4-6中的数值绘制成砂级配曲线图，即以累计筛余百分率为纵坐标，以筛孔尺寸为横坐标，绘制Ⅰ、Ⅱ、Ⅲ级配区的筛分曲线，如图4-2所示。使用时，将砂筛分试验测算得到的各筛累计筛余百分率，标注到图4-2中，并连成曲线，然后观察此筛分结果的曲线，只要落在三个区的任何一个区内，均为级配合格。由此可以直观地分析砂的颗粒级配优劣。

配制混凝土时宜优先选用Ⅱ区砂。当采用Ⅰ区砂时，应适当提高砂率，并保证足够的水泥用量，以满足混凝土的和易性；当采用3区砂时，宜适当降低砂率，以保证混凝土强度。

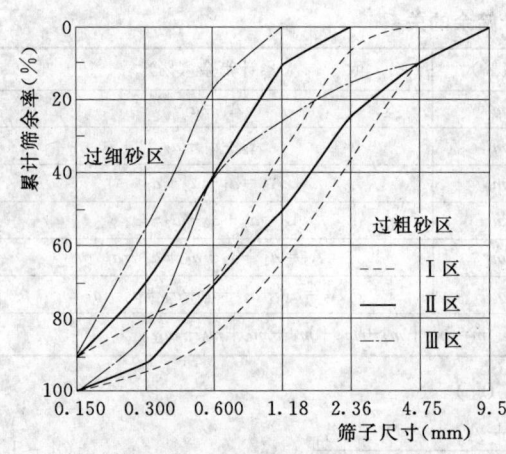

图4-2 砂颗粒级配曲线

2. 含泥量、泥块含量、石粉含量

含泥量是指天然砂中粒径小于$75\mu m$颗粒的含量；泥块含量是指砂中原粒径大于1.18mm，经水浸洗、手捏后小于$600\mu m$的颗粒含量；石粉含量是指人工砂中粒径小于$75\mu m$的颗粒含量。

砂中的泥颗粒极细，会黏附在砂粒表面，影响水泥石与集料之间的胶结能力，降低混凝土的强度及耐久性，增加混凝土的干缩性。而泥块本身强度很低，浸水后溃散，干燥后收缩，会在混凝土中形成薄弱部分，对混凝土的质量影响更大。所以国家标准对各类砂的含泥量、泥块含量及石粉含量均有一定要求，不符合要求的砂要进行冲洗等处理。天然砂的含泥量和泥块含量应符合表4-7的规定。

表4-7　　　　　　　　天然砂含泥量和泥块含量要求

项　目	指　标		
	Ⅰ类	Ⅱ类	Ⅲ类
含泥量（按质量计）（%）	<1.0	<3.0	<5.0
泥块含量（按质量计）（%）	0	<1.0	<2.0

在生产人工砂的过程中会产生一定量的石粉，并混入砂中。石粉的粒径虽小于$75\mu m$，但与天然砂中的泥土成分不同，粒径分布有所不同，它在混凝土中的表现不同。一般认为人

工砂中适量的石粉对混凝土质量是有益的,主要是可以改善新拌混凝土的施工操作性能。因为人工砂颗粒本身尖锐、多棱角,这对混凝土的某些性能不利,而适量的石粉存在,可对此有所改善。此外,由于石粉主要是由 $40\sim75\mu m$ 的微粒组成,它能在细集料间隙中嵌固填充,从而提高混凝土的密实性。人工砂的石粉含量和泥块含量应符合表4-8的要求。

表4-8 人工砂石粉和泥块含量的要求

	项 目		指 标		
			Ⅰ类	Ⅱ类	Ⅲ类
1	亚甲蓝试验	MB值<1.40或合格	石粉含量(按质量计)(%)	<3.0	<5.0	<7.0
2			泥块含量(按质量计)(%)	0	<1.0	<2.0
3		MB值≥1.40或不合格	石粉含量(按质量计)(%)	<1.0	<3.0	<5.0
4			泥块含量(按质量计)(%)	0	<1.0	<2.0

3. 有害物质含量

砂中的有害物质是指各种可能降低混凝土性能与质量的物质,如草根、树叶、树枝、塑料、煤块、炉渣等。砂中如含有云母、轻物质、有机物、硫化物及硫酸盐、氯盐等,其含量应符合表4-9的规定。轻物质是指表观密度小于 $2000kg/m^3$ 的物质。砂中云母为表面光滑的小薄片,与水泥浆黏结差,会影响混凝土的强度及耐久性。有机物、硫化物及硫酸盐杂质对水泥有侵蚀作用,而氯盐会对混凝土中的钢筋有锈蚀作用。

表4-9 砂中有害物质含量规定

项 目	指 标		
	Ⅰ类	Ⅱ类	Ⅲ类
云母(按质量计)(%),小于	1.0	2.0	2.0
轻物质(按质量计)(%),小于	1.0	1.0	1.0
有机物(比色法)	合格	合格	合格
硫化物及硫酸盐(按SO_3质量计)(%),小于	0.5	0.5	0.5
氯化物(以氯离子质量计)(%),小于	0.01	0.02	0.06

4. 碱活性集料

水泥或混凝土中含有较多的强碱(Na_2O,K_2O)物质时,可能与含有活性二氧化硅的集料反应,这种反应称为碱—集料反应,其结果可能导致混凝土内部产生局部体积膨胀,甚至使混凝土结构产生膨胀性破坏。因此,除了控制水泥的碱含量以外,还应严格控制混凝土中含有活性二氧化硅等物质的活性集料。工程实际中,若怀疑所用砂有可能含有活性集料时,应根据混凝土结构的使用条件与要求,按规定方法进行集料的碱活性试验,以确定其是否可以采用。对于重要工程中混凝土用砂,应采用化学法或砂浆长度法对砂子进行碱活性检验。

5. 坚固性

砂子的坚固性是指砂在自然风化和其他外界物理化学因素作用下抵抗破裂的能力。通常用硫酸钠溶液检验砂的坚固性,它是将砂试样在饱和硫酸钠溶液中经5次循环浸渍后,依据质量损失来判定其类别,质量损失应符合表 4-10 的规定。人工砂采用压碎指标试验法进行检测,其压碎指标值应符合表 4-11 的规定。

表 4-10　　　　　　　　　　　　砂的坚固性指标

项目	指标		
	Ⅰ类	Ⅱ类	Ⅲ类
质量损失(%),小于	8	8	10

表 4-11　　　　　　　　　　　　人工砂的压碎指标要求

项目	指标		
	Ⅰ类	Ⅱ类	Ⅲ类
单级最大压碎指标(%),小于	20	25	30

6. 骨料(砂、石)的含水状态

砂的含水状态一般有干燥状态、气干状态、饱和面干状态和湿润状态等 4 种,如图 4-3 所示。

  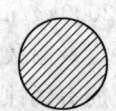 

(a)绝干状态　(b)气干状态　(c)饱和面干状态　(d)湿润状态

图 4-3　砂的含水状体示意图

(1) 绝干状态:砂粒内外不含任何水,通常在 105℃±5℃ 条件下烘干而得。

(2) 气干状态:砂粒表面干燥,内部孔隙中部分含水。指室内或室外(天晴)砂粒与空气平衡的含水状态,其含水量的大小与空气相对湿度和温度密切相关。

(3) 饱和面干状态:砂粒表面干燥,内部孔隙全部吸水饱和。水利工程上通常采用饱和面干状态计量砂用量。

(4) 湿润状态:砂粒内部吸水饱和,表面还含有部分表面水。施工现场,特别是雨后常出现此种状况,搅拌混凝土中计量砂用量时,要扣除砂中的含水量;同样,计量水用量时,要扣除砂中带入的水量。

在拌制混凝土时,砂的含水状态将影响混凝土的用水量和砂子用量。砂子以饱和面干状态时的含水率(饱和面干吸水率)为基准计算混凝土中各项材料的配合比时,则不会影响混凝土的用水量和砂子用量的准确性。因为饱和面干集料(包括砂子和石子)既不从混凝土拌和物中吸取水分,也不向混凝土拌和物中释放水分。因此大型水利工程、道路工程常以饱和面干吸水率为基准,这样混凝土的用水量和集料用量的控制比较准确。而在一般工业与民用建筑工程中设计混凝土配合比时,常以干燥状态集料为基准。这是因为坚固的集料其饱和面干吸水率一般不超过 2%,而且在工程施工中,必须经常测定集料的含水率,及时调整混凝土组成材料实际用量的比例,从而保证混凝土的质量。

堆积的砂通常处于潮湿状态,保持一定的表面湿度对于防止离析是有好处的。但含水率在某一区间时,砂堆的表观体积增加,表现出明显的湿胀作用。如砂的含水率达 5%~8%时,砂堆的体积可增加 20%~30%或更大,在用体积法计量混凝土配合比时会带来一定的误差。

四、粗骨料

颗粒粒径大于 4.75mm 的骨料为粗骨料。混凝土常用的粗骨料有卵石和碎石两大类。卵石多为自然形成的河卵石经筛分而得到；碎石大多由天然岩石经破碎、筛分而成，也可将大卵石轧碎、筛分而得。碎石表面粗糙，多棱角，且较洁净，与水泥浆黏结比较牢固。碎石是土木工程中用量最大的粗骨料。卵石中有机杂质含量较多，但与碎石比较，卵石表面光滑，拌制混凝土时需用水泥浆量较少，拌和物和易性较好。但卵石与水泥石的胶结力较差，在相同配制下，卵石混凝土的强度较碎石混凝土低。

通常根据卵石和碎石的技术要求将其分为Ⅰ类、Ⅱ类、Ⅲ类。Ⅰ类宜用于强度等级大于 C60 的混凝土；Ⅱ类宜用于强度等级 C30～C60 的混凝土；Ⅲ类宜用于强度等级小于 C30 的混凝土。

《建筑用砂、石》（JGJ 52—2006）对粗骨料的主要技术指标，主要包括以下几个方面。

（一）粗骨料的颗粒级配

粗骨料的颗粒级配原理与细骨料基本相同。即将大小石子适当掺配，以使粗骨料的空隙率和总表面积均比较小，这样拌制的混凝土水泥用量少，密实度也较好，有利于改善混凝土拌和物的和易性及提高混凝土强度。特别对于高强混凝土，粗骨料的级配尤为重要。粗骨料的颗粒级配也是通过筛分试验来确定，其一套标准筛共 12 个，方孔孔径依次是 2.36mm、4.75mm、9.50mm、16.0mm、19.0mm、26.5mm、31.5mm、37.5mm、53.0mm、63.0mm、75.0mm 及 90.0mm。

石子的粒级分为连续粒级和单粒级两种。连续粒级指 5mm 以上至最大粒径，各粒级均占一定比例，且在一定范围内。单粒级指从 1/2 最大粒径开始至最大粒径。单粒级用于组成具有要求级配的连续粒级，也可与连续粒级混合使用，以改善级配或配成较大密实度的连续粒级。单粒级一般不宜单独用来配制混凝土，如必须单独使用，则应作技术经济分析，并通过试验证明不发生离析或影响混凝土的质量。

粗骨料分计筛余和累计筛余的试验方法及计算方法与细骨料基本相同，颗粒级配应符合表 4-12 的要求。

表 4-12　　　　　　　　　碎石或卵石的颗粒级配范围

公称粒径 (mm)		累计筛余（按质量计）(%)										
		筛孔尺寸（方筛孔）(mm)										
		2.36	4.75	9.50	16.0	19.0	26.5	31.5	37.5	53.0	63.0	75.0	90.0
连续粒级	5～10	95～100	80～100	0～15	0	—	—	—	—	—	—	—	—
	5～16	95～100	85～100	30～60	0～10	0	—	—	—	—	—	—	—
	5～20	95～100	90～100	40～80	—	0～10	0	—	—	—	—	—	—
	5～25	95～100	90～100	—	30～70	—	0～5	0	—	—	—	—	—
	5～31.5	95～100	90～100	70～90	—	15～45	—	0～5	0	—	—	—	—
	5～40	—	95～100	70～90	—	30～65	—	—	0～5	0	—	—	—

续表

公称粒径（mm）		累计筛余（按质量计）（%）										
		筛孔尺寸（方筛孔）（mm）										
		2.36	4.75	9.50	16.0	19.0	26.5	31.5	37.5	53.0	63.0	75.0	90.0
单粒粒级	10～20	—	95～100	85～100	—	0～15	0	—	—	—	—	—	—
	16～31.5	—	95～100	—	85～100	—	—	0～10	0	—	—	—	—
	20～40	—	—	95～100	—	80～100	—	—	0～10	0	—	—	—
	31.5～63	—	—	—	95～100	—	—	75～100	45～75	—	0～10	0	—
	40～80	—	—	—	—	95～100	—	70～100	—	30～60	—	0～10	0

（二）最大粒径

粗骨料公称粒级的上限称为该粒级的最大粒径。粗骨料粒径越大，骨料总表面积减小，因此包裹其表面所需的水泥浆或砂浆量也可相应减少，有利于节约水泥、降低成本，并且在一定和易性及水泥用量条件下，能减少用水量而提高混凝土强度。所以在条件许可的情况下，应尽量选择较大粒径的骨料。

在实际工程中，粗骨料的最大粒径受到多种条件的限制：一是结构上，应考虑建筑构件的截面尺寸及配筋疏密。根据《混凝土结构工程施工质量验收规范》（GB 50204—2002）规定，混凝土用粗集料的最大粒径不得大于结构截面最小尺寸的1/4，同时不得大于钢筋间最小净距的3/4；对于混凝土实心薄板，其最大粒径不允许超过1/2板厚，而且不得超过50mm。二是施工上，根据工程实践经验，对泵送混凝土，为防止混凝土泵送时管道堵塞，保证泵送顺利进行，当泵送高度在50m以下时，粗骨料的最大粒径与输送管内径之比，碎石不宜大于1：3；卵石不宜大于1：2.5。三是从经济上考虑，实验表明最大粒径小于80mm时，水泥用量随最大粒径减小而增加；最大粒径大于150mm，节约水泥效果却不明显。所以从经济角度，粗集料的最大粒径不应超过150mm。

（三）有害杂质含量

与细骨料中的有害杂质一样，主要有黏土、硫化物及硫酸盐、有机物等。根据《建筑用卵石、碎石》（GB/T 14685—2001），其含量应符合表4-13的要求。《普通混凝土用砂、石质量及检验方法标准》（JGJ 52—2006）也作了相应规定。

表4-13　　　　　　　　　有害物质含量规定

项目	指标		
	Ⅰ类	Ⅱ类	Ⅲ类
含泥量（按质量计）（%）	<0.5	<1.0	<0.5
泥块含量（按质量计）（%）		<0.5	<0.7
有机物含量（用比色法试验）	合格	合格	合格
硫化物及硫酸盐（按SO_3质量计）（%），小于	0.5	1.0	1.0

(四) 强度及压碎指标

粗集料在混凝土中起到整体骨架的作用,粗集料本身的强度直接影响混凝土的整体强度,因此,对粗集料的强度有一定的要求。碎石的强度可用其母岩岩石的立方体抗压强度和碎石的压碎指标值来表示,而卵石的强度就用压碎指标值表示。

所谓岩石抗压强度,是将其母岩制成边长为 50mm 的立方体(或直径与高均为 50mm 的圆柱体)试件,在水饱和状态下测定其抗压强度值。根据 GB/T 14685—2001 的规定,岩石的抗压强度应不小于混凝土抗压强度的 1.5 倍。而且,对于火成岩强度不宜低于 80MPa,变质岩不宜低于 60MPa,水成岩不宜低于 30MPa。

压碎指标值是直接测定堆积后的卵石或碎石承受压力而不破碎的能力,更直接地反映了集料在混凝土中的受力状态,因此是衡量集料坚硬程度的重要力学性能指标。试验时采用 9.50~19.0mm 粒级、气干状态的石子,并去除针片状颗粒;按标准规定方法将 3000g 试样装入一标准圆筒内,放至压力机上在 3~5min 内对试样施加 200kN 的压力,并持荷 5s,卸荷后称取试样质量 G_1;倒出试样,用孔径为 2.36mm 的标准筛筛除被压碎的细粒,称出留在筛上的试样质量 G_2。按下式计算压碎指标值 Q_e。

$$Q_e = \frac{G_1 - G_2}{G_1} \times 100\% \tag{4-2}$$

压碎指标值愈小,表示粗骨料抵抗受压碎裂的能力越强。按标准的技术要求,各类石子的压碎指标值应符合表 4-14 规定。

表 4-14 碎石、卵石的压碎指标

项目	指标		
	Ⅰ类	Ⅱ类	Ⅲ类
碎石压碎指标(%),小于	10	20	30
卵石压碎指标(%),小于	12	16	16

(五) 碱活性骨料

根据质量标准规定,普通混凝土用碎石或卵石的碱活性骨料检验方法及要求与砂相同。对于重要工程的混凝土用石子,应首先采用岩相法检验出碱活性骨料的品种、类型及含量,若为含有活性 SiO_2 时,则采用化学法或砂浆长度法检验;若为含活性碳酸盐时,应采用岩石柱法进行检验。经上述检验的石子,当被判定为具有碱—碳酸反应潜在危害时,则不宜用作混凝土骨料;当被判定为有潜在碱—硅酸反应危害时,则应遵守以下规定。

(1) 使用含碱量小于 0.6% 的水泥,或掺加能抑制碱—骨料反应的掺合料。

(2) 当使用含钾、钠离子的混凝土外加剂时,必须进行专门的试验。

(六) 颗粒形态及表面特征

粗骨料的表面特征指表面粗糙度。粗集料的表面粗糙度会影响其与水泥的黏结及混凝土拌和物的流动性。碎石具有棱角,表面粗糙,与水泥黏结较好,而卵石多为圆形,表面光滑,与水泥的黏结性较差。在水泥用量和用水量相同的情况下,碎石拌制的混凝土流动性较差,但强度较高;而卵石拌制的混凝土则流动性较好,但强度较低。如要求流动性相同,用卵石时用水量可少些,可一定程度地提高混凝土强度。

混凝土用粗骨料其颗粒形状以针状和片状颗粒含量少，而接近立方形或球状体的为最佳。所谓针状颗粒是指颗粒长度大于骨料平均粒径2.4倍者，片状颗粒则是指颗粒厚度小于骨料平均粒径0.4倍者。平均粒径即指一个粒级的骨料其上、下限粒径的算术平均值。粗骨料中针、片状颗粒不仅本身受力时易折断，而且含量较多时，会增大骨料空隙率，使混凝土拌和物和易性变差，同时降低混凝土的强度。为此，标准GB/T 14685—2001规定，针、片状颗粒含量应符合表4-15的要求。

表4-15　　　　　　　　　　　石子的针片状颗粒含量

项目	指标		
	Ⅰ类	Ⅱ类	Ⅲ类
针片状颗粒（按质量计）（%），小于	5	15	25

（七）坚固性

粗骨料的坚固性在一定程度上反映了粗骨料结构的致密程度和强度高低。若粗骨料的结构较致密，则表现为强度较高、吸水率较小，其坚固性就较好；而结构疏松、矿物成分复杂或构造不均匀的粗骨料则坚固性较差。通常，碎石或卵石的坚固性可采用硫酸钠溶液法进行检验，并要求其在硫酸钠饱和溶液中经5次循环浸渍后的质量损失不应超过表4-16的规定值。

表4-16　　　　　　　　　　　碎石、卵石的坚固性指标

项目	指标		
	Ⅰ类	Ⅱ类	Ⅲ类
质量损失（%），小于	5	8	12

五、混凝土拌和及养护用水

水是混凝土的重要组成之一，水质的好坏不仅影响混凝土的凝结和硬化，还会影响混凝土的强度和耐久性，并可加速混凝土中钢筋的锈蚀。

拌制混凝土和养护混凝土宜采用饮用水。地表水和地下水常溶有较多的有机质和矿物盐类，用前必须按标准规定经检验合格后方可使用。海水中含有较多硫酸盐和大量氯盐，影响混凝土结构的耐久性，因此对于钢筋混凝土和预应力混凝土结构，不得采用海水拌制混凝土。对有饰面要求的混凝土，也不得采用海水拌制，以免因混凝土表面产生盐析而影响装饰效果。生活污水的水质比较复杂，不能用于拌制混凝土。工业废水常含有酸、油脂、糖类等有害杂质，也不能作混凝土用水。

根据《混凝土用水标准》（JGJ 63—2006）的规定，混凝土用水中的物质含量限值如表4-17所示。

表4-17　　　　　　　　　　　混凝土用水中的物质含量限值

项目	预应力混凝土	钢筋混凝土	素混凝土
pH值，大于	5.0	4.5	4.5
不溶物（mg·L^{-1}），不大于	2000	2000	5000

续表

项 目	预应力混凝土	钢筋混凝土	素混凝土
可溶物（mg·L^{-1}），不大于	2000	5000	10000
氯化物（以 Cl$^-$ 计）（mg·L^{-1}），不大于	500	1000	3500
硫酸盐（以 SO$_4^{2-}$ 计）（mg·L^{-1}），不大于	600	2000	2700
碱含量（rag·L^{-1}），不大于	1500	1500	1500

第三节 混凝土外加剂

外加剂是指能有效改善混凝土某项或多项性能的一类材料。随着土木建筑工程技术的迅速发展，对混凝土的性能不断提出新的要求，实践证明，混凝土掺用外加剂是获得满足这些要求的十分有效手段。

混凝土外加剂的掺量一般只占水泥量的 5% 以下，却能显著改善混凝土的和易性、强度、耐久性或调节凝结时间及节约水泥。外加剂的应用促进了混凝土技术的飞速进步，技术经济效益十分显著，使得高强高性能混凝土的生产和应用成为现实，并解决了许多工程技术难题。如远距离运输和高耸建筑物的泵送问题；紧急抢修工程的早强速凝问题；大体积混凝土工程的水化热问题；纵长结构的收缩补偿问题；地下建筑物的防渗漏问题，等等。目前，外加剂已成为除水泥、水、砂子、石子以外的第五组成材料，应用越来越广泛。

一、混凝土外加剂的分类

混凝土外加剂一般根据其主要功能分类如下：

(1) 改善混凝土拌和物流变性能的外加剂，包括各种减水剂、引气剂和泵送剂等。

(2) 调节混凝土凝结、硬化性能的外加剂，包括缓凝剂、促凝剂、速凝剂、早强剂等。

(3) 改善混凝土耐久性的外加剂，包括引气剂、防水剂、阻锈剂等。

(4) 调节混凝土含气量的外加剂，包括引气剂、加气剂、泡沫剂等。

(5) 改善混凝土其他性能的外加剂，包括膨胀剂、防冻剂、保水剂、增稠剂、减缩剂、保塑剂、着色剂等。

二、土木工程常用混凝土外加剂品种

土木工程中常用的混凝土外加剂有减水剂、早强剂、缓凝剂、引气剂、速凝剂、防冻剂等，其中减水剂用途最广。现分别简介如下。

（一）减水剂

1. 减水剂的定义及分类

减水剂是指在混凝土坍落度相同的条件下，能减少拌合用水量；或者在混凝土配合比和用水量均不变的情况下，能增加混凝土坍落度的外加剂。根据减水率大小或坍落度增加幅度分为普通减水剂和高效减水剂两大类。此外，尚有复合型减水剂，如引气减水剂，既具有减水作用，同时具有引气作用；早强减水剂，既具有减水作用，又具有提高早期强度作用；缓凝减水剂，同时具有延缓凝结时间的功能等等。

2. 减水剂作用机理

减水剂是一种表面活性剂，其分子由亲水基和憎水基两个部分组成。减水剂加入水溶液中后，其分子中的亲水基指向水，憎水基吸附于水泥颗粒表面并作定向排列，形成定向吸附膜，减低了水的表面张力和两相间的界面张力。减水剂的作用机理主要包括分散和润滑作用两方面，如图 4-4 所示。

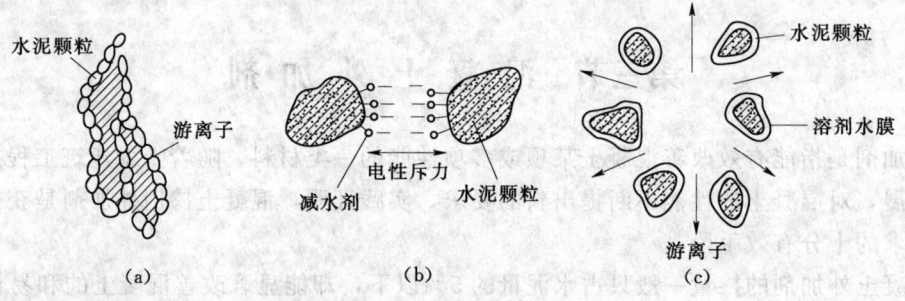

图 4-4　减水剂减水机理示意图

(1) 分散作用。水泥加水后，由于水泥颗粒间分子引力的作用形成了絮凝结构，10%～30%的拌和水被包裹在水泥颗粒之中，影响了拌和物的流动性。当加入减水剂后，由于减水剂憎水基定向吸附于水泥颗粒表面，亲水基指向水溶液，在水泥颗粒表面形成单分子或多分子吸附膜，使之带有相同的电荷，在静电斥力作用下，絮凝结构解体，被束缚在絮凝结构中的游离水被释放出来，从而有效地增加混凝土拌和物的流动性。

(2) 润滑作用。由于减水剂中亲水基极性很强，水泥颗粒表面的减水剂吸附膜能与水分子形成一层稳定的溶剂化水膜。这层水膜具有很好的润滑作用，能有效降低水泥颗粒间的滑动阻力，使混凝土的流动性显著增加。

3. 减水剂的技术经济效果

减水剂具有多种功能，在混凝土中加入减水剂后，一般可取得以下技术经济效果：

(1) 在拌和用水量不变时，混凝土拌和物坍落度可增大 100～200mm，用以配制流态混凝土。

(2) 保持混凝土拌和物坍落度和水泥用量不变，可减水 10%～25%，混凝土强度可提高 15%～30%，用以配制高强混凝土。

(3) 保持混凝土强度不变时，可节约水泥用量 10%～15%。

(4) 水泥水化放热速度减慢，热峰出现推迟（指缓凝减水剂）。

(5) 混凝土透水性可降低 40%～80%，从而提高混凝土抗渗和抗冻等耐久性。可用以配制某些特种混凝土，如早强混凝土、防水混凝土、抗腐蚀混凝土等，这将比采用特种水泥更为经济、简便和灵活。

4. 常用减水剂品种

(1) 木质素系减水剂。

木质素系减水剂以木质素磺酸钙（简称 MG）使用最多，它属于阴离子表面活性剂。MG 剂是以生产纸浆或纤维浆下来的亚硫酸木浆废液为原料，采用石灰乳中和，经生物发酵除糖、蒸发浓缩、喷雾干燥而制成，为棕黄色粉状物。MG剂因原料丰富，价格低廉，并具有较好的塑化效果，故目前应用十分普遍。

MG剂适宜掺量为0.2%～0.3%，减水率10%左右，混凝土28d强度约提高10%；若不减水，混凝土坍落度可增大80～100mm；在混凝土拌和物和易性和强度保持基本不变情况下，可节省水泥用量5%～10%。

MG剂对混凝土有缓凝作用，一般缓凝1～3h，低温下缓凝更甚。MG剂的缓凝性主要因其含一定糖分所致。糖是多羟基碳水化合物，亲水性很强，能致使水泥颗粒表面的溶剂化水膜大大增厚，从而在较长时间内水泥粒子难于产生凝聚。同时，MG剂对混凝土具有引气作用，一般引气量为1%～2%，这对混凝土强度有影响。

MG剂常用于一般混凝土工程，尤其适用于夏季混凝土施工、滑模施工、大体积混凝土和泵送混凝土等施工，以及需要远距离运输的混凝土拌和物。

在混凝土施工中，MG剂的掺量要严格控制，不能超掺使用，否则将出现混凝土数天、甚至数十天不凝结硬化，造成混凝土严重缓凝的工程事故。同时，掺MG剂的混凝土不宜采用蒸汽养护，以免蒸养后混凝土表面易出现酥松现象。当自然养护时，日最低气温应在5℃以上。

(2) 萘系减水剂。

萘系减水剂为高效减水剂，它是以工业萘或由煤焦油中分馏出的含萘及萘的同系物馏分为原料，经磺化、水解、缩合、中和、过滤、干燥而制成，为棕色粉末，其主要成分为β-萘磺酸盐甲醛缩合物，属阴离子表面活性剂。这类减水剂品种很多，目前我国生产的主要有NNO、NF、FDN、UNF、MF、建Ⅰ型、SN-2、AF等，它们的性能与日本产"迈蒂"高效减水剂相同。

萘系减水剂适宜掺量为0.5%～1.0%，其减水率大，为10%～25%，增强效果显著，缓凝性很小，大多为非引气型。在水泥用量及水灰比相同的条件下，混凝土拌和物坍落度随萘系减水剂掺量的增加而明显增大，且混凝土强度不降低。若在保持水泥用量及坍落度相同的条件下，其减水率和混凝土强度将随萘系减水剂掺量的增加而提高。在保持混凝土强度和坍落度相近时，可节省水泥10%～20%。萘系减水剂对钢筋无锈蚀危害。掺萘系减水剂的混凝土拌和物，易随存放时间延长而产生较大的坍落度损失，因此限制了它在泵送混凝土中单独应用，通常需与缓凝剂复合使用。

萘系减水剂适用于日最低气温0℃以上的所有混凝土工程，尤其适用于配制高强、早强、流态等混凝土。

(3) 树脂类减水剂。

树脂系减水剂为磺化三聚氰胺甲醛树脂减水剂，通常称为密胺树脂系减水剂。主要以三聚氰胺、甲醛和亚硫酸钠为原料，经磺化、缩聚等工艺生产而成的棕色液体。最常用的有SM树脂减水剂。

SM为非引气型早强高效减水剂，性能优于萘系减水剂，但目前价格较高，适宜掺量0.5%～2.0%，减水率可达20%以上，1d强度提高一倍以上，7d强度可达基准28d强度，长期强度也能提高，且可显著提高混凝土的抗渗、抗冻性和弹性模量。

掺SM减水剂的混凝土粘聚性较大，可泵性较差，且坍落度经时损失也较大。目前主要用于配制高强混凝土、早强混凝土、流态混凝土、蒸汽养护混凝土和铝酸盐水泥耐火混凝土等。

(4) 糖蜜类减水剂。

糖蜜类减水剂是以制糖业的糖渣和废蜜为原料，经石灰中和处理而成的棕色粉末或液体。国产品种主要有 3FG、TF、ST 等。

糖蜜减水剂与 MG 减水剂性能基本相同，但缓凝作用比 MG 强，故通常作为缓凝剂使用。适宜掺量 0.2%～0.3%，减水率 10% 左右。主要用于大体积混凝土、大坝混凝土和有缓凝要求的混凝土工程。

(5) 聚羧酸盐减水剂。

聚羧酸盐减水剂为新一代高效减水剂，它是以丙烯酸、苯乙烯和丙烯酸丁酯为原料，以醋酸乙酯为溶剂，在引发剂的作用下，经加热回流反应得共聚物后，再经酯化、磺化反应及中和作用，而制得深棕色的产物。

聚羧酸盐减水剂的减水作用机理，是由于其呈梳状结构的分子吸附在水泥颗粒表面，及带有亲水性基团的侧链伸入液相，从而使水泥颗粒之间具有显著的空间位阻斥力作用，同时增厚了水泥颗粒表面的溶剂化水膜，所有这些对水泥颗粒产生强烈的分散作用，致使减水效果显著。

聚羧酸盐减水剂最大的特点是使混凝土拌和物的坍落度经时损失少，流动性保持性好。并具有掺量低（一般为 0.05%～0.3%）、分散性好、减水率大（一般为 25%～35%，最高可达 40%）缓凝性小等优点。同时，其分子结构上自由度大，在生产技术上可控参数多，高性能化的潜力大。因此，它已成为当今各国着重研发和推广应用的减水剂品种。

聚羧酸盐减水剂适用于配制早强、高强、流态、防水、抗冻等混凝土，特别适用于商品混凝土和高性能混凝土。

(二) 早强剂

早强剂是指能加速混凝土早期强度发展的外加剂。主要作用机理是加速水泥水化速度，加速水化产物的早期结晶和沉淀。主要功能是缩短混凝土施工养护期，加快施工进度，提高模板的周转率。主要适用于有早强要求的混凝土工程及低温、负温施工混凝土、有防冻要求的混凝土、预制构件、蒸汽养护，等等。早强剂的主要品种有氯盐、硫酸盐和有机胺三大类，但更多使用的是它们的复合早强剂。

1. 氯化钙早强剂

氯化钙对混凝土产生早强作用的主要原因是：它能与水泥中的 C_3A 作用，生成不溶性水化氯铝酸钙（$C_3A \cdot CaCl_2 \cdot 10H_2O$），并与 C_3A 水化析出的氢氧化钙作用，生成不溶于氯化钙溶液的氧氯化钙 [$CaCl_2 \cdot 3Ca(OH)_2 \cdot 12H_2O$]。这些复盐的形成，增加了水泥浆中固相的比例，形成坚强的骨架，有助于水泥石结构的形成。同时，由于氯化钙与氢氧化钙的迅速反应，降低了液相中的碱度，使 C_3S 的水化反应加速，从而也有利于提高水泥石的早期强度。

氯化钙早强剂因其能产生氯离子，易促使钢筋产生锈蚀，故施工中必须严格控制掺量。下列结构中严禁采用含有氯盐配制的早强剂及早强减水剂：

(1) 预应力混凝土结构。

(2) 相对湿度大于80%环境中使用的结构、处于水位变化部位的结构、露天结构及经常受水淋、受水冲刷的结构。

(3) 大体积混凝土。

(4) 直接接触酸、碱或其他侵蚀性介质的结构。

(5) 经常处于温度为60℃以上的结构，需经蒸养的钢筋混凝土预制构件。

(6) 有装饰要求的混凝土，特别是要求色彩一致的表面、有金属装饰的混凝土。

(7) 薄壁混凝土结构，中级和重级工作制吊车的梁、屋架，落锤及锻锤混凝土基础等结构。

(8) 使用冷拉钢筋或冷拔低碳钢丝的结构。

(9) 骨料具有碱活性的混凝土结构。

2. 硫酸钠早强原理

硫酸钠的早强作用原理是：硫酸钠为白色粉状物，将其掺入混凝土中后，能立即与水泥水化产物氢氧化钙作用，生成高分散性的微细颗粒硫酸钙，它与C_3A的反应速度较之生产水泥时外掺的石膏要快得多，故能迅速生成水化硫铝酸钙针状晶体，形成早期骨架，大大加快了水泥的硬化。同时，由于上述反应的进行，使得溶液中氢氧化钙浓度降低，从而促进C_3S水化作用加速，有利于混凝土早期强度提高。

硫酸钠早强剂常与其他外加剂复合使用。在使用中，应注意硫酸钠不能超量掺加，以免导致混凝土产生后期膨胀开裂破坏，以及防止混凝土表面产生"白霜"，影响其外观和表面粘贴装饰层。此外，硫酸钠早强剂不得用于下列工程：

(1) 与镀锌钢材或铝铁相接触部位的结构，以及有外露钢筋预埋铁件而无防护措施的结构。

(2) 使用直流电源的结构以及距高压直流电源100m以内的结构。

(3) 含有活性骨料的混凝土结构。

3. 三乙醇胺早强原理

三乙醇胺为无色或淡黄色油状液体，呈碱性，易溶于水，是一种非离子表面活性剂。三乙醇胺掺量极微，为水泥质量的0.02%～0.05%，能使水泥的凝结时间延缓1～3h，但对混凝土早期强度可提高50%左右，28d强度不变或略有提高，其中对普通水泥的早强作用大于矿渣水泥。

在工程中三乙醇胺一般不单掺作早强剂，通常将其与其他早强剂复合使用，效果会更好。使用三乙醇胺早强剂时，必须严格控制掺量，不能超量掺用，否则将造成混凝土严重缓凝，当掺量大于0.1%时，会使混凝土的强度显著下降。

(三) 缓凝剂

缓凝剂是指能延长混凝土的初凝和终凝时间的外加剂。在混凝土中掺入缓凝剂能够降低水化热和推迟温峰出现的时间，有利于减少混凝土内外温差引起的开裂；有利于夏季施工和连续浇捣的混凝土，防止出现混凝土施工缝；有利于泵送施工、滑模施工和商品混凝土的远距离运输；缓凝剂通常也具有减水作用，故亦能提高混凝土的后期强度或增加流动性或节约水泥用量。

缓凝剂的种类很多，常用的有木质素磺酸盐类缓凝剂（掺量一般为水泥质量的0.2%

~0.3%，混凝土的凝结时间可延长 2~3h）、糖蜜缓凝剂（掺量一般为水泥质量的 0.1%~0.3%，混凝土的凝结时间可延长 2~4h）和羟基羧酸及其盐类缓凝剂（掺量一般为水泥质量的 0.03%~0.10%，混凝土凝结时间可延长 4~10h）。

应当指出：缓凝剂对水泥品种的适应性十分敏感，不同品种水泥的缓凝效果不相同，甚至会出现相反的效果。因此，使用前应先做水泥适应性试验，合格后方可使用。

缓凝剂主要用于高温季节混凝土、大体积混凝土、碾压混凝土、泵送和滑模混凝土的施工，也可用于远距离运输的商品混凝土及其他需要延缓凝结时间的混凝土。但不宜用于日最低气温 5℃以下施工的混凝土，也不适宜用于有早强要求的混凝土和蒸汽养护的混凝土。

（四）引气剂

在搅拌混凝土过程中能引入大量均匀分布、稳定而封闭的微小气泡的外加剂，称为引气剂。引气剂引入的气泡直径为 0.02~1.0mm，绝大部分在 0.2mm 以下。

引气剂对混凝土的性能影响很大，其主要影响及作用原理如下。

1. 改善混凝土拌和物的和易性

混凝土拌和物中引入大量微小气泡后，增加了水泥砂浆的体积，又封闭小气泡犹如滚珠轴承，减少了骨料间的摩擦力，使混凝土拌和物流动性提高。一般混凝土的含气量每增加 1% 时，混凝土坍落度约提高 10mm，若保持原流动性不变，则可减水约 6%~10%。同时由于微小气泡的存在，阻滞了固体颗粒的沉降和水分的上升，加之气泡薄膜形成时消耗了部分水分，减少了能够自由移动的水量，使混凝土拌和物的保水性得到改善，泌水率显著降低，黏聚性也良好。

2. 提高混凝土的抗渗性和抗冻性

引气剂能提高混凝土的抗渗和抗冻性的原因是：混凝土中引入的大量微小密闭气泡，它们堵塞和隔断了混凝土中的毛细管通道；同时，由于保水性的提高，减少了混凝土因沉降和泌水造成的孔缝；另外，因和易性的改善，也减少了施工造成的孔隙。引气混凝土的抗渗性能一般比不掺引气剂的混凝土提高 50% 以上，抗冻性可提高 3 倍左右。抗冻性的提高还因由于封闭气泡的引入，缓冲了水的冰胀应力所致。

3. 对混凝土抗压强度有所降低

引气混凝土中，由于气泡的存在，使混凝土的有效受力面积减少了，故混凝土的强度有所下降。一般混凝土的含气量每增加 1% 时，其抗压强度将降低 4%~6%，抗折强度降低 2%~3%，而且随龄期的延长，引气剂对强度的影响越显著。

欲使掺引气剂的混凝土强度不降低，首先应严格控制引气剂掺量，按 GB 50119—2003 规定，混凝土含气量限值表 4-18 的数值。另外可减少拌和用水量 5% 以上，这样就能大部或全部地补偿混凝土由于引气造成的强度损失。但对于抗冻性要求高的混凝土，宜采用表 4-18 规定的含气量数值。

表 4-18　　　　　　　掺引气剂及引气减水剂混凝土的含气量

粗骨料最大粒径（mm）	20	25	40	50	80
混凝土含气量（%）	5.5	5.0	4.5	4.0	3.5

引气剂及引气减水剂可用于抗冻混凝土、抗渗混凝土、抗硫酸盐侵蚀混凝土、泌水严重的混凝土、贫混凝土、轻骨料混凝土以及对饰面有要求的混凝土等，但引气剂不宜用于蒸养混凝土及预应力混凝土。

（五）速凝剂

掺加入混凝土中后能促使混凝土迅速凝结硬化的外加剂称为速凝剂。通常，速凝剂的主要成分为铝酸钠或碳酸钠等盐类。当混凝土中加入速凝剂后，其中的铝酸钠、碳酸钠等盐类在碱性溶液中迅速与水泥中的石膏反应生成硫酸钠，并使石膏丧失原有的缓凝作用，导致水泥中 C_3A 的迅速水化，促进溶液中水化物晶体的快速析出，从而使混凝土中水泥浆迅速凝固。

目前土木工程中较常用的速凝剂主要是无机盐类，其主要品种"红星Ⅰ型"和"711型"等。其中，红星Ⅰ型是由铝氧熟料、碳酸钠、生石灰等按一定比例配制而成的一种粉状物；711型速凝剂是由铝氧熟料与无水石膏按 3∶1 的质量比配合粉磨而成的混合物。它们在矿山、隧道、地铁等工程的喷射混凝土施工中最为常用。

（六）防冻剂

防冻剂是能使混凝土在负温下硬化并在规定养护条件下达到预期性能的外加剂。

（1）常用防冻剂。防冻剂由多组分复合而成，其主要组分有防冻组分、减水组分、引气组分和早强组分等。

防冻组分分为3类：氯盐类（如氯化钙、氯化钠）、氯盐阻锈类（氯盐与阻锈剂复合，阻锈剂有硝酸钠、铬酸盐、磷酸盐等）和无氯盐类（硝酸盐、亚硝酸盐、碳酸盐、尿素、乙酸盐等）。减水、引气、早强组分则分别采用前面所述的各类减水剂、引气剂和早强剂。

（2）防冻剂的作用机理。防冻组分可改变混凝土液相浓度，降低冰点，保证了混凝土在负温下有液相存在，使水泥仍能继续水化；减水组分可减少混凝土拌和用水量，从而减少了混凝土中的成冰量，并使冰晶粒度细小且均匀分散，减小对混凝土的破坏应力；引气组分是引入一定量的微小封闭气泡，减缓冻胀应力和静水压力；早强组分能提高混凝土早期强度，增强混凝土抵抗冰冻的破坏能力。因此，防冻剂的综合效果是能够显著提高混凝土的抗冻性。

（3）防冻剂的使用注意事项。各类防冻剂具有不同的特性，有些还有毒副作用，选择时应十分注意。氯盐类防冻剂对钢筋有锈蚀作用，硝酸盐、亚硝酸盐及碳酸盐也不得用于预应力钢筋混凝土及与镀锌钢材或铝铁相接触部位的钢筋混凝土。含有六价铬盐、亚硝酸盐的防冻剂有一定毒性，严禁用于饮水工程及与食品接触的部位。防冻剂的掺量应根据施工环境温度等条件通过试验确定。各类防冻组分掺量应符合有关规范的规定。

（七）膨胀剂

膨胀剂是指能使混凝土产生一定体积膨胀的外加剂。常用的有硫铝酸钙类、氧化钙类、氧化钙-硫铝酸钙类等。

膨胀剂的作用原理，主要是混凝土中掺入膨胀剂后，生成大量钙矾石晶体，晶体生长和吸水膨胀而引起混凝土体积膨胀。因此，采用适当成分的膨胀剂，掺加适宜的数量，使水泥水化产物 C-S-H 凝胶与钙矾石的生成互相制约、互相促进，使混凝土强度与膨胀协调发展，产生可控膨胀以减少混凝土的收缩。另外，大量钙矾石的生成，引起填充、堵塞和隔断混凝土中的毛细孔及其他孔隙，改善了混凝土的孔结构，混凝土密实度提高，透水性降低，抗渗性可比普通混凝土提高 2～5 倍。

由于掺膨胀剂混凝土具有良好的防渗抗裂能力，对克服和减少混凝土收缩裂缝作用显著。因此可用以配制补偿收缩混凝土和自应力混凝土，广泛应用于屋面、水池、水塔、大型圆形结构物、地下建筑、管柱桩、矿山井巷、井下硐室等混凝土工程中，以及生产自应力混凝土管和用于预制构件的节点、混凝土块体或墙段之间的接缝，也可用于混凝土结构的修补。膨胀剂的常用掺量见表 4-19 所示。

表 4-19　　　　　　　　　　　膨胀剂的常用掺量

膨胀混凝土（砂浆）种类	膨胀剂名称	掺量（占水泥质量）（%）
补偿收缩混凝土（砂浆）	明矾石膨胀剂	13～17
	硫铝酸钙膨胀剂	8～10
	氧化钙膨胀剂	3～5
	氧化钙—硫铝酸钙复合膨胀剂	8～12
填充用膨胀混凝土（砂浆）	明矾石膨胀剂	10～13
	硫铝酸钙膨胀剂	8～10
	氧化钙膨胀剂	3～5
	氧化钙—硫铝酸钙复合膨胀剂	8～10
	铁屑膨胀剂	30～35
自应力混凝土（砂浆）	硫铝酸钙膨胀剂	15～25
	氧化钙—硫铝酸钙复合膨胀剂	15～25

（八）絮凝剂

絮凝剂主要用以提高混凝土的粘聚性和保水性，使混凝土即使受到水的冲刷，水泥和集料也不离析分散。因此，这种混凝土又称为抗冲刷混凝土或水下不分散混凝土，适用于水下施工。常用的品种有：

（1）纤维素系。这主要是非离子型水溶性纤维素醚，如亲水性强的羟基纤维素（HEC）、羟乙基甲基纤维素（HEMC）和羟丙基甲基纤维素（PHMC）等。它们的料度随分子量及取代基团的不同而不同。

（2）丙烯基系。这以聚丙烯酰胺为主要成分。絮凝剂常与其他外加剂复合使用。如与减水剂复合、与引气剂复合、与调凝剂复合等。

第四节　混凝土的技术性质

由水泥、砂、石及水拌制成的混合料，称为混凝土拌和物，又称新拌混凝土。混凝土拌和物必须具备良好的和易性，以保证能获得良好的浇筑质量。混凝土浆体或拌和物凝结硬化以后应具有足够的强度，以保证建筑物能安全地承受设计荷载，并具有必要的耐久性。

一、混凝土拌和物的性能

1. 和易性的概念

新拌混凝土的和易性，也称工作性，是指混凝土拌和物易于施工操作（拌和、运输、浇注、振捣）并获得质量均匀、成型密实的性能。混凝土拌和物的和易性是一项综合技术性质，它至少包括流动性、黏聚性和保水性三项独立的性能。流动性是指混凝土拌和物在自重或机械（振捣）力作用下，能产生流动并均匀密实地填满模板的性能。黏聚性是指混凝土拌和物各组成材料之间有一定的黏聚力，不致在施工过程中产生分层和离析的现象。保水性是指混凝土拌和物具有一定的保水能力，不致在施工过程中出现严重的泌水现象。可见，新拌混凝土的流动性、黏聚性和保水性有其各自的内涵，因此，影响它们的因素也不尽相同。

2. 和易性的测试和评定

正是因为新拌混凝土的流动性、黏聚性和保水性有其各自独立的内涵，目前，尚没有能够全面反映混凝土拌和物和易性的测定方法。通常是测定混凝土拌和物的流动性，辅以其他方法或直观观察（结合经验）评定混凝土拌和物的黏聚性和保水性，然后综合评定混凝土拌和物的和易性。

测定流动性的方法目前有数十种，最常用的有坍落度和维勃稠度试验方法。

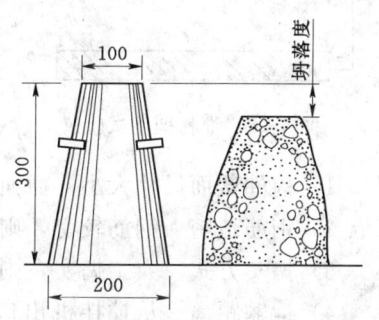

图 4-5 混凝土拌和物坍落度测定

（1）坍落度测定。

将搅拌好的混凝土分三层装入坍落度筒中（见图 4-5），每层插捣 25 次，抹平后垂直提起坍落度筒，混凝土则在自重作用下坍落，以坍落高度（单位 mm）代表混凝土的流动性。坍落度越大，则流动性越好。

在测定坍落度的同时，应检查混凝土的黏聚性及保水性。黏聚性的检查方法是，用捣棒在已坍落的拌和物锥体一侧轻打，若轻打时锥体逐渐下沉，表示黏聚性良好；如果锥体突然倒塌、部分崩裂或发生石子离析，则表示黏聚性不好。保水性以混凝土拌和物中稀浆析出的程度评定，提起坍落筒后，如有较多稀浆从底部析出，拌和物锥体因失浆而集料外露，表示拌和物的保水性不良；如提起坍落筒后，无稀浆析出或仅有少量稀浆自底部析出，混凝土锥体含浆饱满，则表示混凝土拌和物保水性良好。

根据坍落度值大小将混凝土分为四类：

1) 大流动性混凝土：坍落度≥160mm；
2) 流动性混凝土：坍落度 100～150mm；
3) 塑性混凝土：坍落度 10～90mm；
4) 干硬性混凝土：坍落度＜10mm。

坍落度法测定混凝土和易性的适用条件为：

1) 粗骨料最大粒径≤40mm；
2) 坍落度≥10mm。

对坍落度小于 10mm 的干硬性混凝土，坍落度值已不能准确反映其流动性大小。如当两种混凝土坍落度均为零时，在振捣器作用下的流动性可能完全不同。故一般采用维勃稠度法测定。

（2）维勃稠度测定。

维勃稠度采用维勃稠度测定仪（见图4-6）测定，此方法由瑞士V.勃纳（Bahrner）提出。试验时先将混凝土拌和物按规定方法装入存放在圆桶内的截头圆锥桶内，装满后垂直向上提走圆锥桶，再在拌和物锥体顶面盖一透明玻璃圆盘，然后开启振动台，同时计时，记录当玻璃圆盘底面布满水泥浆时所用的时间，以秒计，所读秒数即为维勃稠度值，代表混凝土的流动性。时间越短，流动性越好；时间越长，流动性越差。

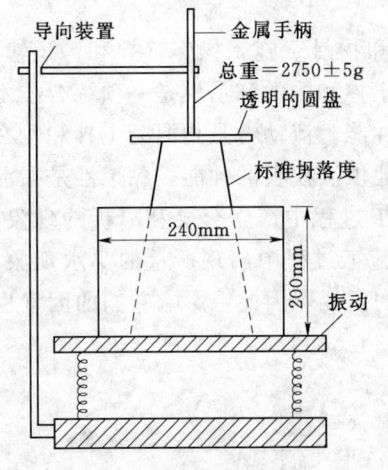

图4-6　维勃稠度试验仪

（3）流动性（坍落度）的选择。

实际施工时采用的坍落度大小根据下列条件选择：

1）构件截面尺寸大小。截面尺寸大，易于振捣成型，坍落度适当选小些，反之亦然。

2）钢筋疏密。钢筋较密，则坍落度选大些，反之亦然。

3）捣实方式。人工捣实，则坍落度选大些，机械振捣则选小些。

4）运输距离。从搅拌机出口至浇捣现场运输距离较远时，应考虑途中坍落度损失，坍落度宜适当大些，特别是商品混凝土。

5）气候条件。气温高、空气相对湿度小时，因水泥水化速度加快及水分蒸发加速，坍落度损失大，坍落度宜选大些，反之亦然。

按《混凝土结构工程施工及验收规范》（GB 50204—2002）规定，混凝土浇筑时的坍落度，宜按表4-20选用。

表4-20　　　　　　　　混凝土浇筑时的坍落度（mm）

项次	结　构　种　类	坍落度
1	基础或地面等的垫层、无配筋的厚结构（当土墙、基础等）或配筋稀疏的结构	10～30
2	板、梁或大型及中型截面的柱子等	30～50
3	配筋密列的结构（薄壁、斗仓、筒仓、细柱等）	50～70
4	配筋特密的结构	70～90

表中数值系采用机械振捣混凝土时的坍落度，当采用人工捣实混凝土时其值可适当增大。对于轻骨料混凝土的坍落度，宜比表中数值减少10～20mm。当施工采用泵送混凝土拌和物时，其坍落度通常为80～180mm，应掺用外加剂。

应该指出，正确选择混凝土拌和物的坍落度，对于保证混凝土的施工质量及节约水泥，具有重要意义。在选择坍落度时，原则上应在不妨碍施工操作并能保证振捣密实的条件下，尽可能采用较小的坍落度，以节约水泥并获得质量较高的混凝土。

3. 影响和易性的主要因素

（1）水泥浆数量与稠度。

混凝土拌和物在自重或外界振动力的作用下要产生流动，必须克服其内部的阻力。拌和物内的阻力主要来自两个方面，一为骨料间的摩阻力，一为水泥浆的黏聚力。骨料间摩阻力的大小主要取决于骨料颗粒表面水泥浆层的厚度，亦即水泥浆的数量；水泥浆的黏聚力大小主要取决于浆的干稀程度，亦即水泥浆的稠度。显然，水泥浆是赋予新拌混凝土流动性的关键因素。

混凝土拌和物在保持水灰比不变的情况下，水泥浆用量越多，包裹在骨料颗粒表面的浆层越厚，润滑作用越好，使骨料间摩擦阻力减小，混凝土拌和物易于流动，于是流动性就大，反之则小。但若水泥浆量过多，不仅浪费水泥，还会出现流浆及泌水现象，导致混凝土拌和物黏聚性及保水性变差，同时对混凝土的强度与耐久性也会产生不利影响，而且还多耗费了水泥。若水泥浆量过少，致使不能填满骨料间的空隙或不够包裹所有骨料表面时，则拌和物会产生崩坍现象，黏聚性变差。由此可知，混凝土拌和物中水泥浆用量不能太少，但也不能过多，应以满足流动性要求为度。

在保持混凝土水泥用量不变的情况下，减少拌和用水量，水泥浆变稠，水泥浆的黏聚力增大，使黏聚性和保水性良好，而流动性变小。增加用水量则情况相反。当混凝土加水过少时，即水灰比过低，不仅流动性太小，黏聚性也因混凝土发涩而变差，在一定施工条件下难以成型密实。但若加水过多，水灰比过大，水泥浆过稀，这时混凝土拌和物虽流动性大，但将产生严重的分层离析和泌水现象，并且严重影响混凝土的强度及耐久性。因此，绝不可以用单纯加水的办法来增大流动性，而应采取在保持水灰比不变的条件下，以增加水泥浆量的办法来调整拌和物的流动性。

无论是水泥浆的数量还是水泥浆稠度，它们对新拌混凝土流动性的影响实际上都体现为用水量的多少。在配制混凝土时，当所用粗、细骨料的种类及比例一定时，为获得要求的流动性，所需拌和用水量基本是一定的，即使水泥用量有所变动（$1m^3$ 混凝土水泥用量增减 50~100kg）时，对用水量也无甚影响，这一关系称为"恒定用水量法则"，它为混凝土配合比设计时确定拌和用水量带来很大方便。

在进行配合比设计时，单位用水量可根据施工要求的坍落度和粗骨料的种类、规格，依据《普通混凝土配合比设计规程》（JGJ 55—2000）按表 4-21 选用，再通过试配调整，最终确定单位用水量。

表 4-21　　　　　　　　塑性和干硬性混凝土的用水量（kg/m^3）

项目	指标	卵石最大粒径 (mm)				碎石最大粒径 (mm)			
		10	20	31.5	40	16	20	31.5	40
坍落度（mm）	10~30	190	170	160	150	200	185	175	165
	35~50	200	180	170	160	210	145	185	175
	55~70	210	190	180	170	220	205	195	185
	75~90	215	195	185	175	230	215	205	195

续表

项　目	指　标	卵石最大粒径 (mm)				碎石最大粒径 (mm)			
		10	20	31.5	40	16	20	31.5	40
维勃稠度（s）	16～20	175	160	—	145	180	170	—	155
	11～15	180	165	—	150	185	175	—	160
	5～10	185	170	—	155	190	180	—	165

注　1. 本表用水量系采用中砂时的平均取值，如采用细砂或粗砂，则 1m³ 混凝土用水量应相应增减 5～10kg。
　　2. 掺用各种外加剂或掺合料时，可相应增减用水量。
　　3. 本表不适应于水灰比小于 0.4 时的混凝土以及采用特殊成型工艺的混凝土。

(2) 砂率。砂率（S_p）是指混凝土中砂的质量（S）占砂、石（G）总质量的百分率，其表达式为

$$S_p = \frac{S}{S+G} \times 100\% \tag{4-3}$$

砂率是表示混凝土中砂与石子二者的组合关系，砂率的变动，会使骨料的总表面积和空隙率发生很大的变化，因此对混凝土拌和物的和易性有显著的影响。

1) 对流动性的影响。在水泥用量和水灰比一定的条件下，由于砂子与水泥浆组成的砂浆在粗骨料间起到润滑和辊珠作用，可以减小粗骨料间的摩擦力，所以在一定范围内，随砂率增大，混凝土流动性增大；另一方面，由于砂子的比表面积比粗骨料大，随着砂率增加，粗细骨料的总表积增大，在水泥浆用量一定的条件下，骨料表面包裹的浆量减薄，润滑作用下降，使混凝土流动性降低。所以砂率超过一定范围，流动性随砂率增加而下降，见图 4-7（a）。

2) 对黏聚性和保水性的影响。砂率减小，混凝土的黏聚性和保水性均下降，易产生泌水、离析和流浆现象。砂率增大，黏聚性和保水性增加。但砂率过大，当水泥浆不足以包裹骨料表面时，则黏聚性反而下降。

3) 合理砂率的确定。合理砂率是指砂子填满石子空隙并有一定的富余量，能在石子间形成一定厚度的砂浆层，以减少粗骨料间的摩擦阻力，使混凝土流动性达最大值。或者在保持流动性不变的情况下，使水泥浆用量达最小值，见图 4-7（b）。

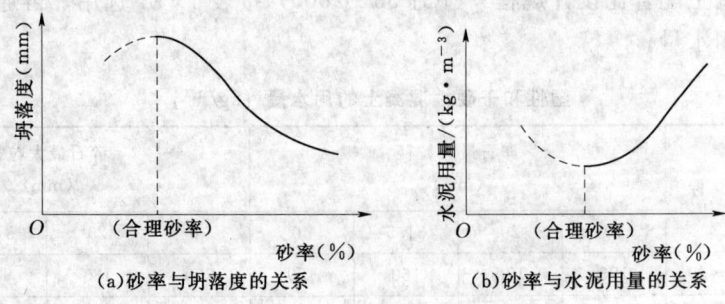

图 4-7　砂率与混凝土流动性和水泥用量的关系

合理砂率的确定可根据上述两原则通过试验确定。在大型混凝土工程中经常采用。对

普通混凝土工程可根据经验或根据JGJ 55—2000参照表4-22选用。

表4-22　　　　　　　　　　　混凝土的砂率　　　　　　　　　　　　　　　　%

水灰比 W/C	卵石最大粒径（mm）			碎石最大粒径（mm）		
	10	20	40	16	20	40
0.40	26～32	25～31	24～30	30～35	29～34	27～32
0.50	30～35	29～34	28～33	33～38	32～37	30～35
0.60	33～38	32～37	31～36	36～41	35～40	33～38
0.70	36～41	35～40	34～39	39～44	38～43	36～41

（3）水泥品种。

水泥品种不同时，达到相同流动性的需水量往往不同，从而影响混凝土流动性；另一方面，不同水泥品种对水的吸附作用往往不等，从而影响混凝土的保水性和黏聚性。如火山灰水泥、矿渣水泥配制的混凝土流动性比普通水泥小。在流动性相同的情况下，矿渣水泥的保水性能较差，黏聚性也较差。同品种水泥越细，流动性越差，但黏聚性和保水性越好。

（4）骨料性质。

骨料性质指混凝土所用骨料的品种、级配、颗粒粗细及表面性状等。在混凝土骨料用量一定的情况下，采用卵石和河砂拌制的混凝土拌和物，其流动性比用碎石和山砂拌制的好，这是因为前者骨料表面光滑，摩阻力小；用级配好的骨料拌制的混凝土拌和物和易性好，因此时骨料间的空隙较少，在水泥浆量一定的情况下，用于填充空隙的水泥浆就少，而相对来说包裹骨料颗粒表面的水泥浆层就增厚一些，故和易性就好；用细砂拌制的混凝土拌和物的流动性较差，但黏聚性和保水性好。

（5）拌和物存放时间及环境温度的影响。

搅拌制备的混凝土拌和物，随着时间的延长会变得越来越干稠，坍落度将逐渐减小，这是由于拌和物中的一些水分逐渐被骨料吸收，一部分水被蒸发以及水泥的水化与凝聚结构的逐渐形成等作用所致。

混凝土拌和物的和易性还受温度的影响。随着环境温度的升高，混凝土的坍落度损失得更快，因为这时的水分蒸发及水泥的化学反应将进行得更快。据测定，温度每增高10℃，拌和物的坍落度约减小20～40mm。

4. 改善和易性的措施

掌握了混凝土拌和物和易性的变化规律，就可运用这些规律去能动地调整拌和物的和易性，以满足工程需要。在实际工程中，改善混凝土拌和物的和易性可采取以下措施。

（1）改善砂、石（特别是石子）的级配；在可能的条件下，尽量采用较粗的砂、石；采用合理的砂率，以改善新拌混凝土内部结构，获得良好的和易性并节约水泥。

（2）采用最佳砂率，以提高混凝土的质量及节约水泥。

（3）当新拌混凝土坍落度太小时，应在保持水灰比不变的情况下，增加适量水泥浆；当坍落度太大时，应在保持砂率不变的情况下，增加适量的砂、石。

（4）有条件时应掺用适当的外加剂或混合材料来改善新拌混凝土的和易性。

5. 混凝土的凝结时间

混凝土的凝结时间与水泥的凝结时间有相似之处，但由于骨料的掺入，水灰比的变动及外加剂的应用，又存在一定的差异。水灰比增大，凝结时间延长；早强剂、速凝剂使凝结时间缩短；缓凝剂则使凝结时间大大延长。

混凝土的凝结时间分初凝和终凝。初凝指混凝土加水至失去塑性所经历的时间，亦即表示施工操作的时间极限；终凝指混凝土加水到产生强度所经历时间。初凝时间希望适当长，以便于施工操作；终凝与初凝的时间差则越短越好。

混凝土凝结时间的测定通常采用贯入阻力法。影响混凝土实际凝结时间的因素主要有水灰比、水泥品种、水泥细度、外加剂、掺合料和气候条件，等等。

二、硬化后混凝土的性能

（一）硬化混凝土的结构与受压破坏过程

硬化混凝土是颗粒状的粗集料均匀地分散在水泥石中形成的分散体系，其力学性能取决于集料、水泥石和过渡区三相构成的性质。硬化后的混凝土在未受外力作用之前，其内部已存在一定的界面微裂缝，这些裂纹主要是由于水泥水化造成的化学减缩而引起水泥石体积变化，使水泥石与骨料的界面上产生了分布不均匀的拉应力，从而导致界面上形成了许多微细的裂缝。另外，也由于混凝土成型后的泌水作用而在粗骨料下缘形成的水隙，在混凝土硬化后成为界面裂缝。当混凝土受荷时，这些界面微裂缝会逐渐扩大、延长并汇合连通起来，形成可见的裂缝，致使混凝土结构丧失连续性而遭到完全破坏。

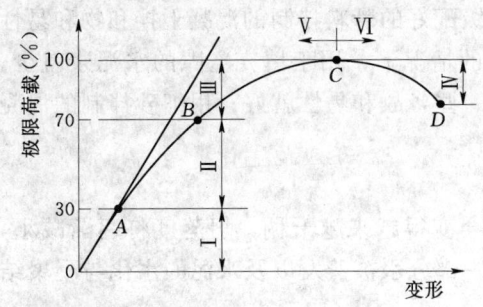

图 4-8 混凝土受压变形曲线
Ⅰ—界面裂缝无明显变化；Ⅱ—界面裂缝增长；Ⅲ—出现砂浆裂缝和连续裂缝；Ⅳ—连续裂缝迅速发展；Ⅴ—裂缝缓慢增长；Ⅵ—裂缝迅速增长

强度是硬化混凝土最重要的技术性质，混凝土的强度与混凝土的其他性能关系密切。混凝土强度也是工程施工中控制和评定混凝土质量的主要指标。混凝土的强度有抗压、抗拉、抗弯和抗剪等强度，其中以抗压强度为最大，因此在结构工程中混凝土主要用于承受压力。

试验表明，当用混凝土立方体试件进行单轴静力受压试验时，通过显微观察混凝土受压破坏过程，混凝土内部的裂缝发展可分为四个阶段。混凝土破坏过程的荷载—变形曲线及各阶段的裂缝状态示意如图4-8和图4-9所示。具体发展过程及各阶段情况如下：

Ⅰ阶段：荷载达"比例极限"（约为极限荷载的30%）以前，界面裂缝无明显变化，荷载与变形近似直线关系（图4-8中 OA 段）。

Ⅱ阶段：荷载超过"比例极限"后，界面裂缝的数量、长度及宽度不断增大，界面借摩阻力继续分担荷载，而砂浆内尚未出现明显的裂缝。此时，变形速度大于荷载的增加速度，荷载与变形之间不再是线性关系（图4-8中 AB 段）。

Ⅲ阶段：荷载超过"临界荷载"（约为极限荷载的70%~90%）以后，界面裂缝继续发展，砂浆中开始出现裂缝，部分界面裂缝连接成连续裂缝，变形速度进一步加快，曲线

第四章 混 凝 土

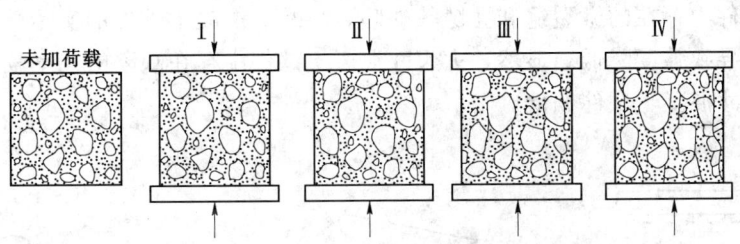

图 4-9 不同受力阶段裂缝示意图

明显弯向变形坐标轴（图 4-8 中 BC 段）。

Ⅳ阶段：外荷超过极限荷载以后，连续裂缝急速发展，混凝土承载能力下降，荷载减小而变形迅速增大，以致完全破坏，曲线下弯而终止（图 4-8 中 CD 段）。

由此可见，混凝土受压时荷载与变形的关系，是内部微裂缝发展规律的体现。混凝土破坏过程也就是其内部裂缝的发生和发展过程。它是一个从量变到质变的过程。只有当混凝土内部的细观破坏发展到一定量级时，才会使混凝土的整体遭受破坏。

（二）混凝土立方体抗压强度及强度等级

1. 混凝土立方体抗压强度的测定

我国采用立方体抗压强度作为混凝土的强度特征值。根据国家标准《普通混凝土力学性能试验方法标准》（GB/T 50081—2002），规定制作边长为 150mm 的立方体标准试件，在标准养护条件为温度 20℃±2℃，相对湿度 95% 以上，养护到 28d 龄期，用标准试验方法测得的抗压强度值称为混凝土立方体抗压强度，以 f_{cu} 表示。

混凝土采用标准试件在标准条件下测定其抗压强度，是为了具有可比性。在实际施工中，允许采用非标准尺寸的试件，但应将其抗压强度测值换算成标准试件时的抗压强度，换算系数见表 4-23。非标准试件的最小尺寸应根据混凝土所用粗骨料的最大粒径确定。

表 4-23 混凝土立方体试件边长与强度换算系数

试件边长（mm）	抗压强度换算系数
100	0.95
150	1.00
200	1.05

从表 4-23 可以看出，混凝土试件尺寸愈小，测得的抗压强度值愈大。这是由于测试时产生的环箍效应及试件存在缺陷的几率不同所致。将混凝土立方体试件置于压力机上受压时，在沿加荷方向发生纵向变形的同时，混凝土试件及上、下钢压板也按泊桑比效应产生横向自由变形，但由于压力机钢压板的弹性模量比混凝土大 10 倍左右，而泊松比仅是混凝土的 2 倍左右，所以在压力作用下，钢压板的横向变形小于混凝土的横向变形，造成上、下钢压板与混凝土试件接触的表面之间均产生摩阻力，它对混凝土试件的横向膨胀起着约束作用，从而对混凝土强度起提高作用，如图 4-10 所示。但这种约束作用随离试件端部愈远而变小，所以试件抗压破坏后呈一对顶棱锥体，如图 4-11 所示，此称环箍效应。如果在钢压板与混凝土试件接触面上加涂润滑剂，则环箍效应大大减小，试件将出现直裂破坏（如图 4-12 所示），但测得的强度值要降低。混凝土立方体试件尺寸较大时，环箍效应的相对作用较小，测得的抗压强度因而偏低，反之，则测得的抗压强度偏高。再

者，混凝土试件中存在的微裂缝和孔隙等缺陷，将减少混凝土试件的实际受力面积以及引起应力集中，导致强度降低。显然，大尺寸混凝土试件中存在缺陷的几率较大，故其所测强度要较小尺寸混凝土试件偏低。

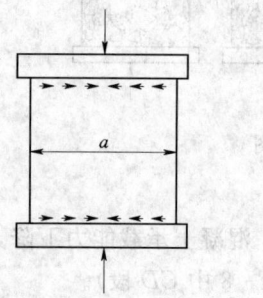 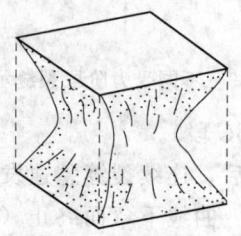 

图 4-10 压力机压板对试块　　图 4-11 受压板约束试块破坏　　图 4-12 不受压板约束时
　　的约束作用　　　　　　　　　残存的棱锥体　　　　　　　　试块破坏情况

在混凝土施工中，确定结构构件的拆模、出池、出厂、吊装、钢筋张拉和放张，以及施工期间临时负荷等的强度时，应采用与结构构件同条件养护的标准尺寸试件的抗压强度，以此作为现场混凝土质量控制的依据。对于用蒸汽养护的混凝土结构构件，其标准试件应先随同结构构件同条件蒸汽养护，然后再转入标准养护条件下养护至 28d。欲提早知道混凝土 28d 的强度，可按《早期推定混凝土强度试验方法标准》(JGJ/T 15—2008) 的规定，采用快速养护混凝土进行测定。

2. 混凝土强度等级

根据《混凝土结构设计规范》(GB 50010—2002)，混凝土的强度等级应按立方体抗压强度标准值确定。混凝土强度等级采用符号"C"与立方体抗压强度标准值（以 N/mm² 计）表示。混凝土立方体抗压强度标准值系指按照标准方法制作养护的边长为 150mm 的立方体试件在 28d 龄期，用标准试验方法测得的具有 95% 保证率的抗压强度值，以 $f_{cu,k}$ 表示。普通混凝土按立方体抗压强度标准值划分为 C7.5、C10、C15、C20、C25、C30、C35、C40、C45、C50、C55、C60 等 12 个强度等级。实际工程中有时还用到 C65、C70、C75 和 C80 等强度等级的混凝土。

（三）混凝土轴心抗压强度

轴心抗压强度也称为棱柱体抗压强度。由于实际结构物（如梁、柱）多为棱柱体构件，因此采用棱柱体试件强度更有实际意义。它是采用 150mm×150mm×(300～450)mm 的棱柱体试件，经标准养护到 28d 测试而得。同一材料的轴心抗压强度 f_{cp} 小于立方体强度 f_{cu}，其比值大约为 $f_{cp}=0.7\sim0.8 f_{cu}$。这是因为抗压强度试验时，试件在上下两块钢压板的摩擦力约束下，侧向变形受到限制，即"环箍效应"其影响高度大约为试件边长的 0.866 倍。因此立方体试件整体受到环箍效应的限制，测得的强度相对较高。而棱柱体试件的中间区域未受到"环箍效应"的影响，属纯压区，测得的强度相对较低。当钢压板与试件之间涂上润滑剂后，摩擦阻力减小，环箍效应减弱，立方体抗压强度与棱柱体抗压强度趋于相等。

（四）混凝土的轴心抗拉强度

混凝土的抗拉强度很低，只有其抗压强度的 1/10～1/20（通常取 1/15），且这个比值是随着混凝土强度等级的提高而降低。所以，混凝土受拉时呈脆性断裂，破坏时无明显残余变形。为此，在钢筋混凝土结构设计中，不考虑混凝土承受拉力，而是在混凝土中配以钢筋，由钢筋来承担结构中的拉力。但混凝土抗拉强度对于混凝土抗裂性具有重要作用，它是结构设计中确定混凝土抗裂度的主要指标，有时也用它来间接衡量混凝土的抗冲击强度、混凝土与钢筋的黏结强度等。

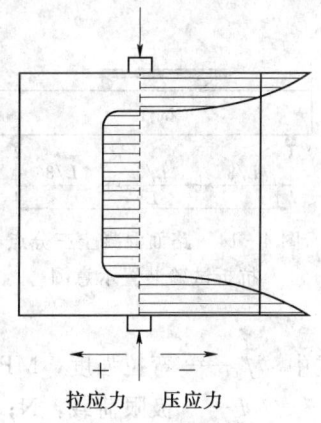

图 4-13 劈裂试验时垂直于受力面的应力分布

（五）混凝土的劈裂抗拉强度

混凝土轴心抗拉强度较难测定，实验时受到外界干扰较多，目前国内外都采用劈裂法，简称劈拉强度。我国标准规定，我国混凝土劈拉强度采用边长为 150mm 的立方体作为标准试件。这个方法的原理是：在立方体试件上、下表面中部划定的劈裂面位置线上，作用一对均匀分布的压力，这样就能使在此外力作用下的试件竖向平面内，产生均布拉伸应力（如图 4-13 所示），该拉应力可以根据弹性理论计算得出。混凝土劈裂抗拉强度计算公式为

$$f_{ts}=\frac{2P}{\pi A}=0.637\frac{P}{A} \tag{4-4}$$

式中　f_{ts}——混凝土劈裂抗拉强，MPa；
　　　P——破坏荷载，N；
　　　A——试件劈裂面积，mm^2。

实验证明，在相同条件下，混凝土以过去常用的轴拉法测得的轴拉强度，较用劈裂法测得的劈拉强度略小，二者比值约为 0.9。混凝土的劈裂抗拉强度与混凝土标准立方体抗压强度（f_{cu}）之间存在一定的关系，可用经验公式表达如下：

$$f_{ts}=0.35 f_{cu}^{3/4} \tag{4-5}$$

（六）弯拉强度

道路路面或机场道面用水泥混凝土通常以弯拉强度为主要强度指标，抗压强度仅作为参考指标。根据我国《公路水泥混凝土路面设计规范》（JTG D40—2002）规定，不同交通量等级的水泥混凝土弯拉强度标准值如表 4-24。道路水泥混凝土弯拉强度与抗压强度的换算关系如表 4-25。

表 4-24　　路面水泥混凝土弯拉强度标准值

交通等级	特重	重	中等	轻
水泥混凝土的弯拉强度标准值（MPa）	5.0	5.0	4.5	4.0
钢纤维混凝土的弯拉强度标准值（MPa）	6.0	6.0	5.5	5.0

表 4-25　　道路水泥混凝土弯拉强度与抗压强度的关系

弯拉强度（MPa）	4.0	4.5	5.0	5.5
抗压强度（MPa）	29.7	35.8	41.8	48.4

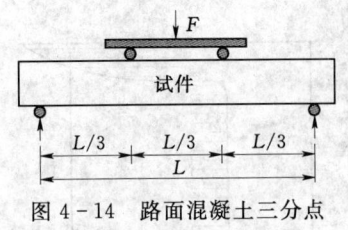

图 4-14　路面混凝土三分点抗折试验装置示意图

道路水泥混凝土的弯拉强度根据《公路工程水泥及水泥混凝土试验规范》（JTG E30—2005）中规定的方法进行。试验用的标准试件尺寸为 150mm×150mm×550mm 或 150mm×150mm×600mm 的小梁，在标准条件下养护 28d，按三分点加荷方式（见图 4-14）测定弯拉破坏极限荷载 F，根据下式计算弯拉强度 f_f

$$f_f = \frac{FL}{bh^2} \tag{4-6}$$

式中　f_f——弯拉强度，MPa；
　　　F——极限荷载，N；
　　　L——支座间距离，mm；
　　　b, h——试件的宽度和高度，mm。

如上述试验采用 100mm×100mm×400mm 非标准试件时，测得的弯拉强度应乘以尺寸换算系数 0.85，当混凝土强度等级大于等于 C60 时，应采用标准试件。

（七）影响混凝土强度的因素

1. 水泥强度等级和水灰比的影响

水泥强度等级和水灰比是影响混凝土抗压强度的最主要因素。因为混凝土的强度主要取决于水泥石的强度及其与骨料间的黏结力，而水泥石的强度及其与骨料间的黏结力又取决于水泥的强度和水灰比的大小。因为水泥水化所需的结合水，一般只占水泥重量的 23% 左右，但在拌制混凝土拌和物时，为了获得必要的流动性，常需加入较多的水，当混凝土硬化后，多余的水分就残留在混凝土中形成孔穴或蒸发后形成气孔，这大大减少了混凝土抵抗荷载的实际有效断面，且有可能在孔隙周围产生应力集中。故在水泥强度相同的情况下，混凝土强度将随水灰比的增加而降低。但如果水灰比过小，则拌和物过于干硬，在一定的捣实成型条件下，混凝土难以成型密实，从而使强度下降。混凝土强度与水灰比的关系见图 4-15。

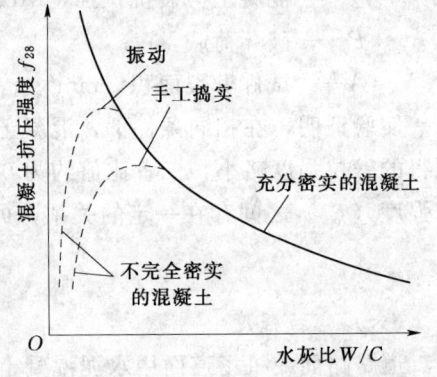

图 4-15　混凝土强度与水灰比之间的关系

另外，在相同水灰比和相同试验条件下，水泥强度等级越高，则水泥石强度越高，从而使用其配制的混凝土强度也越高。

根据大量试验结果，在原材料一定的情况下，混凝土 28d 龄期抗压强度（f_{cu}）与水泥实际强度（f_{ce}）和水灰比（W/C）之间的关系符合下列经验公式

$$W/C = \frac{\alpha_a f_{ce}}{f_{cu} + \alpha_a \alpha_b f_{ce}} \quad (4-7)$$

式中 α_a，α_b——回归系数，与骨料的品种、水泥品种等因素有关；

f_{ce}——水泥28d抗压强度实测值，MPa。

2. 骨料的影响

混凝土骨料级配良好、砂率适当时，由于组成了坚强密实的骨架，有利强度提高。碎石表面粗糙富有棱角，与水泥石胶结性好，且骨料颗粒间有嵌固作用，所以在原材料及坍落度相同情况下，用碎石拌制的混凝土较用卵石时强度高。当水灰比小于0.40时，碎石混凝土强度可比卵石混凝土高约1/3。但随着水灰比的增大，二者强度差值逐渐减小，当水灰比达0.65后，二者的强度差异就不太显著了。这是因为当水灰比很小时，界面强度是影响混凝土强度的主要矛盾，而当水灰比很大时，影响混凝土强度的主要矛盾是水泥石强度大小。

混凝土中骨料质量与水泥质量之比称为骨灰比。骨灰比对35MPa以上的混凝土强度影响很大。在相同水灰比和坍落度下，混凝土强度随骨灰比的增大而提高，其原因可能是由于骨料增多后表面积增大，吸水量也增加，从而降低了有效水灰比，使混凝土强度提高。另外因水泥浆相对含量减少，致使混凝土内总孔隙体积减小，也有利于混凝土强度的提高。

3. 养护温度及湿度的影响

混凝土强度是随着其中水泥石强度的发展而增长的渐进过程，其发展的速度与程度主要取决于水泥的水化程度，而温度和湿度是影响水泥水化速度和程度的重要因素。因此，混凝土成型后，必须在一定时间内保持适当的温度和足够的湿度，以使水泥充分水化，这就是混凝土的养护。

通常，当养护温度较高时，水泥水化速度较快，混凝土的强度发展也较快；反之，在低温下混凝土强度发展迟缓（图4-16）。当温度降至冰点以下时，则由于混凝土中的水分大部分结冰，不但因水泥水化反应停止而使混凝土强度停止发展，而且可能由于混凝土孔隙中的水结冰膨胀（约9%）而对孔壁产生很大的压应力（可达100MPa），当这种压应力过大时就会导致混凝土结构的破坏，甚至使已经获得的混凝土强度受到损失。因此，低温环境中的混凝土施工，要特别注意保温养护，以免混凝土早期受冻破坏。

湿度是决定水泥能否正常进行水化作用的必要条件。浇筑后的混凝土所处环境湿度相宜，水泥水化反应顺利进行，使混凝土强度得以充分发展。若环境湿度较低，水泥不能正常进行水化作用，甚至停止水化，这将严重降低混凝土的强度。混凝土强度与保潮养护期的关系见图4-17。由图可知，混凝土随受干燥日期愈早，其强度损失愈大。混凝土硬化期间缺水，还将导致其结构疏松，易形成干缩裂缝，增大渗水而影响混凝土的耐久性。为此，施工规范GB 50204—2002规定，在混凝土浇筑完毕后，应在12h内进行覆盖并开始浇水，在夏季施工混凝土进行自然养护时，更要特别注意浇水保潮养护。当日平均气温低于5℃时，不得浇水。混凝土的浇水养护的时间，对硅酸盐水泥、普通水泥或矿渣水泥配制的混凝土，不得少于7d，对掺用缓凝型外加剂或有抗渗要求的混凝土，不得少于14d。当采用其他品种水泥时，混凝土的养护应根据所采用水泥的技术性能确定。

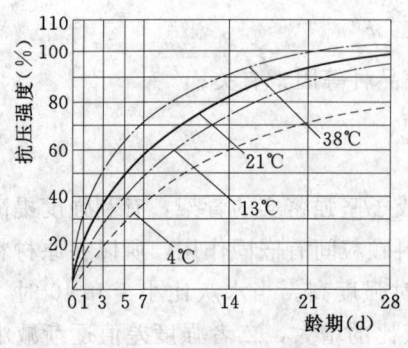 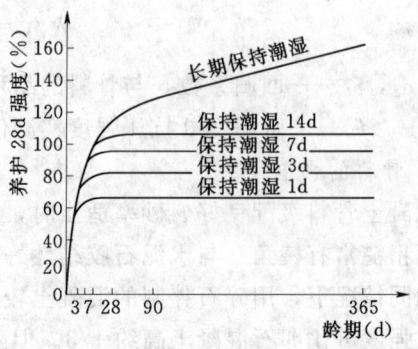

图 4-16 养护温度对混凝土强度的影响　　图 4-17 养护条件对混凝土强度的影响

4. 龄期与混凝土强度的关系

在正常养护条件下,混凝土的强度随龄期的增加而不断增大,最初 7~14d 以内发展较快,以后便逐渐缓慢,28d 后更慢,但只要具有一定的温度和湿度条件,混凝土的强度增长可延续数十年之久。混凝土强度与龄期的关系从图 4-16 和图 4-17 中的曲线均可看出。

实践证明,由中等强度等级的普通水泥配制的混凝土,在标准养护条件下,其强度发展大致与其龄期的常用对数成正比关系,其经验估算公式如下

$$\frac{f_n}{f_{28}} = \frac{\lg n}{\lg 28} \tag{4-8}$$

式中　f_n——混凝土 nd 龄期的抗压强度,MPa;

　　　f_{28}——混凝土 28d 龄期的抗压强度,MPa;

　　　n——养护龄期,d,$n \geqslant 3$d。

应用以上公式,可由所测混凝土的早期强度,估算其 28d 龄期的强度。或者可由混凝土的 28d 强度推算 28d 前,混凝土达某一强度需要养护的天数,由此可用来控制生产施工进度,如确定混凝土拆模、构件起吊、放松预应力钢筋、制品堆放、出厂等的日期。但由于影响混凝土强度的因素很多,故按此式估算的结果只能作为参考。

5. 施工方法的影响

拌制混凝土时采用机械搅拌比人工拌和更为均匀,对水灰比小的混凝土拌和物,采用强制式搅拌机比自由落体式效果更好。实践证明,在相同配合比和成型密实条件下,机械搅拌的混凝土强度一般要比人工搅拌时的提高 10% 左右。

一般情况下,浇筑混凝土时采用机械振动成型比人工捣实要密实得多,这对低水灰比的混凝土尤为显著,此由图 4-15 可以看出。由于在振动作用下,暂时破坏了水泥浆的凝聚结构,降低了水泥浆的黏度,同时骨料间的摩阻力也大大减小,从而使混凝土拌和物的流动性提高,得以很好地填满模型,且内部孔隙减少,有利混凝土的密实度和强度提高。

6. 试验条件的影响

混凝土含水率较高时,由于软化作用,强度较低;而混凝土干燥时则强度较高,且混凝土强度等级越低,差异越大。

表面平整,则受力均匀,强度较高;而表面粗糙或凹凸不平,则受力不均匀,强度偏

低。若试件表面涂润滑剂及其他油脂物质是,"环箍效应"减弱,强度较低。

同一批混凝土试件,在不同试验条件下,所测抗压强度值会有差异,其中最主要的因素是加荷速度的影响。加荷速度越快,测得的强度值越大;反之则小。当加荷速度超过1.0MPa/s时,强度增大更加显著。

(八) 提高混凝土强度的措施

根据上述影响混凝土强度的因素分析,提高混凝土强度可采取以下措施。

(1) 采用高强度等级水泥或早强型水泥。在混凝土配合比不变的情况下,采用高强度等级水泥可提高混凝土28d龄期的强度;采用早强型水泥可提高混凝土的早期强度,有利于加快工程进度。

(2) 尽可能降低水灰比,或采用干硬性混凝土。降低水灰比是提高混凝土强度最有效的途径。在低水灰比的干硬性混凝土拌和物中游离水少,硬化后留下的孔隙少,混凝土密实度高,故强度可显著提高。但水灰比减小过多,将影响拌和物流动性,造成施工困难,为此一般采取同时掺加混凝土减水剂的办法,可使混凝土在低水灰比的情况下,仍然具有良好的和易性。

(3) 施工采用机械搅拌和机械振捣,确保搅拌均匀性和振捣密实性。

(4) 改善养护条件,保证一定的温度和湿度条件,必要时可采用湿热养护,提高早期强度。例如,采用蒸汽养护和蒸压养护等。

(5) 掺加混凝土减水剂、早强剂、硅灰或超细矿渣粉也是提高混凝土强度的有效措施。

三、混凝土的变形性能

混凝土在硬化和使用过程中,由于受物理、化学及力学等因素的影响,常会发生各种变形,这些变形是导致混凝土产生裂缝的主要原因之一,从而影响混凝土的强度及耐久性。混凝土的变形通常有以下几种。

(一) 化学收缩

混凝土在硬化过程中,由于水泥水化生成物的固相体积,小于水化前反应物的总体积,从而致使混凝土产生体积收缩,此称化学收缩。混凝土的化学收缩是不能恢复的,其收缩量随混凝土硬化龄期的延长而增加,一般在混凝土成型后40d内增长较快,以后渐趋稳定。混凝土的化学收缩值很小(小于1%),对混凝土结构物没有破坏作用,但在混凝土内部可能产生微细裂纹。

(二) 混凝土的干缩湿胀

环境的湿度变化会导致混凝土产生干缩或湿胀变形,这种变形是由于混凝土中水分的增减变化所致。混凝土中的水分存在形式主要有自由水(即孔隙水)、毛细管水及凝胶粒子表面的吸附水等三种,当后两种水发生变化时,混凝土就会产生干湿变形。

混凝土干燥和再受潮的典型行为见图4-18所示。图中表明,混凝土在第一次干燥后,若再放入水中(或较高湿度环境中),将发生膨胀。可是,并非全部初始干燥产生的收缩都能为膨胀所恢复,即使长期置于水中也不可能全部恢复。因此,干燥收缩可分为可逆收缩和不可逆收缩两类。可逆收缩属于每次干湿循环所产生的总收缩的一部分;经过第一次干燥—再潮湿后的混凝土的后期干燥收缩将减小,即第一次干燥由于存在不可逆收

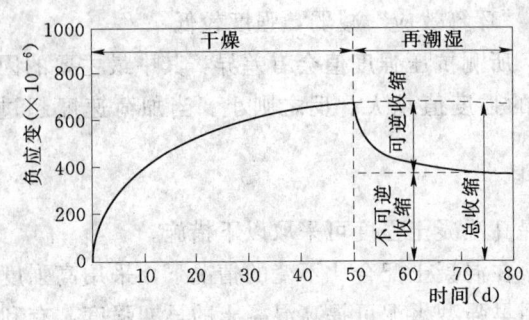

图 4-18 混凝土的收缩

缩，改善了混凝土的体积稳定性，这有助于混凝土制品的制造。

混凝土中过大的干缩会产生干缩裂缝，使混凝土性能变差，因此在设计时必须加以考虑。混凝土结构设计中干缩率取值一般为 $(1.5～2.0)×10^{-4}$。干缩主要是水泥石产生的，因此降低水泥用量，减小水灰比是减少干缩的关键。

（三）自收缩

如果在养护期间除了拌和时所加的水之外没有补充水分，即使没有水分向周围散失，混凝土也将开始内部干燥，因为水分被水化所消耗。然而，体积收缩只有在低水灰比（小于0.3）的混凝土中出现，而且由于掺入活性火山灰（例如：硅灰）而增大。

这种现象被称之为自干燥并以自收缩的形式出现。在极端情况下，内部相对湿度可以下降到75%～80%。因此，这种收缩是干燥收缩的一种特殊情况（有相同的数量级），因为水是由物理或化学过程排除是无关紧要的。只有当混凝土被密封或在密实的混凝土中（例如：低水灰比和加有硅灰）才会发生自收缩。在后一种情况下，即使养护过程中补充了水，自收缩也稍许大一些，因为外部的水不容易渗透到混凝土中。

（四）温度变形

混凝土和其他材料一样，也会随着温度的变化而产生热胀冷缩变形。混凝土的温度膨胀系数为 $(0.6～1.3)×10^{-5}/℃$ 之间，一般取 $1.0×10^{-5}/℃$，即温度每改变1℃，1m长的混凝土将产生0.01mm的膨胀或收缩变形。混凝土的温度变形对大体积混凝土（指最小边尺寸在1m以上的混凝土结构）、纵长的混凝土结构及大面积混凝土工程等极为不利，易使这些混凝土造成温度裂缝。

混凝土是热的不良导体，传热很慢，因此在大体积混凝土硬化初期，由于内部水泥水化放热而积聚较多热量，造成混凝土内外温差很大，有时可达40～50℃，从而导致混凝土内部热胀大大超过混凝土表面的膨胀变形，使混凝土表面产生较大拉应力而遭开裂破坏。为此，大体积混凝土施工常采用低热水泥，并掺加缓凝剂及采取人工降温等措施。

对纵长的混凝土结构和大面积混凝土工程，为防止其受大气温度影响而产生开裂，常采取每隔一段距离设置一道伸缩缝，以及在结构中设置温度钢筋等措施。

（五）在荷载作用下的变形

1. 混凝土在短期荷载作用下的变形

（1）混凝土的弹塑性变形。

混凝土内部结构中含有砂石集料、水泥石（水泥石中又存在着凝胶、晶体和未水化的水泥颗粒）、游离水分和气泡，这就决定了混凝土本身的不匀质性。它不是一种完全的弹性体，而是一种弹塑性体。它在受力时，既会产生可以恢复的弹性变形，又会产生不可恢复的塑性变形，其应力与应变之间的关系不是直线而是曲线，如图4-19所示。

在静力试验的加荷过程中，若加荷至应力为 σ、应变为 ε 的A点，然后将荷载逐渐卸去，则卸荷时的应力—应变曲线如图 4-19 中 AC 段所示。卸荷后能恢复的应变 ε_e 是由混凝土的弹性作用引起的，称为弹性应变；剩余的不能恢复的应变 ε_p 则是由于混凝土的塑性性质引起的，称为塑性应变。

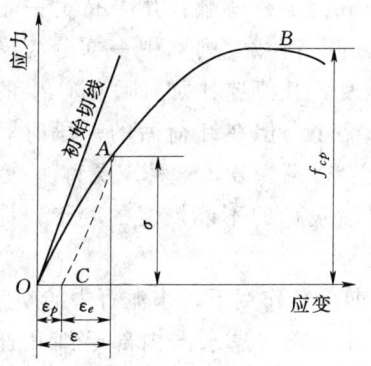

图 4-19 混凝土在压力作用下
的应力—应变曲线

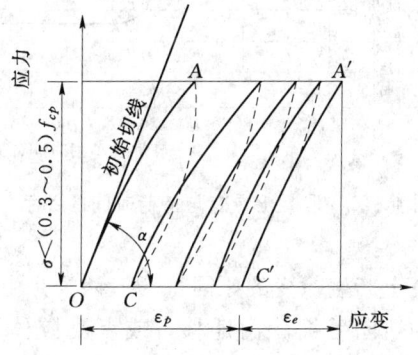

图 4-20 应力重复作用下
的应力—应变曲线

(2) 混凝土的弹性模量。

由于混凝土是弹塑性体，故要准确测定其弹性模量并非易事，但可间接地求其近似值。在低应力下，随着荷载重复次数的增加，混凝土的塑性变形的增量逐渐减少，最后得到一条应力—应变曲线只有很小的曲率，几乎与初始切线（混凝土最初受压时的应力—应变曲线在原点的切线）相平行，如图 4-20 中 $A'C'$，由此就可测得混凝土的静力受压弹性模量，严格地讲，称混凝土割线弹性模量。

按我国标准的规定，混凝土弹性模量的测定，是采用 150mm×150mm×300mm 的棱柱体试件，取其轴心抗压强度（f_{cp}）值的 40% 作为试验控制应力荷载值，经 3 次以上反复加荷和卸荷后，测得应力与应变的比值，即为混凝土的弹性模量，它在数值上与 $\tan\alpha$ 相近。

影响混凝土弹性模量的因素主要是混凝土的强度、集料的含量、水灰比以及养护条件等。通常，混凝土的弹性模量随着其强度的提高而增大，二者存在一定的相关性。当混凝土强度等级由 C10 增加到 C60 时，其弹性模量大致由 1.75×10^4 MPa 增加到 3.60×10^4 MPa。集料含量越多，或其弹性模量越大，则混凝土的弹性模量就越高。混凝土的水灰比较小，或养护充分且龄期较长时，混凝土的弹性模量就较大。

2. 混凝土在长期荷载作用下的变形

徐变是指混凝土在长期恒荷载作用下，随着时间的延长，沿着作用力的方向发生的变形。这种随时间而发展的变形性质，是混凝土徐变的特点。混凝土不论是受压、受拉还是受弯，均会产生徐变，这种变形一般要延续 2~3 年才逐渐趋向稳定。混凝土在长期荷载作用下，变形与持荷时间的关系见图 4-21。

由图 4-21 可知，在对混凝土加荷的瞬间，会产生明显的瞬时变形，其中主要为弹性变形；加荷后随着时间的延长，便逐渐产生了徐变变形，其中以塑性变形为主。徐变变形在加荷初期增长较快，以后逐渐减慢，最后渐趋稳定。

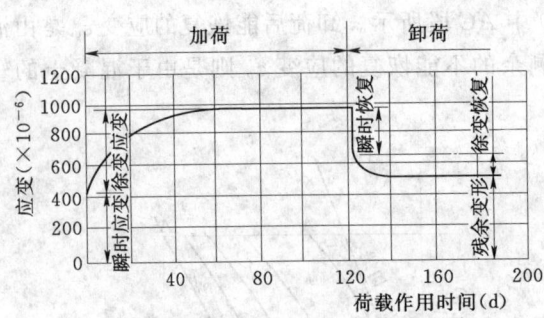

图 4-21 混凝土应变与持荷时间的关系

通常，混凝土的徐变变形量可达瞬时变形量的 2～3 倍，最终徐变变形量通常为 $(3～5)×10^{-4}$，即 $0.3～1.5mm/m$。当混凝土在荷载作用下持荷一定时间后再卸除荷载，则其中一部分变形可瞬时恢复，其值要比加荷瞬间产生的瞬时变形略小。但在卸荷后的一段时间内变形还会逐渐恢复，这种现象称为徐变恢复。最后残存的不能恢复的变形，称为残余变形。

混凝土产生徐变的原因，一般认为是由于在长期荷载作用下，水泥石中的凝胶体产生黏性流动，向毛细管内迁移，或者凝胶体中的吸附水或结晶水向内部毛细孔迁移渗透所致。

混凝土的徐变在不同结构物中有不同的作用。对普通钢筋混凝土构件，能消除混凝土内部温度应力和收缩应力，减弱混凝土的开裂现象。对预应力混凝土结构，混凝土的徐变使预应力损失大大增加，这是极其不利的。因此预应力结构一般要求较高的混凝土强度等级以减小徐变及预应力损失。

影响混凝土徐变变形的因素主要有：①水泥用量越大（水灰比一定时），徐变越大；②骨料用量多，弹性模量高，级配好，最大粒径大，则徐变小；③W/C 越小，徐变越小；④龄期长、结构致密、强度高，则徐变小；⑤应力水平越高，徐变越大。此外还与试验时的应力种类、试件尺寸、温度等有关。

四、混凝土的耐久性

混凝土的耐久性是指在外部和内部不利因素的长期作用下，保持其原有设计性能和使用功能的性质。它是决定混凝土结构是否经久耐用的一项重要指标。在混凝土结构设计中往往十分重视混凝土的强度，却忽视了环境对结构耐久性的影响。混凝土所面对的外部作用主要是指酸、碱、盐的腐蚀作用，冰冻破坏作用，水压渗透作用，碳化作用，干湿循环引起的风化作用和侵蚀介质的传输，荷载作用等等。内部因素主要指的是碱骨料反应和自身体积变化。通常用混凝土的抗渗性、抗冻性、抗碳化性能、抗腐蚀性能和碱骨料反应综合评价混凝土的耐久性。

1. 混凝土的抗渗性

混凝土的抗渗性是指混凝土抵抗压力液体（水、油、溶液等）渗透作用的能力。抗渗性是决定混凝土耐久性最主要的技术指标。若混凝土的抗渗性差不仅周围水等液体物质易渗入内部，而且当遇有负温或环境水中含有侵蚀性介质时，混凝土就易遭受冰冻或侵蚀作用而破坏，对钢筋混凝土还将引起其内部钢筋锈蚀并导致表面混凝土保护层开裂与剥落。因此，对于受压力水（或油）作用的工程，如地下建筑、水池、水塔、压力水管、水坝、油罐以及港工、海工等，必须要求混凝土具有一定的抗渗能力。

混凝土的抗渗性用抗渗标号表示。根据《普通混凝土长期性能和耐久性能试验方法》(GB/T 50082—2009)的规定，混凝土抗渗等级分为 P4、P6、P8、P10 及 P12 五个等级，相应表示混凝土能抵抗0.4、0.6、0.8、1.0、1.2MPa的水压力而不渗水。抗渗等级大于P6的混凝土为抗渗混凝土，设计时应按工程实际承受的水压选择抗渗等级。

影响混凝土抗渗性的因素主要有：

(1) 水灰比。混凝土水灰比的大小，对其抗渗性能起决定性作用。水灰比越大，其抗渗性越差。在成型密实的混凝土中，水泥石的抗渗性对混凝土的抗渗性影响最大。

(2) 水泥品种。水泥的品种、性质也影响混凝土的抗渗性能。水泥的细度越大，水泥硬化体孔隙率越小，强度就越高，则其抗渗性越好。

(3) 掺合料。在混凝土中加入掺合料，如掺入优质粉煤灰，由于优质粉煤灰能发挥其形态效应、活性效应、微集料效应和界面效应等，可提高混凝土的密实度、细化孔隙，从而改善了孔结构和改善了集料与水泥石界面的过渡区结构，因而提高了混凝土的抗渗性。

(4) 养护方法。蒸汽养护的混凝土，其抗渗性较潮湿养护的混凝土要差。在干燥条件下，混凝土早期失水过多，容易形成收缩裂隙，也降低混凝土的抗渗性。

(5) 龄期。混凝土龄期越长，其抗渗性越好。因此，随着水泥水化的进行，混凝土的密实性逐渐增大，抗渗性逐渐提高。

(6) 集料的最大粒径。在水灰比相同时，混凝土集料的最大粒径越大，其抗渗性能越差。这是由于集料和水泥浆的界面处易产生裂缝和较大集料下方易形成孔洞。

(7) 外加剂。在混凝土中掺入某些外加剂，如减水剂等，可减小水灰比，从而减少了混凝土的孔隙率和孔隙尺寸，并改善混凝土的孔分布，即提高了混凝土的抗渗性能。

提高混凝土抗渗性的措施，除了对上述相关因素加以严格控制和合理选择外，可通过掺入引气剂或引气减水剂提高抗渗性。其主要作用机理是引入微细闭气孔、阻断连通毛细孔道，同时降低用水量或水灰比。总之，提高混凝土抗渗性的主要措施就是增大混凝土的密实度和改变混凝土中的孔隙结构，尤其是减小连通孔隙率。

2. 混凝土的抗冻性

混凝土的抗冻性是指硬化混凝土在水饱和状态下，能经受多次冻融循环作用而不破坏，同时也不严重降低强度的性能。对于寒冷地区的建筑和寒冷环境的建筑（如冷库），必须要求混凝土具有一定的抗冻融能力。

普通混凝土受冻融破坏的原因，是由于其内部空隙和毛细孔道中的水结冰时产生体积膨胀和冷水迁移所致。当这种膨胀力超过混凝土的抗拉强度时，则使混凝土发生微细裂缝，在反复冻融作用下，混凝土内部的微细裂缝逐渐增多和扩大，于是混凝土强度渐趋降低，混凝土表面产生酥松剥落，直至完全破坏。

混凝土的抗冻性与混凝土内部的孔隙数量、孔隙特征、孔隙内充水程度、环境温度降低的程度及反复冻融的次数等有关。当混凝土的水灰比小、密实度高、含封闭小孔多、或开口孔中不充满水时，则混凝土抗冻性好。因此，提高混凝土抗冻性的关键也是提高其密实度，为此对于要求抗冻的混凝土，其水灰比不应超过0.60。另外，在混凝土中掺加引气剂或引气减水剂，可显著提高混凝土的抗冻性。

混凝土的抗冻性以抗冻等级表示。按GB/T 50082—2009的规定，混凝土抗冻等级的测定，是以标准养护28d龄期的立方体试件，在水饱和后，于20～-15℃情况下进行反复冻融，最后以抗压强度下降率不超过25%、质量损失率不超过5%时，混凝土所能承受的最大冻融循环次数来表示。混凝土的抗冻等级分为 F10、F15、F25、F50、F100、F150、F200、F250 和 F300 等 9 个等级，其中数字即表示混凝土能经受的最大冻融循环次数。

以上测定混凝土抗冻性的方法称为慢冻法，对于抗冻性要求高的混凝土，可采用快冻法。快冻法是采用 100mm×100mm×400mm 的棱柱体试件，以混凝土耐快速冻融循环后，同时满足相对动弹性模量不小于 60%、质量损失率不超过 5% 时的最大循环次数表示。工程中应根据气候条件或环境温度、混凝土所处部位及经受冻融循环次数等的不同，对混凝土提出不同的抗冻等级要求。

3. 混凝土的抗侵蚀性

当混凝土结构物暴露于含有侵蚀性介质的环境中时，混凝土便会遭受这些介质的侵蚀作用，而且主要是对其中水泥石的侵蚀。因此，造成混凝土被腐蚀的形式主要还是软水侵蚀、硫酸盐侵蚀、镁盐侵蚀、碳酸侵蚀、一般酸侵蚀和强碱侵蚀等。此外，在海岸与海洋混凝土工程中，海水对混凝土的侵蚀作用除了化学作用外，尚有反复干湿的物理作用、盐分在混凝土内的结晶与聚集、海浪的冲击磨损、海水中氯离子对混凝土内钢筋的锈蚀作用等。这些综合侵蚀作用将会加剧混凝土的破坏速度。

混凝土的抗侵蚀性与所用水泥品种、混凝土的密实程度及缺陷等有关。对于结构密实或所含孔隙封闭的混凝土，环境水等不易侵入，则其抗侵蚀性较强。提高混凝土抗侵蚀性的主要措施主要是通过合理选用水泥品种、降低水灰比等措施以提高其密实度或改善其孔结构。混凝土所用水泥品种可依据工程环境选择。

为保证钢筋混凝土的耐久性，还应限制其中侵蚀性较强的氯化物含量，因此《混凝土质量控制标准》（GB 50164—2011）要求，混凝土中的氯化物总含量，以氯离子含量计应符合下列规定：

(1) 对素混凝土，不得超过水泥质量的 1%。
(2) 对于干燥环境或有防潮措施的钢筋混凝土，不得超过水泥质量的 0.3%。
(3) 对处于潮湿而不含有氯离子环境中的钢筋混凝土，不得超过水泥质量的 0.2010。
(4) 对在潮湿并含有氯离子环境中的钢筋混凝土，不得超过水泥质量的 0.1%。
(5) 对于预应力钢筋混凝土及处于易侵蚀环境中的钢筋混凝土，不得超过水泥质量 0.06%。

4. 混凝土的碳化

混凝土的碳化是指环境中的 CO_2，与水泥水化产生的 $Ca(OH)_2$ 作用，生成碳酸钙和水，从而使混凝土的碱度降低的现象。碳化对混凝土的物理力学性能有明显作用，会使混凝土出现碳化收缩，强度下降，还会使混凝土中的钢筋因失去碱性保护而锈蚀。碳化对混凝土的性能也有有利的影响。表层混凝土碳化时生成的碳酸钙，可减少水泥石的孔隙，对防止有害介质的入侵具有一定的缓冲作用。

影响混凝土碳化的因素有：①水泥品种：使用普通硅酸盐水泥要比使用早强硅酸盐水泥碳化稍快些，而使用掺混合材的水泥则比普通硅酸盐水泥要快；②水灰比：水灰比越低，碳化速度越慢，而当水灰比固定，则碳化深度随水泥用量提高而减小；③环境条件：常置于水中的混凝土，碳化停止，常处于干燥环境的混凝土，碳化也会停止，只有相对湿度在50%～75%时，碳化速度最快。

检查碳化的简易方法是凿下一部分混凝土，除去微粉末，滴以酚酞酒精溶液，碳化部分不会变色，而碱性部分则呈红紫色。

5. 混凝土的碱—骨料反应

碱—骨料反应是指混凝土内水泥中的碱性氧化物（K_2O 和 Na_2O），与骨料中的活性 SiO_2 发生化学反应，生成碱—硅酸凝胶，其吸水后会产生3倍以上的体积膨胀，从而导致混凝土产生膨胀开裂而破坏，这种现象称为碱—骨料反应。混凝土发生碱—骨料反应必须具备以下三个条件：

（1）水泥中碱含量高。以等当量 Na_2O 计，（$Na_2O+0.658K_2O$）％大于0.6％。

（2）砂、石骨料中夹含有活性二氧化硅成分。

（3）有水存在。在无水情况下，混凝土不可能发生碱—骨料膨胀反应。

大型水工结构、桥梁结构、高等级公路、飞机场跑道一般均要求对骨料进行碱活性试验或对水泥的碱含量加以限制。

五、提高混凝土耐久性的措施

混凝土在遭受压力水、冰冻或侵蚀作用时的破坏过程，虽然各不相同，但对提高混凝土的耐久性的措施来说，却有很多共同之处。除原材料的选择外，混凝土的密实度是提高混凝土耐久性的一个重要环节。一般提高混凝土耐久性的措施有以下几个方面。

（1）合理选择水泥品种。

（2）适当控制混凝土的水灰比及水泥用量，水灰比的大小是决定混凝土密实性的主要因素，它不但影响混凝土的强度，而且也严重影响其耐久性，故必须严格控制水灰比。

保证足够的水泥用量，同样可以起到提高混凝土密实性和耐久性的作用。《普通混凝土配合比设计规程》（JGJ 55—2000）对工业与民用建筑工程所用混凝土的最大水灰比及最小水泥用量作了规定，见表4-26。

表4-26　　　　　　　　　混凝土的最大水灰比和最小水泥用量

环境条件		结构物类别	最大水灰比值			最小水泥用量（kg/m³）		
			素混凝土	钢筋混凝土	预应力混凝土	素混凝土	钢筋混凝土	预应力混凝土
干燥环境		正常的居住或办公用房屋内部件	不作规定	0.65	0.60	200	260	300
潮湿环境	无冻害	高湿度的室内室外部件；在非侵蚀性土和（或）水中的部件	0.70	0.60	0.60	225	280	300
	有冻害	经受冻害的室外部件；在非侵蚀性土和（或）水中且经受冻害的部件；高湿度且经受冻害中的室内部件	0.55	0.55	0.55	250	280	300
有冻害和除冰剂的潮湿环境		经受冻害和除冰剂作用的室内和室外部件	0.50	0.50	0.50	300	300	300

注　当用活性掺合料取代部分水泥时，本表所指水泥用量及水灰比均指取代前的值。

（3）选用较好的砂、石骨料质量良好、技术条件合格的砂、石骨料，是保证混凝土耐久性的重要条件。

改善粗细骨料的颗粒级配,在允许的最大粒径范围内尽量选用较大粒径的粗骨料,可减小骨料的空隙率和比表面积,也有助于提高混凝土的耐久性。

(4) 掺用引气剂或减水剂。掺用引气剂或减水剂对提高抗渗、抗冻等有良好的作用,在某些情况下,还能节约水泥。

(5) 加强混凝土质量的生产控制。在混凝土施工中,应当搅拌均匀、浇灌和振捣密实及加强养护以保证混凝土的施工质量。

第五节 混凝土的质量控制与评定

一、混凝土的质量控制

加强质量控制是现代化科学管理生产的重要环节。混凝土质量控制的目标是要生产出质量合格的混凝土,即所生产的混凝土应能按规定的保证率满足设计要求的技术性质。混凝土质量控制包括以下三个过程。

(1) 混凝土生产前的初步控制,主要包括人员配备、设备调试、组成材料的检验及配合比的确定与调整等项内容。

(2) 混凝土生产过程中的控制,包括控制称量、搅拌、运输、浇筑、振捣及养护等项内容。

(3) 混凝土生产后的合格性控制,包括批量划分,确定批取样数,确定检测方法和验收界限等项内容。

在以上过程的任一步骤中(如原材料质量、施工操作、试验条件等),都存在着质量的随机波动。故进行混凝土质量控制时,应采用数理统计方法进行质量评定。在混凝土生产质量管理中,由于混凝土的抗压强度与混凝土其他性能有着紧密的相关性,能较好地反映混凝土的全面质量,因此工程中常以混凝土抗压强度作为重要的质量控制指标,并以此作为评定混凝土生产质量水平的依据。

二、混凝土质量(强度)的波动规律

在正常原材料供应和生产施工条件下,影响混凝土强度的因素都是随机变化的,因此混凝土的强度也应是随机变量。混凝土的强度有时偏高,有时偏低,但总是在配制强度附近波动。质量控制越严,施工管理水平越高,则波动越小;反之则波动的幅度越大。通过大量的数理统计分析和工程实践证明,混凝土的质量波动符合正态分布规律,正态分布曲线如图4-22所示。

(1) 曲线形态呈钟形,两边对称,在对称轴的两侧曲线上各有一个拐点。拐点至对称轴的距离等于1个标准差σ。混凝土强度接近其平均强度值的概率出现的次数

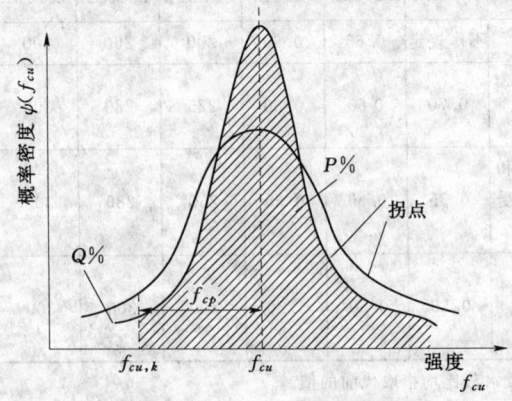

图4-22 混凝土强度的正态分布曲线

最多，而随着距离对称轴愈远，亦即强度测定值比平均值愈低或愈高者，其出现的概率就愈少，最后逐渐趋近于零。

(2) 曲线和横坐标之间所包围的面积为概率的总和，等于100%。对称轴两边出现的概率相等，即各为50%。

(3) 曲线越窄、越高，相应的标准差值（拐点离对称距离）也越小，表明强度越集中于平均强度附近，混凝土匀质性好，质量波动小，施工管理水平高。若曲线宽且矮，相应的标准差越大，说明强度离散大、匀质性差、施工管理水平差。因此从概率分布曲线可以比较直观地分析混凝土质量波动的情况。

三、混凝土质量评定的数理统计方法

用数理统计方法进行混凝土强度质量评定，是通过求出正常生产控制条件下混凝土强度的平均值、标准差、变异系数和强度保证率等参数，然后据此进行综合评定。

1. 混凝土强度平均值（$\bar{f}_{cu}$）

混凝土强度平均值可按下式计算

$$\bar{f}_{cu} = \frac{1}{n} \sum_{i=1}^{n} f_{cu,i} \qquad (4-9)$$

式中　n——混凝土强度试件组数；
　　　$f_{cu,i}$——混凝土第i组的抗压强度值。

混凝土强度平均值只能代表其总体强度的平均水平，而不能反映混凝土的波动情况。

2. 混凝土强度标准差（σ）

混凝土强度标准差又称均方差，其计算式为

$$\sigma = \sqrt{\frac{\sum_{i=1}^{n}(f_{cu,i} - \bar{f}_{cu})^2}{n-1}} = \sqrt{\frac{\sum_{i=1}^{n} f_{cu,i}^2 - n\bar{f}_{cu}^2}{n-1}} \qquad (4-10)$$

由正态分布曲线可知，标准差在数值上等于拐点至对称轴的距离。其值越小，反映混凝土质量波动越小，均匀性越好。对平均强度相同的混凝土而言，标准差σ能确切反映混凝土质量的均匀性，但当平均强度不等时，并不确切。例如平均强度分别为20MPa和50MPa的混凝土，当σ均等于5MPa时，对前者来说波动已很大，而对后者来说波动并不算大。因此，对不同强度等级的混凝土单用标准差值尚难以评判其匀质性，宜采用变异系数加以评定。

3. 变异系数（C_v）

变异系数又称离差系数，其计算式如下：

$$C_v = \frac{\sigma}{\bar{f}_{cu}} \qquad (4-11)$$

变异系数亦即为标准差σ与平均强度$\bar{f}_{cu}$的比值，实际上反映相对于平均强度而言的变异程度。其值越小，说明混凝土质量越均匀，波动越小。如上例中，前者的$C_v = 5/20 = 0.25$；后者的$C_v = 5/50 = 0.1$。显而易见，后者质量均匀性好，施工管理水平高。根据GBJ 107—87中规定，混凝土的生产质量水平，可根据不同强度等级，在统计同期内混凝土强度的标准差和试件强度不低于设计等级的百分率来评定。并将混凝土生产单位质量管

理水平划分为优良、一般及差三个等级，见表 4-27。

表 4-27　　　　　　　　　混凝土生产质量水平

生产质量水平		优良		一般		差	
混凝土强度等级		<C20	≥C20	<C20	≥C20	<C20	≥C20
评定指标	混凝土强度标准差 σ（MPa）	商品混凝土厂 预制混凝土构件厂	≤3.0	≤3.5	≤4.0	≤5.0	>4.0	>5.0
		集中搅拌混凝土的施工现场	≤3.5	≤4.0	≤4.5	≤5.5	>4.5	>5.5
	混凝土强度不低于规定强度等级值的百分率 P（%）	商品混凝土厂 预制混凝土构件厂 集中搅拌混凝土的施工现场	≥95		>85		≤85	

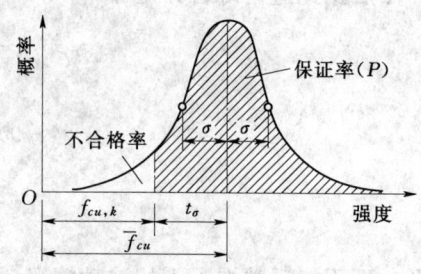

图 4-23　混凝土强度保证率

4. 强度保证率（P）

混凝土的强度保证率 P（%）是指混凝土强度总体中，大于等于设计强度等级（$f_{cu,k}$）的概率，在混凝土强度正态分布曲线图中以阴影面积表示，见图 4-23 所示，低于设计强度等级（$f_{cu,k}$）的强度所出现的概率为不合格率。

混凝土强度保证率 P（%）的计算方法为：首先根据混凝土设计强度等级（$f_{cu,k}$）、混凝土强度平均值（$\bar{f}_{cu}$）、标准差（σ）或变异系数（C_v），计算出概率度（t），即

$$t=\frac{\bar{f}_{cu}-f_{cu,k}}{\sigma} \text{ 或 } t=\frac{\bar{f}_{cu}-f_{cu,k}}{C_v \bar{f}_{cu}} \tag{4-12}$$

则强度保证率 P（%）就可由正态分布曲线方程积分求得，即

$$P=\frac{1}{\sqrt{2\pi}}\int_t^\infty e^{-\frac{t^2}{2}}dt \tag{4-13}$$

但实际上当已知 t 值时，可从数理统计书中的表内查到 P 值，如表 4-28 所列。

表 4-28　　　　　　　　　不同 t 值的保证率 P

t	0.00	0.50	0.80	0.84	1.00	1.04	1.20	1.28	1.40	1.50	1.60
P（%）	50.0	69.2	78.8	80.0	84.1	85.1	88.5	90.0	91.9	93.3	94.5
t	1.645	1.70	1.75	1.81	1.88	1.96	2.00	2.05	2.33	2.50	3.00
P（%）	95.0	95.5	96.0	96.5	97.0	97.5	97.7	98.0	99.0	99.4	99.87

四、混凝土配制强度

在施工中配制混凝土时，如果所配制混凝土的强度平均值（$\bar{f}_{cu}$）等于设计强度（$f_{cu,k}$），则由图 4-23 可知，这时混凝土强度保证率只有 50%。因此，为了保证工程混凝土具有设计所要求的 95% 强度保证率，则在进行混凝土配合比设计时，必须使混凝土的配制强度大于设计强度。

根据《混凝土结构工程施工及验收规范》(GB 50204—2002) 规定，混凝土配制强度可按下式计算

$$f_{cu,0} \geqslant f_{cu,k} + 1.645\sigma \tag{4-14}$$

式中　$f_{cu,0}$——混凝土配制强度，MPa；
　　　$f_{cu,k}$——设计的混凝土强度标准值，MPa；
　　　σ——混凝土强度标准差，MPa。

按 GB 50204—2002 规定，混凝土强度标准差 σ 可根据施工单位近期（统计周期不超过 3 个月，预拌混凝土厂和预制混凝土构件厂统计周期可取为一个月）的同一品种混凝土强度资料算得（试件组数 $N \geqslant 25$）。当混凝土强度等级为 C20 或 C25 时，如计算所得 $\sigma < 2.5$ MPa，取 $\sigma = 2.5$ MPa；当混凝土强度等级高于 C25 时，如计算所得 $\sigma < 3.0$ MPa，取 $\sigma = 3.0$ MPa。当施工单位不具有近期的同一品种混凝土的强度资料时，σ 值可按表 4-29 取值。

表 4-29　σ 值

混凝土设计强度等级 $f_{cu,k}$	低于 C20	C20~C35	高于 C35
σ (MPa)	4.0	5.0	6.0

五、混凝土强度评定

(1) 当混凝土的生产条件在较长时间内能保持一致，且同一品种混凝土的强度变异性能保持稳定时，应由连续的三组试件代表一个验收批，其强度应同时符合下列要求

$$\bar{f}_{cu} \geqslant f_{cu,k} + 0.7\sigma_0 \tag{4-15}$$

$$f_{cu,\min} \geqslant f_{cu,k} - 0.7\sigma_0 \tag{4-16}$$

当混凝土强度等级不高于 C20 时，尚应符合下式要求：

$$f_{cu,\min} \geqslant 0.85 f_{cu,k} \tag{4-17}$$

当混凝土强度等级高于 C20 时，尚应符合下式要求：

$$f_{cu,\min} \geqslant 0.90 f_{cu,k} \tag{4-18}$$

式中　$\bar{f}_{cu}$——同一验收批混凝土强度的平均值，N/mm²；
　　　$f_{cu,k}$——设计的混凝土强度的标准值，N/mm²；
　　　σ_0——验收批混凝土强度的标准差，N/mm²；
　　　$f_{cu,\min}$——同一验收批混凝土强度的最小值，N/mm²。

验收批混凝土强度的标准差，应根据前一检验期内同一品种混凝土试件的强度数据，按下式确定

$$\sigma_0 = \frac{0.59}{m} \sum_{i=1}^{m} \Delta f_{cu,i} \tag{4-19}$$

式中　$\Delta f_{cu,i}$——前一检验期内第 i 验收批混凝土试件中强度的最大值与最小值之差；
　　　m——前一检验期内验收批总批数。

(2) 当混凝土的生产条件不能满足上述条件的规定时，或在前一检验期内的同一品种混凝土没有足够的强度数据用以确定验收批混凝土强度标准差时，应由不少于 10 组的试件代表一个验收批，其强度应同时符合下列要求

$$\bar{f}_{cu} - \lambda_1 \sigma \geqslant 0.9 f_{cu,k} \qquad (4-20)$$

$$f_{cu,\min} \geqslant \lambda_2 f_{cu,k} \qquad (4-21)$$

式中 σ——验收批混凝土强度的标准差，N/mm^2，当 σ 的计算值小于 $0.06 f_{cu,k}$ 时，取 $\sigma = 0.06 f_{cu,k}$；

λ_1，λ_2——合格判定系数，按表 4-30 取值。

表 4-30　　　　　　　　合格判定系数

试件组数	10~14	15~24	≥25
λ_1	1.70	1.65	1.60
λ_2	0.90	0.85	

（3）对零星生产的预制构件或现场搅拌批量不大的混凝土，可采用非统计方法评定，验收批强度必须同时符合下列要求

$$\bar{f}_{cu} \geqslant 1.15 f_{cu,k} \qquad (4-22)$$

$$f_{cu,\min} \geqslant 0.95 f_{cu,k} \qquad (4-23)$$

（4）当对混凝土的试件强度代表性有怀疑时，可采用从结构、构件中钻取芯样或其他非破损检验方法，对结构、构件中的混凝土强度进行推定，作为是否应进行处理的依据。

第六节　普通混凝土的配合比设计

所谓混凝土配合比，是指单位体积的混凝土中各组成材料的质量比例，确定这种数量比例关系的工作，就称为混凝土配合比设计。

一、混凝土配合比设计的基本要求

混凝土配合比是指 $1m^3$ 混凝土中各组成材料的用量，或各组成材料之重量比。配合比设计的目的是为满足以下四项基本要求：

（1）满足结构设计的强度等级要求；

（2）满足混凝土施工所要求的和易性；

（3）满足工程所处环境对混凝土耐久性的要求；

（4）经济合理，最大限度节约水泥以降低混凝土成本。

二、混凝土配合比设计的依据

（一）混凝土配合比设计的基本参数

水灰比、单位用水量和砂率是混凝土配合比设计的三个基本参数，它们与混凝土各项性质之间有着非常密切的关系。因此，混凝土配合比设计主要是正确地确定出这三个参数，才能保证配制出满足四项基本要求的混凝土。

混凝土配合比设计中确定三个参数的原则是：在满足混凝土强度和耐久性的基础上，确定混凝土的水灰比；在满足混凝土施工要求的和易性基础上，根据粗骨料的种类和规格确定混凝土的单位用水量；砂在骨料中的数量应以填充石子空隙后略有富余的原则来确定。

（二）混凝土配合比设计的算料基准

混凝土配合比设计以计算 1m³ 混凝土中各材料用量为基准，计算时其中骨料以干燥状态为准。所谓干燥状态的骨料系指细骨料含水率小于 0.5%，粗骨料含水率小于 0.2%。如需以饱和面干骨料为基准进行计算时，则应作相应的修改。

由于混凝土外加剂的掺量一般甚少，故在计算混凝土体积时，外加剂的体积可忽略不计，在计算混凝土表观密度时，外加剂的质量也可忽略不计。

三、普通混凝土配合比设计的方法与原理

普通混凝土配合比设计的方法有两种：一是体积法（又称绝对体积法）；二是重量法（又称假定容重法），其中体积法为最基本的方法。基本原理如下。

（一）体积法基本原理

混凝土配合比设计体积法的基本原理是：假定刚浇捣完毕的混凝土拌和物的体积，等于其各组成材料的绝对体积及其所含少量空气体积之和。若以 V_h、V_c、V_w、V_s、V_g、V_k 分别表示混凝土、水泥、水、砂、石、空气的体积，则体积法原理可用公式表达为

$$V_h = V_c + V_w + V_s + V_g + V_k \tag{4-24}$$

若以 m_{c0}、m_{w0}、m_{s0}、m_{g0} 分别表示 1m³ 混凝土中的水泥、水、砂、石的用量（kg），并以 ρ_c、ρ_w、ρ_{os}、ρ_{og} 分别表示水泥、水的密度及砂、石的表观密度，又设混凝土拌和物中含空气体积百分数为 α，则上式可改写为

$$\frac{m_{c0}}{\rho_c} + \frac{m_{w0}}{\rho_w} + \frac{m_{s0}}{\rho_{os}} + \frac{m_{g0}}{\rho_{og}} + 0.01\alpha = 1 \tag{4-25}$$

式中　α——混凝土含气量的百分数，%，在不使用引气型外加剂时，可取 $\alpha=1$。

（二）重量法基本原理

普通混凝土配合比设计重量法的基本原理是：当混凝土所用原材料比较稳定时，则所配制的混凝土其表观密度（ρ_{oc}）将接近一个恒值，这样若预先假定出 1m³ 新拌混凝土的质量，就可建立下列关系式：

$$m_{c0} + m_{w0} + m_{s0} + m_{g0} = m_{cp} \tag{4-26}$$

每立方米混凝土的假定质量（m_{cp}）可根据本单位积累的试验资料确定，如缺乏资料，可根据骨料的表观密度、粒径以及混凝土强度等级，在 2350～2450kg 范围内选定。

四、混凝土配合比设计步骤

混凝土配合比设计步骤为：首先按照要求的技术指标初步计算出"计算配合比"。然后经试验室试拌调整，得出"基准配合比"，并经强度复核，定出"试验室配合比"。最后根据现场原材料的实际情况（如砂、石含水等）修正"试验室配合比"，得出"施工配合比"。

（一）初步计算配合比计算步骤

(1) 确定混凝土配制强度（$f_{cu,0}$）。

根据上节讨论，在已知混凝土设计强度（$f_{cu,k}$）和混凝土强度标准差（σ）时，则可由下式计算求得混凝土要求的配制强度（$f_{cu,0}$），即

$$f_{cu,0} = f_{cu,k} + 1.645\sigma \tag{4-27}$$

(2) 确定水灰比（W/C）。

根据已知的混凝土配制强度（$f_{cu,0}$）及所用水泥的实际强度（f_{ce}）或水泥强度等级，则可由混凝土强度经验公式求得所要求的水灰比值，即

$$\frac{W}{C} = \frac{a_a f_{ce}}{f_{cu,0} + a_a a_b f_{ce}} \qquad (4-28)$$

如计算所得的水灰比值大于表 4-26 规定的最大水灰比值时，应取表中规定的最大水灰比值。

(3) 选定混凝土拌和用水量（m_{w0}）。

混凝土拌和物的单位用水量（m_{w0}），可根据所用粗骨料的种类、最大粒径及施工要求的坍落度值，按表 4-21 规定的值选用。

(4) 计算水泥用量（m_{c0}）。

1m³ 混凝土中的用水量选定之后，即可根据已求出的水灰比（W/C）值计算水泥用量（m_{c0}），即

$$m_{c0} = \frac{m_{w0}}{W/C} \qquad (4-29)$$

如计算所得的水泥用量小于表 4-26 规定的最小水泥用量值时，应取表中规定的最小水泥用量值。

(5) 确定合理砂率值（S_p）。

混凝土合理砂率值可根据所用粗骨料的种类、最大粒径及已求出的混凝土水灰比值，按表 4-22 中的规定选用。

(6) 计算砂、石用量（m_{s0}、m_{g0}）。

1) 在已掌握原材料性能指标及已知砂率的情况下，粗、细骨料的用量可用体积法求得。具体按下列关系式计算

$$\frac{m_{c0}}{\rho_c} + \frac{m_{w0}}{\rho_w} + \frac{m_{s0}}{\rho_{os}} + \frac{m_{g0}}{\rho_{og}} + 0.01\alpha = 1 \qquad (4-30)$$

$$\frac{m_{s0}}{m_{s0} + m_{g0}} \times 100\% = S_p \qquad (4-31)$$

在上述关系式中，可取 $\rho_w = 1000 \text{kg/m}^3$。

2) 当已假定混凝土的表观密度 ρ_{oc} 时，粗、细骨料的用量可按重量法求得。因 1m³ 混凝土拌和物的质量即为其表观密度，故计算时可直接写为

$$m_{c0} + m_{w0} + m_{s0} + m_{g0} = \rho_{oc} \qquad (4-32)$$

又已知砂率（S_p）为

$$\frac{m_{s0}}{m_{s0} + m_{g0}} \times 100\% = S_p \qquad (4-33)$$

联立以上两方程，即可求粗、细骨料的用量。

(7) 计算混凝土外加剂掺量（m_{a0}）。

由于外加剂掺量（m_{a0}）是以占水泥质量百分数计，故在已知水泥用量（m_{c0}）及外加剂适宜掺量（$r\%$）时，可按下式算得，即

$$m_{a0} = m_{c0} \cdot r\% \qquad (4-34)$$

(8) 写出混凝土计算配合比。

混凝土配合比有两种表示方法,一是直接以 $1m^3$ 混凝土中各种材料的用量来表示;另一种是以混凝土各组成材料间的质量比例关系来表示,其中以水泥质量为1。如水泥:砂:石=1:x:y,$W/C=z$。

(二) 混凝土配合比的试配与确定

按以上方法算得的混凝土计算配合比,它不能直接用于工程施工,在实际施工时,应采用工程中实际使用的材料进行试配,经调整和易性、检验强度等后方可用于实际施工。

1. 混凝土配合比的试配与调整

混凝土试配时应采用工程中实际使用的原材料,混凝土的搅拌方法也应与生产时使用的方法相同。

试配时,每盘混凝土的数量应不少于表4-31的规定值。当采用机械搅拌时,搅拌量应不小于搅拌机额定搅拌量的1/4。

表4-31 混凝土试配用最小拌和量

粗骨料最大粒径(mm)	拌和物数量(L)	粗骨料最大粒径(mm)	拌和物数量(L)
31.5及以下	15	40	25

混凝土配合比试配调整的主要工作如下:

(1) 混凝土拌和物和易性调整。

按计算配合比进行试拌料,用以检定拌和物的性能。如试拌料得出的拌和物坍落度(或维勃稠度)不能满足要求,或黏聚性和保水性能不好时,则应在保证水灰比不变的条件下相应调整用水量或砂率,直到符合要求为止。然后提出供混凝土强度试验用的基准配合比。

(2) 混凝土强度检验。

进行混凝土强度检验时至少应采用三个不同的配合比,其中一个为基准配合比,另外两个配合比的水灰比值,应较基准配合比分别增加和减少0.05,其用水量与基准配合比基本相同,砂率值可分别增加或减小1%。若发现不同水灰比的混凝土拌和物坍落度与要求值相差超过允许偏差时,可适当增、减用水量进行调整。

制作混凝土强度试件时,尚应检验各组混凝土拌和物的坍落度或维勃稠度、黏聚性、保水性及拌和物表观密度,并以此结果作为代表相应组配合比混凝土拌和物的性能。

表4-32 混凝土立方体试件的边长

骨料最大粒径(mm)	试件边长(mm)
31.5及以下	100×100×100
40	150×150×150
60	200×200×200

为检验混凝土强度等级,每种配合比应至少制作一组(三块)试件,并经标准养护28d试压。混凝土立方体试件的边长不应小于表4-32的规定。

2. 初步配合比的确定

确定混凝土初步配合比的步骤如下。

(1) 确定混凝土初步配合比。

根据试验得出的各灰水比及其相对应的混凝土强度关系,用作图或计算法求出与混凝土配制强度（$f_{cu,0}$）相对应的灰水比值，并按下列原则确定每立方米混凝土的材料用量。

用水量（m_w）：取基准配合比中的用水量，并根据制作强度试件时测得的坍落度或维勃稠度，进行调整。

水泥用量（m_c）：取用水量乘以选定出的灰水比计算而得。

粗、细骨料用量（m_s、m_g）：取基准配合比中的粗、细骨料用量，并按定出的灰水比进行调整。

至此，得出混凝土初步配合比。

(2) 确定混凝土正式配合比。

在确定出初步配合比后，还应进行混凝土表观密度校正，其方法为：首先算出混凝土初步配合比的表观密度计算值（$\rho_{oc计算}$），即

$$\rho_{oc计算} = m_c + m_w + m_s + m_g \tag{4-35}$$

再用初步配合比进行试拌混凝土，测得其表观密度实测值（$\rho_{oc实测}$），然后按下式算出校正系数 δ，即

$$\delta = \frac{\rho_{oc实测}}{\rho_{oc计算}} \tag{4-36}$$

当混凝土表观密度实测值与计算值之差的绝对值不超过计算值的 2% 时，则上述得出的初步配合比即可确定为混凝土的正式配合比设计值。若二者之差超过 2% 时，则须将初步配合比中每项材料用量均乘以校正系数 δ 值，即为最终定出的混凝土正式配合比设计值，通常也称实验室配合比。

(三) 施工配合比换算

混凝土实验室配合比计算用料是以干燥骨料为基准的，但实际工地使用的骨料常含有一定的水分，因此必须将实验室配合比进行换算，换算成扣除骨料中水分后、工地实际施工用的配合比。其换算方法如下。

设施工配合比 $1m^3$ 混凝土中水泥、水、砂、石的用量分别为 m'_c、m'_w、m'_s、m'_g；并设工地砂子含水率为 $a\%$，石子含水率为 $b\%$。则施工配合比 $1m^3$ 混凝土中各材料用量应为

$$\begin{aligned} m'_c &= m_c \\ m'_s &= m_s(1+a\%) \\ m'_g &= m_g(1+b\%) \\ m'_w &= m_w - m_s \cdot a\% - m_g \cdot b\% \end{aligned} \tag{4-37}$$

施工现场骨料的含水率是经常变动的，因此在混凝土施工中应随时测定砂、石骨料的含水率，并及时调整混凝土配合比，以免因骨料含水量的变化而导致混凝土水灰比的波动，从而将对混凝土的强度、耐久性等一系列技术性能造成不良影响。

五、掺减水剂混凝土配合比设计

混凝土掺减水剂而不需要减水和减水泥时，其配合比设计的方法和步骤，与不掺减水剂时完全相同，但当掺减水剂后需要减水或同时又要减少水泥用量时，则其计算方法有所不同。掺减水剂混凝土配合比设计的计算原则和步骤如下。

(1) 首先按《普通混凝土配合比设计规程》计算出空白混凝土（即不掺外加剂的混凝土）的配合比。

(2) 在空白混凝土配合比用水量和水泥用量的基础上,进行减水和减水泥,然后算出减水和减水泥后的每立方米混凝土的实际水和水泥用量。

(3) 混凝土配合比中减水和减水泥后,这时应相应增加砂、石骨料的用量。计算砂、石用量仍可按体积法或重量法求得。

(4) 计算 1m³ 混凝土中减水剂的掺量,以占水泥重的百分比计。

(5) 混凝土试拌及调整。最后即可得出正式配合比。

在设计掺减水剂混凝土的配合比时,应注意以下几点。

(1) 当掺用减水剂以期达到提高混凝土的强度时,不能仅仅减水而不改动砂、石骨料,而应既减水又必须增加砂、石用量,否则将造成混凝土亏方(混凝土体积减小)。

(2) 当掺用减水剂以期改善混凝土拌和物的和易性时,应适当增大砂率,以免引起拌和物的保水性及黏聚性变差。

(3) 当掺用减水剂以达到节省水泥时,必须注意减水泥后 1m³ 混凝土中的水泥用量不得低于《混凝土结构工程质量验收规范》(GB 50204—2002)中规定的最低水泥用量值。

六、混凝土配合比设计实例

【**例 4-1**】 某框架结构工程现浇钢筋混凝土梁,混凝土设计强度等级为 C30,施工采用机拌机振,混凝土坍落度要求为 35~50mm,并根据施工单位历史资料统计,混凝土强度标准差 $\sigma=5$ MPa。所用原材料情况如下:

水泥:42.5 级矿渣水泥,水泥密度为 $\rho_c=3.00$ g/cm³,水泥强度等级标准值的富余系数为 1.08;

砂:中砂,级配合格,砂子表现密度 $\rho_{os}=2650$ kg/m³;

石:5~31.5 mm 碎石,级配尚可,石子表现密度 $\rho_{og}=2700$ kg/m³;

外加剂:FDN 非引气高效减水剂(粉剂),适宜掺量为 0.5%。

试求:

(1) 混凝土计算配合比。

(2) 混凝土掺加 FDN 减水剂的目的是为了既要使混凝土拌和物和易性有所改善,又要能节约一些水泥用量,故决定减水 8%,减水泥 5%,求此掺减水剂混凝土的配合比。

(3) 经试配制混凝土的和易性和强度等均符合要求,无需作调整。又知现场砂子含水率为 3%,石子含水率为 1%,试计算混凝土施工配合比。

解:

1. 求混凝土计算配合比

(1) 确定混凝土配制强度 ($f_{cu,0}$)

$$f_{cu,0}=f_{cu,k}+1.645\sigma=30+1.645\times 5=38.23\text{MPa}$$

(2) 确定水灰比 (W/C):

$$\frac{W}{C}=\frac{\alpha_a f_{ce}}{f_{cu,0}+\alpha_a\alpha_b f_{ce}}=\frac{0.46\times 42.5\times 1.8}{38.23+0.46\times 0.07\times 42.5\times 1.08}=0.53$$

由于框架结构混凝土梁处于干燥环境,故按表 4-26 可取水灰比值为 0.53。

(3) 确定用水量 (m_w):

查表 4-21，对于最大粒径为 31.5mm 的碎石混凝土，当所需坍落度为 35～50mm 时，$1m^3$ 混凝土的用水量可选用 $m_{w0}=185$kg。

(4) 计算水泥用量（m_{c0}）

$$m_{c0}=\frac{m_{w0}}{W/C}=\frac{185}{0.53}=349\text{kg}$$

按表 4-26，对于干燥环境的钢筋混凝土最小水泥用量规定，可取 $m_{c0}=349$kg。

(5) 确定砂率（S_p）。

查表 4-22，对于采用最大粒径为 31.5mm 的碎石配制的混凝土，当水灰比为 0.53 时，其砂率值可选取 $S_p=35\%$（采用插入法选定）。

(6) 计算砂、石用量（m_{s0}、m_{g0}）。

用体积法计算，即

$$\frac{349}{3.00}+\frac{185}{1.00}+\frac{m_{s0}}{2.65}+\frac{m_{g0}}{2.70}+10\times1=1000$$

$$\frac{m_{s0}}{m_{s0}+m_{g0}}\times100\%=35\%$$

解此联立方程，则得 $m_{s0}=644$kg，$m_{g0}=1198$kg。

(7) 写出混凝土计算配合比。

$1m^3$ 混凝土中各材料用量为：水泥 349kg，水 185kg，砂 644kg，碎石 1198kg。以质量比表示即为：

$$水泥：砂：石=1：1.85：3.43, W/C=0.53$$

2. 计算掺减水剂混凝土的配合比

设 $1m^3$ 掺减水剂混凝土中的水泥、水、砂、石、减水剂的用量分别为以 m_c、m_w、m_s、m_g、m_j，则其各材料用量应为：

(1) 水泥：$m_c=349\times(1-5\%)=332$kg。

(2) 水：$m_w=185\times(1-8\%)=170$kg。

(3) 砂、石：用体积法计算，即

$$\frac{332}{3.00}+\frac{170}{1.00}+\frac{m_s}{2.65}+\frac{m_g}{2.70}+10\times1=1000$$

$$\frac{m_s}{m_s+m_g}\times100\%=35\%$$

解此联立方程，则得：$m_s=664$kg，$m_g=1233$kg。

(4) 减水剂 FDN：$m_j=332\times0.5\%=1.66$kg。

3. 换算成施工配合比

设施工配合比 $1m^3$ 混凝土中水泥、砂、石、水、减水剂等各材料用量分别为 m'_c、m'_s、m'_g、m'_w、m'_j，则

$$m'_c=m_c=332\text{kg}$$
$$m'_j=m_j=1.66\text{kg}$$
$$m'_s=m_s(1+a\%)=664\times(1+3\%)=684\text{kg}$$

$$m'_g = m_g(1+b\%) = 1233 \times (1+1\%) = 1245 \text{kg}$$
$$m'_w = m_w - m_s \cdot a\% - m_g \cdot b\% = 170 - 664 \times 3\% - 1233 \times 1\% = 138 \text{kg}$$

第七节 其他混凝土

一、高强混凝土

现代工程结构正在向超高、大跨、重载方向发展,对混凝土强度的要求越来越高。美国混凝土协会（ACI）高强混凝土委员会将 28d 抗压强度大于等于 50MPa 的混凝土定义为高强混凝土。在我国,通常将强度等级大于或等于 C60 的混凝土称为高强混凝土（High Strength Concrete,简写为 HSC）。

（一）原材料

1. 水泥

水泥的品种通常选用硅酸盐水泥和普通水泥,也可采用矿渣水泥等。强度等级选择一般为：C50～C80 混凝土宜用强度等级 42.5；C80 以上选用更高强度的水泥。1m³ 混凝土中的水泥用量要控制在 500kg 以内,且尽可能降低水泥用量。水泥和矿物掺合料的总量不应大于 600kg/m³。

2. 集料

由于高强混凝土水灰比低,基体和界面区结构致密,部分集料如花岗岩和石英岩由于温度应力容易在界面过渡区产生微裂缝,因此,配制高强混凝土的集料应具有高的强度、高的弹性模量和低的热膨胀系数。在特定的水灰比下,减小粗集料的最大粒径可以显著提高混凝土的强度,因此,粗集料的粒径不宜大于 31.5mm。配制 70MPa 的混凝土时,适宜的粗集料最大粒径是 20～25mm,配制 100MPa 混凝土时,宜用最大粒径 14～20mm 的粗集料,而配制强度超过 125MPa 的超高强混凝土时,粗集料的最大粒径宜控制在 10～14mm。细集料宜采用中砂,细度模数应大于 2.6,可达 3.0,略高于普通混凝土用砂的细度模数。

3. 掺合料

（1）硅粉。它是生产硅铁时产生的烟灰,故也称硅灰,是高强混凝土配制中应用最早、技术最成熟、应用较多的一种掺合料。硅粉中活性 SiO_2 含量达 90% 以上,比表面积达 15000m²/kg 以上,火山灰活性高,且能填充水泥的空隙,从而极大地提高混凝土密实度和强度。硅灰的适宜掺量为水泥用量的 5%～10%。

研究结果表明,硅粉对提高混凝土强度十分显著,当外掺 6%～8% 的硅灰时,混凝土强度一般可提高 20% 以上,同时可提高混凝土的抗渗、抗冻、耐磨、耐碱—骨料反应等耐久性能。但硅灰对混凝土也带来不利影响,如增大混凝土的收缩值、降低混凝土的抗裂性、减小混凝土流动性、加速混凝土的坍落度损失等。

（2）磨细矿渣。通常将矿渣磨细到比表面积 350m²/kg 以上,从而具有优异的早期强度和耐久性。掺量一般控制在 20%～50% 之间。矿粉的细度越大,其活性越高,增强作用越显著,但粉磨成本也大大增加。与硅粉相比,增强作用略逊,但其他性能优于硅粉。

（3）优质粉煤灰。一般选用 I 级灰,利用其内含的玻璃微珠润滑作用,降低水灰比,以及细粉末填充效应和火山灰活性效应,提高混凝土强度和改善综合性能。掺量一般控制在20%～30%之间。Ⅰ级粉煤灰的作用效果与矿粉相似，且抗裂性优于矿粉。

(4) 沸石粉。天然沸石含大量活性 SiO_2 和微孔，磨细后作为混凝土掺合料能起到微粉和火山灰活性功能，比表面积 $500m^2/kg$ 以上，能有效改善混凝土黏聚性和保水性，并增强了内养护，从而提高混凝土后期强度和耐久性，掺量一般为 5%～15%。

(5) 偏高岭土。偏高岭土是由高岭土（$Al_2O_3 \cdot 2SiO_2 \cdot 2H_2O$）在 700～800℃ 条件下脱水制得的白色粉末，平均粒径 $1～2\mu m$，SiO_2 和 Al_2O_3 含量 90% 以上，特别是 Al_2O_3 较高。在混凝土中的作用机理与硅粉及其他火山灰相似，除了微粉的填充效应和对硅酸盐水泥的加速水化作用外，主要是活性 SiO_2 和 Al_2O_3 与 $Ca(OH)_2$ 作用生成 C—S—H 凝胶和水化铝酸钙、水化硫铝酸钙。由于其极高的火山灰活性，故有超级火山灰（Super-Pozzolan）之称。

4. 外加剂

高效减水剂是高强高性能混凝土最常用的外加剂品种，减水率一般要求大于 20%，以最大限度减低水灰比，提高强度。配制混凝土时可使用一种或同时使用多种外加剂，如高效减水剂、缓凝剂、引气剂、膨胀剂等。

(二) 高强混凝土的配合比

高强混凝土的水泥用量通常高于 $400kg/m^3$，但水泥基材料的总量一般不大于 $600kg/m^3$。水泥基材料的用量过高会导致水化热高、干燥收缩大，而且水泥用量超过一定范围后，混凝土的强度不再随水泥用量的增加而提高。为降低混凝土的干燥收缩、减小徐变，应尽可能降低灰集比。例如某高层建筑用高强混凝土的配合比为：每 m^3 混凝土用硅酸盐水泥 360kg、粉煤灰 150kg、粒集料 1157kg、细集料 603kg、高效减水剂 3kg、用水量 148kg，其水胶比为 0.29，28d 抗压强度 80MPa。

(三) 高强混凝土的性能与应用

高强混凝土通过使用高效减水剂，即使水胶比很低，新拌混凝土的坍落度仍可达 200～250mm。由于粉料用量高，很少出现离析和泌水现象。

因水泥用量高，高强混凝土的自收缩不可忽视。根据理论计算，高强混凝土的自收缩值可达 220×10^{-6}，实测值与理论计算结果的数量级一致。高强混凝土水化热大，绝热温升高，用于大体积混凝土时易产生开裂。高强混凝土的干燥收缩大，长龄期高强混凝土的干燥收缩高达 $(500～700) \times 10^{-6}$，即每米收缩 0.5～0.7mm。水胶比低于 0.29 时，干燥收缩略有降低。高强混凝土的徐变通常是普通混凝土的 1/2～1/3。混凝土的强度越高，徐变越小。弹性模量约 40～50GPa。

高强混凝土由于结构致密，具有极高的抗渗性和抗溶液腐蚀性能。

高强混凝土可用于高层建筑的基础、梁、柱、楼板，预应力混凝土结构、大跨度桥梁、海底隧道、海上平台、现浇混凝土桥面板、洒除冰盐的车库等。

二、高性能混凝土

高性能混凝土是 1990 美国首次提出的新概念。虽然到目前为止各国对高性能混凝土的要求和确定的含义不完全相同，但大家都认为高性能混凝土应具有的技术特征是：高耐久性，高体积稳定性（低干缩、低徐变、低温度变形和高弹性模量），适当的抗压强度（早期强度高，后期强度不倒缩），良好的工作性（高流动性、高黏聚性、自密实性）。

高性能混凝土是由高强混凝土发展而来的,但高性能混凝土配合比设计的侧重点并不仅限于强度,而是根据具体工程的要求,满足强度、工作性、耐久性三项基本要求,并应根据工程的特殊要求,具有某种特殊性能,一般来讲更侧重于其工作性和耐久性。

发展高性能混凝土的途径如下。

1. 高性能混凝土的原材料以及与之相适应的工艺

一般采用降低水灰比、强力振动和加压成型的方法,即将机械压力加到混凝土上,挤出混凝土中的空气与剩余水分,减少孔隙率。这种方法多用于混凝土预制构件的生产中,并与蒸压养护共同使用,不适合现场施工,应用范围受到限制。

2. 复合化

混凝土本身是水泥基复合材料,高性能混凝土必须有活性细掺料和外加剂,特别是高效减水剂的加入。常常不仅需要二者同掺,有时还必须同时采用几种外加剂以取得要求的性能。

典型的高效减水剂有萘系、三聚氰胺系和改性木钙系高效减水剂三类,掺用高效减水剂后,水灰比可降至 0.4 以下,混凝土拌和物仍能具有较高的流动性,从而可现场浇筑出抗压强度为 60~100MPa 的高强混凝土,使高强混凝土获得广泛的发展和应用。但是仅用高效减水剂配制的混凝土,具有坍落度损失较大的问题。

配制高性能混凝土的活性细掺料是具有高比表面积的微粉辅助胶凝材料。例如,硅灰、磨细矿渣微粉、超细粉煤灰等,它们是利用微粉填隙作用形成细观的紧密体系,改善界面结构,提高界面黏结强度。掺加活性细掺料时必须掺加足够的高效减水剂或减水剂。

高性能混凝土的特性包括以下几方面。

(1) 自密实性。高性能混凝土的用水量较低,流动性好,抗离析性高,从而具有较优异的填充性和自密实性。

(2) 体积稳定性。高性能混凝土的体积稳定性较高,具有高弹性模量、低收缩与徐变、低温度变形。普通强度混凝土的弹性模量为 20~25GPa,而高性能混凝土可达 40~45GPa。90d 龄期的干缩值可低于 0.04%。

(3) 强度。目前 28d 平均抗压强度为 120MPa 的高性能混凝土已在工程中得到应用。高性能混凝土抗拉强度与抗压强度之比较高强混凝土有明显增加。高性能混凝土的早期强度发展较快,而后期强度的增长率却低于普通强度混凝土。

(4) 水化热。由于高性能混凝土的水灰比较低,会较早地终止水化反应,因此水化热总量相应地降低。

(5) 收缩和徐变。高性能混凝土的总收缩量与其强度成反比,强度越高总收缩量越小。但早期收缩率随着早期强度的提高而增大。相对湿度和环境温度仍然是影响高性能混凝土收缩性能的两个重要因素。高性能混凝土的徐变变形显著地低于普通混凝土。

(6) 耐久性。高性能混凝土除通常的抗冻性、抗渗性明显高于普通混凝土外,Cl^- 渗透率明显低于普通混凝土,抗化学腐蚀性能显著优于普通强度混凝土。

(7) 耐火性。高性能混凝土的耐高温性能是一个值得重视的问题。由于高性能混凝土的高密实度使自由水不易很快地从毛细孔中排出,在高温作用下,会产生爆裂、剥落。

总之,高性能混凝土并不是一种具有某些特殊功能的混凝土,而是现代混凝土技术发展的理念和方向。

三、轻混凝土

凡是干表观密度不大于 1950kg/m³ 的混凝土称为轻混凝土。普通混凝土的主要弱点之一是自重大，而轻混凝土的主要优点就是轻，由于质轻，就带来了一系列的优良特性，使其在工程中应用可获得良好的技术性能和经济效益。轻混凝土质轻且力学性能良好，故特别适用于高层、大跨度和有抗震要求的建筑。

轻混凝土具有以下特点：

(1) 质轻。轻混凝土与普通混凝土相比，其质量一般可减轻 1/4～3/4，甚至更多。

(2) 保温性能良好。具有优良的保温能力，且兼具承重和保温双重功能。

(3) 耐火性能良好。具有传热慢、热膨胀性小、不燃烧等特点。

(4) 力学性能良好。力学性能接近普通混凝土，但其弹性模量较低，变形较大。

(5) 易于加工。轻混凝土中，尤其是多孔混凝土，很容易钉入钉子和进行锯切。

轻混凝土按其表观密度减小的途径不同，可分为以下三种：

(1) 轻骨料混凝土。采用表观密度较天然密实骨料小的轻质多孔骨料配制而成。

(2) 大孔混凝土。不含细骨料，水泥浆只包裹粗骨料的表面，将其黏结成整体。

(3) 多孔混凝土。混凝土中不含粗、细骨料，其内部充满大量细小的封闭气孔。

(一) 轻骨料混凝土

1. 轻骨料的种类及技术性质

(1) 轻骨料的种类。

凡是骨料粒径为 5mm 以上，堆积密度小于 1000kg/m³ 的轻质骨料，称为轻粗骨料。粒径小于 5mm，堆积密度小于 1200kg/m³ 的轻质骨料，称为轻细骨料。

轻骨料按来源不同分为三类：①天然轻骨料（如浮石、火山渣及轻砂等）；②工业废料轻骨料（如粉煤灰陶粒、膨胀矿渣、自燃煤矸石等）；③人造轻骨料（如膨胀珍珠岩、页岩陶粒、黏土陶粒等）。

(2) 轻骨料的技术性质。

轻骨料的技术性质主要有堆积密度、强度、颗粒级配和吸水率等，此外，还有耐久性、体积安定性、有害成分含量等。

1) 堆积密度：轻骨料的表现密度直接影响所配制的轻骨料混凝土的表观密度和性能。轻粗骨料按堆积密度划分为 10 个等级：200、300、400、500、600、700、800、900、1000、1100kg/m³。轻砂的堆积密度为 410～1200kg/m³。

2) 强度：轻粗骨料的强度，通常采用"筒压法"测定其筒压强度。筒压强度是间接反映轻骨料颗粒强度的一项指标，对相同品种的轻骨料，筒压强度与堆积密度常呈线性关系。但筒压强度不能反映轻骨料在混凝土中的真实强度，因此，技术规程中还规定采用强度标号来评定轻粗骨料的强度。"筒压法"和强度标号测试方法可参考有关规范。

3) 吸水率：轻骨料的吸水率一般都比普通砂石料大，因此混凝土拌和物的和易性、水灰比和强度的发展。在设计轻骨料混凝土配合比时，必须根据轻骨料的一小时吸水率计算附加用水量。国家标准中关于轻骨料一小时吸水率的规定是：轻砂和天然轻粗骨料吸水率不作规定，其他轻粗骨料的吸水率应符合《轻集料及其试验方法第 1 部分：轻集料》

(GB/T 17431.1—1998)中 5.4.1 条的规定。

4) 最大粒径与颗粒级配：保温及结构保温轻骨料混凝土用的轻骨料，其最大粒径不宜大于 40mm。结构轻骨料混凝土的轻骨料不宜大于 20mm。

对轻粗骨料的级配要求，其自然级配的空隙率不应大于 50%。轻砂的细度模数不宜大于 4.0；大于 5mm 的筛余量不宜大于 10%。

2. 轻骨料混凝土的强度等级

根据《轻骨料混凝土技术规程》(JGJ 51—2002)，轻骨料混凝土可分为全轻混凝土、砂轻混凝土、大孔轻骨料混凝土和次轻混凝土。全轻混凝土的粗、细骨料均为轻骨料；砂轻混凝土是以普通砂作为细骨料；大孔轻骨料混凝土是由轻粗骨料与水泥、水配制的无砂或少砂混凝土；次轻混凝土是在轻骨料中掺入部分普通粗骨料的混凝土，其干表观密度大于 1950kg/m³，小于 2300kg/m³。

由于轻骨料品种繁多，故轻骨料混凝土常以其所用轻骨料命名，如粉煤灰陶粒混凝土、黏土陶粒混凝土、页岩陶粒混凝土、浮石混凝土等。轻骨料混凝土的强度等级，按其立方体抗压强度标准值划分为：LC5.0、LC7.5、LC10、LC15、LC20、LC25、LC30、LC35、LC40、LC45、LC50、LC55 和 LC60 等十三个等级。

3. 轻骨料混凝土的特性

(1) 轻骨料混凝土的表观密度较小而强度较高。轻骨料混凝土的表观密度主要取决于其所用轻骨料的表观密度和用量。而轻骨料混凝土的强度影响因素很多，除了与普通混凝土相同的以外，轻骨料的性质（强度、堆积密度、颗粒形状、吸水性等）和用量也是重要的影响因素。尤其当轻骨料混凝土的强度较高时，混凝土的破坏是由轻骨料本身先遭到破坏开始，然后导致混凝土呈脆性破坏。这时，即使混凝土中水泥用量再增加，混凝土的强度也提高不多，甚至不会再提高。

当用轻砂取代普通砂配制全轻混凝土时，虽然可以降低混凝土的表观密度，但强度也将随之下降。低、中强度等级的轻骨料混凝土，其抗拉强度与相同强度等级的普通混凝土很接近，当强度等级高时，其抗拉强度要比后者小。

(2) 轻骨料混凝土的变形比普通混凝土大，因此其弹性模量较小，一般为同强度等级普通混凝土的 30%～70%。这有利于控制建筑构件温度裂缝的发展，也有利于改善建筑物的抗震性能和抵抗动荷载的作用。增加轻骨料混凝土的砂率，可使其弹性模量提高。

(3) 轻骨料混凝土的收缩和徐变变形分别比普通混凝土大 20%～50% 和 30%～60%，热膨胀系数比普通混凝土小 20% 左右。

(4) 轻骨料混凝土具有优良的保温性能。当其表观密度为 1000kg/m³ 导热系数为 0.28W/(m·K)；表观密度为 1400kg/m³ 和 1800kg/m³ 时，相应的导热系数为 0.49W/(m·K) 和 0.87W/(m·K)。当含水率增加时，导热系数将随之增大。

(5) 轻骨料混凝土具有良好的抗渗性、抗冻性和耐火性等耐久性能。

4. 轻骨料混凝土的应用

轻骨料混凝土适用于高层和多层建筑、软土地基、大跨度结构、耐火等级要求高的建筑、有节能要求的建筑、抗震结构、漂浮式结构、旧建筑的加层等。各种用途的轻骨料混凝土其强度等级和密度等级的合理范围见表 4-33 所示。

表 4-33　　　　　　　　　　轻骨料混凝土按用途分类

混凝土名称	强度等级合理范围	密度等级合理范围	用　　途
保温轻骨料混凝土	LC5.0	≤800	主要用于保温的围护结构或热工构筑物
结构保温轻骨料混凝土	LC5.0～LC15	800～1400	主要用于既承重又保温的围护结构
结构轻骨料混凝土	LC15～LC60	1400～1900	主要用作承重构件或构筑物

必须指出，采用轻骨料混凝土不一定都有经济效益，只有在使用中能充分发挥轻骨料混凝土技术性能的特点、扬长避短和因地制宜，才能在技术上和经济上获得显著效益。

5. 轻骨料混凝土配合比设计要点

轻骨料混凝土配合比设计的基本要求与普通混凝土相同，但应满足对混凝土表观密度的要求。

轻骨料混凝土配合比设计方法与普通混凝土基本相似，分为绝对体积法和松散体积法。砂轻混凝土宜采用绝对体积法，即按每立方米混凝土的绝对体积为各组成材料的绝对体积之和进行计算。松散体积法宜用于全轻混凝土，即以给定每立方米混凝土的粗细骨料松散总体积为基础进行计算，然后按设计要求的混凝土表观密度为依据进行校核，最后通过试拌调整得出（详见规范 JGJ 51—2002）。

轻骨料混凝土与普通混凝土配合比设计中的不同之处主要有两点：一是用水量为净用水量与附加用水量两者之和；二是砂率为砂的体积占砂石总体积之比值。

6. 轻骨料混凝土施工注意事项

由于轻骨料的密度小，且吸水性大，故在施工中应注意以下几方面的问题。

(1) 施工时，可以采用干燥轻骨料，也可以将轻粗骨料预湿至饱和。采用预湿骨料拌制出来的拌和物，其和易性和水灰比均较稳定，采用干燥骨料则可省去预湿处理的工序。当轻骨料露天堆放时，受气候影响而使其含水率变化较大，施工中必须及时测定骨料含水率和调整加水量。如拌和物自搅拌后到浇灌成型的时间间隔过长，则其和易性将显著降低。

(2) 混凝土拌和物中的轻骨料容易上浮，不易拌匀。所以应选用强制式搅拌机，搅拌时间宜比普通混凝土略长。

(3) 由于轻骨料混凝土的表观密度较普通混凝土小，故对于二者和易性相同的两种混凝土拌和物，前者的坍落度要小于后者。因此施工中应防止外观判断的错觉而随意增加用水量。

(4) 浇灌成型时，振捣时间应适宜，以防止轻骨料上浮，造成分层现象。最好采用加压振动成型工艺。

(5) 轻骨料混凝土易产生干缩裂缝，所以早期必须很好地进行保潮养护。当采用蒸汽养护时，静停时间不宜少于 1.5～2.0h。

(二) 大孔混凝土

大孔混凝土中无细骨料，按其所用粗骨料的品种，可分为普通大孔混凝土和轻骨料大孔混凝土两类。普通大孔混凝土是用碎石、卵石、重矿渣等配制而成。轻骨料大孔混凝土则是用陶粒、浮石、碎砖、煤渣等配制而成。有时为了提高大孔混凝土的强度，也可掺入少量细骨料,这种混凝土称为少砂混凝土。

普通大孔混凝土的表观密度在 1500~1900kg/m³ 之间,抗压强度为 3.5~10MPa 轻骨料大孔混凝土的表观密度在 500~1500kg/m³ 之间,抗压强度为 1.5~7.5MPa。

大孔混凝土的导热系数小,保温性能好,吸湿性小。收缩一般较普通混凝土小 30%~50%,抗冻性可达 15~20 次冻融循环。

大孔混凝土宜采用单一粒级的粗骨料,如粒径为 10~20mm 或 10~30mm。不允许采用小于 5mm 和大于 40mm 的骨料。水泥宜采用强度等级 32.5 或 42.5 级的水泥。水灰比(对轻骨料大孔混凝土为净用水量的水灰比)可在 0.30~0.42 之间取用,应以水泥浆能均匀包裹在骨料表面而不流淌为准。大孔混凝土适用于制作墙体用小型空心砌块和各种板材,也可用于现浇墙体。普通大孔混凝土还可制成滤水管、滤水板等,广泛用于市政工程。

(三) 多孔混凝土

根据其制造原理,多孔混凝土可分为加气混凝土和泡沫混凝土两种。近年来,也有用压缩空气经过充气介质弥散成大量微小气泡,均匀地分散在料浆中而形成多孔结构,这种多孔混凝土称为充气混凝土。

根据养护方法不同,多孔混凝土又可分为蒸压多孔混凝土和非蒸压(蒸养或自然养护)多孔混凝土两种。由于蒸压加气混凝土在生产上有较多优越性,以及可以更多地利用工业废渣,故近年来发展应用较为迅速。

多孔混凝土质轻,其表观密度不超过 1000kg/m³,通常在 300~8000kg/m³ 之间,保温性能优良,其导热系数随其表观密度降低而减小,一般为 0.09~0.17 W/(m·K);可加工性好;它可锯、可刨、可钉、可钻,并可用胶黏剂黏结。因此其外形尺寸可以灵活掌握,受模型的限制较少。

1. 蒸压加气混凝土

蒸压加气混凝土是用钙质材料(水泥、石灰)、硅质材料(石英砂、尾矿粉、粉煤灰、粒状高炉矿渣、页岩等)和适量加气剂为原料,经过磨细、配料、搅拌、浇注、切割和蒸压养护(在压力为 0.8 或 1.5MPa 下养护 6~8h)等工序生产而成。

加气剂一般采用铝粉,它在加气混凝土料浆中,与钙质材料中的氢氧化钙发生化学反应而放出氢气,形成气泡,使料浆形成多孔结构。其化学反应过程如下:

$$2Al+3Ca(OH)_2+6H_2O = 3CaO·Al_2O_3·6H_2O+3H_2\uparrow$$

除铝粉外,也可采用双氧水、碳化钙、漂白粉等作为加气剂。

蒸压加气混凝土通常是在工厂预制成砌块或条板等制品。蒸压加气混凝土砌块按其强度和体积密度划分为七个强度等级和六个密度等级。

蒸压加气混凝土砌块适用于承重和非承重的内墙和外墙。加气混凝土条板可用于工业和民用建筑中,作承重和保温合一的屋面板和墙板。条板均配有钢筋,钢筋必须预先经防锈处理。另外,还可用加气混凝土和普通混凝土预制成复合墙板,用作外墙板。蒸压加气混凝土还可做成各种保温制品,如管道保温壳等。

蒸压加气混凝土的吸水率高,且强度较低,所以其所用砌筑砂浆及抹面砂浆与砌筑砖墙时不同,需专门配制。墙体外表面必须作饰面处理,与门窗的固定方法也与砖墙不同。

2. 泡沫混凝土

泡沫混凝土是将由水泥等拌制的料浆与由泡沫剂搅拌造成的泡沫混合搅拌，再经浇注、养护硬化而成的多孔混凝土。

泡沫剂是泡沫混凝土的重要组分，通常采用松香胶和水解牲血作泡沫剂。松香胶泡沫剂系用烧碱加水溶入松香粉，再与溶化的胶液（皮胶或骨胶）搅拌制成浓松香胶液。使用时用温水稀释，经强力搅拌即形成稳定的泡沫。水解牲血系用动物血加苛性钠、盐酸、硫酸亚铁、水等配成，使用时经稀释成稳定的泡沫。

配制自然养护的泡沫混凝土时，水泥强度等级不宜低于 32.5，否则强度太低。当生产中采用蒸汽养护或蒸压养护时，不仅可缩短养护时间，且能提高强度，还能掺用粉煤灰、煤渣、或矿渣等工业废渣，以节省水泥，甚至可以全部利用工业废渣代替水泥。如以粉煤灰、石灰、石膏等为胶凝材料，再经蒸压养护，则制成蒸压泡沫混凝土。

泡沫混凝土的技术性质和应用，与相同体积密度的加气混凝土大体相同。其生产工艺，除发泡和搅拌与加气混凝土不同外，其余基本相似。泡沫混凝土还可在现场直接浇注，用作屋面保温层。

四、自密实混凝土

自密实混凝土是具有高流动性、高均匀性、高稳定性，不离析，浇筑时能依靠自身重力流动无需振捣而达到密实的混凝土。自密实混凝土是特别强调工作性能的高性能混凝土，其长期性能与一般混凝土基本相同。

（一）自密实混凝土的自密实性能

自密实混凝土的自密实性能包括流动性、抗离析性和自填充性，分别采用坍落扩展度试验、V 形漏斗试验、J 形环试验和 U 形箱试验进行评价。

自密实混凝土的填充能力，也称流动性，是自密实混凝土的重要特点，即在没有振捣的情况下，填充到模板的各个角落，在水平和垂直方向流淌且在混凝土内部和表面不会引入多余气泡的能力。一般自密实混凝土的填充能力是指自由填充条件下充满模板的能力。

自密实混凝土穿越狭窄截面或者密集的钢筋间隙的过程中，其各种成分在障碍附近均匀分布，不发生阻塞和离析的能力称作穿越能力。相比填充能力，穿越能力对自密实混凝土的工作性提出了更高的要求，当自密实混凝土用在狭窄间隙或者密集配筋的情况下时，仅仅测试其填充能力是不够的，还一定要对其穿越能力进行测试。然而，限制条件不同，对自密实混凝土穿越能力的要求也不同，实际工程中应该根据构件尺寸、配筋特点、混凝土流经路径等对自密实混凝土的穿越能力提出具体的指标。

自密实混凝土的稳定性（抗离析能力）指的是自密实混凝土在搅拌出机后直至浇注入模、硬化成型期间，各种组分始终保持均匀的能力。它不仅与自密实混凝土拌和物本身的稳定性有关，也跟施工方法、混凝土流经路径及出机到入模的时间有关系。对自密实混凝土稳定性的测试，主要是针对其本身的稳定性。稳定性差的混凝土难以保证硬化后的匀质性，在施工过程中也很容易失去自密实能力。

（二）自密实混凝土的原材料和配合比设计

1. 自密实混凝土的原材料

自密实混凝土属于高性能混凝土，其对胶凝材料的要求与高性能混凝土相同。为了满足自密实性能的要求，自密实混凝土的浆体总量较大。为了避免水泥用量过大，应掺加优质矿物掺和料。为了调整细粉组成的颗粒级配并避免活性胶凝材料量过多，可使用惰性细粉材料，通常为石灰石粉。由硅酸盐水泥、活性矿物掺合料和惰性掺合料合理组成的复合浆体，可以降低混凝土的需水量和水化放热量，提高拌和物的工作性。

集料的含泥量、泥块含量大，将使混凝土的需水量增大；石子的针片状颗粒含量高，将使石子的空隙率增大，为达到同样的工作性所需浆体量增大。这些均会对自密实混凝土的自密实性能产生不良影响，同时也会对强度和耐久性造成不利影响。因此自密实混凝土对于集料的品质要求较高。由于自密实混凝土多用于薄壁构件、密集配筋构件等，所以粗集料的粒径不宜过大，以小于25mm为宜。

由于工作性的要求，自密实混凝土的砂浆量大、砂率高。如果选用细砂，则较大的比表面积将增大拌和物的需水量；若选用粗砂，则会降低拌和物的黏聚性。所以自密实混凝土宜选用偏粗的中砂。

配制自密实混凝土需要使用高减水率、高坍落度保持度和高保水性的高效减水剂，应优先选用聚羧酸系高性能减水剂。为使拌和物在高流动性的条件下获得适宜的黏度、良好的黏聚性而不离析，自密实混凝土中可适量掺加增黏剂。速凝剂和早强剂等会加快拌和物的工作性损失，不利于自密实混凝土的施工，所以不宜使用。

2. 自密实混凝土的配合比设计

水胶比和水粉比是自密实混凝土配合比设计的重要参数。水粉比是指单位拌和水量与单位粉体量的体积比值。水胶比根据混凝土的设计强度和自密实性能而定。当通过强度设计确定的水胶比与通过自密实性能确定的水胶比不同时，应优先考虑强度要求。单位用水量和水粉比影响着拌和物的抗离析性和自填充性。根据粉体的组成和集料的品质、所要求的自密实性能和强度等级，选定单位用水量、水粉比和单位粉体量。

单位用水量一般以 $155\sim180$kg/m^3 为宜。

水粉比宜取 0.80～1.15。

根据单位用水量和水粉比计算得到单位粉体量。单位粉体量宜满足体积比为 0.16～0.23。

自密实混凝土的砂率较大，可接近50%。

外加剂掺量应根据所需的自密实混凝土性能经过试配决定。

五、纤维混凝土

纤维混凝土是以混凝土为基体，外掺各种纤维材料而成。掺入纤维的目的是提高混凝土的抗拉、抗弯、冲击韧性，也可以有效改善混凝土的脆性性质。

常用的纤维材料有钢纤维、玻璃纤维、石棉纤维、碳纤维和合成纤维等。所用的纤维必须具有耐碱、耐海水、耐气候变化的特性。国内外研究和应用钢纤维较多，因为钢纤维对抑制混凝土裂缝的形成，提高混凝土抗拉和抗弯、增加韧性效果最佳，但成本较高，因此，近年来合成纤维的应用技术研究较多，有可能成为纤维混凝土主要品种之一。

在纤维混凝土中，纤维的含量，纤维的几何形状以及纤维的分布情况，对其性质有重要影响。以钢纤维为例：为了便于搅拌，一般控制钢纤维的长径比为60～100，掺量为0.5%～1.3%（体积比），尽可能选用直径细、截面形状非圆形的钢纤维，钢纤维混凝土一般可提高抗拉强度 2 倍左右，抗冲击强度提高 5 倍以上。

纤维混凝土目前主要用于复杂应力结构构件、对抗冲击性要求高的工程，如飞机跑道、高速公路、桥面面层、管道等。随着纤维混凝土技术的提高，各类纤维性能的改善，成本的降低，在建筑工程中的应用将会越来越广泛。

六、聚合物混凝土

聚合物混凝土是由有机聚合物、无机胶凝材料和集料结合而成的一种新型混凝土。聚合物混凝土集中了有机聚合物和无机胶凝材料的优点，克服了水泥混凝土的一些缺点。聚合物混凝土一般可分为以下三种。

（一）聚合物水泥混凝土

是由聚合物乳液（和水分散体）拌和水泥，并掺入砂或其他集料而制成的。聚合物的硬化和水泥的水化同时进行，并且两者结合在一起形成复合材料。

一般认为，在聚合物水泥的硬化过程中，聚合物与水泥之间没有发生化学作用。当水泥用聚合物乳液拌和时，开始水泥从乳液中吸收水分，使乳液的稠度提高。在水泥石结构形成过程中，乳液由于脱水而逐渐凝固，水泥水化生成物由于被乳液微粒所包裹而形成聚合物与水泥石互相填充的结构。因此，提高了水泥石的抗渗性，并改善了其他性能。

配制聚合物水泥混凝土所用的矿物质胶凝材料，可用普通水泥和高铝水泥，而高铝水泥的效果比普通水泥要好。因为它所引起的乳液的凝聚比较小，而且具有快硬的特性。另外，还可以用白水泥、石膏等。聚合物可用天然聚合物（如天然橡胶）和各种合成聚合物（如：聚醋酸乙烯、苯乙烯、聚氯乙烯等）。

聚合物水泥混凝土主要用于铺设无缝地面，也常用于修补混凝土路面和机场跑道面层或做防水层等。

（二）聚合物浸渍混凝土

它是以混凝土为基材（被浸渍的材料），将有机单体渗入混凝土中，然后再用加热或放射线照射的方法使混凝土孔隙内的单体聚合，使混凝土与聚合物形成一个整体。

单体可用甲基丙烯酸甲酯、苯乙烯、醋酸乙烯、乙烯、丙烯腈、聚酯—苯乙烯等，最常用的是甲基丙烯酸甲酯。此外，还要加入催化剂和交联剂等。

这种混凝土的制作工艺是在混凝土制品成型、养护完毕后，先干燥至恒重，而后放在真空罐内抽真空，然后使单体浸入混凝土中，浸渍后须在 80℃ 的湿热条件下养护或用放射线照射（γ 射线、X 射线和电子射线等），以使单体最后聚合。

在聚合物浸渍混凝土中，聚合物填充了混凝土的内部空隙，除全部填充水泥浆中的毛细孔外，也可能大量进入孔隙，形成连续的空间网络而相互穿插，使聚合物和混凝土形成了完整的结构。因此，这种混凝土具有高强度（抗压强度可达 200MPa 以上，抗拉强度可达 10MPa 以上），高防水性（几乎不吸水、不透水），以及抗冻性、抗冲击性、耐蚀性和耐磨性都有显著提高的特点。

聚合物浸渍混凝土适用于要求高强度、高耐久性的特殊构件，特别适用于输运液体的有筋管、无筋管、坑道等。在国外已用于耐高压的容器，如原子反应堆、液化天然气贮罐等。

（三）聚合物胶结混凝土（也称树脂混凝土）

它是一种完全没有矿物胶凝材料而只有合成树脂为胶结材料的混凝土。所用的集料与普通凝土相同。这种混凝土具有高强、耐腐蚀等优点，但目前成本较高，只能用于特殊工程和耐腐蚀工程。

七、防水混凝土

防水混凝土是指具有较高抗渗能力的混凝土，通常其抗渗等级等于或大于 P6 级，又称抗渗混凝土。普通混凝土往往抗渗性不良，主要原因是其内部存在各种渗水"通道"，如施工不良造成的孔洞、泌水产生的孔、混凝土收缩及温湿度变化等原因产生的裂纹。研究表明，混凝土中小于 25nm 的孔和封闭孔对抗渗性影响很小，而孔径大于 $1\mu m$ 的开口孔和毛细孔对抗渗性影响最大。水压越大，形成渗水通道的孔尺寸越小。

制备高抗渗性的防水混凝土的原理是：尽可能地减少或堵塞混凝土中的毛细孔、裂纹等缺陷，尤其是孔径大于 $1\mu m$ 的开口孔和毛细孔。因此，防水混凝土是依靠本身的密实性及憎水性来达到防水要求的。根据采取的防渗措施不同，防水混凝土可分为以下四种。

（一）普通防水混凝土

普通防水混凝土通过选择适宜的原材料、调整普通混凝土配合比来提高自身的密实度。配制普通防水混凝土时，宜选用普通硅酸盐水泥，也可选用粉煤灰水泥或火山灰水泥，这两种水泥泌水性较小，有较强的抗水溶蚀能力，不宜采用硅酸盐水泥。宜采用减水剂，以降低水灰比，减少用水量，提高混凝土的密实性。粗骨料的最大粒径不宜超过 40mm，应为连续级配。其他要求与普通混凝土相同。普通防水混凝土的抗渗等级一般可达 P6～P12，其施工简便，性能稳定，但施工质量要求比普通混凝土严格。适用于地上和地下要求防水抗渗的工程。

（二）掺外加剂的防水混凝土

外加剂防水混凝土是利用外加剂的功能，改善混凝土的孔结构，显著提高混凝土的密实性，从而达到抗渗的目的。配制外加剂防水混凝土时，可采用氯化物金属盐类防水剂（如氯化铁）、无机铝盐类防水剂、膨胀剂、引气剂、有机硅等外加剂。

氯化铁防水剂的主要成分是氯化铁、氯化亚铁和硫酸铝，掺入混凝土拌和物后，它们能与水泥水化产物氢氧化钙作用，生成氢氧化铁、氢氧化亚铁、氢氧化铝等不溶于水的胶体，填充于混凝土的孔隙中，提高混凝土密实度，获得较高抗渗性。

无机铝盐类防水剂是一种以无机铝盐（如硫酸铝）和碳酸钙为主要成分，辅以其他多种无机盐复合而成的液状物质。掺入混凝土中后，无机铝盐能与水泥水化产物氢氧化钙作用，生成不溶于水的胶体和复盐晶体，堵塞混凝土内部的渗水通路，使混凝土具很高的抗渗能力。同时，铝分子在混凝土表面形成结构致密的膜，能阻止水的渗透。

有机硅防水剂主要成分为甲基硅醇钠（钾）和高沸硅酸钠（钾），是一种小分子水溶性聚合物，易被弱酸分解，形成甲基硅酸，然后很快聚合，形成不溶于水的具有防水性能的甲基硅醚（膜），有良好的耐腐蚀性和耐候性。使用时，有机硅必须先加入拌和水中稀释再加入拌和物中。

（三）采用特种水泥配制防水混凝土

膨胀水泥防水混凝土是采用膨胀水泥配制而成，由于这种水泥在水化过程中能形成大量的钙矾石，会产生一定的体积膨胀，在有约束的条件下，能改善混凝土的孔结构，使毛细孔径减小，总孔隙率降低，从而使混凝土密实度提高，抗渗性提高。但这种防水混凝土使用温度不应超过80℃，以免钙矾石发生晶型转变，导致抗渗性能下降。

膨胀水泥防水混凝土施工必须严格控制质量，应采用机拌机振，浇筑混凝土时应一次完成，尽量不留施工缝，并要加强潮湿养护，至少14d。不得过早脱模，脱模后更要及时充分浇水养护，以免出现干缩裂纹。

（四）水泥基渗透结晶型防水混凝土

水泥基渗透结晶型防水材料是以硅酸盐水泥或普通硅酸盐水泥、石英砂等为基材，掺入活性化学物质制成的粉状防水材料，是一种刚性防水材料。与水作用后，材料中含有的活性化学物质通过载体向混凝土内部渗透，在混凝土中形成不溶于水的结晶体，填塞毛细孔，从而使混凝土致密、防水。水泥基渗透结晶型防水材料按其使用方法分为防水涂料和防水剂两类。使用时，可将粉料加水拌和成浆料，亦可将其以干粉覆盖并压入未完全凝固的水泥混凝土表面。

八、耐热、耐酸和防辐射混凝土

一些特殊使用场合的混凝土还应满足特殊要求，如耐热、耐高温、耐酸或碱的腐蚀，具有防辐射功能等。本节将简要介绍耐酸混凝土、耐热混凝土和防辐射混凝土。

（一）耐热混凝土

耐热混凝土是指能长期在高温（200～900℃）作用下保持所要求的物理和力学性能的一种特种混凝土。普通混凝土不耐高温，故不能在高温环境中使用。其不耐高温的原因是：水泥石中的氢氧化钙及石灰岩质的粗骨料在高温下均要产生分解，石英砂在高温下要发生晶型转化而产生体积膨胀，加之水泥石与骨料的热膨胀系数不同，所有这些，均将导致普通混凝土在高温下产生裂缝，强度严重下降，甚至破坏。

耐热混凝土是由适当的胶凝材料、耐热粗、细骨料及水（或不加水），按一定比例配制而成。根据所用胶凝材料不同，通常可分为以下几种。

1. 硅酸盐水泥耐热混凝土

硅酸盐水泥耐热混凝土是以普通水泥或矿渣水泥为胶结材料，耐热粗、细骨料采用安山岩、玄武岩、重矿渣、黏土碎砖等，并以烧黏土、砖粉、磨细石英砂等作磨细掺合料，再加入适量的水配制而成。耐热磨细掺合料中的二氧化硅和三氧化二铝在高温下均能与氧化钙作用，生成稳定的无水硅酸盐和铝酸盐，它们能提高水泥的耐热性。普通水泥和矿渣水泥配制的耐热混凝土其极限使用温度为700～800℃。

2. 铝酸盐水泥耐热混凝土

铝酸盐水泥耐热混凝土是采用高铝水泥或低钙铝酸盐水泥、耐热粗细骨料、高耐火度磨细掺合料及水配制而成。这类水泥在300～400℃下其强度会发生急剧降低，但残留强度能保持不变。到1000℃时，其中结构水全部脱出而烧结成陶瓷材料，则强度重又提高。常用粗、细骨料有碎镁砖、烧结镁砂、矾土、镁铁矿和烧结土等。铝酸盐水泥耐热混凝土的极限使用温度为1300℃。

3. 水玻璃耐热混凝土

水玻璃耐热混凝土是以水玻璃作胶结料，掺入氟硅酸钠作促硬剂，耐热粗、细骨料可采用碎铬铁矿、镁砖、铬镁砖、滑石、焦宝石等。磨细掺合料为烧黏土、镁砂粉、滑石粉等。水玻璃耐热混凝土的极限使用温度为1200℃。施工时应注意：混凝土搅拌不加水，养护混凝土时禁止浇水，应在干燥环境中养护硬化。

4. 磷酸盐耐热混凝土

磷酸盐耐热混凝土是由磷酸铝和以高铝质耐火材料或锆英石等制备的粗、细骨料及磨细掺合料配制而成，目前更多的是直接采用工业磷酸盐配制耐热混凝土。这种耐热混凝土具有高温韧性强、耐磨性好、耐火度高的特点，其极限使用温度为1600～1700℃。磷酸盐耐热混凝土的硬化需在150℃以上烘干，总干燥时间不少于24h并且硬化过程中不允许浇水。

耐热混凝土多用于高炉基础、焦炉基础、热工设备基础及围护结构、炉衬、烟囱等。

(二) 耐酸混凝土

能抵抗多种酸及大部分腐蚀性气体侵蚀作用的混凝土称为耐酸混凝土。

耐酸混凝土由水玻璃作胶结料，氟硅酸钠作促硬剂，与耐酸粉料及耐酸粗、细骨料按一定比例配制而成。耐酸粉料由辉绿岩、耐酸陶瓷碎料、含石英高的材料磨细而成。耐酸粗、细骨料常用石英岩、辉绿岩、安山岩、玄武岩、铸石等。

配制耐酸混凝土时，水玻璃的用量一般为240～300kg/m³，促凝剂氟硅酸钠用量为水玻璃用量的12%～19%。水玻璃模数越大，相对密度越小，氟硅酸钠用量也越少。砂率一般应控制在38%～45%。耐酸粉料与集料的质量比约0.35～0.42。为进一步提高水玻璃混凝土的密实度，可在配制时掺加聚合物改性剂，如呋喃类有机单体、水溶性低聚物、水溶性树脂等。水玻璃耐酸混凝土养护温度应不低于5℃，养护宜在相对湿度低于50%的较干燥环境中进行。拆模时间与养护温度有关，温度越高，拆模时间越短。5～10℃时养护时间不少于7d，30℃以上1天即可拆模。

水玻璃耐酸混凝土能抵抗除氢氟酸以外的各种酸类的侵蚀，特别是对硫酸、硝酸有良好的抗腐性，且具有较高的强度，其1d强度可达28d强度的40%～50%。3d可达70%～80%，28d抗压强度一般可大于25MPa。多用于化工车间的地坪、酸洗槽、贮酸池等。

另外有一种硫黄耐酸混凝土，也称硫黄混凝土。它是以熔融硫黄为胶结料与耐酸集料和粉料拌和，冷却固化形成的一种耐酸材料。

(三) 防辐射混凝土

能遮蔽对人体有危害的X射线、γ射线及中子辐射等的混凝土，称为防辐射混凝土有害辐射屏蔽的效果与辐射途经的物质的质量近似成正比，而与物质的种类无关。防辐射混凝土通常采用重骨料配制而成，混凝土的表观密度一般在3360～3840kg/m³比普通混凝土高50%。混凝土愈重，防护辐射性能越好，且防护结构的厚度可减小。但对中子流的防护，混凝土中除了应含有重的元素如铁或原子序数更高的元素外，还应含有足够多的轻元素——氢和硼。

配制防辐射混凝土时，宜采用胶结力强、水化热较低、水化结合水量高的水泥，如硅酸盐水泥，最好使用硅酸钡、硅酸锶等重水泥。采用高铝水泥施工时需采取冷却措施。常用重骨料主要有重晶石（$BaSO_4$）、褐铁矿（$2Fe_2O_3 \cdot 3H_2O$）、磁铁矿（Fe_3O_4）、赤铁矿（Fe_2O_3）、碳酸钡矿、纤铁矿等。另外，掺入硼和硼化物及锂盐等，也可有效改善混凝土的防护性能。

防辐射混凝土用于原子能工业以及国民经济各部门应用放射性同位素的装置中,如反应堆、加速器、放射化学装置等的防护结构。

九、泵送混凝土

泵送混凝土系指坍落度不小于100mm,并用泵送施工的混凝土。它能一次连续完成水平运输和垂直运输,效率高、节约劳动力,因而近年来国内外应用也十分广泛。

泵送混凝土拌和物必须具有较好的可泵性。所谓可泵性,即拌和物具有顺利通过管道、摩擦阻力小、不离析、不阻塞和黏聚性良好的性能。

保证混凝土良好可泵性的基本要求是:

(1) 水泥。泵送混凝土应选用硅酸盐水泥、普通硅酸盐水泥、矿渣硅酸盐水泥、粉煤灰硅酸盐水泥,不宜采用火山灰质硅酸盐水泥。

(2) 骨料。泵送混凝土所用粗骨料宜用连续级配,其针片状含量不宜大于10%。最大粒径与输送管径之比,当泵送高度50m以下时,碎石不宜大于1:3,卵石不宜大于1:2.5;泵送高度在50~100m时,碎石不宜大于1:4,卵石不宜大于1:3,泵送高度在100m以上时,不宜大于1:4.5。宜采用中砂,其通过0.315mm筛孔的颗粒含量不应少于15%,通过0.160mm筛孔的含量不应少于5%。

(3) 掺合料与外加剂。泵送混凝土应掺用泵送剂或减水剂,并宜掺用粉煤灰或其他活性掺合料以改善混凝土的可泵性。

(4) 坍落度。泵送混凝土入泵时的坍落度一般应符合表4-34的要求。

表4-34　　　　　　　　混凝土入泵坍落度选用表

泵送高度(m)	30以下	30~60	60~100	100以上
坍落度(mm)	100~140	140~160	160~180	180~200

(5) 泵送混凝土配合比设计。泵送混凝土的水胶比不宜大于0.60,水泥和矿物掺合料总量不宜小于300kg/m³,且不宜采用火山灰水泥,砂率宜为35%~45%。采用引气剂的泵送混凝土,其含气量不宜超过4%。实践证明,泵送混凝土掺用优质的磨细粉煤灰和矿粉后,可显著改善和易性及节约水泥,而强度不降低。泵送混凝土的用水量和用灰量较大,使混凝土易产生离析和收缩裂纹等问题。

十、碾压混凝土

碾压式水泥混凝土是以较低的水泥用量和很小的水灰比配制而成的超干硬性混凝土,经机械振动碾压密实而成,通常简称为碾压混凝土。这种混凝土主要用来铺筑路面和坝体,具有强度高、密实度大、耐久性好和成本低等优点。

1. 原材料和配合比

碾压混凝土的原材料与普通混凝土基本相同。为节约水泥、改善和易性和提高耐久性,通常掺大量的粉煤灰。当用于路面工程时,粗集料最大粒径应不大于20mm,基层则可放大到30~40mm。为了改善集料级配,通常掺入一定量的石屑,且砂率比普通混凝土要大。

碾压混凝土的配合比设计主要通过击实试验,以最大表观密度或强度为技术指标,来选择合理的集料级配、砂率、水泥用量和最佳含水量（其物理意义与普通混凝土的水灰比相似），采用体积法计算砂石用量，并通过试拌调整和强度验证，最终确定配合比，并以最佳含水率和最大表观密度值作为施工控制和质量验收的主要技术依据。

2. 主要技术性能和经济效益

(1) 主要技术性能。

1) 强度高：碾压混凝土由于采用很小的水灰比（一般为 0.3 左右），集料又采用连续密级配，并经过振动式或轮胎式压路机的碾压，混凝土具有密实度和表观密度大的优点，水泥胶结料能最大限度地发挥作用，因而混凝土具有较高的强度，特别是早期强度更高。如水泥用量为 $200kg/m^3$ 的碾压混凝土抗压强度可达 30MPa 以上，抗折强度大于 5MPa。

2) 收缩小：碾压混凝土由于采用密实级配，胶结料用量低，水灰比小，因此混凝土凝结硬化时的化学收缩小，多余水分挥发引起的干缩也小，从而混凝土的总收缩大大下降，一般只有同等级普通混凝土的 1/2～1/3 左右。

3) 耐久性好：由于碾压混凝土的密实结构，孔隙率小，因此，混凝土的抗渗性、耐磨性、抗冻性和抗腐蚀性等耐久性指标大大提高。

(2) 经济效益。

1) 节约水泥：等强度条件下，碾压混凝土可比普通混凝土节约水泥用量 30% 以上。

2) 工效高、加快施工进度：碾压混凝土应用于路面工程可比普通混凝土提高工效 2 倍左右。又由于早期强度高，可缩短养护期、加快施工进度、提早开放交通。

3) 降低施工和维护费用：当碾压混凝土应用于大体积混凝土工程时，由于水化热小，可以大大简化降温措施，节约降温费用。对混凝土路面工程，其养护费用远低于沥青混凝土路面，而且使用年限较长。

复 习 思 考 题

4-1 普通混凝土的组成材料有哪些？混凝土中各组成材料在混凝土硬化前后作用如何？

4-2 配制混凝土应考虑哪些基本要求？

4-3 何谓骨料级配？骨料级配良好的标准是什么？混凝土的骨料为什么要有级配？

4-4 为什么要限制砂、石中活性氧化硅的含量？它们对混凝土的性质有哪些影响？

4-5 普通混凝土中使用卵石或碎石，对混凝土性能的影响有何差异？

4-6 何谓砂率？何谓合理砂率？影响合理砂率的因素是什么？

4-7 简述减水剂的作用机理和使用效果。

4-8 什么是混凝土拌和物的和易性？简述其测试方法、主要影响因素、调整方法及改善措施。

4-9 影响混凝土强度的主要因素及提高强度的主要措施有哪些？

4-10 为什么不宜用高强度等级的水泥配制低强度等级的混凝土，或用低强度等级的水泥配制高强度等级的混凝土？

4-11 为什么不宜用海水拌制混凝土？

4-12 影响混凝土耐久性及的主要因素及提高耐久性的措施有哪些？

4-13 何谓混凝土的徐变？产生徐变的原因是什么？影响混凝土干缩变形的因素有哪些？

4-14 混凝土质量（强度）波动的主要原因有哪些？

4-15 干砂500g，其筛分结果如下：

筛孔尺寸（mm）	4.75	2.36	1.18	0.600	0.300	0.150	<0.150
筛余量（g）	25	50	100	125	100	75	25

试判断该砂级配是否合格？属何种砂？并计算砂的细度模数。

4-16 某道路工程用石子进行压碎值指标测定，称取 13.2～16mm 的试样 3000g，压碎试验后采用 2.36mm 的筛子过筛，称得筛上石子重 2815g，筛下细料重 185g。求该石子的压碎值指标。

4-17 某混凝土预制构件厂，生产钢筋混凝土大梁需用设计强度为 C30 的混凝土，现场施工拟用原材料情况如下：

水泥：42.5 级普通水泥，$\rho_c = 3.15 g/cm^3$，水泥强度富余系数为 1.07；

中砂：级配合格，$\rho_{os} = 2.62 g/cm^3$，砂子含水率为 3%；

碎石：规格为 5～20mm，级配合格，$\rho_{og} = 2.72 g/cm^3$，石子含水率为 1%。

已知混凝土施工要求的坍落度为 10～30mm。试求：

(1) 每立方米混凝土各材料用量；

(2) 混凝土施工配合比；

(3) 每拌 2 包水泥的混凝土时各材料用量。

第五章 建筑砂浆

建筑砂浆是由胶凝材料、细骨料、掺合料和水按适当比例配制而成的工程材料。在建筑工程中起黏结、衬垫和传递应力的作用，是建筑工程中不可缺少的材料。建筑砂浆常用于砌筑砌体（如砖、石、砌块）结构，建筑物内外表面（如墙面、地面、顶棚）的抹面，大型墙板、砖石墙的勾缝，以及装饰材料的黏结等。

建筑砂浆按用途不同，可分为砌筑砂浆、抹面砂浆、装饰砂浆及特种砂浆等；按所用胶凝材料不同，可分为水泥砂浆、水泥混合砂浆、石灰砂浆、石膏砂浆及聚合物水泥砂浆等；按生产工艺不同，可分为现场拌制砂浆和工厂预拌砂浆两种。

第一节 建筑砂浆的基本组成和性质

一、组成材料

（一）胶凝材料

建筑砂浆的常用胶凝材料有水泥、石灰、石膏等。其中，水泥是砂浆的主要胶凝材料。根据砂浆的种类、用途及所处的环境条件，可选用普通水泥、矿渣水泥、火山灰水泥、粉煤灰水泥和复合水泥等。石灰和石膏作为胶凝材料，能使砂浆具有良好的保水性。

配制砌筑砂浆时，应尽量选择低强度等级水泥，以节约材料，合理利用资源。因此，水泥砂浆所用水泥强度等级不宜大于32.5级，混合砂浆用水泥不宜大于42.5级。

（二）掺合料

为改善砂浆的和易性，可加入掺合料，如石灰膏、黏土膏、粉煤灰、电石膏等。生石灰需熟化后才能掺入砂浆，其中一般石灰石的熟化时间不得少于7d，磨细石灰粉的熟化时间不得小于2d。黏土膏必须达到所需的细度，才能起到塑化作用。采用黏土或亚黏土制备黏土膏时，宜采用搅拌机加水搅拌，通过孔径不大于3mm×3mm的网筛过筛。

（三）细骨料

砂浆用细骨料主要为天然砂，它应符合混凝土用砂的技术要求。由于砂浆层较薄，对砂子最大粒径应有限制。用于砌筑毛石砌体的砂浆，砂的最大粒径应小于砂浆层厚度的1/4～1/5；用于砌筑砖砌体的砂浆，砂的最大粒径一般应不大于2.5mm；作为勾缝和抹面用的砂浆，采用细砂，最大粒径不超过1.25mm。

砂的含泥量不宜过大，否则会增加水泥的用量，也会使砂浆的收缩性增大，耐久性降低。砂的黏土含量不应超过5%，强度等级为M2.5时，黏土含量不应超过10%。

（四）水

拌和砂浆用水的要求与混凝土拌和用水的要求相同，应选用不含有害杂质的洁净水来拌制砂浆。

(五) 外加剂

为改善砂浆的某些性能，以更好地满足施工条件和使用功能的要求，可在砂浆中掺入一定种类的外加剂，如增塑剂、早强剂、缓凝剂、防冻剂等，其中增塑剂最常用。对所选外加剂的品种和掺量必须通过试验确定。掺入外加剂的砌筑砂浆，应具有法定检测机构出具的该产品砌体强度的检验报告，并经砂浆性能试验合格后，才能使用。

二、技术性质

(一) 和易性

砂浆需具有良好的施工和易性，即容易在砖石等表面铺成均匀、连续的薄层，且与基层黏结紧密。砂浆的和易性由流动性和保水性两方面来评定。

1. 流动性（稠度）

砂浆的流动性是指砂浆在自重或外力作用下产生流动的性质，也称稠度。稠度是用砂浆稠度测定仪测定，以沉入量（mm）表示，稠度越大，说明砂浆的流动性越好。

砂浆流动性的影响因素有很多，如胶凝材料的种类及用量、用水量、砂子粗细和级配、搅拌时间等，主要取决于用水量。

砂浆流动性和许多因素有关，如砌体材料选用、施工条件及气候情况等。一般可根据施工操作经验来掌握，如对于吸水性强的砌体材料和高温干燥的天气，可选用稠度大些的砂浆。砂浆流动性具体可按表 5-1 选择。

表 5-1　　　　　　　　　　砂浆的流动性

砌 体 种 类	砂浆稠度（mm）
烧结普通砖砌体	70~90
轻骨料混凝土小型空心砌块砌体	60~90
烧结多孔砖、空心砖砌体	60~80
烧结普通砖平拱式过梁空斗墙、筒拱普通混凝土小型空心砌块砌体加气混凝土砌块砌体	50~70
石砌体	30~50

2. 保水性

新拌砂浆保持其内部水分不泌出流失的能力称为保水性。保水性不好的砂浆在存放、运输和使用过程中容易产生泌水和离析，使流动性变差，不易铺成均匀密实的砂浆薄层，不便于施工。同时，保水性不好的砂浆也会影响水泥的正常水化硬化，使强度和黏结力下降。为使砂浆具有良好的保水性，往往掺入适量的石灰膏。

砂浆的保水性以分层度（mm）表示，用砂浆分层度筒测定。分层度控制在 1~2cm 的砂浆，保水性良好，一般不宜超过 3cm。分层度过大，保水性差，砂浆易产生分层离析，不利于施工。但分层度过小，易发生干缩裂缝。

(二) 强度

砂浆在建筑物中起传递荷载作用，应具备一定的抗压强度，因此，以抗压强度作为其强度指标。砂浆强度等级确定是以标准试件（70.7mm×70.7mm×70.7mm），一组 6 块，在标准条件下养护 28d 后，测定其抗压强度平均值（MPa）。砂浆按抗压强度划分为 M20、M15、M10、M7.5、M5.0、M2.5 等 6 个强度等级。

砂浆的强度不但受砂浆本身的组成材料及配比影响，还与基面材料的吸水性有关。

1. 不吸水基层（如致密的石材）

此种材料几乎不吸水，因此砂浆强度主要决定于水泥强度和水灰比。计算公式如下

$$f_m = A \cdot f_{ce} \cdot \left(\frac{C}{W} - B\right) \qquad (5-1)$$

式中　f_m——砂浆 28d 抗压强度，MPa；

　　　f_{ce}——水泥 28d 实测强度，MPa；

　　　$\frac{C}{W}$——灰水比；

　　　A、B——统计常数，无统计资料时，可取 0.29 和 0.4。

2. 吸水基层（如烧结黏土砖）

此种材料具有较大的吸水性，砂浆中的水分会被基底吸收，砂浆需要有良好的保水性。经多孔基层吸水后，保留在砂浆中的水量几乎是相同的，因此，砂浆强度与水灰比无关，主要取决于水泥强度及水泥用量，而与初始水灰比关系不大。计算公式如下

$$f_m = \frac{\alpha \cdot f_{ce} \cdot Q_c}{1000} + \beta \qquad (5-2)$$

式中　f_m——砂浆 28d 抗压强度，MPa；

　　　f_{ce}——水泥 28d 实测强度，MPa；

　　　Q_c——每立方米砂浆中水泥用量，kg/m³；

　　　α、β——砂浆的特征系数，$\alpha=3.03$，$\beta=-15.09$。

（三）凝结时间

建筑砂浆凝结时间与混凝土类似，不宜过长也不能过短。以贯入阻力达到 0.5MPa 所需的时间为凝结时间的评定依据。水泥砂浆不宜超过 8h，水泥混合砂浆不宜超过 10h，加入外加剂后应满足设计和施工的要求。

（四）黏结力

砖、石等块状材料是通过砌筑砂浆黏结成为一个坚固整体的。因此，为保证砌体的强度、稳定性、耐久性及抗震性等，要求砂浆与基层材料之间具有一定的黏结强度。一般砂浆的抗压强度越高，其与基层的黏结力也愈大。同时，砂浆的黏结力还与基底的表面状态、清洁程度、湿润情况及施工养护条件等有关。在粗糙、洁净、湿润的基面上，砂浆黏结力较好。

（五）变形性

砂浆在经受荷载、温度变化或湿度变化时，均会产生变形。如果变形过大或不均匀，则会引起沉陷或裂缝，降低砌体的质量。砂浆的变形性受胶凝材料种类和用量、细骨料种类、级配情况、用水量及外部环境等影响，如轻骨料配制的砂浆，其收缩变形就要比普通砂浆大。

（六）抗冻性

在有抗冻作用影响的环境中使用的砂浆，要求其具有较好的抗冻性。凡按工程技术要求，对冻融循环次数有要求的建筑砂浆，需经冻融试验，其质量损失率不大于 5%，强度损失率不大于 25%。砂浆等级在 M2.5 及其以下者，一般不具有抗冻性，不能用于受冻

融影响的建筑部位。

第二节 砌筑砂浆

将砖、石及砌块等黏结成为砌体的砂浆称为砌筑砂浆,是最大量使用的一种砂浆。

一、砌筑砂浆的强度与强度等级

实际工程中,砌筑砂浆的强度等级应根据工程类别及不同砌体部位的不同要求来选择。在一般建筑工程中,多层砖混住宅常用 M5.0 或 M10 的砂浆;办公楼、教学楼及多层商店等工程宜用 M5.0～M10 的砂浆;平房宿舍、商店等工程常用 M2.5～M5.0 的砂浆;食堂、仓库、地下室、工业厂房及烟囱等多用 M2.5～M10 的砂浆;检查井、雨水井、化粪池等可用 M5.0 砂浆。特别重要的砌体,可使用 M15～M20 砂浆。

二、砌筑砂浆的配合比设计

(一) 水泥混合砂浆配合比计算

水泥混合砂浆配合比的计算步骤如下。

1. 计算砂浆配制强度

砂浆配制强度可按下式确定 [参见《砌筑砂浆配合比设计规程》(JGJ 98—2000)]

$$f_{m,0} = f_2 + 0.645\sigma \tag{5-3}$$

式中 $f_{m,0}$——砂浆的试配强度,MPa,精确至 0.1MPa;

f_2——砂浆的设计强度,即砂浆抗压强度平均值,MPa;

σ——砂浆现场强度标准差,精确至 0.01MPa。若无近期统计资料时,可按表 5-2 取值。

表 5-2 砂浆强度标准差 (MPa)

施工水平	砂浆强度等级					
	M2.5	M5.0	M7.5	M10	M15	M20
优良	0.50	1.00	1.50	2.00	3.00	4.00
一般	0.62	1.25	1.88	2.50	3.75	5.00
较差	0.75	1.50	2.25	3.00	4.50	6.00

2. 计算每立方米砂浆中水泥用量 Q_C

每立方米砂浆中水泥用量可按下式计算 (精确至 1kg/m³)

$$Q_C = \frac{1000(f_{m,0} - \beta)}{\alpha \cdot f_{ce}} \tag{5-4}$$

式中 f_{ce}——水泥的实际强度,MPa,当无法取得水泥实际强度时,可以水泥强度等级值 ($f_{ce,k}$) 乘以其富余系 (γ_c) 算得。γ_c 当无统计资料时可取 1.0;

α、β——砂浆的特征系数,含义同式 (5-2)。

3. 计算掺加料用量 Q_D

Q_D 下式计算 (精确至 1kg/m³)

$$Q_D = Q_A - Q_C \tag{5-5}$$

式中 Q_D——砂浆中掺加料的用量，kg/m³，当使用石灰膏、黏土膏时其稠度应为（120±5）mm；

Q_A——砂浆中水泥和掺加料的总用量，kg/m³，一般应为300~350kg/m³之间。

4. 确定每立方米砂浆的砂用量 Q_S

砂浆中砂的用量以干燥状态下砂的堆积密度值作为计算值，即

$$Q_S = \rho'_0 \tag{5-6}$$

式中 ρ'_0——砂干燥状态（含水率小于0.5%）下的堆积密度，kg/m³。

5. 确定每立方米砂浆的用水量 Q_W

砂浆的用水量多少对砂浆强度影响不大，满足施工要求即可。一般水泥混合砂浆用水量可选用240~310kg。

（二）水泥砂浆配合比选用

泥砂浆配合比用料可参照美国ASTM和英国BS标准，采用直接查表选用，见表5-3所列。当水泥强度较高（大于32.5级）或施工水平较高时，水泥用量宜取下限。

表5-3　　　　　　　每立方米水泥砂浆材料用量

砂浆强度等级	水泥用量（kg）	砂子用量	用水量（kg）
M2.5、M15	200~230	1m³砂子的堆积密度值	270~330
M7.5、M10	220~280		
M15	280~340		
M20	300~400		

（三）砂浆配合比试配、调整与确定

根据以上所得砂浆的计算配合比，采用工程实际使用材料进行试拌，测定其拌和物的稠度和分层度。当不能满足要求时，应调整用水量或掺合料，直到符合要求为止，将该配合比确定为试配时的砂浆基准配合比。为使砂浆强度能在计算范围内，试配时至少应采用3个不同的配合比，其中一个为基准配合比，另外两个配合比的水泥用量按基准配合比分别增加及减少10%。在保证稠度、分层度合格的条件下，可将用水量或掺合料用量作相应调整。3个不同的配合比经调整后，应按《建筑砂浆基本性能试验方法》（JGJ 70—2009）规定成型试件，测定砂浆强度等级，并选定符合试配强度要求且水泥用量最低的那一组作为砂浆正式配合比。

第三节　抹　面　砂　浆

凡涂抹在建筑物或建筑构件表面的砂浆统称为抹面砂浆。它的主要功能是保护建筑物主体，兼有增加美观的作用。根据使用功能不同，抹面砂浆可分为普通抹面砂浆、装饰砂浆、防水砂浆等。在本节主要介绍普通抹面砂浆和装饰砂浆，防水砂浆将在特种砂浆章节介绍。

一、普通抹面砂浆

常用的抹面砂浆有石灰砂浆、水泥混合砂浆、水泥砂浆、麻刀石灰浆（简称麻刀灰）、

纸筋石灰浆（简称纸筋灰）等。

抹面砂浆常用分两层或三层施工。各层砂浆应功能不同，所选用的砂浆性质也不一样。底层抹灰的作用是使砂浆与基面能牢固地黏结，因此应具有良好的和易性和黏结力；中层抹灰主要是为了找平（有时也可省略）；面层抹灰是为了获得平整光洁的表面效果，要求砂浆细腻抗裂。

用于砖墙的底层抹灰，多为石灰砂浆或石灰灰浆；有防水、防潮要求时，应用水泥砂浆。用于混凝土基层的底层抹灰，如混凝土墙面、柱面、梁的底侧等，多用水泥混合砂浆。中层抹灰多用水泥混合砂浆或石灰砂浆。面层抹灰多用水泥混合砂浆、麻刀灰或纸筋灰。水泥砂浆不得涂抹在石灰砂浆层上。

在如墙裙、踢脚板、地面、雨篷、窗台，以及水池、水井等容易碰撞或潮湿部位，要求使用的砂浆具有较高的强度、较好的耐水性和耐久性，因此应宜采用水泥砂浆。普通抹面砂浆的配合比参见表5-4。

表5-4　　　　　　　　　　普通抹面砂浆配合比及应用范围

材　料	体积配合比	应　用　范　围
石灰∶砂	1∶2～1∶4	砖石墙面（檐口、勒脚、女儿墙及潮湿墙体除外）
石灰∶黏土∶砂	1∶1∶4～1∶1∶8	干燥环境的墙表面
石灰∶石膏∶砂	1∶0.4∶2～1∶1∶3	不潮湿房间的墙及天花板
石灰∶石膏∶砂	1∶2∶2～1∶2∶4	不潮湿房间的线脚及其他修饰工程
石灰∶水泥∶砂	1∶0.5∶4.5～1∶1∶3	勒脚及比较潮湿的部位
水泥∶砂	1∶2.5～1∶3	浴室、潮湿车间等潮湿房间墙裙或地面基层
水泥∶砂	1∶1.5～1∶2	地面、天棚或墙面面层
水泥∶砂	1∶0.5～1∶1	混凝土地面随时压光
水泥∶白石子	1∶1～1∶2	水磨石（打底用1∶2.5水泥砂浆）
水泥∶白石子	1∶1.5	剁石（打底用1∶2～2.5水泥砂浆）
石灰膏∶麻刀	100∶2.5（质量比）	板条天棚底层
石灰膏∶麻刀	100∶1.3（质量比）	木板条天棚面层（或100kg灰膏加3.8kg纸筋）
水泥∶石膏∶砂∶锯末	1∶1∶3∶5	吸音粉刷

二、装饰砂浆

用于建筑物内外墙表面且具有美观装饰作用的抹面砂浆称为装饰砂浆。装饰砂浆在施工时，底层和中层的施工工艺与普通抹面砂浆一致，面层需经特殊操作处理，使建筑物表面呈现出各种不同色彩、线条、花纹或图案等装饰效果。

装饰砂浆一般可分为灰浆类饰面和石碴类饰面两类。灰浆类饰面，如拉毛、搓毛、喷毛以及仿面砖、仿毛石等，是通过水泥砂浆面层的水泥砂浆的艺术加工，达到装饰目的。其优点是材料来源广，施工操作方便，造价较低廉。石碴类饰面，如干粘石、斩假石、水磨石等，是在水泥砂浆中掺入各种彩色石碴、石屑作骨料，后施抹于墙面，再以水洗、斧剁、水墨等手段去除砂浆表层的浆皮，露出石碴的色彩、粒形与质感，从而获得装饰效果。其特点是色泽比较明快，质感相对较为丰富，不易褪色和污染，但施工较复杂，造价也较高。

装饰砂浆常用胶凝材料为普通水泥和矿渣水泥，另外还常采用白色水泥和彩色水泥。所用骨料除普通天然砂外，还常使用石英砂、着色砂、彩釉砂，以及大理石、花岗石等带颜色的石碴、石屑等，也可采用玻璃和陶瓷碎片。

掺颜料的砂浆一般用于室外抹灰工程，如做假大理石、假面砖、喷涂、弹涂、滚涂和彩色砂浆抹面。装饰砂浆中采用的颜料，应为耐碱和耐日晒的矿物颜料，才能经受长期的风吹、日晒、雨淋，以及大气中有害气体腐蚀和污染，以保证饰面质量，避免褪色，延长使用年限。

外墙面的装饰砂浆常用做法有如下几种。

1. 拉毛灰

拉毛灰是先用水泥砂浆和水泥石灰砂浆做底层和面层，再采用铁抹子或木楔顺势将灰浆用力拉起，以造成凹凸感很强的毛面状。拉毛工艺操作时，要求拉毛花纹要均匀，不显接茬。拉毛灰兼有装饰和吸声作用，多用于外墙面及影剧院的室内墙面与天棚饰面。

2. 拉条抹灰

拉条抹灰又称条形粉刷，它是采用专用的、表面呈凹凸状的直棍模具把面层砂浆做出条纹的装饰做法。条纹有细条形、粗条形、半圆形、波纹形、梯形等多种形式。拉条抹灰使用的砂浆不宜过干，也不得过稀，应宜拉动并具有可塑性。拉条饰面立体感强，线条挺拔，成本低且具有良好的声响效果，适用于层高较高的会场、大厅等公共建筑的内墙饰面。

3. 假面砖

假面砖一般是在掺有氧化铁系颜料（红、黄）的水泥砂浆抹面层上，用手工操作达到模拟面砖效果，多用于外墙饰面。

4. 干粘石

干粘石又称甩石子，它是在水泥砂浆抹面层上，黏结粒径小于5mm的白色或彩色石碴、彩色玻璃粒等，再经拍平压实而成。要求石粒必须甩粘均匀，牢固不脱落。干粘石的装饰效果较好，具有一定的质感，而且操作简单，施工效率高，故广泛应用于外墙饰面。

5. 斩假石

斩假石又称剁斧石或剁假石，它是以水泥石碴浆或水泥石屑浆作面层抹灰，待其硬化至一定强度时，用钝斧及各种凿子工具在表面剁斩，形成类似天然岩石经雕琢的纹理效果。斩假石质感酷似斩凿过的灰色花岗岩，给人以素雅庄重、朴实自然的感觉，但其施工时耗工费力，工效较低，一般多用于柱面、勒脚、台阶等的饰面。

6. 水磨石

水磨石是由水泥（普通水泥、白水泥或彩色水泥）、彩色石碴或大理石碎粒及水，按适当比例拌和，经浇筑捣实、养护、硬化、表面打磨、磨光等工序制成。它可现场制作，也可工厂预制。水磨石具有色泽华丽、花纹美观、防水耐磨等特点。

第四节 特 种 砂 浆

一、防水砂浆

制作防水层的砂浆称为防水砂浆。砂浆防水层又叫刚性防水层。这种防水层仅用于不受振动和具有一定刚度的混凝土及砖石砌体工程。

防水砂浆可以采用多层抹面的水泥砂浆,也可以使用掺各种防水剂的防水砂浆或用工厂生产的成品(聚合物水泥防水砂浆)。

多层抹面砂浆,即将砂浆分几层抹压,以减少砂浆内部连通毛细孔,使砂浆结构密实,达到良好的防水效果。防水砂浆施工后需加强养护,防止开裂。水泥砂浆中的水泥与砂比值一般取1:(2~2.5),水灰比应为0.40~0.55,水泥宜选用32.5级以上的普通硅酸盐水泥或42.5强度等级的矿渣水泥。这种防水层做法对施工操作要求很高,比较麻烦,故近年来多采用掺防水剂的防水砂浆。

掺外加剂水泥砂浆是目前应用最为广泛的一种防水砂浆。目前,国内生产的砂浆防水剂按其主要成分可分为以硅酸钠水玻璃为基料的防水剂、以憎水性物质为基料的防水剂(可溶性和不溶性金属皂类防水剂)以及以氯化物金属盐类为基料的防水剂等三类。掺防水剂,可使砂浆结构密实或堵塞砂浆内部毛细孔隙,或使砂浆具有憎水性,从而提高砂浆的密实性和抗渗性。防水剂掺入量一般为水泥质量的3%~5%。

聚合物水泥防水砂浆系以水泥、砂为主要材料,以一定量的聚合物和添加剂等为改性材料,采用适当的配比搅拌均匀配制而成的防水材料。常用的聚合物有天然橡胶胶乳、合成橡胶胶乳(氯丁橡胶、丁苯橡胶等)、热塑性树脂乳液(聚丙烯酸酯、聚醋酸乙烯酯等)等。聚合物水泥防水砂浆为袋装或桶装,质量保证,方便运输及使用。聚合物水泥防水砂浆具有良好的抗冲击性和耐久性、较好的黏结强度和易性以及施工方便等特点。

二、保温砂浆

保温砂浆是以水泥、石灰膏、石膏等胶凝材料与膨胀珍珠岩砂、膨胀蛭石或陶砂等轻质多孔骨料按一定比例配制成的砂浆。常用的保温砂浆有水泥膨胀珍珠岩砂浆、水泥膨胀蛭石砂浆、水泥石灰膨胀蛭石砂浆等。保温砂浆具有轻质和良好的绝热性能,如水泥石灰膨胀蛭石砂浆的导热率为 $0.076\sim0.105W/(m\cdot K)$,可用于平屋面隔热层、隔热墙壁、冷库及供热管道等处。

三、吸音砂浆

由轻骨料配制成的保温砂浆,一般具有良好的吸声性能,故也可作吸音砂浆用。另外,还可用水泥、石膏、砂、锯末(其体积比为1:1:3:5)配制成吸音砂浆。若石灰、石膏砂浆中掺入玻璃纤维、矿物棉等松软纤维材料,吸声效果也较好。吸音砂浆用于有吸音要求的室内墙壁和顶棚的抹灰。

四、耐酸砂浆

耐酸砂浆是在用水玻璃和氟硅酸钠配制的耐酸涂料中,加入适量的石英岩、花岗岩、铸石等耐酸粉料和细骨料拌制成的砂浆。耐酸砂浆用于耐酸地面和耐酸容器的内壁防护层。在某些酸雨腐蚀地区,也可在建筑外墙面使用耐酸砂浆。

五、防辐射砂浆

在水泥浆中掺入重晶石粉、重晶石砂,可配制成具有防辐射能力(防X射线和γ射线)的砂浆。其配合比约为水泥:重晶石粉:重晶石砂=1:0.25:(4~5)。在水泥浆中掺加硼砂、硼化物等可配制成具有防中子辐射能力的砂浆。

第五节 预拌砂浆

预拌砂浆是指由专业化厂家生产的，用于建设工程中的各种砂浆拌和物。预拌砂浆具有质量稳定、施工便捷、节约材料、保护环境、降低劳动强度、提高工效等诸多优点，是近年发展起来的一种新型建筑材料。

一、预拌砂浆的组成材料及分类

（一）组成

预拌砂浆的组成材料主要为胶凝材料、集料、矿物掺合料，另外，为了达到不同性能要求，可掺入保水增稠材料、添加剂、外加剂、矿物掺合料等材料。

胶凝材料主要为普通硅酸盐水泥、白水泥以及硅酸盐水泥等，应符合相应标准规定。干混砂浆集料应进行干燥处理，砂含水率应小于0.5%，轻集料含水率应小于1.0%，其他材料含水率应小于1.0%。

（二）分类

预拌砂浆可分为湿拌砂浆和干混砂浆。湿拌砂浆包括湿拌砌筑砂浆、湿拌抹灰砂浆、湿拌地面砂浆和湿拌防水砂浆四种。干混砂浆按用途分为普通干混砂浆和特种干混砂浆。因特种用途的砂浆黏度较大，无法采用湿拌的形式生产，因而湿拌砂浆中仅包括普通砂浆。

湿拌砂浆是指水泥、细集料、外加剂和水以及根据性能确定的各种组分，按一定比例，在搅拌站经计量、拌制后，采用运输车运至使用地点，放入专用容器储存，并在规定时间内使用完毕的湿拌拌和料。干混砂浆是指由经干燥筛分处理的细集料、有机胶凝材料、矿物掺合料、外加剂等组分，按一定比例配合，在专业生产厂均匀拌制、混合而成的一种颗粒状或粉状混合物，以干粉包装或散装的形式运至工地，在施工现场只需按使用说明加水搅拌即成砂浆拌和物。其中，干混砂浆是目前工程使用量最多的商品砂浆。

预拌砂浆的各种分类符号及强度等级分类见表5-5、表5-6。

表5-5　湿拌砂浆符号及强度等级

品　种	湿拌砌筑砂浆	湿拌抹灰砂浆	湿拌地面砂浆	湿拌防水砂浆
符号	WM	WP	WS	WW
强度等级	M5、M7.5、M10、M15、M20、M25、M30	M5、M10、M15、M20	M15、M20、M25	M10、M15、M20

表5-6　普通干混砂浆符号及强度等级

品　种	干混砌筑砂浆	干混抹灰砂浆	干混地面砂浆	干混防水砂浆
符号	DM	DP	DS	DW
强度等级	M5、M7.5、M10、M15、M20、M25、M30	M5、M10、M15、M20	M15、M20、M25	M10、M15、M20

二、预拌砂浆的技术要求

预拌砂浆的砌体力学性能应符合 GB 50003 的规定。干混砂浆的密度不应小于 1800kg/m³。预拌砂浆性能指标见表 5-7、表 5-8。

表 5-7　　　　　　　　　湿拌砂浆的强度等级及性能指标要求

项目	强度等级	14d 拉伸黏结强度（%）	稠度（mm）	凝结时间（h）	保水率（%）	抗渗强度
湿拌砌筑砂浆	M30、M25、M20、M15、M10、M7.5、M5	—	50 70 90	≥8 ≥12 ≥24	≥88	—
湿拌抹灰砂浆	M20、M15、M10 M5	≥0.20 ≥0.15	50 70 90	≥8 ≥12 ≥24	≥88	
湿拌地面砂浆	M25、M20、M15	—	50	≥4 ≥8	≥88	—
湿拌防水砂浆	M10、M15、M20	≥0.20	50 70 90	≥8 ≥12 ≥24	≥88	P6 P8 P10

湿拌砂浆在生产过程中应避免对周围环境的污染，搅拌站机房应为封闭式建筑，所有粉料的输进及计量工序均应在密封状态下进行，并应有收尘装置。砂料场应有防扬尘措施。

表 5-8　　　　　　　　　干混砂浆的强度等级及性能指标要求

项目	强度等级	14d 拉伸黏结强度（%）	凝结时间（h）	保水率（%）	抗渗强度
干混砌筑砂浆	M30、M25、M20、M15、M10、M7.5、M5.0	—	3~8	≥88	—
干混抹灰砂浆	M15、M10、M7.5 M5.0	≥0.20 ≥0.15	3~8	≥88	—
干混地面砂浆	M25、M20、M15	—		≥88	P6 P8 P10

干混砂浆在现场储存地点的气温，最高不宜超过 37℃，最低不宜低于 0℃。拌和用水量应按产品说明书要求掺加。超过规定使用时间的砂浆拌和物，严禁二次加水搅拌使用。

三、预拌砂浆的检验规则

预拌砂浆质量的检验分出厂检验、形式检验和交货检验，出厂检验的取样试验工作应由供方承担。其中型式检验在正常生产时，每 1t 至少进行一次。

预拌砂浆检验项目见表 5-9、表 5-10。

表 5-9		湿拌砂浆的出厂及交货检验项目	
品　种	出厂检验项目	交货检验项目
干混砌筑砂浆	强度、稠度、密度、凝结时间、保水性	强度、稠度、保水性
干混抹灰砂浆	强度、凝结时间、保水性、拉伸黏结强度	强度、凝结时间、保水性、拉伸黏结强度
干混地面砂浆	强度、稠度、凝结时间、保水性	强度、稠度、保水性
干混普通防水砂浆	强度、凝结时间、保水性、拉伸黏结强度、抗渗等级	强度、凝结时间、保水性、拉伸黏结强度、抗渗等级

表 5-10		干混砂浆的出厂及交货检验项目	
品　种	出厂检验项目	交货检验项目
干混砌筑砂浆	强度、稠度、密度、保水性	强度、保水性
干混抹灰砂浆	强度、凝结时间、保水性、拉伸黏结强度	强度、保水性、拉伸黏结强度
干混地面砂浆	强度、凝结时间	强度
干混普通防水砂浆	强度、凝结时间、保水性、拉伸黏结强度、抗渗等级	强度、保水性、拉伸黏结强度、抗渗等级

形式检验时，需对强度、凝结时间、保水性、拉伸黏结强度、抗渗等级等所有项目都进行检验。

复习思考题

5-1 砂浆的和易性包括哪两方面含义？如何测定？砂浆和易性不良对工程应用有何影响？

5-2 影响砂浆抗压强度的主要因素有哪些？

5-3 某多层住宅楼工程，要求配制强度等级为 M7.5 的水泥石灰混合砂浆，用以砌筑烧结普通砖墙体。现有材料如下：水泥 32.5 级矿渣水泥，堆积密度为 $1250kg/m^3$；石灰膏：堆积密度 $1280kg/m^3$，沉入度为 12cm；砂子：中砂，含水率 2%，堆积密度 $1500kg/m^3$。试设计砂浆配合比（质量比和体积比）。

5-4 预拌砂浆有哪些类别？需要做哪些检验？

第六章 金属材料

金属材料是指以金属元素或金属元素为主构成的具有金属特性的材料的统称。通常分为黑色金属和有色金属两大类。黑色金属如铁、钢和合金钢等，其主要成分是铁元素。有色金属是指以其他金属元素为主要成分的金属，如铝、铜、锌、铅等金属及其合金。土木工程中应用的金属材料主要是钢材和铝合金。

钢材是在严格的技术控制条件下生产的，与非金属材料相比，具有品质均匀致密，强度和硬度高，塑性和冲击韧性好，可加工性能好，能够长期经受冲击和振动等动力荷载，便于装配和机械化施工等优点，是最重要的土木工程材料之一。其产品包括各类型钢、钢板、钢管和用于钢筋混凝土中的钢筋、预应力钢丝、钢绞线等。在土木工程中的超高层建筑、大跨度桥梁、长期承受动力荷载重型工业厂房等结构中应用尤为广泛。钢材主要的缺点是易锈蚀，维护费用大，耐火性差，生产能耗大。

铝合金质轻、高强、易加工、不锈蚀，并具有独特的装饰效果等优良品质，在工程中广泛用作门、窗、五金配件和室内外装饰的主要材料。

第一节 钢材的冶炼与分类

一、钢材的冶炼

钢材的冶炼分为炼铁和炼钢两步。首先，把铁矿石、焦炭（燃料）和石灰石（熔剂）等按一定比例装入高炉中，在炉内高温条件下，焦炭中的碳与矿石中的氧化铁发生化学反应，把铁从矿石中还原出来，生成的一氧化碳或二氧化碳气体排出高炉，带走氧化铁中的氧，使得铁氧分离，此过程称为炼铁。生铁的主要成分是铁，此外含有较多的碳以及硫、磷、硅、锰等杂质，杂质使得生铁的性质物理力学性质差。生铁硬而脆，塑性很差，抗拉强度低，其用途有限。其次，把铁在炼钢炉中进一步冶炼，同时供给足够的氧气，通过炉内的高温氧化剂作用，部分碳元素氧化成一氧化碳排出，其他杂质也形成氧化物进入炉渣排出，使得碳和其他杂质元素含量达到合乎要求的范围，此过程称为炼钢。

炼钢的目的是使含碳量降至2%以下，并使磷、硫等杂质含量降至一定范围内，从而获得工程需要的强度、韧性等技术指标。

不同的冶炼方法生产出来的钢材质量不同。根据冶炼设备不同，钢材的冶炼方法可分为氧气转炉、平炉和电炉三种。氧气转炉：按吹氧位置不同又分底吹、侧吹和氧气顶吹转炉钢三种。平炉：按炉衬材料不同又分酸性和碱性平炉钢两种。电炉：按照电炉种类又分为电弧炉、感应电炉、真空感应电炉和电渣炉等四种。

（一）氧气顶吹转炉炼钢

氧气顶吹转炉炼钢是以熔融的铁水为原料，由炉顶位置向转炉内吹入高压氧气，使铁水中的碳和硫等杂质经热氧化除去，得到较纯净的钢水。氧气转炉炼钢法是在过去空气转炉炼钢法的基础上发展起来的先进方法，避免了吹入空气冶炼时易带进氮、氢等有害气体等缺点。20世纪30年代开始研究氧气炼钢，至50年代氧气顶吹转炉问世，现已成为世界上的主要炼钢方法。氧气转炉炼钢周期短，生产效率高，杂质清除较充分，钢的质量较好。

（二）平炉炼钢

平炉炼钢较早出现在19世纪中期，西方称为西门子——马丁炉或马丁炉法。平炉以煤气或重油为燃料，在燃烧火焰直接加热的状态下，将生铁和废钢等原料熔化并精炼成钢液的炼钢方法。此法同当时的空气转炉炼钢法比较有下述特点：可大量使用废钢，而且生铁和废钢配比灵活；对铁水成分的要求不像转炉那样严格，可使用转炉不能用的普通生铁；能炼的钢种比转炉多，质量较好。自20世纪50年代初期氧气顶吹转炉投入生产，60年代起平炉逐渐失去其主力地位，许多国家原有的炼钢平炉已经陆续被氧气转炉和电炉所代替。中国最早的炼钢平炉由"江南机器制造总局"于1890年在上海建造。平炉炼钢设备一次投资大，冶炼时间较长，燃料热效率较低，其炼钢成本较高。

（三）电炉钢

电炉炼钢1899年由法国人发明，其发展速度虽然不如20世纪60年代前的平炉，也比不上20世纪60年代后转炉发展的那样快，但随着科技的进步，电炉钢产量及其比例始终在稳步增长。尤其从20世纪70年代以来，电力工业的进步，科技对钢的质量和数量的要求提高，大型超高功率电炉技术的发展以及炉外精炼技术的采用，使电炉炼钢技术有了长足进步。电炉炼钢是以废钢及生铁为原料，用电加热方式进行高温冶炼。电炉熔炼温度高，而且温度可以自由调节，清除杂质较易，因此电炉钢的质量最好，但成本也最高。

钢的冶炼过程主要是所含杂质成分的热氧化过程，因此炼成的钢水中会含有一定量的氧化铁，其对钢的质量不利。为消除这种不利影响，在炼钢结束时加入一定量的脱氧剂（常用的有锰铁、硅铁和铝锭等），使之与氧化铁作用而将其还原成铁，此过程称为"脱氧"。而且脱氧过程中，钢材中的气泡减少并克服了元素分布不均的缺点。故脱氧过程明显改善了钢的技术性质。

在铸锭冷却过程中，由于钢内某些元素在铁的液相中的溶解度大于固相，这些元素便向凝固较迟的钢锭中心集中，导致化学成分在钢锭中分布不均匀，其中尤以硫、磷偏析最为严重。这种现象称为化学偏析，对钢的质量有很大影响。

二、钢的分类

钢材的种类很多、性质各异，为便于应用，通常有以下四种分类方法。

（一）按冶炼时脱氧程度分类

(1) 沸腾钢。炼钢时仅加入锰铁进行脱氧，脱氧不完全。这种钢水浇入锭模时，会有大量的一氧化碳气体从钢水中逸出，钢水呈沸腾状，故称沸腾钢，代号为"F"。

沸腾钢脱氧不充分，组织不够致密，成分不均匀，硫、磷等杂质偏析较严重，其钢材质量差。但因其生产成本低、产量高，故常被用于一般工程。

(2) 镇静钢。炼钢时采用锰铁、硅铁和铝锭等作脱氧剂，脱氧完全。钢水铸锭时基本无气体逸出，能平静地充满锭模并冷却凝固，故称镇静钢，代号为"Z"。

镇静钢组织致密，成分均匀，杂质少，性能稳定，故质量好。但成本较高，适用于预应力混凝土等重要的结构工程。

（3）特殊镇静钢。比镇静钢脱氧程度还要充分彻底的钢，故其质量最好，适用于特别重要的结构工程，代号为"TZ"。

因此可以看出，炼钢时脱氧程度不同，钢的质量差别很大。

（二）按化学成分分类

（1）碳素钢。碳素钢的化学成分主要是铁，其次是碳，故也称碳钢或铁－碳合金。其含碳量为 0.02%～2.06%。碳素钢除了铁和碳外，还含有极少量的硅、锰和微量的硫、磷等元素。碳素钢按含碳量多少又可分为：

低碳钢：含碳量小于 0.25%；

中碳钢：含碳量为 0.25%～0.60%；

高碳钢：含碳量大于 0.60%。

其中低碳钢在土木工程领域应用最多。

（2）合金钢。合金钢是在炼钢过程中，为改善钢材性能而加入一种或多种合金元素而制得的钢种。常用合金元素有：硅、锰、钛、钒、铌、铬等。按合金元素总含量多少，合金钢可分为：

低合金钢：合金元素总含量小于 5%；

中合金钢：合金元素总含量为 5%～10%；

高合金钢：合金元素总含量大于 10%；

低合金钢为建筑工程中常用的钢种。

（三）按有害杂质含量分类

按钢材中有害杂质磷（P）和硫（S）含量的多少，钢材可分为：

（1）普通钢。磷含量≤0.045%；硫含量≤0.050%。

（2）优质钢。磷含量≤0.035%；硫含量≤0.035%。

（3）高级优质钢。磷含量≤0.025%；硫含量≤0.025%。

（4）特级优质钢。磷含量≤0.025%；硫含量≤0.015%。

（四）按用途分类

（1）结构钢。主要用作工程结构构件及机械零件的钢。

（2）工具钢。主要用于各种刀具、量具及模具的钢。

（3）特殊钢。具有特殊物理、化学或机械性能的钢，如不锈钢、耐热钢、耐酸钢、耐磨钢、磁性钢等。

土木工程用钢材产品一般分为型材、板材、线材和管材等几类。型材包括钢结构用的角钢、工字钢、槽钢、方钢、吊车轨、钢板桩等。板材包括用于建造房屋、桥梁及建筑机械的中厚钢板，用于屋面、墙面、楼板等的薄钢板。线材包括钢筋混凝土和预应力混凝土用的钢筋、钢丝和钢绞线等。管材主要用于钢桁架、钢网架以及给排水、电气管线等。

第二节 钢材的技术性质

金属的技术性质一般分为工艺性和使用性两类。所谓工艺性是指在加工制造过程中，金属材料在冷、热加工条件下表现出来的性能。由于加工条件不同，要求的工艺性能也就不同，如可焊性、热处理性能、冷加工性能等。使用性能是指在使用条件下表现出来的性能；它包括力学性能、物理性能、化学性能等。土木工程中，选用钢材主要考虑力学性能（抗拉性能、冲击韧性、耐疲劳、硬度等）和工艺性能（冷弯、焊接）两个方面。

一、力学性能

（一）抗拉性能

抗拉性能是建筑钢材最重要的技术性质。碳素钢的抗拉性能，根据低碳钢受拉时的应力—应变曲线（图 6-1），分为弹性阶段（$O \to A$）、屈服阶段（$A \to B$）、强化阶段（$B \to C$）、颈缩阶段（$C \to D$），分析各阶段，可了解抗拉性能的特征指标。

1. 弹性阶段（$O \to A$ 段）

在 OA 阶段，变形呈弹性，如卸去荷载，试件将恢复原状，与 A 点相对应的应力为弹性极限，用 σ_P 表示。此阶段应力 σ 与应变 ε 成正比，其比值 E 为常数，称为弹性模量，即 $\sigma/\varepsilon = E$。弹性模量反映钢材抵抗变形的能力，是钢材在受力条件下计算结构变形的重

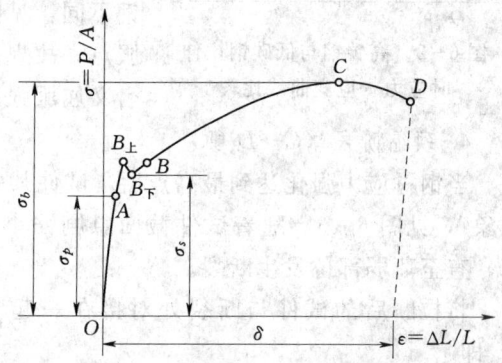

图 6-1 低碳钢受拉应力—应变曲线

要指标。土木工程常用的低碳钢弹性模量 E 的范围一般为 $(2.0 \sim 2.1) \times 10^5$ MPa，弹性极限 σ_p 一般为 $180 \sim 200$ MPa。

2. 屈服阶段（$A \to B$ 段）

当荷载增大，试件应力超过 σ_p 时，应变增加的速度大于应力增长速度，应力与应变比值不再为常数线性比例，此时，开始产生塑性变形进入 $A \to B$ 段。图 6-1 中 $B_上$ 点是这一阶段应力最高点，称为屈服上限，$B_下$ 称为屈服下限。屈服上限与试验过程中的许多因素有关，而屈服下限比较稳定易测，故一般以 $B_下$ 点对应的应力作为屈服强度，用 σ_s 表示。

屈服强度意义重大，钢材受力达到屈服点后，变形即迅速发展，尽管尚未破坏，但因变形过大且会产生较大的不可恢复变形，已不能使材料安全、正常使用。为保证结构安全，结构设计当中，当钢材受力超过屈服点，则认为此部分钢材承载能力不再增加，如果外部荷载继续增大，则结构应力需要重新分配，增加的应力需要其他构件承担。设计中一般以屈服点作为钢材强度取值依据。

3. 强化阶段（$B \to C$ 段）

当钢材应力超过屈服点以后，由于钢材内部组织结构发生变化，抵抗变形能力又重新提高，故称为强化阶段。对应于最高点 C 的应力，称为抗拉强度或极限强度，用 σ_b 表示。

抗拉强度是材料所能承受的最大应力，超过材料极限强度，试件的承载力迅速降低，如不降低外载，钢材会丧失对荷载的抵抗能力而断裂。

抗拉强度同样具有重要的工程意义。通常工程设计的结构破坏形式总是希望为延性破坏，即结构破坏前有明显的征兆。在钢材应力达到设计强度取值后，不是迅速极限破坏而

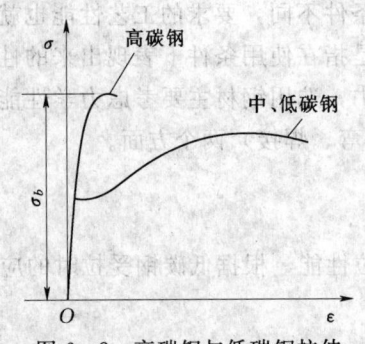

图 6-2 高碳钢与低碳钢拉伸时应力—应变曲线比较

是有一定的强度储备。因此,屈服强度与抗拉强度的比值 σ_s/σ_b 重要的工程应用意义。屈强比越小,钢材在受力超过屈服点工作时的可靠性越大,结构愈安全。但如果屈强比过小,则钢材有效利用率太低,造成浪费。因此常用碳素钢的屈强比范围为 0.58~0.63,合金钢为 0.65~0.75。

对于高碳钢,拉伸时的应力—应变曲线与低、中碳钢不同,见图 6-2,没有明显的屈服现象,无法测定屈服点,故规范规定以产生 0.2% 残余变形时的应力值作为名义屈服强度,用 $\sigma_{0.2}$ 表示。

4. 颈缩阶段（$C \rightarrow D$ 段）

当钢材应力强化达到最高点后,试件某一薄弱位置处的截面将显著缩小,产生"颈缩现象",见图 6-3。随着试件截面急剧缩小,塑性变形迅速增加,抗拉能力也就随着下降,直至薄弱部位发生断裂。

将拉断后的试件与断裂处对接在一起（见图 6-4）,按照式（6-1）计算伸长率 δ,即

$$\delta = \frac{l_1 - l_0}{l_0} \times 100\% \tag{6-1}$$

式中　l_1——断后标距,mm；
　　　l_0——原始标距,mm。

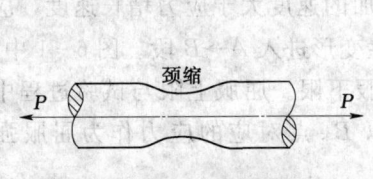

图 6-3　钢试件颈缩现象

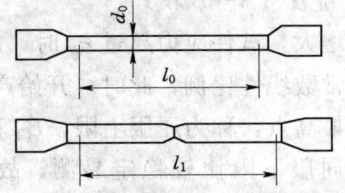

图 6-4　拉断前后的试件

伸长率是衡量钢材抗拉性能中塑性或延性的重要技术指标。伸长率愈大,表明钢材的塑性越好。尽管通常情况下结构是在钢材的弹性范围内使用,但在焊接或其他外载作用引起的钢材应力集中处,其应力可能超过屈服点。此时部分钢材产生一定的塑性变形,可使结构中的应力产生重分布,应力较低的部分多分担荷载,从而免遭结构的破坏。

国家标准 GB/T 228.1—2010 中,试样原始标距与原始横截面积关系见式（6-2）

$$l_0 = k\sqrt{S_0} \tag{6-2}$$

式中　l_0——试样原始标距,mm；
　　　k——比例系数；
　　　S_0——试件原始横截面积,mm²。

国际上通用的比例系数 k 值为 5.65,同时原始标距应不小于 15mm。当试样横截面积太小,以致采用比例系数 k 为 5.65 的值不能符合这一最小标距要求时,可以采用较高的

值（优先采用 $k=11.3$）。对于截面积为圆形的试件，由 $S_0=\dfrac{\pi d_0^2}{4}$ 可得，$l_0=5d_0$ 或 $l_0=10d_0$，分别以 δ_5 和 δ_{10} 表示。

受材料组织影响，钢材拉伸时塑性变形在试件各标距内的分布是不均匀的，靠近颈缩位置伸长较大，其他位置标距内伸长值相比较小。因此，试件原始标距与直径 d_0 之比愈大，意味着颈缩处的伸长值在标距内总伸长值中所占的比例就愈小，则所得伸长率值也愈小。因此对于同一钢材，通常 δ_5 大于 δ_{10}。

由于伸长率（断后伸长率）主要反映颈缩断口区域的残余变形，不反应颈缩之前的整体的平均变形，也未反映弹性变形。在钢材拉断时刻的伸长状态或者延性状态，伸长率未能反映。再加上断后断口拼接误差，伸长率较难真实反映钢材的拉伸变形特性。为此，规范以最大力总伸长率 δ_{gt} 作为钢材拉伸性能指标，按照式（6-3）计算

$$\delta_{gt}=\frac{l-l_0}{l_0}\times100\%=\frac{\Delta l_m}{l_0}\times100\% \tag{6-3}$$

式中　l——用引伸计测定最大力时的总伸长，mm；

　　　l_0——原始标距，mm；

　　　Δl_m——最大力时的总延伸，mm。

（二）冲击韧性

冲击韧性是指钢材抵抗冲击荷载的能力。钢材的冲击韧性用冲断试样所需能量的多少来表示。钢材的冲击韧性试验是采用中间开有 V 形缺口的标准弯曲试样，置于冲击机的支架上，并使切槽位于受拉的一侧，如图 6-5 所示，当试验机的重摆从一定高度自由落下将试件冲断时，试件所吸收的能量等于重摆所做的功（W）。冲击韧性 a_k 按式（6-4）计算，a_k 越大表示钢材抵抗冲击的能力越强。

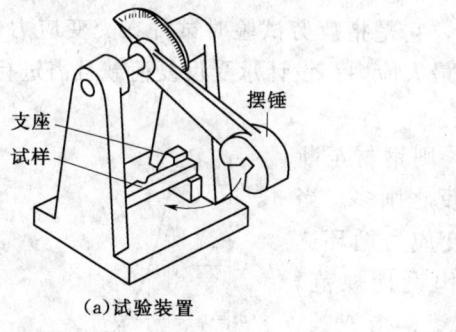
（a）试验装置

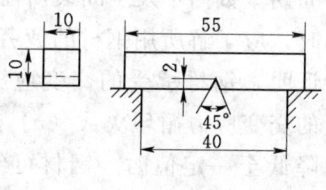
（b）V 形缺口试件

图 6-5　冲击韧性试验

$$a_k=\frac{W}{A} \tag{6-4}$$

式中　a_k——冲击韧性，J/cm^2；

　　　W——试件被冲断时所吸收的冲击能，J；

　　　A——试件在缺口处的最小横截面积，cm^2。

钢材的冲击韧性受很多因素的影响，主要影响因素有：

(1) 化学成分影响。钢材中有害元素磷和硫较多时，a_k 下降。

(2) 冶炼质量。脱氧不完全、存在偏析现象时，a_k 下降。

(3) 冷作及时效。钢材经冷加工及时效后，a_k 下降。

钢材的时效是指随时间的延长，钢材强度逐渐提高而塑性、韧性不断降低的现象。钢材完成时效变化过程，在通常自然条件下需经数十年，但当钢材承受振动或反复荷载作用时则时效迅速发展，从而使其冲击韧性的降低加快。钢材因时效而导致其性能改变的程度

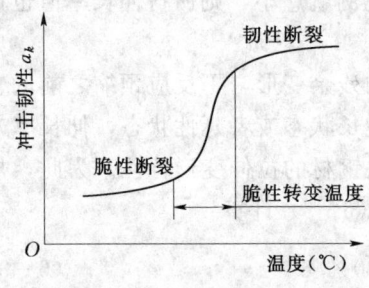

图 6-6 钢材冲击韧性与温度关系图

称时效敏感性。为保证使用安全，在设计承受动荷载和反复荷载的重要结构（如吊车梁、桥梁等）时，应选用时效敏感性小的钢材。

(4) 环境温度影响。钢材的冲击韧性随环境温度的降低而下降，其规律是：冲击韧性随温度的降低而缓慢下降，但当温度降至一定范围（狭窄的温度区间）时，钢材的冲击韧性骤然下降很多而呈脆性，此称钢材的冷脆性。这时的温度称为脆性转变温度，见图 6-6。脆性转变温度越低，表明钢材的低温冲击韧性越好。为此，在低温下使用的结构，设计时必须考虑钢材的冷脆性，应选用脆性转变温度低于使用温度的钢材，并满足钢结构、混凝土等规范规定的在 $-20℃$ 或 $-40℃$ 下冲击韧性指标的要求。

(三) 耐疲劳性

钢材在交变荷载的反复作用下，往往最大拉应力 σ_{max} 远小于其抗拉强度时就发生破坏，这种现象称为钢材的疲劳性。钢材的疲劳破坏一般是由拉应力引起的，首先在局部开始形成细小断裂，随后由于微裂纹尖端的应力集中而使其逐渐扩大，直至突然发生瞬时疲劳断裂。试验时从试件断口处可明显地区分出疲劳裂纹扩展区和瞬时断裂区。

疲劳破坏的最大应力用疲劳极限来表示，它是指疲劳试验时试件在交变应力作用下，于规定的周期基数内不发生断裂所能承受的最大应力。设计承受反复荷载且需进行疲劳验算的结构时，应了解所用钢材的疲劳极限。

实验证明，钢材承受的交变应力越大，则钢材至断裂时经受的交变应力循环次数 (n) 越少；反之则多。当交变应力降低至一定值时，钢材可经受交变应力循环达无限次而不发生疲劳破坏。根据《钢结构设计规范》(GB 50017—2003)，对于重级或中级吊车梁、桁架等，通常取常幅交变应力循环次数 $n=2\times 10^6$ 时试件不发生破坏的应力幅 $[\sigma]$ 作为其常幅疲劳容许应力。图 6-7 为钢材疲劳曲线。

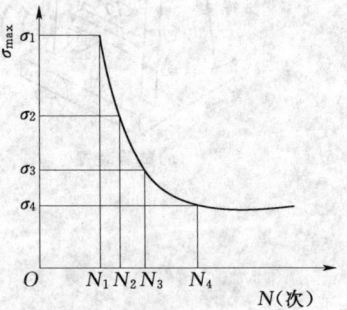

图 6-7 钢材疲劳曲线

测定疲劳极限时，应根据结构使用条件确定采用哪种应力循环类型、应力比值（最小与最大应力之比，又称应力特征值 ρ）和周期基数。钢材的内部组织状态、成分偏析及其他各种缺陷是决定其耐疲劳性能的主要因素。同时，由于疲劳裂纹是在应力集中处形成和发展的，故钢材的截面变化、表面质量及内应力大小等可能造成应力集中的各种因素，都与其疲劳极限有关。

一般钢材抗拉强度高,其疲劳极限也较高。

(四)硬度

钢材的硬度是指其表面抵抗硬物压入产生局部变形的能力。

现行规范测定金属硬度的方法有:布氏法、洛氏法和维氏法等。

1. 布氏法

布氏法测定原理是利用直径为 D(mm)的淬火钢球,以荷载 P(N)将其压入试件表面,经规定的持荷时间后卸去荷载,得到直径为 d(mm)的压痕,以压痕表面积 A(mm²)除荷载 P,根据计算或者查表确定单位面积上所承受的平均应力值,作为试件的布氏硬度值,代号为 HB,此值无量纲。图 6-8 为布氏硬度测定示意图。

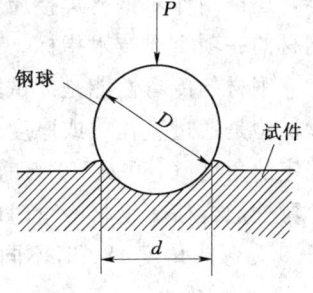

图 6-8 布氏硬度测试方法示意图

布氏法测定时所得压痕直径应在 $0.25D<d<0.6D$ 范围内,否则测定结果不准确。故在测定前应根据试件厚度和估计的硬度范围,按试验方法的规定选定钢球直径、所加荷载以及荷载持续时间。当被测材料硬度 HB>450 时,测定用钢球本身将发生较大的变形,甚至破坏。故这种硬度试验方法仅适用于 HB<450 的钢材。对于 HB>450 的钢材,应采用洛氏法测定其硬度。布氏法比较准确,但压痕较大,不适宜用于成品检验。

钢材的布氏硬度与其力学性能之间有着较好的相关性。实验证明,碳素钢的 HB 值与其抗拉强度 σ_b 之间存在以下关系:

(1) 当 HB<175 时,$\sigma_b \approx 3.6$HB。

(2) 当 HB>175 时,$\sigma_b \approx 3.5$HB。

由此,当已知钢材的硬度时,即可利用上式估算钢材的抗拉强度。

2. 洛氏法

洛氏法是用 120°角的锥形金刚石压头,以不同荷载压入试件,根据其压痕深度确定洛氏硬度值 HR。洛氏法压痕小,常用于判断工件的热处理效果,如混凝土预应力工程中锚具硬度检验。

3. 维氏法

维氏法以 49.03~980.7N 的负荷,将相对面夹角为 136°的方锥形金刚石压入材料表面,保持规定时间后,测量压痕对角线长度,再按公式来计算硬度的大小。它适用于较大构件和较深表面层的硬度测定 HV。维氏硬度还有小负荷维氏硬度,试验负荷 1.961~49.03N,它适用于较薄构件、工具表面或镀层的硬度测定;显微维氏硬度,试验负荷<1.961N,适用于金属箔、极薄表面层的硬度测定。

$$\text{HV} = 0.102 \times \frac{F}{S} = 0.102 \times \frac{2F\sin(\alpha/2)}{d^2} \tag{6-5}$$

式中 F——负荷,N;

S——压痕表面积,mm²;

α——压头相对面夹角 136°;

d——平均压痕对角线长度，mm。

维氏硬度值表示为 $xHVy$。例如，185HV5 中，185 是维氏硬度值，5 指的是测量所用的负荷值。

二、工艺性能

（一）冷弯性能

冷弯性能是指钢材在常温下承受弯曲变形的能力，是反映钢材缺陷的一种重要工艺性能，还被用作对钢材焊接质量进行严格检验的一种手段。同伸长率一样，也是土木工程用钢材的一项重要技术指标。

钢材的冷弯性能是以试验时的弯曲角度（α）和弯心直径（d）为指标表示。钢材冷弯试验是通过直径（或厚度）为 a 的试件，采用标准规定的弯心直径 d（$d=na$），弯曲到规定的角度（180°或 90°）时，检查弯曲处有无裂纹、断裂及起层等现象，若无，则认为冷弯性能合格。钢材冷弯时的弯曲角度愈大，弯心直径愈小，则表示其冷弯性能愈好。图 6-9 为弯曲角度 180°时不同弯心直径的钢材冷弯试验。

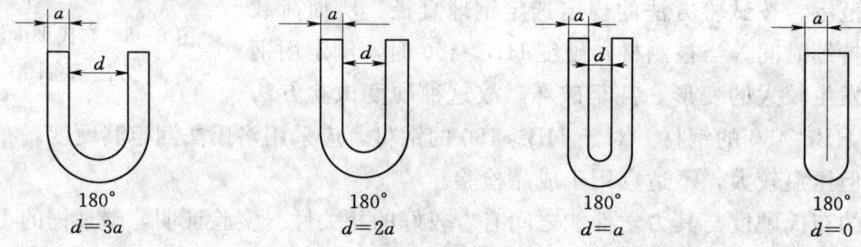

图 6-9　钢材冷弯试验

钢材的冷弯性能和其伸长率一样，也是反映钢材在静荷下的塑性，而且冷弯是在苛刻条件下对钢材塑性的严格检验，它能揭示钢材内部组织是否均匀，是否存在内应力及夹杂物等缺陷。

（二）焊接性能

焊接性能是金属材料通过加热、加压或两者并用等焊接方法把两个或两个以上的金属材料焊接在一起的特性。一种金属，如果能用较多普通又简便的焊接工艺获得能满足一定要求的接头，则认为这种金属具有良好的焊接性能。

钢材焊接性能主要取决于它的化学组成，其次与熔点、膨胀率、导热率等物理性能有关，还与采用的焊接工艺相关。化学元素中其中影响最大的是碳元素，也就是说含碳量的多少决定了它焊接性能。钢材中含碳量增加，淬硬倾向增大，塑性下降，容易产生焊接裂纹。因此常把钢中含碳量的多少作为判别钢材焊接性的主要标志。含碳量小于 0.25% 的低碳钢和低合金钢，塑性和冲击韧性优良，焊后的焊接接头塑性和冲击韧性也很好。另外，合金元素对钢材的焊接性能也有一定的影响。

土木工程中钢材的焊接性能主要指可焊性，也就是钢材之间通过加热或加热和加压焊接方法，把两个或两个以上金属材料焊接到一起，接口处能满足使用目的的性能。通常，把金属材料在焊接时产生裂纹的敏感性及焊接接头区力学性能的变化作为评价材料可焊性的主要指标。

第三节 钢材的组织、化学成分及其对钢材性能的影响

钢材中的化学成分、晶体组织等对钢材的性能有很大影响。

一、钢材的组织及其对钢材性能的影响

（一）钢材的晶体结构

钢材是铁—碳合金晶体。钢的晶体结构比"纯铁"复杂，其晶体结构中，各个原子以金属键相互结合在一起，这种结合方式就决定了钢材具有很高的强度和良好的塑性。

晶体结构的最小单元是晶格，钢的晶格有体心立方晶格，面心立方晶格两种构架。前者是原子排列在一个正六面体的中心及各个顶点而构成的空间格子，后者是原子排列在一个正六面体的各个顶点及6个面的中心而构成的空间格子。

碳素钢从液态变成固态晶体结构时，随着温度的降低，其晶格要发生两次转变，1390℃以上的高温时，形成体心立方晶格，称 $\delta-Fe$；温度由 1390℃ 降至 910℃ 的中温范围时，则转变为面心立方晶格，称 $\gamma-Fe$，此时伴随产生体积收缩；继续降至 910℃ 以下的低温时，又转变成体心立方晶格，称 $\alpha-Fe$，这时将产生体积膨胀。

借助于现代先进的测试手段对金属的微观结构进行深入研究，可以发现钢材的晶格并不都是完好无缺地规则排列，而是存在许多缺陷如图 6-10 所示，它们将显著地影响钢材的性能，这也是钢材的实际强度远比其理论强度小的根本原因。其主要的缺陷有以下三种。

(1) 点缺陷——空位、间隙原子。空位减弱了原子间的结合力，使钢材强度降低；间隙原子使钢材强度有所提高，但塑性降低。

(2) 线缺陷——刃型位错。刃型位错是使金属晶体成为不完全弹性体的主要原因之一，它使杂质易于扩散。

(3) 面缺陷——晶界面上原子排列紊乱。它使钢材强度提高而塑性下降。

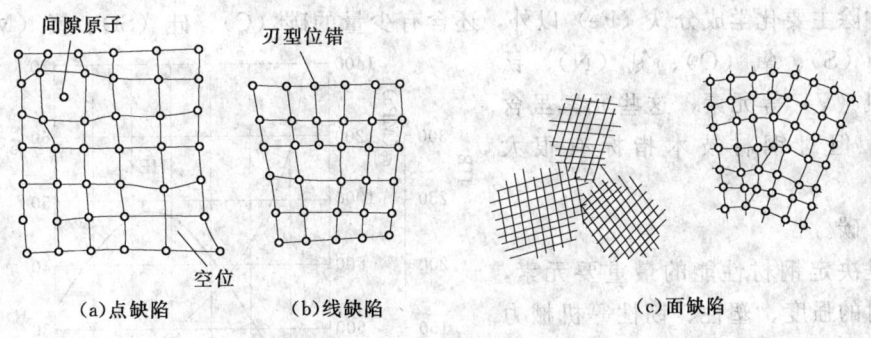

(a)点缺陷　　(b)线缺陷　　(c)面缺陷

图 6-10 钢材晶格缺陷示意图

（二）钢材的基本组织

要得到含铁元素 100% 纯度的钢是不可能的，事实上，其他元素含量很低的所谓"纯铁"韧性和延展性较高，其硬度和强度较低，应用于土木工程领域有限。

钢是以铁为主的铁—碳合金，其中碳含量虽很少，但对钢材性能的影响非常大。碳素钢冶炼时在钢水冷却过程中，其铁和碳有以下三种结合形式：固溶体、化合物和机械混合物。这三种形式的铁—碳合金，于一定条件下能形成具有一定形态的聚合体，称为钢的组

织。钢的基本组织主要有以下几种。

（1）铁素体。铁素体为碳在 $\alpha-Fe$ 中的固溶体，由于 $\alpha-Fe$ 体心立方晶格的原子间空隙小，溶碳能力较差，故铁素体含碳量很少（小于 0.02%），由此决定其塑性、韧性很好，但强度、硬度很低。

（2）奥氏体。奥氏体为碳在 $\gamma-Fe$ 中的固溶体，溶碳能力较强，高温时含碳量可达 2.06%，低温时下降至 0.8%。其强度、硬度不高，但塑性好，在高温下易于轧制成型。

（3）渗碳体。渗碳体为铁和碳的化合物 Fe_3C，其含量高（达 6.67%），晶体结构复杂，塑性差，性硬脆，抗拉强度低。

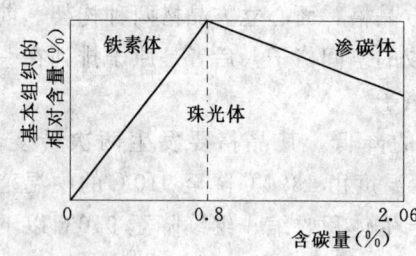

图 6-11 碳素钢基本组织含量与含碳量关系图

（4）珠光体。珠光体为铁素体和渗碳体的机械混合物，含碳量较低（0.8%），层状结构，塑性和韧性较好，强度较高。

碳素钢中基本组织的相对含量与其含碳量关系密切，见图 6-11。含碳量小于 0.8% 时，钢的基本组织由铁素体和珠光体组成，其间随着含量提高，铁素体逐渐减少而珠光体逐渐增多，钢材则随之强度、硬度逐渐提高而塑性、韧性逐渐降低。含碳量等于 0.8% 时，钢的基本组织仅为珠光体。含碳量大于 0.8% 时，钢的基本组织由珠光体和渗碳体组成，此后随含碳量增加，珠光体逐渐减少而渗碳体相对渐增，从而使钢的硬度逐渐增大，塑性和韧性减小，且强度下降。

土木工程中所用的钢材含碳量均小于 0.8%，所以建筑钢材的基本组织是由铁素体和珠光体组成，由此就决定了建筑钢材既具有较高的强度，同时塑性、韧性也较好，从而能很好地满足工程所需的技术性能要求。

二、钢材的化学成分及其对钢材性能的影响

钢中除主要化学成分铁（Fe）以外，还含有少量的碳（C）、硅（Si）、锰（Mn）、磷（P）、硫（S）、氧（O）、氮（N）、钛（Ti）、钒（V）等元素，这些元素虽含量很少，但对钢材技术指标有很大影响。

（1）碳。

碳是决定钢材性能的最重要元素，它对钢材的强度、塑性、韧性等机械力学性能的影响如图 6-12 所示。含碳量在 0.8% 以下时，随着含碳量的增加，钢的强度 σ_b 和硬度 HB 提高，伸长率 δ、断面收缩率 ψ 和韧性 α_k 下降。含碳量大于 1.0% 时，随含碳量增加，钢材的硬度 HB 增加，强度 σ_b 反而下降，其原因在于晶体结构组成变化，呈网状分布于

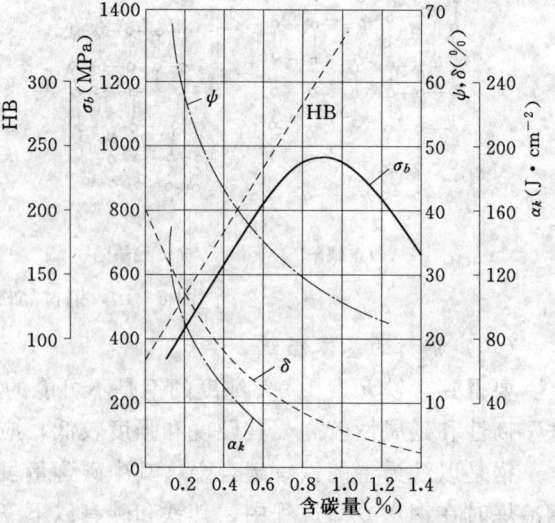

图 6-12 含碳量对碳素钢性能的影响

珠光体晶界上的渗碳体，使钢变脆所致。

钢中含碳量增加，还会使钢的可焊性变差（含碳量大于 0.3% 的钢，可焊性显著下降），冷脆性和时效敏感性增大，并使钢耐大气锈蚀能力下降。因此，一般土木工程用碳素钢均为低碳钢，即含碳小于 0.25%，工程用低合金钢含碳小于 0.52%。

（2）硅。

硅作为脱氧剂存在，是钢材元素中的有益元素。一定含量的硅元素，能提高钢材的强度、抗疲劳性、耐腐蚀性和抗氧化性，且对钢的塑性和韧性无明显影响。通常碳素钢中硅含量小于 0.3%，低合金钢含硅小于 1.8%。硅是我国炼钢中调节钢材性能的主要加入元素。

（3）锰。

锰是炼钢时用来脱氧去硫，是钢材元素中的有益元素。锰具有很强的脱氧去硫作用，能消减氧、硫所引起的钢材热脆性，随着锰含量的增加，钢材的热加工性能得到改善，同时还能提高钢材的强度、硬度和耐磨性。含锰量小于 1.0% 时，钢的塑性和韧性变化不大。一般低合金钢的锰含量 1%～2% 范围内，是我国低合金结构钢的主加合金元素，作用主要是溶于铁素体中使其强化，并起到细化珠光体作用，提高钢材强度。

钢材中锰的含量应根据需要严格控制，如果在钢中加入 2.5%～3.5% 的锰，所制得的锰钢很脆。当含锰量达 11%～14% 时，称为高锰钢，具有较高的耐磨性。工业中大量用锰钢制造钢磨、滚珠轴承、推土机与掘土机的铲斗等经常受磨的构件，以及铁轨、桥梁等。

（4）磷。

磷是钢中很有害的元素。随着磷含量的增加，钢材的强度、屈强比及硬度提高，而塑性和韧性降低。特别是温度愈低，对塑性和韧性的影响愈大，从而显著加大钢材的冷脆性。磷同时也使钢材可焊性显著降低。但磷配合其他元素如铜（Cu）可提高钢的耐磨性和耐蚀性，土木工程用钢一般要求含磷小于 0.045%。

（5）硫。

硫也是很有害的元素。使钢的可焊性、冲击韧性、耐疲劳性和抗腐蚀性等均降低。随着含硫量的增加，加大了钢材的热脆性。土木工程用钢一般要求硫含量应小于 0.045%。

（6）氧。

氧是钢中有害元素，主要存在于非金属夹杂物中。非金属夹杂物降低钢的强度，特别是韧性显著降低，钢材可焊性变差。氧有促进时效倾向的作用，但会造成钢材的热脆性，通常要求钢中含氧应小于 0.03%。

（7）氮。

氮对钢材性质的影响与碳、磷相似。随着氮含量的增加，可使钢材的强度提高，但塑性尤其是韧性显著降低，钢材可焊性变差，冷脆性加剧。在用铝或钛补充脱氧的镇静钢中，氮主要以氮化铝或氮化钛等形式存在，这时可减少氮的不利影响，并细化晶粒，改善性能。故在有铝、铌、钒等元素的配合下，氮可作为低合金钢的合金元素使用。钢中氮含量一般小于 0.008%。

（8）钛。

钛是强脱氧剂,能细化晶粒。钛能显著提高钢的强度,但稍降低塑性。由于使晶粒细化,故可改善韧性。钛能减少时效倾向,改善可焊性。因此钛是常用的微量合金元素。

（9）钒。

钒是弱脱氧剂,钒加入钢中可减弱碳和氮的不利影响,随着含量增加能有效提高强度,减小时效敏感性,但有增加焊接时的淬硬倾向。钒也是合金钢常用的微量合金元素。

第四节　钢材的冷加工强化与时效处理

一、钢材冷加工强化与时效处理的概念

将钢材于常温下进行冷拉、冷拔或冷轧,使之产生一定的塑性变形,强度明显提高,塑性和韧性有所降低,这个过程称为钢材的冷加工（也称为冷加工强化或冷作强化）。土木工程中常对钢筋进行冷拉或冷拔加工,以期达到提高钢材强度和节约钢材的目的。

（1）冷拉。

冷拉是在常温下将钢筋拉伸至应力超过屈服点、但小于抗拉强度,使之产生一定塑性变形时即卸载。结果是屈服强度提高20%～30%,长度增加4%～10%,是在满足钢筋使用要求的情况下节约钢材的一种措施。

其不利的结果是钢材的屈服平台缩短,伸长率减小,塑性降低,材质变硬。因此,在实际应用过程中应通过试验确定冷拉控制参数,其结果关系到冷拉效果和冷拉后的钢筋质量。

钢筋的冷拉采用应力或冷拉率控制两种方法。采用应力控制方法时,钢筋在控制应力下的最大冷拉率应满足规定要求。采用冷拉率控制时,冷拉率必须由试验确定。对于不能分清炉号的热轧钢筋,不应采用控制冷拉率的方法。

（2）冷拔。

冷拔是将直径6～8mm的光圆钢筋,通过一钨合金拔丝模孔而被强力拉拔,使其径向挤压缩小而纵向伸长。经过一次或多次冷拉后,钢筋的屈服强度可提高40%～60%。钢材塑性显降低。

二、钢材冷加工强化与时效的机理

时效处理是将经过冷拉的钢筋,于常温下存放15～20d,或加热到100～200℃并保持2～3h后,钢筋强度将进一步提高,这个过程称为时效处理,前者称自然时效,后者称为人工时效。通常对强度较低的钢筋可采用自然时效,强度较高的钢筋则需采用人工时效。

钢筋经冷拉、时效后的力学性能变化规律如图6-13所示。

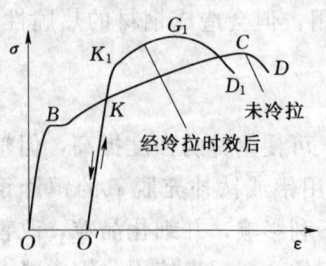

图6-13　钢筋冷拉失效后应力—应变变化图

图中OBCD为未经冷拉和时效处理试件的拉伸应力—应变曲线。将试件拉至应力超过屈服点B后的K点,然后卸去荷载,由于拉伸时试件已产生塑性变形,故卸荷时曲

线沿 KO' 下降，KO' 大致与 BO 平行。若此时将试件立即重新拉伸，则新的屈服点将升高至 K 点，以后的应力—应变关系将与原来曲线 KCD 相似。这表明钢筋经冷拉后，屈服强度得到提高。

若在 K 点卸荷后不立即重新拉伸，而将试件进行自然时效或人工时效，然后再拉伸，则其屈服点又进一步升高至 K_1 点，继续拉伸时曲线沿 $K_1C_1D_1$ 发展。这表明钢筋经冷拉及时效以后，屈服强度得到进一步提高，且抗拉强度亦有所提高，塑性和韧性则要相应降低。

钢材冷加工强化的机理，一般认为钢材经冷加工产生塑性变形后，塑性变形区域内的晶粒产生相对滑移，导致滑移面下的晶粒破碎，晶格歪扭畸变，滑移面变得凹凸不平，对晶粒进一步滑移起阻碍作用，亦即提高了抵抗外力的能力，故屈服强度得以提高。同时，冷加工强化后的钢材，由于塑性变形后滑移面减少，从而使其塑性降低，脆性增大，且变形中产生的内应力，使钢的弹性模量有所降低。

钢材产生时效的主要原因，是溶于 $\alpha-Fe$ 中的碳、氮原子，向晶格缺陷处移动和集中的速度大为加快，这将使滑移面缺陷处碳、氮原子富集，使晶格畸变加剧，造成其滑移、变形更为困难，因而强度进一步提高，塑性和韧性则进一步降低，而弹性模量则基本恢复。

三、钢材冷加工和时效在工程中的应用与效果

土木工程中对大量使用的钢筋，通常冷加工和时效同时采用。实际施工时，不同钢材应通过试验确定冷拉控制参数和时效方式。冷拉参数的控制，直接关系到冷拉效果和钢材质量。一般钢筋冷拉仅控制冷拉率即可，称为单控；而对用作预应力的钢筋，需采取双控，即既要控制冷拉应力，又要控制冷拉率。冷拉时当拉至控制应力时可以未达控制冷拉率，而当达到控制的冷拉率却未达到控制应力，则钢筋应降级使用。

钢筋采用冷加工具有明显的经济效益。钢筋经冷拉后，屈服点可提高 20%～25%，冷拔钢丝屈服点可提高 40%～90%，由此即可适当减小钢筋混凝土结构设计截面，或减少混凝土中配筋数量，从而达到节约钢材的目的。钢筋冷拉还有利于简化施工工序，如盘条钢筋可省去开盘和调直工序，冷拉直条钢筋时，则可与矫直、除锈等工艺一并完成。

第五节 钢材的热处理与焊接

一、钢材的热处理

热处理是将钢材放在一定的介质内加热、保温、冷却，通过改变材料表面或内部的组织结构，来控制其性能的一种金属热加工工艺。钢材热处理一般都在钢材生产厂或加工厂进行。

钢材的热处理通常有以下几种基本方法。

（1）淬火。

将钢材加热至 723℃（相变温度）以上某一温度，并保持一定时间后，迅速置于水中或机油中冷却。这个过程称钢材的淬火处理。钢材经淬火后，强度和硬度提高，脆性增大，

塑性和韧性明显降低。

(2) 回火。

将淬火后的钢材重新加热到723℃以下某一温度范围，保温一定时间后再缓慢地或较快地冷却至室温。这一过程称为回火处理。回火可消除钢材淬火时产生的内应力，使其硬度降低，恢复塑性和韧性。按回火温度不同，又可分为高温回火（500～650℃）、中温回火（300～500℃）和低温回火（150～300℃）三种。回火温度愈高，钢材硬度下降愈多，塑性和韧性恢复愈好。若钢材淬火后随即进行高温回火处理，则称调质处理，其目的是使钢材的强度、塑性、韧性等性能均得以改善。

(3) 退火。

退火是指将钢材加热至723℃以上某一温度，保持相当时间后，在退火炉中缓慢冷却。退火能消除钢材中的内应力，细化晶粒，均匀组织，使钢材硬度降低，塑性和韧性提高。在钢筋冷拔工艺过程中，常需进行退火处理，因为钢筋经数次冷拔后，变得很脆，再继续拉拔易被拉断，这时必须将钢筋进行退火处理，以提高其塑性和韧性后再次进行冷拔。

(4) 正火。

是将钢材加热到723℃以上某一温度，并保持相当长时间，然后在空气中缓慢冷却，则可得到均匀细小的显微组织。钢材正火后强度和硬度提高，塑性较退火为小。

(5) 化学热处理。

化学热处理是对钢材表面进行的热处理，它是利用某些化学元素向钢表层内进行扩散，以改变钢材表面上的化学成分和性能。常用的方法有渗碳法、氮化法、氰化法等几种。

二、钢材的焊接

钢结构的连接主要靠焊接，在工业与民用建筑的钢结构中，焊接结构要占90%以上。在钢筋混凝土结构工程中，大量的钢筋接头、钢筋网片、钢筋骨架、预埋铁件以及装配式钢筋混凝土预制构件的安装等，都需要采用焊接。

(一) 钢材焊接基本方法

钢材的焊接主要采用以下两种基本方法。

(1) 电弧焊。

电弧焊是将金属焊条在电弧的高温下熔融成钢水，滴在红热的被焊钢件接缝处，使两部分的钢材熔合连成一体。在焊接前，为保证熔融物充满接缝，对于较厚或直径较大的钢材，被焊钢件的焊口处可预先打磨成45°的坡口。电弧焊多用于钢结构的焊接和混凝土预埋铁件的焊接。

(2) 接触对焊。

接触对焊多用于钢筋对接。它是通过电流把两根被焊钢筋的接头端面加热到熔融状后，立即将其对接加压而合成一体。

(二) 影响钢材焊接质量的主要因素

(1) 钢材的化学成分。

在磷、硫含量均小于0.05%情况下，钢材的可焊性主要决定于其含碳量（C）和碳当量（C_H）。我国规定Ⅲ级钢筋 C_H 小于 0.57%、含 C 小于 0.3%，允许进行接触对焊和电弧焊；Ⅳ级钢筋 C_H=0.7% 左右，只允许接触对焊，且焊接质量不够稳定。

（2）焊接工艺。

钢材焊接由于是局部金属在短时间内达到高温熔融，焊接后又急速冷却，故必将伴随产生急剧的膨胀、收缩、内应力及组织变化，从而引起钢材性能的改变。所以，必须正确地掌握焊接方法，选择适宜的工艺参数，尤其要重视重要结构的焊接。

（3）焊条材料。

根据不同材质的被焊件，选用适宜的焊条材料，可查阅有关手册，但焊条的强度必须大于被焊接件的强度。

钢材焊接后必须取样进行焊接质量检验，一般包括拉伸试验和弯曲试验，要求试验时试件的断裂不能发生在焊接处。同时还要检查焊缝有无裂纹、砂眼、咬肉、焊件变形等缺陷。

三、钢材焊后热处理

钢结构所用板材或管材等焊接完成后，在焊接影响区域通常会产生残余应力。焊接残余应力是由于焊接引起焊件不均匀的温度分布，焊缝金属的热胀冷缩等原因造成的，所以伴随焊接施工必然会产生残余应力。过高的残余应力对结构受力有不利影响。因此，在必要的情况下须消除或减弱焊接残余应力。

消除残余应力的常用方法是高温回火，即将焊件放在热处理炉内加热到一定温度并保温一定时间，利用材料在高温下屈服极限的降低，使内应力高的地方产生塑性流动，弹性变形逐渐减少，塑性变形逐渐增加而使应力降低。焊后热处理对钢材抗拉强度、塑性的影响与热处理的温度和保温时间有关。焊后热处理对焊缝金属冲击韧性的影响随钢种不同而不同。

焊后热处理的目的除处理焊接残余应力外，还包括：

（1）稳定结构的形状和尺寸，减少畸变。

（2）改善母材、焊接接头的性能，包括提高焊缝金属的塑性，降低热影响区硬度，提高断裂韧性，改善疲劳强度，恢复或提高冷成型中降低的屈服强度等。

（3）提高钢材抗腐蚀的能力。

（4）释放焊缝金属中的有害气体，尤其是氢，防止裂纹的发生。

四、热处理方法的选择

一般焊后热处理选用单一高温回火或正火加高温回火处理。对于气焊焊口需要采用正火加高温回火热处理。这是因为气焊的焊缝及热影响区的晶粒粗大，需要细化晶粒，故采用正火处理。然而单一的正火不能消除残余应力，故需再加高温回火以消除应力。单一的中温回火只适用于工地拼装的大型普通低碳钢构件的组装焊接，其目的是为了部分消除残余应力和去氢。

第六节 建筑钢材的技术标准及选用

土木工程用钢分钢结构用钢和钢筋混凝土结构用钢两类，前者主要采用型钢和钢板、钢管，后者主要用钢筋和钢丝，二者钢制品所用的原料钢种多为碳素钢和低合金钢。

一、建筑钢材的主要钢种

(一) 碳素结构钢

根据国家标准《碳素结构钢》(GB/T 700—2006) 规定，我国碳素结构钢由氧气转炉或电炉冶炼。除非需方有特殊要求并在合同中注明，冶炼方法一般由供方自行选择。钢材一般以热轧、控轧或正火处理状态交货。

1. 碳素结构钢的牌号及其表示方法

按标准规定，我国碳素结构钢分五个牌号，即 Q195、Q215、Q235 和 Q275。各牌号钢又按其硫、磷含量由多至少分为 A、B、C、D 四个质量等级。碳素结构钢的牌号表示按顺序由代表屈服点的字母 (Q)、屈服点数值 (N/mm^2)、质量等级符号 (A、B、C、D)、脱氧程度符号 (F、Z、TZ) 等四部分组成。例如 Q235—A.F，它表示：屈服点为 $235N/mm^2$ 的平炉或氧气转炉冶炼的 A 级沸腾碳素结构钢。当为镇静钢或特殊镇静钢时，则其牌号中 "Z" 或 "TZ" 符号可予以省略。

2. 碳素结构钢的技术要求

按照标准 GB/T 700—2006 规定，碳素结构钢的技术要求如下。

(1) 化学成分。

各牌号碳素结构钢的化学成分应符合表 6-1 的规定。

(2) 力学性能。

碳素结构钢的强度、伸长率、冲击韧性等指标规定见表 6-2 所示，冷弯性能要求见表 6-3。

表 6-1　　　　　碳素结构钢的化学成分 (GB/T 700—2006)

牌号	质量等级	化学成分 (质量分数) (%)，不大于					脱氧方法
		C	Mn	Si	P	S	
Q195	—	0.12	0.30	0.50	0.035	0.040	F、Z
Q215	A	0.15	0.35	1.20	0.045	0.050	F、Z
	B					0.045	
Q235	A	0.22	0.35	1.40	0.045	0.050	F、Z
	B	0.20[①]			0.045	0.045	
	C	0.17			0.040	0.040	Z
	D				0.035	0.035	TZ
Q275	A	0.24	0.35	1.50	0.045	0.050	F、Z
	B	0.21			0.045	0.045	Z
		0.22					
	C				0.040	0.040	
	D	0.20			0.035	0.035	TZ

① 经需方同意，Q235B 的碳含量可以不大于 0.22%。

表 6-2　　　　　　　碳素结构钢的力学性能（GB/T 700—2006）

牌号	等级	拉伸试验												冲击试验	
		屈服点 σ_s（N·mm^{-2}）						伸长率 δ_5（%）						温度（℃）	V型冲击功（纵向）（J）
		厚度（直径）(mm)						抗拉强度 σ_b（N·mm^{-2}）	厚度（直径）(mm)						
		≤16	>16~40	>40~60	>60~100	>100~150	>150~200		≤40	>40~60	>60~100	>100~150	>150~200		
		不小于							不小于						不小于
Q195	—	195	185					315~430	33					—	—
Q215	A	215	205	195	185	175	165	335~450	31	30	29	27	26	—	—
	B													+20	27
Q235	A	235	225	215	215	195	185	370~500	26	25	24	22	21	—	—
	B													+20	27
	C													0	
	D													−20	
Q275	A	275	265	255	245	225	215	410~540	22	21	20	18	17	—	—
	B													+20	27
	C													0	
	D													−20	

注　1. Q195 的屈服强度仅供参考，不作交货条件。
　　2. 厚度大于 100mm 的钢材，抗拉强度下弦允许降低 20N/mm^2，宽带钢（包括剪切钢板）抗拉强度上限不作交货条件。
　　3. 厚度小于 25mm 的 Q235B 钢材，如供方能保证冲击吸收功合格，经需方同意，可不作检验。

表 6-3　　　　　　　碳素结构钢的冷弯性能（GB/T 700—2006）

牌号	试样方向	冷弯试验（B=2a，弯180°）	
		钢材厚度 a（直径）(mm)	
		≤60	>60~100
		弯心直径 d	
Q195	纵	0	—
	横	0.5a	
Q215	纵	0.5a	1.5a
	横	a	2a
Q235	纵	a	2a
	横	1.5a	2.5a
Q275	纵	1.5a	2.5a
	横	2a	3a

注　1. B 为试样宽度，a 为钢材厚度（直径）。
　　2. 钢材厚度（直径）大于 100mm 时，弯曲试验由双方协商确定。

由表6-1、表6-2和表6-3可知，碳素结构钢随着牌号的增大，其含碳量增加，强度提高，塑性和韧性降低，冷弯性能逐渐变差。

3. 碳素结构钢的特性与选用

(1) 碳素结构钢的应用。

选用碳素结构钢作为土木工程结构用钢，应综合考虑结构的工作环境条件，承受的荷载类型（动或静载）、承载方式（直接或间接）、连接方式（焊接或螺栓连接等），使用年限等。碳素钢成本低、力学性能和工艺性能良好，能够满足土木工程结构用钢需要。故在工程中应用广泛。常用的碳素结构钢牌号为Q235，由于该牌号钢既具有较高的强度，又具有良好的塑性和韧性，可焊性也好，能较好地满足一般钢结构和钢筋混凝土结构的用钢要求。其他Q195和Q215号钢，虽塑性很好，但强度太低，Q275号钢强度高，但塑性较差。

其中Q235-A级钢，一般仅适用于承受静荷载作用的结构，Q235-C和D级钢可用于重要的焊接结构。另外，由于Q235-D级钢含有足够的形成细晶粒结构的元素，同时对硫、磷有害元素控制严格，故其冲击韧性很好，具有较强的抗冲击、振动荷载的能力，尤其适宜在较低温度下使用。Q195和Q215号钢常用作生产一般使用的钢钉、铆钉、螺栓及铁丝等。Q275号钢多用于生产机械零件和工具等。Q215经过冷加工强化后可部分代替Q235。

(2) 碳素结构钢选用原则。

在结构设计时，对于用作承重结构的钢材，应根据结构的重要性、荷载类型（如动荷载或静荷载）、连接方法（如焊接或铆接）、工作温度（如正温或负温）等不同情况选择其钢号和材质。根据《钢结构设计规范》(GB 50017—2003)，下列情况的承重结构或构件不应采用沸腾钢：

1) 焊接结构。直接承受动力荷载或振动荷载且需要做疲劳验算的结构；工作温度低于-20℃时的直接承受动力荷载或振动荷载但可不验算疲劳的结构以及承受静力荷载的受弯及受拉重要承重结构；工作温度等于或低于-30℃时的所有承重结构。

2) 非焊接结构。工作温度等于或低于-20℃的直接承受动力荷载且需要做疲劳验算的结构。

(二) 优质碳素结构钢

根据国家标准《优质碳素结构钢》(GB/T 699—1999) 的规定，钢材牌号由数字和字母两部分组成。前面两位数字表示平均碳含量的万分数；字母分别表示锰含量、冶金质量等级、脱氧程度。锰含量为0.25%～0.80%时，不注"Mn"；锰含量为0.70%～1.2%时，两位数字后加注"Mn"。如果是高级优质碳素结构钢，应加注"A"，如果是特级优质碳素结构钢，应加注"E"。对于沸腾钢，牌号后面为"F"；例如：15F即表示平均碳含量为0.15%，普通锰含量，冶金质量等级为优质，脱氧程度为沸腾状态的优质碳素结构钢。

优质碳素结构钢由平炉、氧气转炉或电炉冶炼，大部分为镇静钢，其特点是生产过程中对硫、磷等有害杂质控制严格，其力学性能主要取决于碳含量，碳含量高则强度也高，但塑性和韧性降低。

在土木工程中，优质碳素结构钢主要用于重要结构的钢铸件及高强螺栓，其常用钢号为30～45号钢；通常采用65～80号钢制作碳素钢丝、刻痕钢丝和钢绞线；常用45号钢做混凝土预应力锚具、夹片。

表 6-4　低合金高强度结构钢的化学成分

牌号	质量等级	化学成分（质量分数）(%) ≤													Als ≥
		C	Si	Mn	P	S	Nb	V	Ti	Cr	Ni	Cu	N	Mo	B	
Q345	A	0.20	0.50	1.70	0.035	0.035										—
	B	0.20	0.50	1.70	0.035	0.035										—
	C				0.030	0.030	0.07	0.15	0.20	0.30	0.50	0.30	0.012	0.10	—	0.015
	D	0.18			0.030	0.025										—
	E				0.025	0.020										0.015
Q390	A	0.20	0.50	1.70	0.035	0.035										—
	B	0.20	0.50	1.70	0.035	0.030										—
	C				0.030	0.030	0.07	0.20	0.20	0.30	0.50	0.30	0.015	0.10	—	0.015
	D				0.030	0.025										
	E				0.025	0.020										
Q420	A	0.20	0.50	1.70	0.035	0.035										—
	B				0.035	0.030										—
	C				0.030	0.030	0.07	0.20	0.20	0.30	0.80	0.30	0.015	0.20	—	0.015
	D				0.030	0.025										
	E				0.025	0.020										
Q460	C	0.20	0.60	1.80	0.030	0.030	0.11	0.20	0.20	0.30	0.80	0.55	0.015	0.20	0.004	0.015
	D				0.030	0.025										
	E				0.025	0.020										
Q500	C	0.18	0.60	1.80	0.030	0.030	0.11	0.12	0.20	0.60	0.80	0.55	0.015	0.20	0.004	0.015
	D				0.030	0.025										
	E				0.025	0.020										
Q550	C	0.18	0.60	2.00	0.030	0.030	0.11	0.12	0.20	0.80	0.80	0.80	0.015	0.30	0.004	0.015
	D				0.030	0.025										
	E				0.025	0.020										
Q620	C	0.18	0.60	2.00	0.030	0.030	0.11	0.12	0.20	1.00	0.80	0.80	0.015	0.30	0.004	0.015
	D				0.030	0.025										
	E				0.025	0.020										
Q690	C	0.18	0.60	2.00	0.030	0.030	0.11	0.12	0.20	1.00	0.80	0.80	0.015	0.30	0.004	0.015
	D				0.030	0.025										
	E				0.025	0.020										

注：1. 型材及棒材 P、S 含量可提高 0.005%，其中 A 级钢上限可为 0.045%。
　　2. 当细化晶粒元素组合加入时，20(Nb+V+Ti)≤0.22%，20(Mo+Cr)≤0.30%。

表 6-5　低合金高强度结构钢的拉伸试验

牌号	质量等级	下屈服强度 σ_F (MPa) 公称厚度（直径，边长 mm）									抗拉强度 σ_T (MPa) 公称厚度（直径，边长 mm）							断后伸长率 δ_5 (%) 公称厚度（直径，边长 mm）					
		≤16	16~40	40~63	63~80	80~100	100~150	150~200	200~250	250~400	≤40	40~63	63~80	80~100	100~150	150~250	250~400	≤40	40~63	63~100	100~150	150~250	250~400
Q345	A	≥345	≥335	≥325	≥315	≥305	≥285	≥275	—	—	470~630	470~630	470~630	470~630	450~600	—	—	≥20	≥19	≥19	≥18	≥17	—
	B	≥345	≥335	≥325	≥315	≥305	≥285	≥275	—	—	470~630	470~630	470~630	470~630	450~600	—	—	≥20	≥19	≥19	≥18	≥17	—
	C	≥345	≥335	≥325	≥315	≥305	≥285	≥275	≥265	—	470~630	470~630	470~630	470~630	450~600	450~600	—	≥21	≥20	≥20	≥19	≥18	≥17
	D	≥345	≥335	≥325	≥315	≥305	≥285	≥275	≥265	—	470~630	470~630	470~630	470~630	450~600	450~600	—	≥21	≥20	≥20	≥19	≥18	≥17
	E	≥345	≥335	≥325	≥315	≥305	≥285	≥275	≥265	≥265	470~630	470~630	470~630	470~630	450~600	450~600	≥450~600	≥21	≥20	≥20	≥19	≥18	≥17
Q390	A	≥390	≥370	≥350	≥330	≥310	—	—	—	—	490~650	490~650	490~650	490~650	470~620	—	—	≥20	≥19	≥19	≥18	—	—
	B	≥390	≥370	≥350	≥330	≥310	—	—	—	—	490~650	490~650	490~650	490~650	470~620	—	—	≥20	≥19	≥19	≥18	—	—
	C	≥390	≥370	≥350	≥330	≥310	—	—	—	—	490~650	490~650	490~650	490~650	470~620	—	—	≥20	≥19	≥19	≥18	—	—
	D	≥390	≥370	≥350	≥330	≥310	—	—	—	—	490~650	490~650	490~650	490~650	470~620	—	—	≥20	≥19	≥19	≥18	—	—
	E	≥390	≥370	≥350	≥330	≥310	—	—	—	—	490~650	490~650	490~650	490~650	470~620	—	—	≥20	≥19	≥19	≥18	—	—
Q420	A	≥420	≥400	≥380	≥360	≥340	—	—	—	—	520~680	520~680	520~680	520~680	500~650	—	—	≥19	≥18	≥18	≥18	—	—
	B	≥420	≥400	≥380	≥360	≥340	—	—	—	—	520~680	520~680	520~680	520~680	500~650	—	—	≥19	≥18	≥18	≥18	—	—
	C	≥420	≥400	≥380	≥360	≥340	—	—	—	—	520~680	520~680	520~680	520~680	500~650	—	—	≥19	≥18	≥18	≥18	—	—
	D	≥420	≥400	≥380	≥360	≥340	—	—	—	—	520~680	520~680	520~680	520~680	500~650	—	—	≥19	≥18	≥18	≥18	—	—
	E	≥420	≥400	≥380	≥360	≥340	—	—	—	—	520~680	520~680	520~680	520~680	500~650	—	—	≥19	≥18	≥18	≥18	—	—
Q460	C	≥460	≥440	≥420	≥400	≥380	—	—	—	—	550~720	550~720	550~720	550~720	530~700	—	—	≥17	≥16	≥16	≥16	—	—
	D	≥460	≥440	≥420	≥400	≥380	—	—	—	—	550~720	550~720	550~720	550~720	530~700	—	—	≥17	≥16	≥16	≥16	—	—
	E	≥460	≥440	≥420	≥400	≥380	—	—	—	—	550~720	550~720	550~720	550~720	530~700	—	—	≥17	≥16	≥16	≥16	—	—
Q500	C	≥500	≥480	≥470	≥450	≥440	—	—	—	—	610~770	600~790	590~750	540~730	—	—	—	≥17	≥17	≥17	—	—	—
	D	≥500	≥480	≥470	≥450	≥440	—	—	—	—	610~770	600~790	590~750	540~730	—	—	—	≥17	≥17	≥17	—	—	—
	E	≥500	≥480	≥470	≥450	≥440	—	—	—	—	610~770	600~790	590~750	540~730	—	—	—	≥17	≥17	≥17	—	—	—
Q550	C	≥550	≥530	≥520	≥500	≥490	—	—	—	—	670~830	620~810	600~790	590~780	—	—	—	≥16	≥16	≥16	—	—	—
	D	≥550	≥530	≥520	≥500	≥490	—	—	—	—	670~830	620~810	600~790	590~780	—	—	—	≥16	≥16	≥16	—	—	—
	E	≥550	≥530	≥520	≥500	≥490	—	—	—	—	670~830	620~810	600~790	590~780	—	—	—	≥16	≥16	≥16	—	—	—
Q620	D	≥620	≥600	≥590	≥570	—	—	—	—	—	710~880	690~880	670~860	—	—	—	—	≥15	≥15	≥15	—	—	—
	E	≥620	≥600	≥590	≥570	—	—	—	—	—	710~880	690~880	670~860	—	—	—	—	≥15	≥15	≥15	—	—	—
Q690	D	≥690	≥670	≥660	≥640	—	—	—	—	—	770~940	750~920	730~900	—	—	—	—	≥14	≥14	≥14	—	—	—
	E	≥690	≥670	≥660	≥640	—	—	—	—	—	770~940	750~920	730~900	—	—	—	—	≥14	≥14	≥14	—	—	—

注：1. 当屈服强度不明显时，可测量 $\sigma_{p0.2}$ 代替下屈服强度。
2. 宽度不小于 600mm 扁平材，拉伸试验取横向试样，宽度小于 600mm 的扁平材、型材及棒材取纵向试样，断后伸长率最小值相应提高 1%（绝对值）。
3. 厚度大于 250～400mm 的数值适用于扁平材。

（三）低合金高强度结构钢

1. 低合金高强度结构钢的牌号

根据国家标准《低合金高强度结构钢》（GB 1591—2008）的规定，低合金高强度结构钢共有八个牌号，所加合金元素主要有锰（Mn）、硅（Si）、钒（V）、钛（Ti）、铌（Nb）、铬（Cr）、镍（Ni）及稀土元素等。低合金高强度结构钢的牌号由代表屈服点的汉语拼音字母（Q）、屈服点数值和质量等级符号（分A、B、C、D、E五级）三个部分按顺序排列。

2. 低合金高强度结构钢的化学成分、性能及应用

由于合金元素的细晶强化和固深强化等作用，使低合金钢不仅具有较高的强度，而且也具有较好的塑性、韧性和可焊性。因此，它是综合性能较为理想的建筑钢材。低合金高强度结构钢主要用于轧制各种型钢（角钢、槽钢、工字钢）、钢板、钢管及钢筋，广泛用于钢结构和钢筋混凝土结构中，尤其是大跨度、承受动荷载和冲击荷载的结构物中更为适用。低合金高强度结构钢化学成分见表6-4、拉伸试验结果见表6-5。

（四）合金结构钢

合金结构钢一般分为调质结构钢和表面硬化结构钢。调质结构钢的含碳量一般约为0.25%～0.55%，对于既定截面尺寸的结构件，在调质处理（淬火加回火）时，如果沿截面淬透，则力学性能良好，如果淬不透，显微组织中出现有自由铁素体，则韧性下降。表面硬化结构钢碳含量一般在0.12%～0.25%，用以制造表层坚硬耐磨而心部柔韧的零部件，如齿轮、轴等。合金结构钢的特点是均含有硅、锰合金元素，均为镇静钢。与碳素结构钢相比，具有较高的强度和较好的塑性、韧性、可焊性、耐低温性、耐腐蚀性、耐磨性、耐疲劳性等，有利于节约用钢，提高钢材的服役性能，延长结构使用寿命。其在土木工程工程领域主要用于重型结构、大跨度结构、高层结构等。

根据国家标准《合金结构钢》（GB/T 3077—1999）规定，合金结构钢牌号由两位数字、主要合金元素、合金元素平均含量、质量等级符号四部分组成，两位数字表示平均含碳量的万分数，当硅的含量上限小于0.45%或锰的含量上限小于0.9%时，不加注Si或Mn，其他合金元素无论含量多少均加注合金元素符号；合金元素的平均含量低于1.5%时不加注，平均含量为1.50%～2.49%或2.50%～3.49%，3.50%～4.49%时，在元素符号后面加注2或3或4。优质钢不加注，高级优质钢加注A，特级优质钢加注E。

例如牌号20Mn2表示平均碳含量为0.20%，硅含量小于0.45%，平均锰含量为1.50%～2.49%的优质合金结构钢。

二、钢筋混凝土结构用钢

（一）钢筋混凝土用热轧钢筋

钢筋混凝土用热轧钢筋，根据其表面状态特征分为光圆钢筋和带肋钢筋两类，带肋钢筋又分月牙肋钢筋和等高肋钢筋两种，见图6-14。

根据国家标准《钢筋混凝土用钢 第1部分：热轧光圆钢筋》（GB 1499.1—2008），热轧光圆钢筋级别有两种，牌号分别为HPB235和HPB300，牌号代号由HPB+屈服强度特征值构成，牌号中的字母HPB为热轧光圆钢筋的英文缩写（Hot rolled Plain Bars）。根据《钢筋混凝土用钢 第2部分：热轧带肋钢筋》（GB 1499.2—2007），热轧带肋钢筋分：普通

(a) 月牙肋钢筋

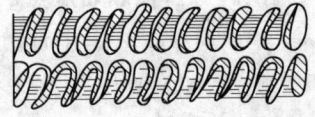
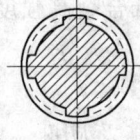
(b) 等高肋钢筋

图 6-14 热轧带肋钢筋

热轧带肋钢筋和细晶粒热轧带肋钢筋，牌号分别为 HRB335、HRB400、HRB500、HRBF335、HRBF400、HRBF500。牌号代号由 HRB+屈服强度特征值构成，牌号中的字母 HRB（Hot rolled Ribbed Bars），HRBF（Hot rolled Ribbed Bars Fine）。

标准中普通热轧钢筋和细晶粒热轧钢筋的力学性能相同，普通热轧带肋钢筋的品种主要是添加钒、铌、钛的低合金钢，由于钢材用量巨大，造成钒、铌、钛等低合金资源紧张，对普通热轧带肋钢筋生产带来不利影响。为此，我国冶金行业近年来研究开发了细晶粒热轧带肋钢筋这种新产品。相比普通热轧钢筋，这种热轧钢筋生产过程中不需要添加或者只需要添加很少的钒、铌、钛等合金元素。其对钢材力学性能的保证是通过控轧和控冷工艺形成细晶粒。金相组织主要是铁素体和珠光体，晶粒度不粗于9级。

热轧光圆和带肋钢筋的力学和工艺性能要求见表 6-6。按标准规定，钢筋拉伸、冷弯试验时，试样不允许进行车削加工，计算钢筋强度用截面面积用其公称横截面面积。

表 6-6　热轧钢筋的力学和工艺性能（GB 1499.1—2008，GB 1499.2—2007）

表面形状	牌号	公称直径（mm）	屈服点 σ_s 或 $\sigma_{0.2}$（MPa）	抗拉强度 σ_b（MPa）	伸长率 δ_5（%）	最大力总伸长率 δ_{gt}（%）	冷弯（d—弯心直径，a—钢筋公称直径）
			不小于				
光圆	HPB235	6～22	235	370	25.0	10.0	180° $d=a$
	HPB300		300	420			
带肋	HRB335 HRBF335	6～25 28～40 >40～50	335	455	17	7.5	180° $d=3a$ $d=4a$ $d=5a$
	HRB400 HRBF400	6～25 28～40 >40～50	400	540	16		180° $d=4a$ $d=54a$ $d=6a$
	HRB500 HRBF500	6～25 28～40 >40～50	500	630	15		180° $d=4a$ $d=7a$ $d=8a$

（二）冷轧带肋钢筋

冷轧带肋钢筋是采用热轧圆盘条为母材，经冷轧减径后在其表面冷轧成带有沿长度方向均匀分布的二面或三面横肋的钢筋。肋呈月牙形，二面或三面肋均应沿钢筋横截面周圈上均匀分布（见图 6-15），且其中有一面的肋必须与另一面或另两面的肋反向。冷轧带肋钢筋是热轧圆盘钢筋的深加工产品，是一种新型高效建筑钢材。

根据国家标准《冷轧带肋钢筋》（GB 13788—2000）规定，按钢筋抗拉强度最小值可分为五级牌号，即 CRB550、CRB650、CRB800、CRB970、CRB1170，其中 C、R、B 分别表示"冷轧"、"带肋"、"钢筋"的英文首位字母（Cold-rolled Ribbed Bar），后面的数字表示钢筋抗拉强度最小数值。CRB550为普通钢筋混凝土用钢筋，其他牌号为预应力混凝土用钢筋。

冷轧带肋钢筋的公称直径范围为4～12mm，CRB650以上牌号钢筋的公称直径为4mm、5mm、6mm。制造冷轧带肋钢筋的盘条应符合GB/T 701和GB/T 4354或其他有关标准的规定，其力学性能和工艺性能应符合表6-7的要求。

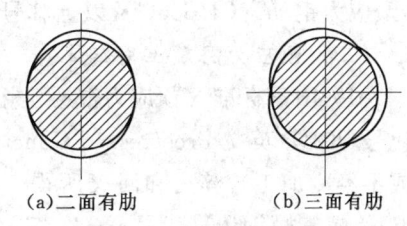

图6-15 冷轧带肋钢筋横截面上月牙肋分布

表6-7　　　　冷轧带肋钢筋的力学和工艺性能（GB 13788—2000）

牌号	σ_b（MPa）不小于	伸长率（%），不小于		弯曲试验 180°	反复弯曲次数	松弛率初始应力 $\sigma_{con}=0.7\sigma_b$	
		δ_{10}	δ_{100}			1000h（%），不大于	10h（%），不大于
CRB550	550	8.0	—	$D=3d$	—	—	—
CRB650	650	—	4.0	—	3	8	5
CRB850	800	—	4.0	—	3	8	5
CRB970	970	—	4.0	—	3	8	5
CRB1170	1170	—	4.0	—	3	8	5

注　表中D为弯心直径，d为钢筋公称直径。

冷轧带肋钢筋的肋高、肋宽和肋距是其外形尺寸的主要控制参数，其质量偏差则是重要指标之一。由于二面或三面有肋的钢筋无法测定其内径，故控制其质量偏差即等于控制了平均直径。冷轧带肋钢筋为冷加工状态交货，允许冷轧后进行低温回火处理。钢筋通常按盘卷交货，CRB550钢筋也可按直条交货；直条钢筋每米弯曲度不大于4mm，总弯曲度不大于钢筋全长的0.4%；盘卷钢筋质量不小于100kg，每盘由一根组成，CRB650及以上牌号钢筋不得有焊接接头。钢筋表面不得有裂纹、折叠、结疤、油污及其他影响使用的缺陷。表面不得有锈皮及肉眼可见的麻坑等腐蚀现象。钢筋应轧上明显的级别标志。

冷轧带肋钢筋具有以下优点。

(1) 强度高、塑性好，综合力学性能优良。抗拉强度大于550MPa，伸长率可大于4%。

(2) 握裹力强。混凝土对冷轧带肋钢筋的握裹力为同直径冷拔钢丝的3～6倍。同时由于塑性较好，大大提高了构件的整体强度和抗震能力。

(3) 节约钢材，降低成本。以冷轧带肋钢筋代替Ⅰ级钢筋用于普通钢筋混凝土构件（如现浇楼板），可节约钢材30%以上。

(4) 提高构件整体质量，改善构件的延性，避免"抽丝"现象。用冷轧带肋钢筋制作的预应力空心楼板，其强度、抗裂度均明显优于用冷拔低碳钢丝制作的构件。

根据行业标准《冷轧带肋钢筋混凝土结构技术规程》（JGJ 95—2003），钢筋混凝土结构及预应力混凝土结构中的冷轧带肋钢筋，可按下列规定选用：CRB550钢筋宜用作钢筋混凝土结构构件中的受力钢筋、钢筋焊接网、箍筋、构造钢筋以及预应力混凝土结构中的非预应力钢筋。CRB650及以上牌号钢筋宜用作预应力混凝土结构构件中的预应力主筋。

（三）预应力混凝土用钢棒

根据国家标准《预应力混凝土用钢棒》（GB/T 5223.3—2005），预应力混凝土用钢棒（代号PCB，英文Prestressed Concrete steel Bar）是用低合金钢热轧圆盘条经冷加工后（或不经冷加工）淬火和回火所得。按钢棒表面形状分为光圆钢棒（代号P，英文Plain bar）、螺旋槽钢棒（代号HG，英文Helical Grooved bar）、螺旋肋钢棒（代号HR，英文Helical Ribbed bar）、带肋钢棒（代号，英文Ribbed bar）四种。

产品标记应含下列内容：预应力钢棒、公称直径、公称抗拉强度、代号、延性级别（延性35或延性25）、松弛（N或L）、标准号。例如：公称直径为9mm，公称抗拉强度为1420MPa，35级延性，低松弛预应力混凝土用螺旋槽钢棒，其标记为：PCB9-1420-35-L-HG-GB/T5223.3—2005。

预应力混凝土用钢棒的公称直径、横截面积及性能应符合表6-8的要求，伸长特性应符合表6-9的要求。

表6-8 预应力混凝土用钢棒的公称直径、横截面积及性能（GB/T 5223.3—2005）

表面形状类型	公称直径 D_n (mm)	公称横截面积 S_n (mm²)	横截面积 S (mm²) 最小	横截面积 S (mm²) 最大	每米参考重量 (g·m⁻¹)	抗拉强度 R_m (MPa) 不小于	规定非比例延伸强度 $R_{p0.2}$ (MPa) 不小于	弯曲性能 性能要求	弯曲性能 弯曲半径 (mm)
光圆(P)	6	28.3	26.8	29.0	222			反复弯曲不小于4次（180°）	15
	7	38.5	36.3	39.5	302				20
	8	50.3	47.5	51.5	394				20
	10	78.5	74.1	80.4	616				25
	11	95.0	93.1	97.4	746			弯曲160°~180°后弯曲处无裂纹	弯芯直径为钢棒公称直径的10倍
	12	113	106.8	115.8	887				
	13	133	130.3	136.3	1044				
	14	154	145.6	157.8	1209				
	16	201	190.2	206.0	1578				
螺旋槽(HG)	7.1	40	39.0	41.7	314	对所有规格钢棒 1080 1230 1420 1570	对所有规格钢棒 930 1080 1280 1420	—	
	9	64	62.4	66.5	502				
	10.7	90	87.5	93.6	707				
	12.6	125	121.5	129.9	981				
螺旋肋(HR)	6	28.3	26.8	29.0	222			反复弯曲不小于4次（180°）	15
	7	38.5	36.3	39.5	302				20
	8	50.3	47.5	51.5	394				20
	10	78.5	74.1	80.4	616				25
	12	113	106.8	115.8	888			弯曲160°~180°后弯曲处无裂纹	弯芯直径为钢棒公称直径的10倍
	14	154	145.6	157.8	1209				
带肋(R)	6	28.3	26.8	29.0	222			—	
	8	50.3	47.5	51.5	394				
	10	78.5	74.1	80.4	616				
	12	113	106.8	115.8	887				
	14	154	145.6	157.8	1209				
	16	201	190.2	206.0	1578				

表 6-9 预应力混凝土用钢棒的伸长特性要求

延性级别	最大力总伸长率 A_{gt} (%)	断后伸长率 ($L_0=8d_n$) A (%) 不小于
延性 35	3.5	7.0
延性 25	2.5	5.0

注 1. 日常检验可用断后伸长率,仲裁试验以最大力总伸长率为准。
   2. 最大力伸长率标距 $L_0=200mm$。
   3. 断后伸长率标距 L_0 为钢棒公称直径的 8 倍,$L_0=8d_n$。

预应力混凝土用钢棒的优点是:强度高,可代替高强钢丝使用;配筋根数少,节约钢材;锚固性好,不易打滑,预应力值稳定;施工简便,开盘后钢筋自然伸直,不需调直及焊接。主要用于预应力钢筋混凝土轨枕,也用于预应力梁、板结构及吊车梁等。

(四) 预应力混凝土用钢丝及钢绞线

大型预应力混凝土构件,由于受力很大,常采用高强度钢丝或钢绞线作为主要受力筋。预应力混凝土用钢丝是以优质碳素结构钢盘条,经淬火、回火等调质处理后,再经冷加工制得的钢丝,此称冷拉钢丝。钢绞线则由数根冷拉钢丝捻制而成。

1. 钢丝

根据《预应力混凝土用钢丝》(GB/T 5223—2002) 规定,预应力混凝土用钢丝按加工状态分为冷拉钢丝(代号为 WCD)和消除应力钢丝两种。消除应力钢丝按松弛性能又分为低松弛级钢丝(代号为 WLC)和普通松弛级钢丝(代号为 WNR);按外形分为光圆钢丝(代号为 P)、螺旋肋钢丝(代号为 H)和刻痕钢丝(代号为 I)三种。冷拉钢丝力学性能见表 6-10,消除应力光圆及螺旋带肋钢丝力学性能见表 6-11,消除应力刻痕钢丝力学性能见表 6-12。弹性模量为 (205±10) GPa。

钢丝的产品标记是由预应力钢丝、公称直径、抗拉强度等级、加工状态代号、外形代号、标准号六部分组成,如:预应力钢丝 7.00-1570-WLR-H-GB/T5223—2002。

预应力混凝土用钢丝具有强度高、柔性好、无接头等优点。施工简便,不需冷拉、焊接接头等加工,而且质量稳定、安全可靠。主要用于大跨度预应力混凝土屋架及薄腹梁、大跨度吊车梁、桥梁、电杆、轨枕等的预应力钢筋。

表 6-10 冷拉钢丝的力学性能

公称直径 (mm)	抗拉强度 σ_b (MPa) 不小于	规定非比例伸长应力 $\sigma_{b0.2}$ (MPa) 不小于	最大力总伸长率 ($L_0=200mm$) δ_{gt} (%) 不小于	弯曲次数 (次/180°) 不小于	弯曲半径 R (mm)	断面收缩率 ψ (%) 不小于	每 210mm 扭矩的扭转次数 n 不小于	初始应力为 70% 公称抗拉强度时,1000h 后应力松弛率 r (%) 不小于
3.00	1470	1100	1.5	4	7.5	35	—	8
	1570	1180						
4.00	1670	1250		4	10		8	
5.00	1770	1330		4	15		8	
6.00	1470	1100		5	15	30	7	
7.00	1570	1180		5	20		6	
	1670	1250						
8.00	1770	1330		5	20		5	

表6-11　　消除应力光圆及螺旋肋钢丝的力学性能

公称直径 (mm)	抗拉强度 σ_b (MPa) 不小于	规定非比例伸长应力 $\sigma_{b0.2}$ (MPa) 不小于		最大力总伸长率 ($L_0=200mm$) δ_{gt} (%) 不小于	弯曲次数 (次/180°) 不小于	弯曲半径 R (mm)	应力松弛性能		
		WLR	WNR				初始应力相当于公称抗拉强度的百分数 (%)	1000h后应力松弛率 r (%) 不大于	
								WLR	WNR
4.00	1470	1290	1250		3	10			
4.80	1570	1380	1330						
5.00	1670	1470	1410		4	15	60	1.0	4.5
	1770	1560	1500						
	1860	1640	1580						
6.00	1470	1290	1250	3.5	4	15			
6.25	1570	1380	1330		4	20	70	2.0	8
7.00	1670	1470	1410		4	20			
	1770	1560	1500						
8.00	1470	1290	1250		4	20			
9.00	1570	1380	1330		4	25	80	4.5	12
10.00	1470	1290	1250		4	25			
12.00					4	30			

表6-12　　消除应力刻痕钢丝的力学性能

公称直径 (mm)	抗拉强度 σ_b (MPa) 不小于	规定非比例伸长应力 $\sigma_{b0.2}$ (MPa) 不小于		最大力总伸长率 ($L_0=200mm$) δ_{gt} (%) 不小于	弯曲次数 (次/180°) 不小于	弯曲半径 R (mm)	应力松弛性能		
		WLR	WNR				初始应力相当于公称抗拉强度的百分数 (%)	1000h后应力松弛率 r (%) 不大于	
								WLR	WNR
≤5.0	1470	1290	1250			15	60	1.5	4.5
	1570	1380	1330						
	1670	1470	1410	3.5	3				
	1770	1560	1500						
	1860	1640	1580				70	2.5	8
>5.0	1470	1290	1250			20	80	4.5	12
	1570	1380	1330						
	1670	1470	1410						
	1770	1560	1500						

2. 钢绞线

根据《预应力混凝土用钢绞线》(GB/T 5224—2003)的规定：钢绞线按结构分为5类：用两根冷拉钢丝捻制的钢绞线（代号为1×2），用三根钢丝捻制的钢绞线（代号为1×3），用三根刻痕钢丝捻制的钢绞线（代号为1×31），用七根钢丝捻制的标准型钢绞线

（代号为 1×7），用七根钢丝捻制又经模拔的钢绞线［代号为（1×7）C］。整根钢绞线的最大拉力可达 384kN 以上，规定非比例延伸力值不小于整根钢绞线公称最大拉力的 90%。

预应力混凝土用钢绞线的产品标记是由预应力钢绞线、结构代号、公称直径、强度级别、标准号五部分组成，如预应力钢绞线 1×7-15.20-1860-GB/T 5224—2003。

钢绞线主要用于大跨度、大负荷的后张法预应力混凝土屋架、桥梁和薄腹梁等结构的预应力钢筋。

第七节 钢材的锈蚀与防止

一、钢材的锈蚀

钢材的锈蚀是指其表面与周围介质发生化学反应或电化学作用而遭到破坏。还未投入使用的钢材若发生锈蚀，不仅使有效截面积减小、降低使用范围甚至报废，而且使用前还需除锈，增加应用成本。

在钢结构中，如果钢材发生锈蚀，其结构构件抵抗外荷载的截面积会减小，且因局部锈坑的产生，可造成应力集中，严重会导致结构局部失稳或影响使用，还有可能导致结构承载力下降引起工程事故。尤其在有反复荷载作用的情况下，将产生锈蚀疲劳现象，使疲劳强度大为降低，出现脆性断裂。

混凝土结构中若钢筋锈蚀，锈蚀膨胀会导致混凝土胀裂，削弱混凝土对钢筋的握裹力，影响结构耐久性，使得结构承载能力降低甚至破坏。

根据锈蚀作用的机理，钢材的锈蚀可分为化学锈蚀和电化学锈蚀两种。

1. 化学锈蚀

化学锈蚀是指钢材直接与周围介质发生化学反应而产生的锈蚀。这种锈蚀多数是氧化作用，使钢材表面形成疏松的氧化物。在常温下，钢材表面能形成一薄层氧化保护膜 FeO，可以防止钢材进一步锈蚀，故在干燥环境下，钢材锈蚀进展缓慢，但在温度和湿度提高的情况下，这种锈蚀进展加快。

2. 电化学锈蚀

电化学锈蚀是指钢材与电解质溶液接触而产生电流，形成微电池而引起的锈蚀。潮湿环境中的钢材表面会被一层电解质水膜所覆盖，而钢材是由铁素体、渗碳体及游离石墨等多种成分组成，由于这些成分的电极电位不同，首先，钢的表面层在电解质溶液中构成以铁素体为阳极，以渗碳体为阴极的微电池。在阳极，铁失去电子成为 Fe_2^+ 进入水膜，在阴极，溶于水膜中的氧被还原生成 OH^-，随后两者结合生成不溶于水的 $Fe(OH)_2$，并进一步氧化成为疏松易剥落的红棕色铁锈 $Fe(OH)_3$。由于铁素体基体的逐渐锈蚀，钢组织中的渗碳体等暴露出来的越来越多，形成的微电池数目也越来越多，钢材的锈蚀速度愈益加速。

电化学锈蚀是建筑钢材在存放和使用中发生锈蚀的主要形式。影响钢材锈蚀的主要因素是水、氧及介质中所含的酸、碱、盐等。另外，钢材本身的组织和化学成分对锈蚀也有影响。

埋于混凝土中的钢筋，因为混凝土的碱性（普通混凝土的 pH 值为 12 左右）环境，使之形成一层碱性保护膜，有阻止锈蚀继续发展的能力，故混凝土中的钢筋一般不致锈蚀。

二、钢材锈蚀防治的措施

钢结构防止锈蚀的方法通常是采用表面刷漆。常用底漆有红丹、环氧富锌漆、铁红环氧底漆等。面漆有调和漆、醇酸磁漆、酚醛磁漆等。薄壁钢材可采用热浸镀锌等措施。

混凝土配筋的防锈措施，根据结构的性质和所处环境条件等，主要是保证混凝土的密实度、保证足够的保护层厚度、限制氯盐外加剂的掺加量和保证混凝土一定的碱度等。还可掺用阻锈剂。

对于预应力钢筋，一般含碳量较高，又多系经过变形加工或冷加工，因而对锈蚀破坏较敏感，特别是高强度热处理钢筋，容易产生应力锈蚀现象。故重要的预应力承重结构，除禁止掺用氯盐外，应对原材料进行严格检验。钢材的组织及化学成分是引起钢材锈蚀的内因。通过调整钢的基本组织或加入某些合金元素，可有效地提高钢材的抗腐蚀能力。例如，炼钢时在钢中加入铬、镍、钛等合金元素，可制得不锈钢。

第八节 建筑装饰用钢材制品

随着钢的冶炼和加工技术的进步、社会经济的发展，装饰用钢材制品发展迅速。目前，应用较广泛的钢制品主要有：不锈钢装饰制品、彩色涂层钢板和轻钢龙骨等。

一、不锈钢装饰制品

不锈钢是以铬（Cr）为主加元素的合金钢，铬含量越高，钢的抗腐蚀性越好。除铬外，不锈钢中还含有镍（Ni）、锰（Mn）、钛（Ti）、硅（Si）等元素，这些元素对不锈钢的强度、塑性、韧性和耐蚀性等技术性能都有影响。

不锈钢之所以具有较高的抗锈蚀能力，是由于铬的性质比铁活泼，在不锈钢中，铬首先与环境中的氧化合，生成一层与钢基体牢固结合的致密的氧化膜层，称作钝化膜，它能很好地保护合金钢，使之不致锈蚀。不锈钢按其化学成分可分为铬不锈钢、铬镍不锈钢和高锰低铬不锈钢等几类。按不同耐腐蚀特点，又可分为普通不锈钢（简称不锈钢）和耐酸钢两类。常用的不锈钢有40多个品种，其中建筑装饰用不锈钢主要有0Cr13和1Cr17Ti铁素体不锈钢及0Cr18Ni9和1Cr18Ni9Ti奥氏体不锈钢等几种。

建筑装饰用不锈钢制品主要是薄钢板和不锈钢管件，其中厚度小于1mm的薄钢板用得最多。薄钢板常用冷轧钢板厚度为0.2~2.0mm，宽度为500~1000mm，长度1000~2000mm成品卷装供应。不锈钢薄钢板主要用作包柱、门脸、踢脚等装饰。目前，不锈钢包柱被广泛用于商场、宾馆、餐馆等公共建筑入口、门厅、中厅等处。不锈钢除制成薄钢板外，还可加工成型材、管材及各种异型材，在建筑上可用做屋面、幕墙、隔墙、门、窗、内外墙饰面、栏杆、扶手等。

不锈钢的主要特征是耐腐蚀，而光泽度是其另一重要装饰特性。其独特的金属光泽，经不同的表面加工可形成不同的光泽度，并按此划分成不同等级。高级别的抛光不锈钢，具有镜面玻璃般的反射能力。建筑装饰工程可根据建筑功能要求和具体环境条件进行选用。

二、彩色涂层钢板及钢带

彩色涂层钢板和钢带是在金属带材表面涂以各类有机涂层而成。国标《彩色涂层钢板及钢带》(GB/T 12754—2006) 规定了彩色涂层钢板及钢带的分类及性能要求。

彩色涂层钢板及钢带发挥了金属材料和有机材料各自的特点，不仅具有良好的加工性，可切、弯、钻、铆、卷等，而且色彩、花纹多样，涂层附着力强，耐久性好。

彩色涂层钢板可用于各类建筑的内外墙装饰板、吊顶、工业厂房的屋面板和壁板等。

三、建筑用压型钢板

使用冷轧板、镀锌板、彩色涂层板等不同类别的薄钢板，经辊压、冷弯而成，其截面呈 V 形、U 形、梯形或类似形状的波形，称之为建筑用压型钢板（简称压型板）。

《建筑用压型钢板》(GB/T 12755—2008) 规定了压型板的规格型号和质量要求。按照用途分屋面用板、墙面用板与楼盖用板三类。其型号由压型代号、用途代号与板型代号组成。

压型（代号 Y），用途代号：屋面板（代号 W），墙面板（代号 Q），楼盖用板（代号 L），板型特征代号由压型钢板的波高尺寸 (mm) 与覆盖宽度 (mm) 组合表示。

如：波高 51mm、覆盖宽度 760mm 的屋面用压型钢板，代号 YW51-760；

波高 35mm、覆盖宽度 750mm 的墙面用压型钢板，代号 YQ35-750；

波高 50mm、覆盖宽度 600mm 的楼盖用压型钢板，代号 YL50-600。

压型板具有质量轻（板厚 0.5～0.8mm）、波纹平直坚挺、色彩鲜艳丰富、造型美观大方、耐久性好、抗震性高、加工简单、施工方便等特点，适用于工业与民用建筑及公共建筑的内外墙、屋面、吊顶等的装饰及作为轻质夹芯板材的面板等。

四、轻钢龙骨

建筑用轻钢龙骨（简称龙骨）是以连续热镀锌钢板（带）或以连续热镀锌钢板（带）为基材的彩色涂层钢板（带）作原料，采用冷弯工艺生产的薄壁型钢。它具有强度大，通用性强，耐火性好，安装简易等优点，可装配各种类型的石膏板、钙塑板、吸音板等饰面材料，是室内吊顶装饰和轻质板材隔断的龙骨支架。

轻钢龙骨断面形状有 U 形、C 形、T 形、L 形、H 形及 V 形等。吊顶龙骨代号 D，墙体龙骨代号 Q。吊顶龙骨分主龙骨、次龙骨和边龙骨等。主龙骨也叫承重龙骨，次龙骨也叫覆面龙骨。墙体龙骨分竖龙骨、横龙骨和通贯龙骨等。

国家标准《建筑用轻钢龙骨》(GB/T 11981—2008) 对轻钢龙骨的产品标记、技术要求、试验方法和检验规则等均作了具体规定。产品标记顺序为：产品名称、代号、断面形状的宽度、高度、钢板带厚度和标准号，例如，断面形状为 U 形，宽度为 50 mm，高度为 15 mm，钢板带厚度为 1.2 mm 的吊顶承载龙骨标记为：建筑用轻钢龙骨 DU50×15×1.2 GB/T 11981—2008。技术要求包括外观质量、表面防锈、形状、尺寸和力学性能等。

第九节 铝和铝合金

铝金属的颜色为银白色，属于有色金属。作为化学元素，铝在地壳组成中的含量仅次于氧和硅，含量排第三位，约占 8.13%。2009 年，我国的电解铝产量为 1298.5 万 t，

2010年的产量增加到1565万t，2011年则达到1755.5万t。

一、铝的冶炼及其特性

（一）铝的冶炼

铝在自然界中以化合物状态存在。炼铝的主要原料是铝矾土，其主要成分为一水铝（$Al_2O_3 \cdot H_2O$）和三水铝（$Al_2O_3 \cdot 3H_2O$），另外还含少量氧化铁、石英和硅酸盐等，其中三氧化二铝（Al_2O_3）含量高达47%~65%。

铝的冶炼主要过程是先从铝矿石中提炼出三氧化二铝（Al_2O_3），提炼氧化铝的方法主要有电热法、酸法和碱法三种。然后再由氧化铝（Al_2O_3）通过电解得到金属铝。电解铝就是通过电解得到铝，一般采用熔盐电解法，主要电解质为水晶石（Na_2AlF_6），并加入少量的氟化钠、氟化铝，以调节电解液成分，熔融冰晶石是溶剂，氧化铝作为溶质，以碳素体作为阳极，铝液作为阴极，通入强大的直流电后，在950~970℃下，在电解槽内的两极上进行电化学反应。电解出来的铝尚含有少量铁、硫等杂质，为了提高品质再用反射炉进行提纯，在730~740℃下保持6~8h使其再熔融，分离出杂质，然后把铝液浇入铸锭制成铝锭。高纯度铝的纯度可达99.996%，普通纯铝的纯度在99.5%以上。

（二）纯铝的特性

铝属于有色金属中的轻金属，密度为$2.7g/cm^3$，是钢的1/3。铝的熔点低，为660℃。铝的导电性和导热性均很好。

铝的化学性质很活泼，它和氧的亲和力很强，在空气中表面容易生成一层氧化铝薄膜，起保护作用，因此铝制品具有一定耐腐蚀性。但由于自然生成的氧化铝膜层很薄（一般小于$0.1\mu m$），因而其耐蚀性亦有限，纯铝不能与卤属元素接触，不耐碱，也不耐强酸。铝的电极电位较低，如与电极电位高的金属接触并且有电解质存在时，会形成微电池，产生电化学腐蚀。所以用于铝合金门窗等铝制品的连接件应采用不锈钢件。

固态铝呈面心立方晶格，具有很好的塑性（伸长率$\delta=40\%$），易于加工成型。但纯铝的强度和硬度很低，不能满足使用要求，故工程中不用纯铝制品。

二、铝合金及其特性

在生产实践中，人们发现，向熔融的铝中加入适量的某些合金元素制成铝合金，再经冷加工或热处理，可以大幅度地提高其强度，甚至极限抗拉强度可高达400~500MPa，相近于低合金钢的强度。铝中最常加入的合金元素有铜（Cu）、镁（Mg）、硅（Si）、锰（Mn）、锌（Zn）等，这些元素有时单独加入，有时配合加入，从而制得各种各样的铝合金。铝合金克服了纯铝强度和硬度过低的不足，又仍能保持铝的轻质、耐腐蚀、易加工等优良性能，故在建筑工程中尤其在装饰领域中应用越来越广泛。表6-13为铝合金与碳素钢性能的比较，由表可知，铝合金的弹性模量约为钢的1/3，而其比强度却为钢的2倍以上。由于弹性模量低，铝合金的刚度和承受弯曲的能力较小。铝合金的线胀系数约为钢的2倍，但因其弹性模量小，由温度变化引起的内应力并不大。

三、铝合金的分类

根据铝合金的成分及生产工艺特点，通常将其分为变形铝合金和铸造铝合金两类。变形铝合金按照性能特点和用途分为防锈铝、硬铝、超硬铝和锻铝四种。防锈铝属于不能热处理强化的铝合金，硬铝、超硬铝、锻铝属于可热处理强化的铝合金。防锈铝用"LF"

表 6-13　　　　　　　　　　　　铝合金与碳素钢性能比

项　目	铝合金	碳素钢
密度 ρ (g·cm^{-3})	2.7~2.9	7.8
弹性模量 E (MPa)	6.3~8.0×10^3	2.1~2.2×10^5
屈服点 σ_s (MPa)	210~500	210~600
抗拉强度 σ_b (MPa)	380~550	320~800
比强度 σ_s/ρ (MPa)	73~190	27~77
比强度 σ_b/ρ (MPa)	140~220	41~98

和跟其后面的顺序号表示，"LF"是"铝防"二字的汉语拼音字首。硬铝、超硬铝、锻铝分别用"LY"（铝硬）、"LC"（铝超）、"LD"（铝锻）和后面的顺序号来表示。如"LF5"表示 5 号防锈铝 LY11 表示 11 号硬铝，LC4 表示 4 号超硬铝，LD8 表示 8 号锻铝，余类推。

铸造铝合金按加入的主要合金元素的不同，分为 Al-Si 系、Al-Cu 系、Al-Mg 系和 Al-Zn 系四种合金。合金牌号用"铸铝"二字汉语拼音字母的首个字母"ZL"后跟三位数字表示。第一位数字表示合金系列：1 为 Al-Si 系合金；2 为 Al-Cu 系合金；3 为 Al-Mg 系合金；4 为 Al-Zn 系合金。第二、三位数表示合金的顺序号。如 ZL201 表示 1 号铝铜系铸造铝合金，ZL107 表示 7 号铝硅系铸造铝合金。

四、铝合金建筑型材

（一）铝合金型材的生产

建筑铝合金型材的生产有挤压法和轧制法两种，目前国内外绝大多数采用挤压法，只有在生产批量较大、尺寸和表面要求较低的中、小规格棒材及断面形状简单的型材时才采用轧制法。挤压工艺按被挤压金属相对于挤压轴的运动方向不同，分为正挤压和反挤压两种，目前建筑铝型材的生产大多为正挤压法。挤压时，将铸锭放入挤压筒中，在挤压轴的压力作用下，使铝材通过模孔而挤出，则可制得与模孔尺寸和形状相同的制品。

（二）铝合金建筑型材的表面处理

由于铝材表面的自然氧化膜很薄而耐腐蚀性有限，为了提高铝材的抗蚀性，需要对其进行表面处理。目前铝合金表面处理技术主要有阳极氧化、电泳技术、喷塑技术等几种，其中最耐久的是金属氧化技术，但由于他的颜色只有古铜色和铝合金本色两种，因此在氧化处理的同时，常又进行表面着色处理，以增加铝合金制品的外观美。表面处理后还需进行封孔处理。标准《铝合金建筑型材第 2 部分：阳极氧化、着色型材》（GB 5237.2—2004）规定，阳极氧化、着色铝合金建筑型材的表面处理方式有：阳极氧化（银白色），阳极氧化加电解着色和阳极氧化加有机着色。《铝合金建筑型材第 3 部分：电泳涂漆型材》（GB 5237.3—2004）规定，电泳涂漆铝合金建筑型材的表面处理方式有：阳极氧化加电泳涂漆和阳极氧化、电解着色加电泳涂漆。

阳极氧化处理是通过控制氧化条件及工艺参数，使在经过预处理的铝材表面形成比自然氧化膜（小于 0.1μm）厚得多的氧化膜层（10~25μm）。阳极氧化膜是铝合金建筑型材的主要质量特性之一，膜厚会影响到型材的耐蚀性、耐磨性、耐候性，影响型材的使用寿命，因而在不同环境下使用的铝合金型材应采用不同厚度的氧化膜。

铝合金建筑型材还有以热固性饱和聚酯粉末作涂层（简称喷粉型材）和以聚偏二氟乙烯漆作涂层（简称喷漆型材）的表面处理方法。基材喷涂前，其表面应进行预处理，以提高基体与涂层的附着力。化学转化膜应有一定的厚度，当采用铬化处理时，铬化转化膜的厚度应控制在 200～1300mg/m² 范围内（用重量法测定）。喷漆型材的涂层有二涂层（底漆加面漆）、三涂层（底漆、面漆加清漆）和四涂层（底漆、阻挡漆、面漆加清漆）三种。标准 GB 5237.4—2004 和 GB 5237.5—2004 分别规定了粉末静电喷涂和氟碳漆喷涂铝合金建筑型材的要求、试验方法、检验规则等。

五、常用建筑铝合金制品

（一）铝合金门窗

铝合金门窗是将按特定要求成型并经表面处理的铝合金型材，经下料、打孔、铣槽、攻丝等加工，制得门窗框料构件，再加连接件、密封件、开闭五金件等一起组合装配而成。

国家标准《铝合金门》（GB/T 8478—2003）和《铝合金窗》（GB/T 8479—2003）具体规定了铝合金门窗的分类、规格、代号、要求、试验方法、检验规则等。

按开启形式不同，铝合金门分折叠（代号 Z）、平开（P）、推拉（T）、地弹簧（DH）和平开下悬（PX）等 5 种。铝合金窗分固定（代号 G）、上悬（S）、中（C）、下悬（X）、立转（L）、平开（P）、滑轴平开（HP）、滑轴（H）、推拉（T）、推拉平开（TP）和平开下悬（PX）等 11 种。

按性能铝合金门窗分普通型、隔声型和保温型三种。

对铝合金门窗的性能要求主要有：

(1) 抗风压性 关闭着的外门窗在风压作用下，不发生损坏和功能障碍的能力。根据《建筑外窗抗风压性能分级及其检测方法》（GB/T 7106—2002）进行检测。

(2) 水密性。关闭着的外门窗在风雨同时作用下，阻止雨水渗漏的能力。根据《建筑外窗雨水渗漏性能分级及其检测方法》（GB/T 7108—2002）进行检测。

(3) 气密性。关闭着的外门窗阻止空气渗透的能力，以单位缝长空气渗透量表示，即外门窗在标准状态下，单位时间通过单位缝长的空气量，单位为 $m^3/(m \cdot h)$。根据《建筑外窗空气渗透性能分级及其检测方法》（GB/T 7107—2002）进行检测。

(4) 保温性。在门或窗户两侧存在空气温差条件下，门或窗户阻抗从高温一侧向低温一侧传热的能力。门或窗户保温性能用其传热系数或传热阻表示。传热系数（K_0）指在稳定传热条件下，门或窗户两侧空气温差为 1K（绝对温度），单位时间内通过单位面积的传热量 $[W/(m^2 \cdot K)]$。根据《建筑外窗保温性能分级及其检测方法》（GB/T 8484—2002）进行检测。

(5) 隔声性。铝合金门窗的隔声性能常用隔声量（dB）表示。它必须在音响试验室内对其进行音响透过损失试验。根据《建筑外窗空气声隔声性能分级及其检测方法》（GB/T 8485—2002）进行检测。

建筑用门的性能应根据建筑物所在地区的地理、气候、周围环境以及建筑物的高度、体型、重要性等进行选定。

(二) 铝合金装饰板

用于装饰工程的铝合金板,其品种和规格很多。按表面处理方法分有阳极氧化处理及喷涂处理装饰板两种。按常用色彩分有银白色、古铜色、金色、红色、蓝色等。按几何尺寸分有条形板和方形板,条形板的宽度多为 80～100mm,厚度为 0.5～1.5mm,长度 6.0m 左右。按装饰效果分,则有铝合金花纹板、铝合金波纹板、铝合金压型板、铝合金浅花纹板、铝合金冲孔板等。

(1) 铝合金压型板。铝合金压型板是目前应用十分广泛的一种新型铝合金装饰材料,它具有质量轻、外形美观、耐久性好、安装方便等优点,通过表面处理可获得各种色彩。主要用于屋面和墙面等。

(2) 铝合金花纹板。铝合金花纹板是采用防锈铝合金等坯料,用特制的花纹轧辊轧制而成。花纹美观大方,筋高适中、不易磨损、防滑性能好,防腐蚀性能强,便于冲洗。通过表面处理可得到各种颜色。广泛用于公共建筑的墙面装饰、楼梯踏板等处。

复习思考题

6-1 含碳量对热轧碳素钢性质有何影响?

6-2 钢材中的有害化学元素主要有哪些?它们对钢材的性能各有何影响?

6-3 钢材基本的热处理工艺有哪几种?它们对钢材的性能各有何影响?

6-4 影响钢材焊接性能的主要因素及如何评价钢材的可焊性。

6-5 钢材焊后热处理的目的及主要处理方法。

6-6 碳素结构钢的牌号由小到大,钢的含碳量、有害杂质、性能如何变化?

6-7 简述钢筋混凝土用钢的主要种类、等级及适用范围。

6-8 简述钢材锈蚀的原因、主要类型及防锈措施。

6-9 简述建筑工程中选用钢材的原则及选用沸腾钢须注意哪些条件。

6-10 热轧带肋钢筋 HRBF400 牌号的含义。

6-11 低合金高强度结构钢被广泛应用的原因是什么?

6-12 画出低碳钢拉伸时的应力—应变图,指出其中重要参数及其意义。

6-13 钢的伸长率如何表示?冷弯性能如何评定?

6-14 符号 $\sigma_{0.2}$,δ_5,δ_{10},α_k 表示的意义分别是什么?

6-15 15MnV 表示什么?Q295-B、Q345-E 属于何种结构钢?

6-16 直径为 16mm 的钢筋,截取两根试样作拉伸试验,达到屈服点的荷载分别为 72.3kN 和 72.2kN,拉断时的荷载分别为 104.5kN 和 108.5kN。试件标距长度为 80.0mm,拉断后的标距长度分别为 96.0mm 和 94.4mm。问该钢筋属何牌号?

6-17 简述铝合金的分类。建筑工程中常用的铝合金制品有哪些?其主要技术性能如何?

6-18 铝合金可进行哪些表面处理?铝合金型材为什么必须进行表面处理?

第七章 沥青及沥青混合料

沥青与沥青混合料是土木工程建设中不可缺少的建筑材料,在建筑、公路、桥梁和防水工程中有着广泛的应用,主要应用于沥青路面铺设、机场道面和生产防水材料等。采用沥青作胶结料的沥青混合料已成为高等级路面的主要材料,也可用于防潮、防水、防腐蚀材料和铺筑道路路面等,可分层加厚且易于修补,但也存在着易老化和感温性差等缺点。

第一节 沥青材料

沥青是一种褐色或黑褐色的有机胶凝材料,是由一些极其复杂的高分子碳氢化合物及其非金属(如氧、硫、氮等)衍生物组成的混合物,能溶于二硫化碳等有机溶剂中。沥青按产源可分为地沥青(包括天然沥青、石油沥青)和焦油沥青(包括煤沥青、页岩沥青等)。目前工程中常用的主要是石油沥青。

一、石油沥青

石油沥青是由石油原油经蒸馏提炼出各种轻质油(如汽油、柴油等)及润滑油以后的残留物,再经过加工而得的产品,在常温下呈固体、半固体或黏性液体。建筑上主要使用的是由建筑石油沥青制成的各种防水制品,有时现场也直接使用部分石油沥青。道路工程使用的主要是道路石油沥青。

(一)石油沥青的工艺与类别

石油原油经常压 250~275℃ 蒸馏后得到常压渣油,再经减压 275~330℃ 蒸馏后得到减压渣油,这些渣油都属于低标号的慢凝液体沥青。

为提高沥青的稠度,以慢凝液体沥青为原料,可以采用再减压工艺、氧化工艺或溶剂脱沥青油工艺,从而得到直蒸馏沥青、氧化沥青和溶剂沥青,这些沥青都属于黏稠沥青。

在黏稠沥青中掺加煤油或汽油等挥发速度较快的溶剂作稀释剂,可得到中凝液体沥青或快凝液体沥青。

将硬的沥青与软的沥青(黏稠沥青或慢凝液体沥青)以适当比例调配,称为调和沥青。按照比例不同所得成品可以是黏稠沥青,也可以是慢凝液体沥青。

将沥青分散于有乳化剂的水中而形成沥青乳液,这种乳液亦称为乳化沥青。

为发挥石油沥青和煤沥青各自的优点,选择适当比例混合而成一种稳定的胶体,称为混合沥青。

(二)石油沥青的组成

由于沥青的化学组成复杂,且受目前分析技术的限制,还不能将沥青分离为纯粹的化合物单体,因此一般不作沥青的化学分析。通常从使用角度出发,将沥青中按化学成分及性质接近、并与物理力学性质有一定关系的成分划分为若干个组,这些组就称为"组分"。工程上通常把石油沥青划分为油分、树脂(沥青脂胶)和沥青质(地沥青质)三大组分,即三组分分析法，见表7-1。

表7-1　　　　　　　　　　　石油沥青三组分分类特性

组分名称	颜色	状态	密度（g/cm³）	分子量	含量（%）	特点	作用
油分	无色至浅黄色	液体	0.7~1.0	300~500	45~60	溶于苯等有机溶剂，不溶于酒精	含量多时，使沥青流动性增大，温度稳定性差
树脂	黄色至黑褐色	黏稠状半固体	1.0~1.1	600~1000	15~30	溶于汽油等有机溶剂，难溶于酒精和丙酮	赋予沥青以良好的黏结性、塑性和流动性
沥青质	深褐色至黑色	固体粉末	1.1~1.5	1000~6000	5~30	溶于三氯甲烷、二硫化碳，不溶于酒精	决定沥青温度敏感性和黏性，沥青质含量高，软化点越高，但其塑性降低，硬脆性增加

此外，石油沥青中还含2%~3%的沥青碳和似碳物，为无定形的黑色固体粉末，会降低石油沥青的黏结力。石油沥青中蜡是有害成分，它会降低石油沥青的黏结性和塑性，且使沥青温度稳定性差。可以采用氯盐处理法、高温吹氧法、减压蒸提法和溶剂脱蜡法来处理多蜡石油沥青，改善其性质。

（三）石油沥青的胶体结构

在石油沥青的三组分中，油分和树脂可以互相溶解，树脂能浸润地沥青质，而在地沥青质的超细颗粒表面形成树脂薄膜。这样石油沥青的结构就以沥青质为核心，周围吸附部分树脂和油分形成胶团，无数胶团分散在油分中就构成胶团结构。在这个分散体中，分散相是吸附部分树脂的沥青质，分散介质是溶有树脂的油分。按沥青沥青质含量的多少，胶团结构可分为溶胶型、凝胶型和溶胶凝胶型三种类型。

（1）溶胶结构。沥青质含量较少，胶团间完全没有引力或引力很小，在外力作用下随时间发展的变形特性与黏性液体一样。直馏沥青的结构多为溶胶结构。

（2）凝胶结构。沥青质含量很多，胶团间有引力形成立体网状，沥青质分散在网格之间，在外力作用下弹性效应明显。氧化沥青多属于凝胶结构。

（3）溶胶凝胶结构。介于溶胶与凝胶之间，并有较多的树脂，胶团间有一定吸引力，在常温下受力变形的最初阶段呈现出明显的弹性效应，当变形增加到一定数值后，则变为有阻尼的黏性流动。大部分优质道路沥青均为溶胶凝胶型结构，因其具有黏弹性和触变性，故亦称弹性溶胶。

（四）石油沥青的技术指标

1. 黏滞性

石油沥青的黏滞性又称黏性，它是反映沥青材料内部阻碍其相对流动的一种特性，也可以说它反映了沥青材料软硬、稀稠程度。是划分沥青牌号的主要技术指标。各种石油沥青的黏滞性变化范围很大，黏滞性的大小与其组分及温度有关。当地沥青质含量较高，同时又有适量树脂，而油分含量较少时，则黏滞性较大；在一定温度范围内，当温度升高时，则黏滞性随之降低，反之则增大。

黏滞性应以绝对黏度表示，但因其测定方法较复杂，故工程中常用相对黏度（条件黏度）来表示黏滞性。主要方法是用标准黏度计和针入度仪。针入度一适于黏稠石油沥青的相对黏度测定，而标准黏度计适于液体或比较稀的石油沥青相对黏度测定。

针入度仪测定值用针入度表示，它反映了石油沥青抵抗剪切变形的能力。黏稠石油沥青的针入度是在规定温度（25℃）条件下，以规定质量（100g）的标准针，经历规定时间（5s）贯入试样中的深度表示，以 0.1mm 为单位。针入度值越小，表明黏度越大。

标准黏度是标准黏度计（流杯）的测定值。它是在规定温度（20、25、30、60℃）、规定直径（3、4、5、10mm）的小孔流出 50cm³ 沥青所需的时间，以秒表示，常用符号 $C_{T,d}$ 表示黏滞度。其中 d 为流孔直径（mm），T 为试样温度，流出 50cm³ 沥青的时间 t。

2. 塑性

塑性表示沥青在外力作用下产生变形而不破坏的能力，也是沥青的重要指标之一。石油沥青的塑性与其组分有关，如树脂含量较多，且其他组分含量又适当时，则塑性较大。影响沥青塑性的因素主要有温度和沥青脂层厚度。温度越高、塑性越大。沥青脂层越厚则塑性越高。

沥青在产生裂缝时，也可能由于特有的黏塑性而自行愈合，故塑性也反映了沥青开裂后的自愈能力。沥青之所以能配制成性能良好的柔性防水材料，很大程度上取决于沥青的塑性。沥青的塑性对冲击振动荷载有一定吸收能力，并能减少摩擦时的噪声，因此沥青是一种优良的道路路面材料。

石油沥青塑性常用延度表示，延度愈大则塑性愈好。延度测定是把沥青制成"∞"字形标准试件，在规定温度（25℃）下，以 5mm/min 的速度拉伸，用拉断时的延伸长度来表示，单位用 cm 计。

3. 温度敏感性

温度敏感性是指石油沥青的黏滞性和塑性随温度升降而变化的性能。由于沥青是一种高分子非晶态热塑性物质，故没有一定的熔点。

沥青在外力作用下所发生的变形，实质上是由分子运动产生的，因此，显著地受温度影响。当温度很低时，沥青分子的活化能量很低，整个分子不能自由运动，好像被冻结一样，如同玻璃一样硬脆，称之为"玻璃态"。随着温度升高，沥青分子获得了一定的能量，活动能力增加了，这时在外力作用下，表现出很高的弹性，使沥青处于一种"高弹态"。当温度继续升高时，沥青分子获得了更多的能量，分子运动更加自由，从而分子间发生相对滑动，此时沥青就像液体一样可黏性流动，称"黏流态"。由"玻璃态"到"高弹态"进而变为"黏流态"，反映了沥青的黏滞性和塑性随温度变化而变化。

沥青从高弹态到黏流态并不存在一个固定温度转变点，而是有一很大的转化区间。因此，不得不规定其中某一状态（针入度为 800）作为从高弹态到黏流态的起点，该点的相应温度就称为沥青的软化点，用以表示沥青的温度敏感性。软化点亦为石油沥青的重要技术指标，国内外一般采用"环与球法"测定。它是把沥青试样装入规定尺寸（直径 19.8mm，高 6mm）的铜环内，试样上放置一标准钢球（直径 9.5mm，质量 3.5g），浸入水或甘油中，以规定的速度升温（5℃/min），当沥青软化下垂至规定距离（25.4mm）时的温度即为其软化点，以摄氏度（℃）计。

另外，沥青的脆点是反映温度敏感性的另一个指标，它是指沥青从高弹态转到玻璃态过程中的某一规定状态的相应温度。该指标主要反映沥青的低温变形能力。寒冷地区使用的沥青应考虑沥青的脆点。沥青的软化点愈高，脆点愈低，则沥青的温度敏感性越小。

4. 大气稳定性

大气稳定性是指石油沥青在热、阳光、氧气和潮湿等大气因素的长期综合作用下抵抗老化的性能，也是沥青材料的耐久性。在大气因素的综合作用下，沥青中各组分会不断递变，低分子化合物将逐步转变成高分子物质，即油分和树脂逐渐减少，而沥青质逐渐增多使得沥青的流动性和塑性逐渐减小，硬脆性逐渐增大，直至脆裂，这个过程称为石油沥青的"老化"。所以大气稳定性即为沥青抵抗老化的性能。

石油沥青的大气稳定性的评价指标常以加热蒸发损失百分率和加热前后针入度比来评定。其测定方法是：先测定沥青试样的质量及其针入度，然后将试样置于加热损失试验专用烘箱，在 160℃下加热蒸发 5h，待冷却后再测定质量及针入度。计算出蒸发损失质量占原质量的百分数，称为蒸发损失百分率；测得蒸发后针入度占原针入度的百分数，称为蒸发后针入度比。蒸发损失百分数愈小和蒸发后针入度比愈大，则表示沥青的大气稳定性愈好，即"老化"愈慢。

黏滞性、塑性、温度敏感性和大气稳定性是石油沥青材料的主要性质，前三项是划分石油沥青牌号的依据。此外，为评定沥青的品质和保证施工安全，还应了解石油沥青的溶解度、闪点和燃点等性质。

溶解度是指在三氯甲烷、四氯化碳或苯中溶解的百分率，以表示石油沥青中有效物质的含量，即纯净程度。闪点亦称闪火点，是指加热沥青至挥发出的可燃气体和空气的混合物，在规定条件下与火焰接触，初次闪火的沥青温度。燃点亦称着火点，指加热沥青至挥发的可燃气体和空气的混合物，与火焰接触能持续燃烧 5s 以上时，此时沥青的温度。一般燃点比闪点温度高约 10℃。

（五）石油沥青的技术标准与应用

1. 石油沥青的技术标准

在工程建设中常用的石油沥青按用途可分为分道路石油沥青、建筑石油沥青和普通石油沥青三种，各品种按技术性质划分牌号。各牌号石油沥青的技术指标要求见表 7-2。从表 7-2 可以看出，道路石油沥青、建筑石油沥青和普通石油沥青都是按照针入度指标来划分牌号的。在同一品种石油沥青材料中，牌号愈小，沥青愈硬；牌号愈大，沥青愈软。并且随着牌号增加，沥青的黏性减小（针入度增加），塑性增加（延度增大），而温度敏感性增大（软化点降低）。

2. 石油沥青的品种与应用

在选用沥青材料时，可根据工程类别（建筑、道路、防腐）及当地气候条件、所处工程部位（屋面、地下）等情况来选用不同品种和牌号的沥青。在保证主要性质要求的前提下，尽量选用牌号较高的沥青，以保证沥青油较长的使用年限。

（1）道路石油沥青。

道路石油沥青可按交通量分为重交通道路石油沥青和中、轻交通道路石油沥青。中、轻交通道路石油沥青主要用于一般的道路路面、车间地面等工程。按石油化工行业标准《道路石油沥青》(SH/T 0522—2010)，道路石油沥青分为60号、100号、140号、180号、200号五个牌号，各牌号的技术要求见表7-2。重交通道路石油沥青主要用于一级公路路面、高速公路路面、机场道面及城市道路路面等工程。按国家标准《重交通道路石油沥青》(GB/T 15180—2010)，重交通道路石油沥青分为AH9-30、AH9-50、AH9-70、AH9-90、AH9-110、AH9-130六个牌号。2004年9月，交通行业标准《公路沥青路面施工技术规范》(JTGF 40—2004)统一了道路石油沥青技术要求，按其质量将各牌号（也称标号）道路石油沥青分为A、B、C三级，其中，A级沥青适用于各个等级的公路，适用于任何场合和层次；B级沥青适用于高速公路、一级公路沥青面层及以下层次，二级及二级以下公路的各个层次，还可用作改性沥青、乳化沥青、改性乳化沥青、稀释沥青的基质沥青；C级沥青适用于三级及三级以下公路的各个层次。

表 7-2 各品种石油沥青的技术

质量指标	道路石油沥青（SH/T 0522—2010）					建筑石油沥青（GB/T 494—2010）			防水防潮石油沥青（SH/T 0002—1990）			
	200号	180号	140号	100号	60号	40号	30号	10号	3号	4号	5号	6号
针入度（25℃，100g）(0.1mm)	200~300	150~200	110~150	80~110	50~80	26~50	25~40	10~25	25~45	20~40	20~40	30~50
延度（25℃）(cm)，不小于	20	100	100	90	70	3.5	3	1.5	—	—	—	—
软化点（环球法）(℃)	30~48	35~48	38~51	42~55	45~58	≤60	≤70	≤95	≤85	≤90	≤100	95
针入度指数，不小于			—				—		3	4	5	6
溶解度（三氯乙烯、三氯甲烷或苯）(%)，不小于			99				99		98	98	95	92
蒸发损失，(160℃，5h)(%)，不小于			1				1			1		
蒸发后针入度比(%)，不小于	50	60	60	65	70		65					
闪点（开口）(℃)，不低于	180	200	230	267	—		260		250		270	
脆点（℃），不高于	—	—	—	—	—		报告		-5	-10	-15	-20

道路石油沥青一般可拌制成沥青混凝土、沥青拌和料或沥青砂浆等使用。沥青路面采用的沥青标号，宜按公路等级、气候条件、交通条件、路面类型及在结构层中的层位及受力特点、施工方法，结合当地的使用经验，并经技术论证后确定。

道路石油沥青还可作密封材料、黏结剂及沥青涂料等。

(2) 建筑石油沥青。

建筑石油沥青（GB/T 494—2010）系天然原油的减压渣油经氧化而成，按针入度不同分为 10 号、30 号、40 号三个牌号（见表 7-2）。建筑石油沥青针入度小（黏性大），软化点较高（耐热性较好），但延伸度较小（塑性小），主要用作制造油毡、油纸、防水涂料和沥青胶。它们绝大部分用于屋面及地下防水、沟槽防水防腐蚀及管道防腐等工程。对于屋面防水工程，还应注意防止过分软化。为了避免夏季流淌，屋面用沥青材料的软化点还需比当地气温下屋面可能达到的最高温度高 20～25℃以上。但软化点也不宜选择过高，否则冬季低温易发生硬脆甚至开裂。

(3) 防水防潮石油沥青。

按照石油化工行业标准《防水防潮石油沥青》（SH/T 0002—1990），防水防潮石油沥青按针入度指数划分为 3 号、4 号、5 号、6 号四个牌号，它除保证针入度、软化点、溶解度、蒸发损失、闪点等指标外，特别增加了保证低温变形性能的脆点指标。随牌号增大，其针入度指数增大，温度敏感性减小，脆点降低，应用温度范围愈宽。这种沥青的针入度均与 30 号建筑石油沥青相近，但软化点却比 30 号沥青高 15～30℃，因而质量优于建筑石油沥青。

（六）石油沥青的掺配与稀释

施工中，当采用一种沥青不能满足软化点要求时，可采用两种或三种的沥青掺配使用，并遵循同源原则，即同属石油沥青或者同属煤沥青才可掺配。两种石油沥青的掺配比例可用下式估算

$$Q_1 = \frac{T_2 - T}{T_2 - T_1} \times 100\% \tag{7-1}$$

$$Q_2 = 100 - Q_1 \tag{7-2}$$

式中 Q_1——较软沥青用量，%；

Q_2——较硬沥青用量，%；

T——掺配后的沥青软化点，℃；

T_1——较软沥青软化点，℃；

T_2——较硬沥青软化点，℃。

根据估算掺配比例和其邻近的比例（±5%～±10%）进行试配（混合熬制均匀），测定掺配后沥青的软化点，然后绘制掺配比-软化点关系曲线，就可从曲线上确定出所要求的掺配比例。同样地也可采用针入度指标按上法估算及试配。

当沥青过于黏稠影响使用时，可以加入溶剂进行稀释，但必须采用同一产源的油料作稀释剂。如石油沥青应采用汽油、煤油、柴油等石油产品系统的轻质油料作稀释溶剂，而煤沥青则采用煤焦油、重油、蒽油等煤产品系统的油料作稀释溶剂。

二、煤沥青

煤沥青是炼焦厂或煤气厂的副产品。烟煤在干馏过程中的挥发物质，经冷凝而成的黑色黏性液体称为煤焦油，将煤焦油经分馏加工提取轻油、中油、重油以及蒽油以后，所得残渣即为煤沥青。根据蒸馏程度不同，煤沥青分为低温沥青、中温沥青和高温沥青三种。

建筑上所采用的煤沥青多为黏稠或半固体的低温煤沥青。

（一）煤沥青的特性

煤沥青和石油沥青同属复杂的高分子碳氢化合物，外观相似，但由于煤沥青的组分和石油沥青不同，故其性能也存在差别，主要表现有下列几点。

（1）含可溶性树脂多，由固态或黏稠态转变为黏流态（或液态）的温度间隔较窄，夏天易软化流淌而冬天易脆裂，因而温度敏感性大。

（2）煤沥青含挥发性成分和化学稳定性差的成分较多，在热、阳光、氧气等长期综合作用下，其组成变化较大，易硬脆，故大气稳定性较差。

（3）煤沥青中含有较多的游离碳，塑性较差，使用中易因变形而开裂。

（4）煤沥青中的酸、碱物质都是表面活性物质，由于含表面活性物质较多，故与矿料表面的黏附力好。

（5）因含酚、蒽等有毒物质，故有毒性和臭味，但防腐蚀能力较强，适用于木材的防腐处理。

由此可见，煤沥青的主要技术性能都比石油沥青差，因而在建筑工程上应用较少，但由于其优秀的防腐性能，故常用于地下防水层或作为防腐材料使用。

（二）煤沥青的应用

煤沥青具有很好的防腐能力、良好的黏结能力。因此可用于配制防腐涂料、胶黏剂、防水涂料，油膏以及制作油毡等。但煤沥青由于具有一定的致癌作用，这就影响了其在工程中使用。

过去一直认为石油沥青与煤沥青不可互相掺配，但目前经过深入研究，已投入使用。将石油沥青和煤沥青按适当比例混合可形成一种稳定胶体称为混合沥青。混合沥青可以得到两种沥青的优点，前者提高了煤沥青的大气稳定性及低温塑性，后者则提高了石油沥青与矿物材料的黏结性。但这两种沥青是互相难溶的，掺混不当会发生沉淀变质。因此选用材料、混合的比例均应通过试验确定。掺混时应加热，并在匀化器中进行高速搅拌。

三、改性石油沥青

建筑上使用的沥青要求其具有一定的物理性质和黏附性。在低温条件下应有较好的弹性和塑性；在高温下要有足够的强度和热稳定性；在加工和使用条件下具有抗"老化"能力；还应与各种矿物料和基体表面有较强的黏附力；对构件变形具有良好的适应性和耐疲劳性等。为此必须对石油沥青进行改性，即在石油沥青中加入橡胶、树脂、矿物填充料等，它们统称为沥青改性材料。

（一）橡胶改性沥青

橡胶是石油沥青的重要改性材料，它与石油沥青有很好的混溶性，能使沥青兼具橡胶的很多优点。如高温变形性小，低温柔性好，克服了传统纯沥青热淌冷脆的缺点，提高了材料的强度、延伸率和耐老化性。由于橡胶的品种不同，掺入的方法也有差异，故各种橡胶沥青的性能也不一样。现将常用的品种分述如下。

1. 氯丁橡胶改性沥青

石油沥青中掺入氯丁橡胶后，可使其气密性、低温柔性、耐化学腐蚀性、耐气候性等得到大大改善。氯丁橡胶掺入的方法有溶剂法和水浮法两种。溶剂法是先将氯丁橡胶溶于一定的溶剂（如甲苯）中形成溶液，然后掺入液态沥青中并混合均匀即可。水浮法是将橡胶和石油沥青分别制成乳液，然后混合均匀即可使用。

2. 丁基橡胶改性沥青

丁基橡胶沥青的配制方法与氯丁橡胶沥青类似，且较简单些。将丁基橡胶碾切成小片，在搅拌时把小片加到100℃的溶剂中（不得超过110℃），制成浓溶液。同时将沥青加热脱水熔化成液体状沥青。通常在100℃左右把两种液体按比例混合搅拌均匀并进行浓缩15~20min。丁基橡胶在混合物中的含量一般为2%~4%。或者将丁基橡胶和石油沥青分别制备成乳液，然后再按一定比例把两种乳液混合即成丁基橡胶沥青。丁基橡胶沥青具有优异的耐分解性，并有较好的低温抗裂性能和耐热性能，多用于道路路面工程和制作密封材料及涂料。

3. 热塑性弹性体改性沥青

热塑性橡胶简称SBS，是热塑性弹性体苯乙烯-丁二烯嵌段共聚物，兼有橡胶和塑料的特性。常温下具有橡胶的弹性，在高温下又能像塑料那样熔融流动，成为可塑的材料。因此采用SBS橡胶改性沥青，其耐高、低温性能均有较明显提高，制成的卷材弹性和耐疲劳性也大大提高，是目前应用最成功和用量最大的一种改性沥青。SBS的掺入量一般为3%~10%，主要用于制作防水卷材以及铺筑高等级公路路面等。

4. 再生橡胶改性沥青

再生橡胶掺入石油沥青中，同样可大大提高石油沥青的气密性，低温柔性，耐光、耐热和耐臭氧性和耐候性，且价格低廉。再生橡胶沥青材料的制备是先将废旧橡胶加工成1.5mm以下的颗粒，然后与石油沥青混合，经加热搅拌脱硫，就能得到具有一定弹性、塑性和黏结力良好的再生胶沥青材料。废旧橡胶的掺量视需要而定，一般为3%~15%。再生橡胶沥青可以制成片材、卷材、密封材料、胶黏剂和涂料等多种制品。

（二）树脂改性沥青

用树脂改性石油沥青，可以改善沥青的耐寒性、耐热性、黏结性和不透气性。在生产卷材、密封材料和防水涂料等产品时均需应用。

由于石油沥青中含芳香性化合物较少，使得树脂和石油沥青的相溶性较差，故可用的树脂品种较少。常用的树脂有：古马隆树脂，聚乙烯，聚丙烯，酚醛树脂及天然松香等。

古马隆树脂呈黏稠液体或固体状，浅黄色至黑色，易溶于氯化烃、酯类、硝基苯等，属热塑性树脂。将沥青加热熔化脱水，在150~160℃情况下，把古马隆树脂加入到熔化的沥青中，并不断搅拌，再把温度升至185~190℃，保持一定时间，使之充分混合均匀，即得到古马隆树脂改性沥青。古马隆树脂掺量约40%，这种沥青的黏性较大。

在沥青中掺入5%~10%低密度聚乙烯，采用胶体磨法或高速剪切法即可制得聚乙烯树脂改性沥青。聚乙烯树脂改性沥青在耐高温性和耐疲劳性上有明显改善，低温柔性也有所改进。

此外，用无规聚丙烯（APP）对石油沥青改性做涂层材料，用聚酯无纺布和玻璃纤维做基胎，与石油沥青相比，其软化点高、延伸度大、冷脆点降低、黏度增大，可制成具有良好的弹塑性、耐高温性和抗老化性的APP改性沥青卷材，多用于防水卷材、防水涂料和密封材料等。用聚氯乙烯改性焦油沥青，可制得耐低温油毡，其特点是具有优良的耐热和耐低温性能，施工最低开卷温度比一般油毡降低25℃。用煤焦油和聚氯乙烯可制成广泛应用的聚氯乙烯嵌缝油膏。

(三) 矿物填料改性沥青

在沥青中加入一定数量的矿物填充料，可以提高沥青的黏性和耐热性，降低沥青的温度敏感性，同时也减少了沥青的耗用量。

1. 矿物填料品种

常用的矿物填料有粉状和纤维状两种，主要有滑石粉、石灰石粉、硅藻土和石棉等。

滑石粉的主要化学成分是含水硅酸镁（$3MgO \cdot 4SiO_2 \cdot H_2O$），亲油性好（憎水），易被沥青润湿，可直接混入沥青中，以提高沥青的机械强度和抗老化性能，可用于生产具有耐酸、耐碱、耐热和绝缘性能好的沥青制品。

石灰石粉主要成分是碳酸钙，其亲水性好，且与沥青有较强的物理吸附力和化学吸附力，故是较好的矿物填充料。

硅藻土是软而多孔的轻质材料，易磨成细粉，耐酸性强，是制作轻质、绝热、吸音沥青制品的主要填料。另外，膨胀珍珠岩有类似的性质，也可用作沥青制品的矿物填充料。

石棉绒或石棉粉的主要组成为钠、钙、镁、铁的硅酸盐，呈纤维状，富有弹性，具有耐酸、耐碱和耐热性能，是热和电的不良导体，内部有很多微孔，吸油（沥青）量大，掺入后可提高沥青的抗拉强度和热稳定性。

2. 矿物填充料作用机理

掺入沥青中的矿物填充料，能被沥青包裹而形成稳定的混合物的前提是：一要沥青能润湿矿物填充料；二要沥青与矿物填充料之间具有较强的吸附力，并不为水所剥离。

一般具有共价键或分子键结合的矿物属憎水性（即亲油性）的材料，如滑石粉等，对沥青的亲和力大于对水的亲和力，故滑石粉颗粒表面所包裹的沥青即使在水中也不会被水所剥离。此外，具有离子键结合的矿物如碳酸盐、硅酸盐、云母等，属亲水性矿物，也就是憎油。可是因为沥青中含有酸性树脂，它是一种表面活性物质，所以能够与矿物颗粒表面产生较强的物理吸附作用。如石灰石粉颗粒表面上的钙离子和碳酸根离子对树脂的活性基团有较大的吸附力，还能与沥青酸或环烷酸发生化学反应，形成不溶于水的沥青酸钙或环烷酸钙，从而产生了化学吸附力，故石灰石粉与沥青也可形成稳定的混合物。

以上分析可以认为：由于沥青对矿物填充料的润湿和吸附作用，沥青可以单分子状态排列在矿物颗粒（或纤维）表面，形成结合力牢固的沥青薄膜，称之为"结构沥青"（见图7-1）。结构沥青具有较高的黏性和耐热性等，因此矿物填充料的掺入量要适当，一般掺量为20%～40%时，可以形成恰当的结构沥青膜层。

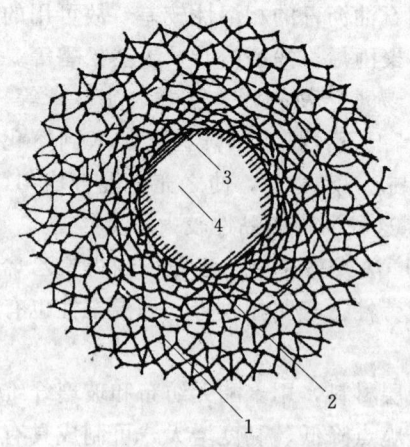

图7-1 沥青与矿粉相互作用结构图示
1—自由沥青；2—结构沥青；
3—钙质沥青；4—矿粉颗粒

(四) 橡胶和树脂改性沥青

用橡胶和树脂来改善石油沥青的性质，可使沥青同时具橡胶和树脂的特性。由于树脂比橡胶便宜，橡胶和树脂又有较好的混溶性，故效果较好。

橡胶、树脂和石油沥青在加热熔融状态下，沥青与高分子聚合物之间发生相互侵入和扩散，沥青分子填充在聚合物大分子的间隙内，同时聚合物分子的某些链节扩散进入沥青分子中，从而形成凝聚网状混合结构，由此而获得较优良的性能。

配制时所采用的原材料品种、配合比、制作工艺等不同，可制得性能各异的各种产品，通常有卷材、片材、密封材料和防水材料等。

第二节 沥青混合料

一、概述

沥青混合料是一种较好的黏弹塑性材料，因而它具有良好的力学性能和一定的高温稳定性和低温抗裂性。修筑的路面不需设置施工缝和伸缩缝，施工方便、速度快、能及时开放交通，路面平整、行车比较舒适。因此沥青混合料是高级公路最主要的路面材料。

（一）沥青混合料的定义

沥青混合料是将粗集料（＞2.36mm）、细集料（0.075～2.36mm）和填料（＜0.075mm）经人工合理选择级配组成的矿质混合料并与适量的沥青材料经拌和所组成的混合物。将沥青混合料经摊铺后，经碾压成型，即成为各种类型的沥青混合料路面。

（二）沥青混合料的分类

沥青混合料是由矿料与沥青结合料拌和而成的混合料的总称，包括沥青混凝土混合料和沥青碎石（砾石）混合料两类。按密实度分为密实型（残留空隙率3%～6%）和空隙型（残留空隙率6%～10%）沥青混合料；按矿料级配组成及空隙率大小分为密级配、半开级配、开级配和间断级配沥青混合料；按集料的最大粒径的大小可分为特粗式（公称最大粒径等于或大于31.5mm）、粗粒式（公称最大粒径26.5mm）、中粒式（公称最大粒径16或19mm）、细粒式（公称最大粒径9.5或13.2mm）和砂粒式（公称最大粒径小于9.5mm）沥青混合料；按施工条件分为热拌热铺沥青混合料、热拌冷铺沥青混合料和冷拌冷铺沥青混合料。

热拌沥青混合料（HMA）适用于各种等级公路的沥青路面。其种类按集料公称最大粒径、矿料级配、空隙率划分，分类见表7-3。

表7-3　　　　　　　热拌沥青混合料

混合料类型	密级配			开级配		半开级配	公称最大粒径（mm）	最大粒径（mm）
	连续级配		间断级配	间断级配				
	沥青混凝土	沥青稳定碎石	沥青玛琋脂碎石	排水式沥青磨耗层	排水式沥青碎石基层	沥青稳定碎石		
特粗式	—	ATB-40			ATPB-40		37.5	53.0
粗粒式	—	ATB-30			ATPB-30	—	31.5	37.5
	AC-25	ATB-25			ATPB-25		26.5	31.5

混合料类型		密级配		开级配		半开级配	公称最大粒径 (mm)	最大粒径 (mm)
		连续级配	间断级配	间断级配				
		沥青混凝土	沥青稳定碎石	沥青玛琋脂碎石	排水式沥青磨耗层	排水式沥青碎石基层	沥青稳定碎石		
中粒式		AC-20	—	SMA-20	—	—	AM-20	19.0	26.5
		AC-16	—	SMA-16	OGFC-16	—	AM-16	16.0	19.0
细粒式		AC-13	—	SMA-13	OGFC-13	—	AM-13	13.2	16.0
		AC-10	—	SMA-10	OGFC-10	—	AM-10	9.5	13.2
砂粒式		AC-5	—	—	—	—	AM-5	4.75	9.5
设计空隙率（%）		3~5	3~6	3~4	>18	>18	6~12	—	—

二、沥青混合料的组成结构

沥青混合料是由沥青、粗细集料和矿粉按照一定的比例拌和而成的多组分复合材料。由沥青混合料修筑的路面，有两种不同的强度理论。沥青混合料按矿质骨架的结构状况，可将其组成结构分为下述三个类型。

（1）密实悬浮结构。

当采用连续密级配的沥青混合料时，集料从大到小连续存在，空隙率在5%~6%以下。由于粗集料的数量较少而细集料的数量较多，粗集料被细集料挤开，因而以悬浮状态存在于细集料之间[见图7-2（a）]。这种结构的沥青混合料密实度及强度较高，但稳定性较差。一般的沥青混凝土路面都采用这种连续级配型的结构。

（2）骨架空隙结构。

对于间断级配的沥青混合料，由于细集料较少且有较多空隙，粗集料能够互相靠拢而不被细集料推开，因此细集料填充在粗集料空隙中，形成骨架空隙结构[图7-2（b）]。这种结构的沥青混合料，骨料能充分形成骨架，骨料之间的嵌挤力和内摩阻力起重要作用，因此这种沥青混合料受沥青材料性质的变化影响较小，因而热稳定性较好，但由于间断级配的粗细集料容易分散，所以在一般工程中应用不多。

（3）骨架密实结构。

这种结构综合以上两种结构组成，既有一定数量的粗骨料形成骨架，又根据粗集料空隙的多少加入细集料，形成较高的密实度[见图7-2（c）]。这种结构的沥青混合料的密实度、强度和稳定性都较好，是较理想的结构类型。

三、沥青混合料的技术性质

沥青混合料是公路和城市道路的主要铺设材料，它直接承受车轮荷载和各种自然因素的影响，如空气、日照、温度、雨水等，因而其性能和状态都会发生变化，甚至影响路面的使用性能和使用寿命。沥青混合料的路面性能主要有以下几种。

（一）高温稳定性

沥青混合料的高温稳定性是指在夏季高温条件下，沥青混合料承受长期交通荷载作用，抵抗永久变形的能力。沥青混合料路面在车轮作用下受到垂直力和水平力的综合作

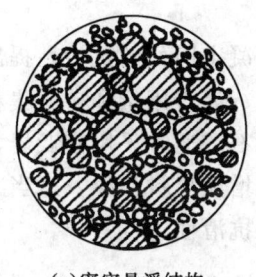 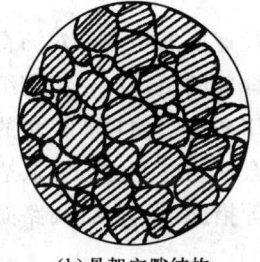 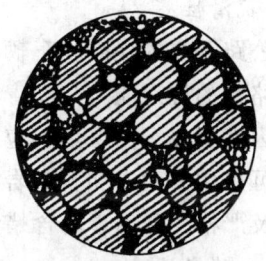

(a)密实悬浮结构　　　　(b)骨架空隙结构　　　　(c)骨架密实结构

图7-2　沥青混合料类型

用，能抵抗高温而不产生车辙和波浪等破坏现象的为高温稳定性符合要求。

在国内外的沥青混凝土技术规范中，多数采用高温强度与稳定性作为主要技术指标。常用的测试评定方法有：马歇尔试验法、无侧限抗压强度试验法、史密斯三轴试验法等。

马歇尔试验法比较简便，因而在许多国家得到广泛应用。但它只反映了沥青混合料的静态稳定度，也只适用于热拌沥青混凝土混合料。马歇尔试验法是将选定级配组成的矿质混合料，加入适量的沥青，在规定条件下拌制成均匀混合料，击实成直径101.6mm，高63.5mm的圆柱形试件，按规定条件保温，然后把试件迅速卧放在弧形加荷头内，以50.5mm/min的速度加压。当试件达到破坏时的最大荷载即为稳定度（kN），此时对应的压缩变形量称为流值（0.1mm）。流值是反映混合料变形能力的一种指标，变形能力太小，冬天易产生裂缝；变形太大，热稳定性差。除测定稳定度和流值外，还要测定沥青混合料的密度、空隙率和饱和度，用这五个指标共同控制混合料的技术性质。热拌沥青混合料马歇尔试验技术指标必须满足JTGF 40—2004标准。

（二）低温抗裂性

低温抗裂性是沥青混合料在低温下抵抗断裂破坏的能力。在寒冷季节，沥青混合料的变形能力随着温度降低而下降。路面由于低温而收缩以及行车荷载作用，导致在薄弱部位产生裂缝，从而影响了道路的正常使用，因而要求沥青混合料具有一定的低温抗裂性。

沥青混合料的低温裂缝是由混合料的低温脆化、低温缩裂和温度疲劳引起的。为了防止或减少沥青路面的低温开裂，可选用黏度相对较低的沥青，或者采用橡胶类的改性沥青，同时适当提高沥青用量，以增强沥青混合料的柔韧型。

（三）耐久性

沥青混合料的耐久性是指其在在车辆荷载和大气因素（如阳光、空气和雨水等）的长期作用下，仍能基本保持原有的性能。作为高级和次高级路面，在使用条件下所具有的耐久性是衡量路面技术性能的重要指标之一。

沥青混合料的耐久性与组成材料的性质有密切关系，在大气因素下，沥青的化学组成会产生转化，油分减少，沥青质增加，使得沥青的塑性逐渐消失而脆性却增加，导致路面使用品质下降，产生龟裂破坏，通常称为"老化"。路面老化的速度，在一定程度上反映了路面材料抵抗自然因素作用的能力，常用气候稳定性来表示。通常采用马歇尔试验测定沥青混合料试件的空隙率、饱和度和残留稳定度等指标，从而评价沥青混合料的耐久性。

(四) 抗滑性

随着公路等级的提高和车辆行驶速度的加快,对沥青混凝土路面的抗滑性提出了更高的要求。路面的抗滑能力与沥青混合料的粗糙度、级配组成、沥青用量和矿质集料的微表面性质等因素有关。面层集料应选用质地坚硬具有棱角的碎石,通常采用玄武岩,为了节约投资也可采用玄武岩和石灰岩混合使用的办法。采取适当增大集料粒径,适当减少一些沥青用量及严格控制沥青的含蜡量等措施,均可提高路面的抗滑性。

(五) 水稳定性

在雨水过后,沥青路面往往会出现松散、脱粒,进而形成坑洞而破坏。出现这种情况的原因是沥青混合料在水作用下被侵蚀,沥青从集料表面发生剥落,从而使混合料颗粒失去黏结作用。在南方多雨水地区,沥青路面的水损坏还是很普遍的,一些高等级公路在通车不久就出现路面破损,很多就是混合料的水稳定性不足造成的。

若要增强路面的水稳定性,减少水损坏,可采取在沥青中添加抗剥落剂的措施。此外,在沥青混合料的组成设计上采用碱性集料,用以提高沥青和集料的黏附性;采用密实结构以减少空隙率;用消石灰粉取代部分矿粉等,均可有效提高沥青混合料的水稳定性。

(六) 施工和易性

要保证室内进行的配料方案,能在施工现场得以顺利实现,沥青混合料除了应具备上述的技术要求外,还要具备适宜的施工和易性。影响沥青混合料施工和易性的主要因素是矿料级配和沥青用量。

单纯从混合料材料性质而言,影响施工难易性的首先是混合料的级配情况。合理的矿料级配,使沥青混合料之间拌和均匀,不致产生离析现象。此外,当沥青用量过少,或矿粉用量过多时,混合料容易产生疏松,不易压实;反之,如沥青用量过多,或矿粉质量不好,则容易使混合料黏结成块,不易摊铺。间断级配混合料的施工和易性就较差。

四、沥青混合料的组成材料

沥青混合料的技术性质随着混合料的组成材料的性质、配合比和制备工艺等因素的差异而改变,因此制备沥青混合料时,应严格控制其组成材料的质量。

(一) 沥青

拌制沥青混合料所用沥青材料的技术性质,取决于气候条件、交通性质、沥青混合料的类型和施工条件等因素。通常较热的气候区,较繁重的交通,细粒式或砂粒式的混合料应采用稠度较高的沥青;反之,则采用稠度较低的沥青。在其他配料条件相同的情况下,较黏稠的沥青配制的混合料具有较高的力学强度和稳定性,但如果稠度过高,则沥青混合料的低温变形能力较差,沥青路面容易产生裂缝。反之,在其他配料条件相同的条件下,采用稠度较低的沥青,虽然配制的混合料在低温时具有较好的变形能力,但在夏季高温时往往稳定性不足而会使路面产生推挤现象。

例如,在气温常年较高的南方地区,沥青路面热稳定性是设计必须考虑的主要因素,宜选用针入度较小、黏度较高的沥青,如 50 号沥青。在严寒的北方地区,为防止和减少路面开裂,面层宜采用针入度较大的沥青,如 110 号沥青。而气候较温和地区则可采用 70 号沥青。

（二）粗集料

沥青混合料所用粗集料包括碎石、筛选砾石、破碎砾石、钢渣和矿渣等，但高速公路和一级公路不得使用筛选砾石和矿渣。

沥青混合料用粗集料应该洁净、干燥、表面粗糙、无风化、不含杂质。在力学性质方面，压碎值和洛杉矶磨耗率应符合相应道路等级的要求（见表7-4）。

表7-4　　　　　　　　　沥青混合料用粗集料质量技术要求

指标	单位	高速公路及一级公路		其他等级公路	试验方法
		表面层	其他层次		
石料压碎值，不大于	%	26	28	30	T 0316
洛杉矶磨耗损失，不大于	%	28	30	35	T 0317
表观相对密度，不小于	t/m³	2.60	2.50	2.45	T 0304
吸水率，不大于	%	2.0	3.0	3.0	T 0304
坚固性，不大于	%	12	12	—	T 0314
针片状颗粒含量（混合料），不大于	%	15	18	20	T 0312
其中粒径大于9.5mm，不大于	%	12	15	—	
其中粒径小于9.5mm，不大于	%	18	20	—	
水洗法小于0.075mm颗粒含量，不大于	%	1	1	1	T 0310
软石含量，不大于	%	3	5	5	T 0320

破碎砾石的技术要求可参照碎石。但破碎砾石用于高速公路、一级公路、城市主干路沥青混合料时，5mm以上的颗粒中有一个以上的破碎面的含量不得少于50%。集料的粒径规格应按表7-5的规定生产和使用。

表7-5　　　　　　　　　沥青混合料用粗集料规格

规格名称	公称粒径（mm）	通过下列筛孔（mm）的质量百分率（%）												
		106	75	63	53	37.5	31.5	26.5	19.0	13.2	9.5	4.75	2.36	0.6
S1	40~75	100	90~100	—		0~15		0~5						
S2	40~60		100			0~15		0~5						
S3	30~60		100		—		0~15	—	0~5					
S4	25~50			100	90~100	—		0~15	—	0~5				
S5	20~40				100	90~100		0~15		0~5				
S6	15~30					100	90~100	—	0~15	—	0~5			
S7	10~30					100	90~100			0~15	0~5			
S8	10~25						100	90~100		0~15	0~5			
S9	10~20							100	90~100	—	0~15	0~5		
S10	10~15								100	90~100	0~15	0~5		
S11	5~15								100	90~100	40~70	0~15	0~5	
S12	5~10									100	90~100	0~15	0~5	
S13	3~10									100	90~100	40~70	0~20	0~5
S14	3~5										100	90~100	0~15	0~3

(三) 细集料

沥青路面的细集料包括石屑、天然砂、人工机制砂。

细集料应洁净、干燥、无风化、无杂质,并有一定的颗粒级配,其质量应符合表7-6的规定。细集料的洁净程度,天然砂以小于0.075mm含量的百分数表示,石屑和人工机制砂以砂当量(适用于0～4.75mm)或亚甲蓝值(适用于0～2.36mm或0～0.15mm)表示。

表7-6 沥青混合料用细集料质量

项目	单位	高速公路及一级公路	其他等级公路	试验方法
表观相对密度,不小于	t/m³	2.50	2.45	T 0328
坚固性(大于0.3mm部分),不小于	%	12	—	T 0340
含泥量(小于0.075mm的含量),不大于	%	3	5	T 0333
砂当量,不小于	%	60	50	T 0334
亚甲蓝值,不大于	g/kg	25	—	T 0346
棱角性(流动时间),不小于	s	30	—	T 0345

天然砂可采用河砂或海砂,一般宜采用粗、中砂,其规格应符合表7-7的规定,砂的含泥量超过规定时应水洗后使用,海砂中的贝壳类材料必须筛除。

热拌密级配沥青混合料中天然砂的用量通常不宜超过集料总量的20%,SMA和OGFC混合料不宜使用天然砂。

石屑是采石场破碎石料时通过4.75mm或2.36mm的筛下部分材料,采石场在生产石屑的过程中应具备抽吸设备。石屑的规格应符合表7-8的要求。

高速公路和一级公路的沥青混合料,宜将S14与S16组合使用,S15可在沥青稳定碎石基层或其他等级公路中使用。

表7-7 沥青混合料用天然砂规格

筛孔尺寸(mm)	通过各孔筛的质量百分率(%)		
	粗砂	中砂	细砂
9.5	100	100	100
4.75	90～100	90～100	90～100
2.36	65～95	75～90	85～100
1.18	35～65	50～90	75～100
0.6	15～30	30～60	60～84
0.3	5～20	8～30	15～45
0.15	0～10	0～10	0～10
0.075	0～5	0～5	0～5

表 7-8　　　　　　　　　　沥青混合料用机制砂或石屑

规格	公称粒径 (mm)	水洗法通过各筛孔的质量百分率（%）							
		9.5	4.75	2.36	1.18	0.6	0.3	0.15	0.075
S15	0～5	100	90～100	60～90	40～75	20～55	7～40	2～20	0～10
S16	0～3		100	80～100	50～80	25～60	8～45	0～25	0～15

（四）矿粉

沥青混合料的矿粉必须采用石灰岩或岩浆岩中的强基性岩石等憎水性石料经磨细得到，原石料中的泥土杂质应除净。矿粉应干燥、洁净，能自由地从矿粉仓流出，其质量应符合表 7-9 的技术要求。在沥青混合料中，矿粉和沥青形成胶浆，对混合料的强度有很大影响。

表 7-9　　　　　　　　　　沥青混合料用矿粉质量

项　目	单位	高速公路及一级公路	其他等级公路	试验方法
表观相对密度，不小于	t/m³	2.50	2.45	T 0352
含水量，不大于	%	1	1	T 0103 烘干法
粒度范围<0.601111	%	100	100	
<15mm	%	90～100	90～100	T 0351
<0.075mm	%	75～100	70～100	
外观		无团粒结块		
亲水系数		<1		T 0353
塑性指数		<4		T 0354
加热安定性		实测记录		T 0355

粉煤灰作为填料使用时，用量不得超过填料总量的 50%，粉煤灰的烧失量应小于 12% 与矿粉混合后的塑性指数应小于 4%，其余质量要求与矿粉相同。高速公路、一级公路的沥青面层不宜采用粉煤灰作填料。

为了提高沥青混合料的水稳定性，采用消石灰粉或水泥部分代替矿粉，能起到很好的效果。

第三节　沥青混合料配合比设计

沥青混合料配合比设计是将粗集料、细集料、矿粉和沥青材料以最佳组成比例相互配合，既能满足沥青混合料的技术要求（如强度、稳定性、耐久性等），又符合经济的原则，包括目标配合比设计、生产配合比设计和生产配合比验证三个阶段。

沥青混凝土配合比设计通常按下列两步进行，首先选择矿质混合料的配合组成符合级配规范的要求，即粗集料、细集料和填料应有适当的配合比例；然后确定矿料与沥青的用量比例，即最佳沥青用量。在混合料中，沥青用量波动 0.5% 范围可使沥青混合料的热稳定性等技术性质变化很大。在确定矿料间配合比例后，通过稳定度、流值、空隙率、饱度等试验数值选择出最佳沥青用量。

一、选择矿质混合料配合比例

按照沥青混合料所用公路等级、路面类型，哪一结构层以及其他要求，选择沥青混合料的类型，并参照《公路沥青路面施工技术规范》推荐的级配（表7-10）作为沥青混合料的设计级配；测定矿料的密度、吸水率、筛分情况以及沥青的密度；采用图解法或数解法求出已知级配的粗集料、细集料与矿粉之间的比例关系。

沥青混合料的矿料级配应符合工程规定的设计级配范围。密级配沥青混合料宜根据公路等级、气候及交通条件按表7-10选择采用粗型（C型）或细型（F型）的混合料，并应在表7-11范围内确定工程设计级配范围，通常情况下工程设计级配范围不宜超出表7-11的要求。

其他类型的混合料根据设计要求宜按JTG 40—2004的规定确定。

表7-10　粗型和细型密级配沥青混凝土的关键性筛孔通过率

混合料类型	公称最大粒径（mm）	用以分类的关键性筛孔（mm）	粗型密级配 名称	粗型密级配 关键性筛孔通过率（%）	细型密级配 名称	细型密级配 关键性筛孔通过率（%）
AC-25	26.5	4.75	AC-25C	<40	AC-25F	>40
AC-20	19	4.75	AC-20C	<45	AC-20F	>45
AC-16	16	2.36	AC-16C	<8	AC-16F	>38
AC-13	13.2	2.36	AC-13C	<0	AC-13F	>40
AC-10	9.5	2.36	AC-10C	<45	AC-10F	>45

表7-11　密级配沥青混凝土混合料矿料级配范围

级配类型		通过下列筛孔（mm）的质量百分率（%）										
		31.5	26.5	19	16	13.2	9.5	4.75	2.36	1.18	0.6	0.3	0.15	0.075
粗粒式	AC-25	100	90~100	75~90	65~83	57~76	45~65	24~52	16~42	12~33	8~24	5~17	4~13	3~7
中粒式	AC-20		100	90~100	78~92	62~80	50~72	26~56	16~44	12~33	8~24	5~17	4~13	3~7
	AC-16			100	90~100	76~92	60~80	34~62	20~48	13~36	9~26	7~18	5~14	4~8
细粒式	AC-13				100	90~100	68~85	38~68	24~50	15~38	10~28	7~20	5~17	4~8
	AC-10					100	90~100	45~75	30~58	20~44	13~32	9~23	6~16	4~8
砂粒式	AC-5						100	90~100	55~75	35~55	20~40	12~28	7~18	5~10

二、确定沥青最佳用量

一般采用马歇尔试验法来确定沥青最佳用量，具体步骤为：以估计沥青为中值，按所设计的矿料配合比配制五组矿质混合料，每组按规范推荐的沥青用量范围加入适量沥青，并按0.5%的间隔上下变化，拌和均匀制成马歇尔试件；测出试件的密实度，并计算空隙率、矿料间隙率、沥青饱和度等物质指标，进行体积组成分析；进行马歇尔试验，测定稳定度和流值，并确定出最佳沥青用量。

三、配合比实例

【例 7-1】 某路线修筑沥青混凝土高速公路路面层，试用"图解法"计算矿质混合料的组成，用马歇尔试验法确定最佳沥青用量。

[设计原始资料]

1. 路面结构：高速公路沥青混凝土面层。
2. 气候条件：属于温和地区。
3. 路面形式：三层式沥青混凝土路面上面层。
4. 混合料制备条件及施工设备：工厂拌和摊铺机铺筑，压路碾压。
5. 材料的技术性能。

(1) 沥青材料：沥青采用进口优质沥青，符合 AH-70 指标，其技术指标见表 7-12。

表 7-12　　　　　　　　　　沥　青　技　术

15℃时密度 (g·cm^{-1})	针入度 (0.1mm) (25℃, 100g, 5s)	延度 (cm) (5cm/min 15℃)	软化点 (℃)
1.003	73.6	>100	46.2

(2) 矿质材料：

粗集料：采用玄武岩，1 号料 (19.0～13.2mm) 密度 2.918g/cm³ 号料 (13.2～4.75mm) 密度 2.864g/cm³，与沥青的黏附情况评定为 5 级。其他各项技术指标见表 7-13。

表 7-13　　　　　　　　　　粗　集　料　技　术　指　标

压碎值 (%)	磨耗值 (%)(洛杉矶法)	针片状颗粒含量 (%)	磨光值 (PSV)	吸水率 (%)
14.7	18.8	12.3	46.3	1.3

细集料：石屑采用玄武岩，其密度为 2.812g/cm³，砂子视密度为 2.638g/cm³。

矿粉：视密度为 2.67g/cm³，含水量为 0.7%。

矿质集料的级配情况见表 7-14。

表 7-14　　　　　　　　　　矿　质　集　料　筛　分　结　果

原材料	通过下列筛孔 (mm) 的质量百分率 (%)									
	19.0	16.0	13.2	9.5	4.75	2.36	1.18	0.6	0.3	0.15	0.075
1号碎石	100	87.2	43.6	3.4	0.4	0.3	0				
2号碎石			100	90.1	21.0	5.8	3.0	2.2	1.6	1.2	0
石屑				100	99.2	74.5	48.1	34.8	20.0	13.1	8.7
砂					100	98.3	91.2	74.5	55.8	18.3	5.8	0.5
矿粉								100	99.2	95.9	80.8

[设计要求]

1. 确定各种矿质集料的用量比例。
2. 用马歇尔试验确定最佳沥青用量。

[解]

1. 矿质混合料级配组成的确定

(1) 由原始资料可知,沥青混合料用于高速公路三层式沥青混凝土上面层,依据有关标准,沥青混合料类型可选用 AC-16。参照表 7-11 的要求,中粒式 AC-16 型沥青混凝土的矿质混合料级配范围见表 7-15。

表 7-15　　　　　　　　　矿质混合料要求级配范围

级配类型	通过下列筛孔（mm）的质量（%）									
	19.0	16.0	13.2	9.5	4.75	2.36	1.18	0.6	0.3	0.15	0.075
AC-16	100	90~100	76~92	60~80	34~62	20~48	13~36	9~26	7~18	5~14	4~8

(2) 测定集料和沥青的各项指标,以及矿质集料的筛分结果,见表 7-16。依据 GB 50092—1996 标准,采用图解法或试算（电算）法求出矿质集料的比例关系,并进行调整,使合成级配尽量接近要求级配范围中值。经调整后的矿料合成级配计算列于表 7-16。

表 7-16　　　　　　　　　矿质混合料合成级配计算表

计算混合料配合比（%）	通过下列筛孔（mm）的质量（%）									
	19.0	16.0	13.2	9.5	4.75	2.36	1.18	0.6	0.3	0.15	0.07
1 号碎石 33	33	28.7	14.4	1.1	0.1	0					
2 号碎石 24	24	24	24	21.6	5.0	1.4	0.7	0.5	0.4	0.3	0
石屑 23	23	23	23	23	22.8	17.1	11.1	8	4.6	3.0	2.0
砂 14	14	14	14	14	13.8	12.8	10.4	7.8	2.6	0.8	0.1
矿粉 6	6	6	6	6	6	6	6	6	6	5.8	4.8
合成级配	100	95.7	81.4	65.7	47.7	37.4	28.2	22.3	13.6	10.3	6.9
要求级配	100	95~100	75~90	58~78	42~63	32~50	22~37	16~28	11~21	7~15	4~8
级配中值	100	97.5	82.5	68	52.5	41	29.5	22	16	11	6

由此可得出矿质混合料的组成为:

1 号碎石 33%、2 号碎石 24%、石屑 23%、砂 14%、矿粉 6%。

2. 沥青最佳用量的确定

(1) 按上述计算所得的矿质集料级配与经验确定的沥青用量范围,中粒式沥青混凝土（AC-16）的沥青用量为 4.0%~6.0%,采用 0.5% 的间隔变化,配制 5 组马歇尔试件。试件拌制温度为 140℃,试件成型温度为 130℃,击实次数两面各夯击 75 次。成型试件经 24h 后,测定其各项指标,以沥青用量为横坐标,以实测密度、空隙率、饱和度、稳定度、流值为纵坐标,画出沥青用量和它们之间的关系曲线,见图 7-3。

(2) 从图中取相应于密度最大值的沥青用量 a_1,相应于稳定度最大值的沥青用量为

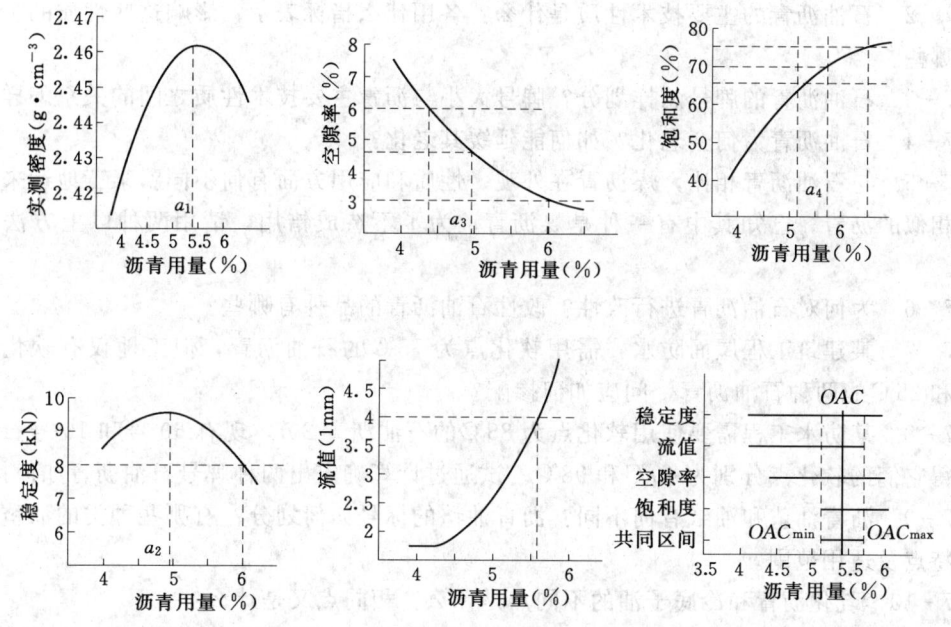

图 7-3 马歇尔试验各项指标与沥青用量关系图

a_2，相应于规定空隙率范围中值的沥青用量 a_3，沥青饱和度范围的中值 a_4，以四者平均值作为最佳沥青用量的初始值 OAC_1。

从图中可看出，$a_1=5.40\%$，$a_2=4.95\%$，$a_3=4.95\%$，$a_4=5.65\%$。则

$$OAC_1=(a_1+a_2+a_3+a_4)/4=5.20\%$$

根据热拌沥青混合料马歇尔试验技术指标（JFGF 40—2004），对高速公路用密级配沥青混合料，稳定度＞8kN，流值在15～40（0.1mm），空隙率3%～6%，饱和度65%～75%，分别确定各关系两线上沥青用量的范围，取其共同部分，可得：

$$OAC_{min}=5.15\%,\ OAC_{max}=5.65\%$$

以各项指标均符合技术标准的沥青用量范围 $OAC_{min} \sim OAC_{max}$ 的中值作为 OAC_2。

$$OAC_2=(OAC_{min}+OAC_{max})/2=5.40\%$$

考虑到气候条件属温和地区，为防止车辙，则沥青的最佳用量 OAC 的取值在 OAC_2 与 OAC_1 的范围内决定，并结合工程经验取 $OAC=5.3\%$。

（3）按最佳沥青用量5.3%，制作马歇尔试件，进行浸水马歇尔试验，测得试验结果为：密度2.547g/cm³，空隙率3.8%，饱和度72.0%。马歇尔稳定度9.6kN，浸水马歇尔稳定度7.8kN，残留稳定度81%，符合规定要求（＞75%）。

（4）按最佳沥青用量5.3%制作车辙试验试件，测定其动稳定度，其结果大于800次/mm，符合规定要求。

通过上述试验和计算，最后确定沥青用量为5.3%。

复习思考题

7-1 石油沥青的主要组分有哪些？它们相对含量变化对沥青的性质有什么影响？

7-2 石油沥青的主要技术性质是什么？各用什么指标表示？影响这些性质的主要因素有哪些？

7-3 石油沥青的牌号怎样划分？牌号大小与沥青主要技术性质之间的关系怎样？

7-4 石油沥青为何会老化？如何能延缓其老化？

7-5 与石油沥青相比，煤沥青在外观、性质和应用方面有何不同？某工地运来两种外观相似的沥青，已知其中有一种是煤沥青，为了不造成错用，请用两种以上方法进行鉴别。

7-6 为何对石油沥青进行改性？改性石油沥青的品种有哪些？

7-7 某建筑工程屋面防水，需用软化点为75℃的石油沥青，但工地仅有软化点为95℃和25℃的两种石油沥青，问应如何掺配？

7-8 某防水工程需要使用软化点为85℃的石油沥青20t，现有60号和10号石油沥青测得它们的软化点分别为49℃和98℃。试通过计算确定出两种牌号石油沥青如何掺配？

7-9 沥青油毡和油纸有何不同？沥青油毡的标号如何划分？有哪些种类的油毡？试述其特点及适用范围。

7-10 乳化沥青和冷底子油的不同点是什么？相同点又是什么？

7-11 沥青胶是如何配制的？试述其特性和用途。

7-12 试述橡胶基和树脂基防水卷材的主要品种、特性和应用。

7-13 试问不同气候地区应如何选择沥青？

7-14 何谓沥青混合料？路用沥青混合料分为哪两大类？试述其结构上的不同，各有何优缺点？

7-15 沥青混合料的组成结构有哪几种类型？各有何特点？

7-16 沥青和矿粉为什么可以统称为沥青胶结物？在沥青混合料中起到什么作用？

7-17 论述石油沥青混合料的主要技术性质。

7-18 试述热拌沥青混合料配合比设计的步骤。

第八章 墙 体 材 料

用来砌筑、拼装或用其他方法构成承重或非承重墙体的材料称为墙体材料。墙体在建筑中起承重或围护或分隔作用。在一般的房屋建筑中，墙体约占房屋建筑总重的 1/2，用工量、造价的 1/3，所以墙体材料是建筑工程中基本而重要的建筑材料，属房屋建筑材料中的结构兼功能材料。因此合理选用墙体材料，对建筑物的功能、自重、造价以及建筑能耗等均具有重要意义。

我国长期以来，建筑墙体大都一直沿用侵占农田、大量耗能的黏土砖，但随着社会经济的飞速发展，黏土砖已不能满足高速发展的基本建设和现代建筑的需求，也不符合持续发展的战略目标。为此，我国近年来提出了一系列墙体改革方案和措施，大力开发和提倡使用轻质、高强、耐久、节能、大尺寸、多功能的新型墙体材料。目前，我国所用的墙体材料品种较多，归纳起来主要包括砌墙砖、砌块、板材以及天然石材等。

第一节 砌 墙 砖

砌墙砖是砌筑用的小型块材。按原材料分类可分为黏土砖、粉煤灰砖、页岩砖、煤矸石砖、炉渣砖等。按生产工艺可分为烧结砖和蒸养（压）砖。前者是以黏土和各种工业废渣为原材料经烧结制成的砌墙砖；后者则主要是指以活性的硅铝质材料与钙质材料发生水热反应或以水泥作为胶结料黏结集料而制成的一类砌墙砖。按砖的孔洞率、孔的尺寸大小和数量又可分为烧结普通砖、多孔砖和空心砖。

一、烧结砖

烧结砖是以砂质黏土、页岩、煤矸石、粉煤灰为主要原料，经焙烧等工艺制成的矩形直角六面体块材，有普通砖（实心砖）、多孔砖和空心砖三种。普通砖按原料又分为烧结黏土砖（N）、烧结页岩砖（Y）、烧结粉煤灰砖（F）和烧结煤矸石砖（M）。

（一）烧结砖的工艺流程

烧结砖的工艺流程为：原料开采和处理→成型→干燥→焙烧→成品。

(1) 原料的开采和处理。

原料的开采在原料矿进行，当原料矿整体的化学成分和物理性能基本相同，质量均匀时，可采用任意方式开采；当不均匀时，可沿断面均匀取土。为了破坏黏土的天然结构，开采的原料需要经风化、混合搅拌、陈化和细碎处理过程。

(2) 成型。

烧结砖的成型方法依黏土的塑性不同，可采取不同的成型方法，其中有塑性挤出法或半硬挤出法。前者成型时坯体中含水大于 18%；后者坯体中含水小于 18%。

(3) 干燥。

砖坯成型后，含水量较高，如若直接焙烧，会因坯体内产生的较大蒸汽压使砖坯爆裂,甚至造成砖垛倒塌等严重后果。因此,砖坯成型后需要进行干燥处理,干燥后的砖坯含水要降至6%以下。干燥有自然干燥和人工干燥两种:前者是将砖坯在阴凉处阴干后再经太阳晒干,这种方法受季节限制;后者是利用焙烧窑中的余热对砖坯进行干燥,不受季节限制。干燥中常出现的问题是干燥裂纹,在生产中应严格控制。

(二) 焙烧原理

黏土是天然岩石经长期风化而成,其主要成分是高岭石($Al_2O_3 \cdot 2SiO_2 \cdot 2H_2O$),此外还含有石英砂、云母、碳酸钙、碳酸镁、铁质矿物、碱及一些有机杂质等,为多种矿物的混合体。

黏土制成坯体,经干燥然后入窑焙烧,焙烧过程中发生一系列物理化学变化,重新化合形成一些合成矿物和易熔硅酸盐类新生物。当温度升高达到某些矿物的最低共熔点时,易熔成分开始熔化,出现玻璃体液相并填充于不熔颗粒的间隙中将其黏结。此时,坯体孔隙率下降,密实度增加,强度也相应提高,这一过程称为烧结。砖坯在氧化气氛中焙烧,黏土中铁的化合物被氧化成红色的三价铁(Fe_2O_3),因此烧成的砖为红色。如砖坯开始在氧化气氛中焙烧,当达到烧结温度后(1000℃左右),再在还原气氛中继续焙烧,红色的三价铁被还原成青灰色的二价铁(FeO),即制成青砖。青砖的耐久性比红砖好。

按焙烧方法不同,烧结黏土砖又可分为内燃砖和外燃砖。内燃砖是将可燃性工业废渣(煤渣、含碳量高的粉煤灰、煤矸石等)以一定比例掺入黏土中(作为内燃原料)制坯,当砖坯在窑内被烧到一定温度后,坯体内的燃料燃烧而烧结成砖。内燃砖除了可节省外投燃料和部分黏土用量外,由于焙烧时热源均匀、内燃原料燃烧后留下封闭空隙,因此砖的表观密度减小,强度提高,保温隔热性能增强。

砖坯在焙烧的过程中,应注意温度的控制,避免产生欠火砖和过火砖。欠火砖焙烧火候不足,强度低、耐久性差。过火砖焙烧火候过头,有弯曲等变形。

(三) 烧结普通砖

根据国家标准《烧结普通砖》(GB 5101—2003)的规定,烧结普通砖按其主要原料分为黏土砖(N)、页岩砖(Y)、煤矸石砖(M)和粉煤灰砖(F)。

烧结普通砖的规格为240mm×115mm×53mm(公称尺寸)的直角六面体。在烧结普通砖砌体中,加上灰缝10mm,每4块砖长、8块砖宽或16块砖厚均为1m。1m^3砖砌体需用砖512块。

1. 主要技术性质

根据国家标准《烧结普通砖》(GB 5101—2003)的规定,烧结普通砖的技术要求包括:尺寸偏差、外观质量、强度、抗风化性能、泛霜、石灰爆裂及欠火砖、酥砖和螺纹砖(过火砖)等,并按抗压强度划分为MU30、MU25、MU20、MU15及MU10五个强度等级,产品分为优等品(A)、一等品(B)和合格品(C)三个质量等级。

(1) 尺寸偏差。

根据20块试样的公称尺寸检验结果评定烧结普通砖的尺寸偏差,并符合表8-1的要求。

表 8-1　　　　　　　　　　　烧结普通砖的尺寸偏差　　　　　　　　　　单位：mm

公称尺寸	优等品		一等品		合格品	
	样本平均偏差	样品极差不大于	样本平均偏差	样品极差不大于	样本平均偏差	样品极差不大于
长度 240	±2.0	6	±2.5	7	±3.0	8
宽度 115	±1.5	5	±2.0	6	±2.5	7
厚度 53	±1.5	4	±1.6	5	±2.0	6

(2) 外观质量。

烧结普通砖的外观质量应符合表 8-2 的规定。产品中不允许有欠火砖、酥砖和螺旋纹砖（过火砖），否则为不合格品。

表 8-2　　　　　　　　　　烧结普通砖的外观质量要求　　　　　　　　　单位：mm

项　目		优等品	一等品	合格品
两条面高度差，不大于		2	3	4
弯曲，不大于		2	3	4
杂质凸出高度，不大于		2	3	4
缺棱掉角的三个破坏尺寸，不得同时大于		5	20	30
裂纹长度，不大于	大面上宽度方向及其延伸至条面的长度	30	60	80
	大面上长度方向及其延伸至顶面的长度或条顶面上水平裂纹的长度	50	80	100
完整面，不小于		二条面和二顶面	一条面和一顶面	—
颜色		基本一致	—	—

注　1. 为装饰而施加的色差、凹凸纹、拉毛、压花等不算作缺陷。
　　2. 凡有下列缺陷之一者，不得称为完整面：
　　　a. 缺损在条面或顶面上造成的破坏面尺寸同时大于 10mm×10mm。
　　　b. 条面或顶面上裂纹宽度大于 1mm，其长度超过 30mm。
　　　c. 压陷、粘底、焦花在条面或顶面上的凹陷或凸出超过 2mm，区域尺寸同时大于 10mm×10mm。

(3) 强度等级。

烧结普通砖取 10 块试样抗压强度的试验结果，应符合表 8-3 的要求。

表 8-3　　　　　　　　　烧结普通砖和多孔砖的强度　　　　　　　　单位：MPa

强度等级	抗压强度平均值 $\bar{f}$，不小于	变异系数 $\delta \leqslant 0.21$	变异系数 $\delta > 0.21$
		抗压强度标准值 f_k，不小于	单块最小抗压强度 f_{min}，不小于
MU30	30.0	22.0	25.0
MU25	25.0	18.0	22.0
MU20	20.0	14.0	16.0
MU15	15.0	10.0	12.0
MU10	10.0	6.5	7.5

(4) 泛霜。

原料中可溶性盐类（如硫酸钠等），随着砖内水分蒸发而在砖表面产生的盐析现象，称为泛霜。一般为白色粉末，常在砖表面形成絮团状斑点。国家标准规定，优等品砖不允许有泛霜现象；一等品砖不允许有中等泛霜；合格品砖不得有严重泛霜。

(5) 石灰爆裂。

石灰爆裂是指砖的坯体中夹杂有石灰石，当砖焙烧时，石灰石分解为生石灰留置于砖中，砖吸水后体内生石灰熟化产生体积膨胀而使砖发生胀裂破坏现象。

石灰爆裂对砖砌体影响较大，轻者影响美观，重者将使砖砌体强度降低直至破坏。国家标准规定，优等品砖不允许出现最大破坏尺寸大于2mm的爆裂区域；一等品砖不允许出现大于10mm爆裂区，且2～10mm爆裂区域每组砖样中不得多于15处；合格品砖不允许出现大于15mm的爆裂区域，且2～15mm爆裂区域每组砖样中不得多于15处，其中10～15mm的不得多于7处。

(6) 抗风化性能。

烧结普通砖的抗风化性是指能抵抗干湿变形、冻融变化等气候作用的性能。它是烧结普通砖的重要耐久性指标之一。对砖的抗风化性要求应根据各地区风化程度不同而定。将东北、西北及华北各省区划为严重风化区。山东省、河南省及黄河以南地区划为非严重风化区。特别严重风化区——东北、内蒙古及新疆地区的砖，必须进行冻融试验。其他省市区的砖，其抗风化性能以吸水率及饱和系数来评定，当符合表8-4的规定时，可不做冻融试验，评为抗风化性能合格，否则，必须进行上述冻融试验。

表8-4　　　　　　　　砖的抗风化性能

砖种类	严重风化区				非严重风化区			
	5h沸煮吸水率（％），不大于		饱和系数，不大于		5h沸煮吸水率（％），不大于		饱和系数，不大于	
	平均值	单块最大值	平均值	单块最大值	平均值	单块最大值	平均值	单块最大值
黏土砖	18	20	0.85	0.87	19	20	0.88	0.90
粉煤灰砖	21	23			23	25		
页岩砖 煤矸石砖	16	18	0.74	0.77	18	20	0.78	0.80

注　粉煤灰掺入量（体积比）小于30％时，按黏土砖规定判定。

2. 烧结普通砖的应用

烧结普通砖具有良好的绝热性、透气性、耐久性和热稳定性等特点，在建筑工程中主要用于墙体材料，其中，中等泛霜的砖不得用于潮湿部位。烧结普通砖可用于砌筑柱、拱、烟囱、窑身、沟道及基础；可与轻混凝土、加气混凝土等隔热材料复合使用，砌成两面为砖，中间填充轻质材料的复合墙体；在砌体中配置适当钢筋和钢筋网成为配筋砖砌体，可代替钢筋混凝土柱、过梁。

由于砖砌体的强度不仅取决于砖的强度，而且受砂浆性质的影响很大。故在砌筑前砖应进行浇水湿润，同时应充分考虑砂浆的和易性及铺砌砂浆的饱满度。

以黏土为原料的烧结普通砖虽然价格低廉，历史悠久，但黏土砖具有大量毁坏良田、自重大，能耗高，尺寸小，施工效率低，抗震性能差等缺点，已被列为禁止生产使用的建筑材料（除古建筑修复外）。烧结非黏土砖系指制砖原料主要不是使用黏土的一类烧结普通砖，其生产工艺相对简单，设备投资少，基本利用原有的烧结黏土砖设备即可生产，且能消耗大量的粉煤灰、煤矸石等工业废渣，具有一定的发展潜力。但从建筑节能的长远角度看，烧结非黏土砖不是未来产品的发展方向。

（四）烧结多孔砖和空心砖

烧结多孔砖的孔洞率要求大于16%，一般超过25%，孔洞尺寸小而多，且为竖向孔。多孔砖使用时孔洞方向平行于受力方向。主要用于六层及以下的承重砌体。烧结空心砖的孔洞率大于35%，孔洞尺寸大而少，且为水平孔。空心砖使用时的孔洞通常垂直于受力方向。主要用于非承重砌体。

多孔砖的技术性能应满足国家规范《烧结多孔砖》（GB 13544—2000）的要求。根据其尺寸规格分为 M 型和 P 型两类，见图 8-1 和表 8-5。圆孔直径必须≤22mm，非圆孔内切圆直径≤15mm，手抓孔一般为（30～40）mm×（75～85）mm。空心砖规格尺寸较多，常见形式见图 8-2。

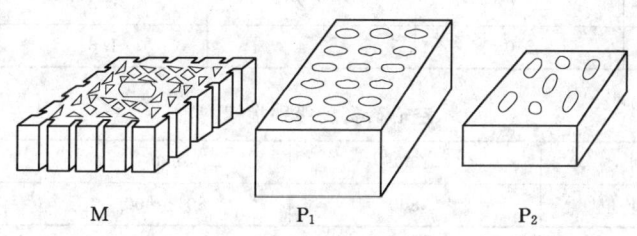

图 8-1 烧结多孔砖

表 8-5　　　　　　　　　烧结多孔砖规格尺寸　　　　　　　　　单位：mm

代号	长度	宽度	厚度
M	190	190	90
P	240	115	90

与烧结普通砖相比，多孔砖和空心砖可节省黏土20%～30%，节约燃料10%～20%，减轻自重30%左右，且烧成率高，施工效率高，并改善绝热性能和隔声性能。

多孔砖根据抗压强度平均值和抗压强度标准值或抗压强度最小值分为 MU30、MU25、MU20、MU15、MU10 共五个强度等级。强度指标与烧结普通砖相同。并根据强度等级、尺寸偏差、外观质量和耐久性指标划分为优等品（A）、一等品（B）和合格品（C）。

空心砖的技术性能应满足国家规范《烧结空心砖与砌块》（GB 13545—1992）的要求。根据大面和条面抗压强度分为 5.0、3.0、2.0 三个强度等级，同时按表观密度分为 800、900、1100 三个密度级别。并根据尺寸偏差、外观质量、强度等级和耐久性等分为优等品（A）、一等品（B）和合格品（C）三个等级。各技术指标见表 8-6 和表 8-7。

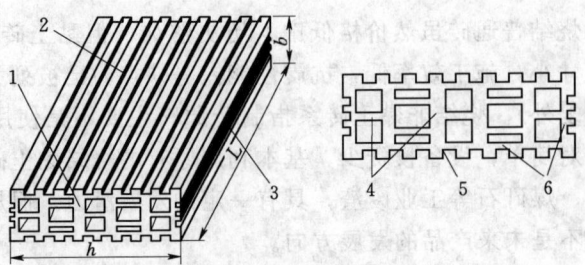

图8-2 烧结空心砖
1—顶面；2—大面；3—条面；4—肋；5—凹线槽；6—外壁；
L—长度；b—宽度；h—高度

表8-6 空心砖强度等级划分标准

等级	强度等级（MPa）	大面抗压强度（MPa）		条面抗压强度（MPa）	
		平均值不小于	单块最小值不小于	平均值不小于	单块最小值不小于
优等品	5.0	5.0	3.7	3.4	2.3
一等品	3.0	3.0	2.2	2.2	1.4
合格品	2.0	2.0	1.4	1.6	0.9

表8-7 空心砖密度级别指标

密度级别	800	900	1100
五块砖表观密度平均值	≤800	801~900	901~1100

多孔砖和空心砖的抗风化性能、石灰爆裂性能、泛霜性能等耐久性技术要求与烧结普通砖基本相同，吸水率相近。

二、蒸养（压）砖

蒸养（压）砖属硅酸盐制品，是以含钙材料（石灰、电石渣等）和含硅材料（砂、粉煤灰、煤矸石、炉渣和页岩等）加水拌和、经成型、蒸养或蒸压而制成的。目前使用的主要有粉煤灰砖、灰砂砖和炉渣砖。其规格尺寸与烧结普通砖相同。

1. 粉煤灰砖

粉煤灰砖是以粉煤灰和石灰为主要原料，掺入适量石膏和炉渣，加水混合拌成坯料，经陈伏、轮碾、加压成型，再经常压或高压蒸汽养护而制成的实心砖。呈深灰色，表观密度约为$1500kg/m^3$。

根据部颁标准《粉煤灰砖》（JC 239—2001）的规定，粉煤灰砖按抗压强度和抗折强度分为MU30、MU25、MU20、MU15和MU10五个强度等级。其强度和抗冻性指标如表8-8所示。按尺寸偏差、外观质量、强度等级、干燥收缩分为优等品（A）、一等品（B）和合格品（C）三个质量等级。优等品的强度等级应不低于MU15。干燥收缩率：优等品应不大于0.60mm/m，一等品应不大于0.75mm/m，合格品应不大于0.80mm/m。

粉煤灰砖可用于工业与民用建筑的墙体和基础，但用于基础或用于易受冻融和干湿交替作用的建筑部位，必须使用一等砖和优等砖。粉煤灰砖不得用于长期受热（200℃以上)、受急冷急热和有酸性介质侵蚀的建筑部位。为避免或减少收缩裂缝的产生,用粉煤灰砖砌筑的建筑物,应适当增设圈梁及伸缩缝。

表 8-8　　　　　　　　　　粉煤灰砖的强度指标和抗冻性指标

强度等级	抗压强度（MPa），不小于		抗折强度（MPa），不小于		抗冻性	
	10块平均值	单块最小值	10块平均值	单块最小值	抗压强度（MPa），不小于	质量损失率，单块值≤2.0%
MU30	30.0	24.0	6.2	5.0	24.0	
MU25	25.0	20.0	5.0	4.0	20.0	
MU20	20.0	16.0	4.0	3.2	16.0	
MU15	15.0	12.0	3.3	2.6	12.0	
MU10	10.0	8.0	2.5	2.0	8.0	

2. 蒸压灰砂砖

蒸压灰砂砖是以石灰和砂为主要原料,经磨细、混合搅拌、陈化、压制成型和蒸压养护而制成。一般石灰占10%～20%,砂占80%～90%,其表观密度为1800～1900kg/m³。磨细的二氧化硅和氢氧化钙在高温高湿条件下反应生成具有胶凝性的水化硅酸钙凝胶,水化硅酸钙凝胶与$Ca(OH)_2$晶体共同将未反应的砂粒黏结起来,从而使砖具有强度。

根据国家标准《蒸压灰砂砖》(GB 11945—1999)规定,按抗压和抗折强度分为MU25、MU20、MU15和MU10四个强度等级。根据砖的尺寸偏差、外观质量、强度及抗冻性分为优等品(A)、一等品(B)和合格品(C)三个质量等级。

强度等级大于MU15的砖可用于基础及其他建筑部位。MU10砖可用于砌筑防潮层以上的墙体。但由于灰砂砖中的某些水化产物(氢氧化钙、碳酸钙等)不耐酸,也不耐热,因此不得用于长期受热高于200℃,受急冷急热交替作用或有酸性介质侵蚀的建筑部位,也不宜用于有流水冲刷的部位。

3. 炉渣砖

以煤燃烧后的炉渣为主要原料,加入适量石灰、石膏(或电石渣、粉煤灰)和水搅拌均匀,并经陈伏、轮碾、成型、蒸汽养护而成。炉渣砖按抗压强度和抗折强度分为MU20、MU15、MU10和MU7.5四个强度等级。

炉渣砖的抗冻性要求为:将吸水饱和的砖,经15次冻融循环后,单块砖的最大质量损失不超过2%,或试件抗压强度平均值的降低不超过25%,即为合格。

炉渣砖的使用注意事项:

(1) 由于蒸养炉渣砖的初期吸水速度较慢,故与砂浆的黏结性能差,在施工时应根据气候条件和砖的不同湿度及时调整砂浆的稠度。此外,应注意控制砌筑速度,尤其雨季施工时。当砌筑到一定高度后,要有适当间隔时间,以避免由于砌体游动而影响施工质量。

(2) 对经常受干湿交替及冻融作用的工程部位,最好使用高强度等级的炉渣砖,或采取水泥砂浆抹面等措施。

灰砂砖、粉煤灰砖及炉渣砖的规格尺寸均与普通黏土砖相同,可代替黏土砖用于一般工业与民用建筑的墙体和基础,其原材料主要是工业废渣,可节省土地资源,减少环境污染,是很有发展前途的砌体结构材料。但是这些砌墙砖收缩性很大且易开裂,由于应用历史较短,还需要进一步研究适用于这类砖的墙体结构和砌筑方法。

第二节 建 筑 砌 块

建筑砌块的尺寸大于砖,并且为多孔或轻质材料,主要品种有:混凝土空心砌块(包括小型砌块和中型砌块两类)、蒸压加气混凝土砌块、轻集料混凝土砌块、粉煤灰砌块、煤矸石空心砌块、石膏砌块、菱镁砌块、大孔混凝土砌块等。其中目前应用较多的是混凝土小型空心砌块、蒸压加气混凝土砌块、粉煤灰硅酸盐砌块和石膏砌块。

一、普通混凝土小型空心砌块

普通混凝土小型空心砌块主要由水泥、细骨料、粗骨料和外加剂经搅拌成型和养护而制成,空心率为25%~50%,可以采用工业化生产,是砌块建筑的主要建筑材料之一。

(一) 形状、规格

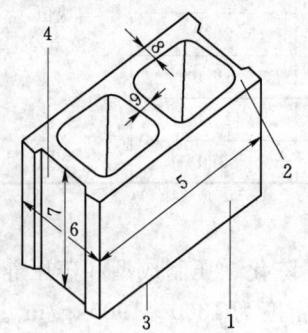

图8-3 混凝土小型空心砌块各部位名称
1—条面;2—坐浆面(肋厚较大的面);3—铺浆面(肋厚较小的面);4—顶面;5—长度;6—宽度;7—高度;8—壁;9—肋

混凝土砌块主规格尺寸为:390mm×190mm×190mm;辅规格:长有290mm、190mm和90mm三种尺寸,宽和高均为190mm,最小外壁厚应不小于30mm,最小肋厚应不小于25mm,小砌块空心率不小于25%。混凝土小型砌块各部位名称如图8-3所示(以普通单排孔砌块为例)。

根据国家标准《普通混凝土小型空心砌块》(GB 8239—1997)的规定,按尺寸允许偏差和外观质量,混凝土砌块分为优等品(A)、一等品(B)和合格品(C)三个等级。具体技术要求见表8-9和表8-10。

表8-9　　　　混凝土小型空心砌块的尺寸允许偏差　　　　单位:mm

项目名称	优等品(A)	一等品(B)	合格品(C)
长度	±2	±3	±3
宽度	±2	±3	±3
高度	±2	±3	+3/-4

表8-10　　　　混凝土小型空心砌块的外观质量要求

项目名称		优等品(A)	一等品(B)	合格品(C)
弯曲(mm),不大于		2	2	3
缺棱,掉角	个数/个,不大于	0	2	2
	三个方向投影的最小值(mm),不大于	0	20	30
	裂缝延伸的投影尺寸累计(mm),不大于	0	20	30

(二) 强度等级

根据混凝土砌块的抗压强度值划分为MU3.5、MU5.0、MU7.5、MU10.0、

MU15.0、MU20.0等六个强度等级。抗压强度试验根据标准 GB/T 419—1997 进行。每组 5 个砌块，上下表面用水泥砂浆抹平，经养护后进行抗压试验，以 5 个砌块的平均值和单块最小值确定砌块的强度等级，见表 8-11。

表 8-11　　　　　　　　　　混凝土空心砌块强度等级

强度等级	砌块抗压强度（MPa）	
	平均值不小于	单块最小值不小于
MU3.5	3.5	2.8
MU5.0	5.0	4.0
MU7.5	7.5	6.0
MU10.0	10.0	8.0
MU15.0	15.0	12.0
MU20.0	20.0	16.0

（三）相对含水率

相对含水率是指混凝土砌块出厂含水率与砌块的吸水率之比值，为控制收缩变形的重要指标。对年平均相对湿度 RH 大于 75% 的潮湿地区，相对含水率要求不大于 45%；对年平均相对湿度 RH 在 50%～75% 的地区，相对含水率要求不大于 40%；对年平均相对湿度 RH<50% 的地区，相对含水率要求不大于 35%。

（四）抗渗性

用于外墙面或有防渗要求的砌块，尚应满足抗渗性要求。它以 3 块砌块中任一块水面下降高度不大于 10mm 为合格。

此外，混凝土砌块的技术性质尚有抗冻性、干燥收缩值、软化系数和抗碳化性能等要求。

由于混凝土砌块的收缩较大，特别是肋厚较小，砌体的黏结面较小，黏结强度较低，砌体容易开裂，因此应采用专用砌筑砂浆和粉刷砂浆，以提高砌体的抗剪强度和抗裂性能，同时应增加构造措施。

二、蒸压加气混凝土砌块

蒸压加气混凝土砌块是以钙质材料和硅质材料及加气剂、少量调节剂，经配料、搅拌、浇筑成型、切割和蒸压养护而制成的多孔轻质块体材料。钙质材料多为石灰，硅质材料可分别采用水泥、矿渣、粉煤灰、砂等。

根据国家标准《蒸压加气混凝土砌块》（GB 11968—2006）规定，对蒸压加气混凝土砌块的主要技术要求有：

(1) 规格尺寸。

砌块的规格（公称尺寸）：长度一般为 600mm；宽度有 100、125、150、200、250、300mm 及 120、180、240mm 等九种规格；高度有 200、240、250、300mm 四种规格。在实际应用中，不同规格尺寸的砌块可以根据需要生产。

(2) 强度及等级。

加气混凝土砌块的强度级别是将试样加工成 100mm×100mm×100mm 的立方体试

件，一组三块，以平均抗压强度划分为 A1.0、A2.0、A2.5、A3.5、A5.0、A7.5、A10.0 共七个级别，见表 8-12。

表 8-12　　　　　　　　　　蒸压加气混凝土砌块的强度

强度级别	A1.0	A2.0	A2.5	A3.5	A5.0	A7.5	A10.0
立方体抗压强度平均值（MPa），不小于	1.0	2.0	2.5	3.5	5.0	7.5	10.0
立方体抗压强度最小值（MPa），不小于	0.8	1.6	2.0	2.8	4.0	6.0	8.0

加气混凝土砌块根据尺寸偏差和外观质量（缺棱掉角、裂纹长度、平面弯曲、爆裂、疏松、层裂等）、干密度、抗压强度和抗冻性划分为优等品（A）、合格品（B）两个等级。

（3）密度级别。

加气混凝土砌块根据干燥状态下的体积密度划分为 B03、B04、B05、B06、B07、B08 共六个级别。各体积密度级别参见表 8-13，体积密度和强度级别对照表参见表 8-14。

表 8-13　　　　　　　　　　蒸压加气混凝土砌块的干体积密度

体积密度级别		B03	B04	B05	B06	B07	B08
体积密度（$kg \cdot m^{-3}$）	优等品	300	400	500	600	700	800
	一等品	330	430	530	630	730	830
	合格品	350	450	550	650	750	850

表 8-14　　　　　　　　　　蒸压加气混凝土体积密度级别和强度级别对照

体积密度级别		B03	B04	B05	B06	B07	B08
强度级别	优等品			A3.5	A5.0	A7.5	A10.0
	一等品	A1.0	A2.0	A3.5	A5.0	A7.5	A10.0
	合格品			A2.5	A3.5	A5.0	A7.5

此外，加气混凝土砌块尚应满足干燥收缩、抗冻性、导热和隔声等性能的技术要求。

三、轻骨料混凝土小型砌块

轻骨料混凝土小型空心砌块是以粉煤灰陶粒、黏土陶粒、页岩陶粒、膨胀珍珠岩等各种轻骨料配以水泥、砂制作而成，其生产工艺与普通混凝土小型空心砌块类似。

国标《轻集料混凝土小型砌块》（GB/T 1522—2002）规定，砌块主规格尺寸为 390mm×190mm。按砌块内孔洞排数分为：实心（0）、单排孔（1）、双排孔（2）、三排孔（3）和四排孔（4）五类。砌块表观密度分为：500、600、700、800、900、1000、1200 及 1400 等八个等级，其中，用于围护结构或保温结构的实心砌块表观密度不应大于 800kg/m^3。砌块按抗压强度分为 10.0、7.5、5.0、3.5、2.5、1.5 等六个强度等级。按砌块尺寸偏差及外观质量分为一等品（B）及合格品（C）两个质量等级。

与普通混凝土小型空心砌块相比，轻骨料混凝土小型空心砌块质量更轻，保温性能、隔声性能、抗冻性能更好。主要应用于非承重结构的围护和框架结构填充墙。

四、粉煤灰砌块和粉煤灰小型空心砌块

粉煤灰砌块又称粉煤灰硅酸盐砌块，是以粉煤灰、石灰、石膏和骨料，经加水搅拌、

振动成型、蒸汽养护而制成的实心砌块。粉煤灰砌块的主规格尺寸为 880mm×380mm×240mm 和 880mm×430mm×240mm 两种。《粉煤灰砌块》(JC 238—1991) 规定，粉煤灰砌块根据外观质量和尺寸偏差及干缩性分为一等品（B）和合格品（C）两种。砌块的抗压强度、碳化后强度、抗冻性能和密度等要求应符合表 8-15 的规定。

表 8-15　　粉煤灰砌块的性能指标

项　目	指　标	
	10 级	13 级
抗压强度（MPa）	3 块试块平均值不小于 10.0 单块最小值不小于 8.0	3 块试块平均值不小于 13.0 单块最小值不小于 10.5
人工碳化后强度（MPa）	不小于 6.0	不小于 7.5
抗冻性	冻融循环结束后，外观无明显疏松、剥落或裂缝，强度损失不大于 20%	
密度（kg/m³）	不超过设计密度 10%	
干缩值（mm/m）	一等品不大于 0.75，合格品不大于 0.90	

粉煤灰小型空心砌块是指以水泥、粉煤灰、各种轻重骨料为主要材料，也可加入外加剂，经配料、搅拌、成型、养护制成的空心砌块。根据标准《粉煤灰小型空心砌块》(JC 862—2000) 的要求，其孔排数可为单排孔、双排孔、三排孔或四排孔；按尺寸偏差、外观质量、碳化系数等可分为优等品、一等品和合格品三个等级；按平均强度和最小强度可分为 2.5、3.5、5.0、7.0、10.0、15.0 六个强度等级；优等品、一等品和合格品的碳化系数分别不小于 0.80、0.75 和 0.70；其软化系数应不小于 0.75；干燥收缩率不大于 0.60%。其施工应用与普通混凝土小型空心砌块类似。

五、石膏砌块

石膏砌块是以建筑石膏为原料，经料浆拌和、浇筑成型、自然干燥或烘干而制成的轻质块状墙体材料，也可采用各种工业副产石膏如脱硫石膏等生产。在保证石膏砌块各种技术性能的同时，掺加膨胀珍珠岩、陶粒等轻骨料；或在采用高强石膏的同时掺入大量的粉煤灰、炉渣等废料，以降低制造成本、保护和改善生态环境。若在石膏砌块内部掺入水泥或玻璃纤维等增强增韧组分，可极大地改善砌块的物理力学性能。

石膏砌块的外形一般为平面长方体，通常在纵横四边设有企口。按照其生产原材料，可分为天然石膏砌块和工业副产石膏砌块；按照其结构特征，可分为实心石膏砌块和空心石膏砌块；按照其防水性能，可分为普通石膏砌块和防潮石膏砌块；按照其规格形状，可分为标准规格、非标准规格和异型砌块。石膏砌块的导热系数一般小于 0.15W/(m·K)，是良好的节能墙体材料，而且具有良好的隔声性能。主要用于框架结构或其他构筑物的非承重墙体。

六、泡沫混凝土砌块

泡沫混凝土砌块可分为两种：一种是在水泥和填料中加入泡沫剂和水等，经机械搅拌、成型、养护而成的多孔、轻质、保温隔热材料，又称为水泥泡沫混凝土；另一种是以粉煤灰为主要材料，加入适量的石灰、石膏、泡沫剂和水经机械搅拌、成型、蒸压或蒸养而成的多孔、轻质、保温隔热材料，又称为硅酸盐泡沫混凝土。泡沫混凝土砌块的外形、物理力学性质均类似于加气混凝土砌块，其表观密度为 300~1000kg/m³，抗压强度为 0.7~3.5MPa，导热性、吸音性和隔音性均较好，干缩值为 0.6~1.0mm/m 之间。主要用作绝热材料。

第三节 建筑墙板

随着建筑结构体系的改革和大开间多功能框架结构的发展，各种轻质和复合墙板也蓬勃兴起。以板材为围护墙体的建筑体系具有质轻、节能、施工方便快捷、使用面积大、开间布局灵活等特点，因此具有良好的发展前景。

我国目前可用于墙体的板材品种很多，有承重用的预制混凝土大板，质轻的石膏板和加气硅酸盐板，各种植物纤维板及轻质多功能复合板材等。现就常用的几种墙板进行介绍。

一、石膏墙板

石膏墙板是以石膏为主要原料制成的墙板的统称，包括纸面石膏板、石膏纤维板、石膏空心条板、石膏刨花板等，主要用作建筑物的隔墙、吊顶等。

普通纸面石膏板是以建筑石膏为主要原料，掺入适量轻集料、纤维增强材料和外加剂构成芯材，并与护面纸牢固地黏结在一起的建筑板材。纸面石膏板按照其用途可分为普通纸面石膏板（P）、耐水纸面石膏板（S）和耐火纸面石膏板（H）三种。耐水纸面石膏板是以建筑石膏为主要原料，掺入适量纤维增强材料和耐水外加剂等构成耐水芯材，并与耐水护面纸牢固地黏结在一起的吸水率较低的建筑板材。耐火纸面石膏板是以建筑石膏为主要原料，掺入适量轻集料、无机耐火纤维增强材料和外加剂构成耐火芯材，并与护面纸牢固地黏结在一起的改善高温下芯材结合力的建筑板材。

石膏纤维板由熟石膏、纤维（废纸纤维、木纤维或有机纤维）和多种添加剂加水配制而成，按照其结构主要有三种：一种是单层均质板，一种是三层板，上下面层为均质板，芯层为膨胀珍珠岩、纤维和胶料组成，还有一种为轻质石膏纤维板，由熟石膏、纤维、膨胀珍珠岩和胶料组成，主要做天花板。石膏纤维板不以纸覆面，并采用半干法生产，可减少生产和干燥时的能耗，且具有较好的尺寸稳定性和防火、防潮、隔音性能，以及良好的可加工性和二次装饰性。

石膏空心条板是以熟石膏为胶凝材料，掺入适量的水、粉煤灰或水泥和少量的纤维，并掺入膨胀珍珠岩为轻质骨料，经搅拌、成型、抽芯、干燥等工序制成的空心条板，包括石膏、石膏珍珠岩、石膏粉煤灰硅酸盐空心条板等。

石膏刨花板以熟石膏为胶凝材料，木质刨花碎料为增强材料，外加适量的水和化学缓凝剂，经搅拌形成半干性混合料，在 2.0~3.5MPa 的压力下成型并维持在该受压状态下完成石膏和刨花的胶结而形成的板材。

以上几种板材均是以熟石膏作为胶凝材料和主要成分，其性质接近，主要特性有：

（1）防火性好。石膏板中的二水石膏含 20% 左右的结晶水，在高温下能释放出水蒸气，降低表面温度、阻止热的传导或窒息火焰达到防火效果，且不会产生有毒气体。

（2）绝热、吸声性能好。导热系数一般小于 0.20W/(m·K)，表观密度小于 900kg/m³

故具有较好的吸声效果。

(3) 抗震性能好。石膏板表观密度小，结构整体性强，特别适用于地震区的中高层建筑。

(4) 强度低。石膏板的强度均较低，一般只能作为非承重的隔墙板。

(5) 耐干湿循环性能差，耐水性差。故石膏板不宜在潮湿环境中使用。

二、纤维复合板

纤维复合板的基本形式有三类：第一类是在胶结料中掺加各种纤维质材料经"松散"搅拌复制在长纤维网上制成的纤维复合板；第二类是在两层刚性胶结材之间填充一层柔性或半硬质纤维复合材料，通过钢筋网片，连接件和胶结作用构成复合板材；第三类是以短纤维复合板作为面板，再用轻钢龙骨等复制岩棉保温层和纸面石膏板构成复合墙板。复合纤维板材集轻质、高强、高韧性和耐水性于一体，可以按要求制成任意规格的形状和尺寸，适用于外墙及内墙面承重或非承重结构。

根据所用纤维材料的品种和胶结材的种类，目前主要品种有：纤维增强水泥平板（TK板）、玻璃纤维增强水泥复合内隔墙平板和复合板（GRC外墙板）、混凝土岩棉复合外墙板（包括薄壁混凝土岩棉复合外墙板）、石棉水泥复合外墙板（包括平板）、钢丝网岩棉夹芯板（GY板）等十几种。

1. GRC板材（玻璃纤维增强水泥复合墙板）

GRC平板由耐碱玻璃纤维、低碱度水泥、轻集料和水为主要原料所制成。它具有密度低、韧性好、耐水、不燃烧、可加工性好等特点。其生产工艺主要有两种，即喷射－抽吸法和布浆－脱水－辊压法，前种方法生产的板材又称为S-GRC板，后种称为雷诺平板。

以上两种板材的主要技术性质有：密度不大于$1200kg/m^3$抗弯强度不小于8MPa抗冲击强度不小于$3kJ/m^2$，干湿变形不大于0.15%，含水率不大于10%，吸水率不大于35%，导热系数不大于$0.22W/(m·K)$，隔音系数不小于22dB等。GRC平板可以作为建筑物的内隔墙和吊顶板，经过表面压花、覆涂之后也可用作建筑物的外墙。

GRC轻质多孔条板是以耐碱玻璃纤维为增强材料，以硫铝酸盐水泥轻质砂浆为基材制成的具有若干圆孔的条形板。GRC轻质多孔条板的生产方式很多，有挤压成型、立模成型、喷射成型、预拌泵注成型、铺网抹浆成型等。参照国标《玻璃纤维增强水泥轻质多孔隔墙条板》（GB/T 19631—2005）规定，GRC轻质多孔隔墙条板按板的厚度分为60型、90型和120型（单位为mm），按板型分为普通板（PB）、门框板（MB）、窗框板（CB）和过梁板（LB）。GRC轻质多孔隔墙条板按其外观质量、尺寸偏差及物理力学性能分为一等品（B）和合格品（C）。

2. 纤维增强水泥平板（TK板）

纤维增强水泥平板是以低碱水泥、中碱玻璃纤维或短石棉纤维为原料，在圆网抄取机上制成的薄型建筑平板。根据抗压强度分为100号、150号和200号三种TK板，吸水率分别为<32%、<28%、<28%；抗冲击强度大于$2.5kJ/m^2$；耐火极限为9.3～9.8min；导热系数为$0.58W/(m·K)$。常用规格为：长1220、1550、1800mm，宽820mm，厚40、50、60、80mm。适用于框架结构的复合外墙板和内墙板。

3. 石棉水泥复合外墙板

这种复合板是以石棉水泥平板（或半波板）为覆面板，填充保温芯材，以石膏板或石棉水泥板为内墙板，用龙骨为骨架，经复合而成的一种轻质、保温非承重外墙板。其主要特性由石棉水泥平板决定，它是以石棉纤维和水泥为主要原料，经抄坯、压制、养护而成的薄型建筑平板。表观密度1500~1800kg/m³，抗折强度17~20MPa。

4. 钢丝网架水泥岩棉夹芯板（简称GY板）

这是一种采用钢丝网片和半硬质岩棉复合而成的墙板。板厚100mm，其中岩棉50mm，两面水泥砂浆各25mm，自重约110kg/m²，热绝缘系数0.8m²·K/W，隔声系数大于40dB。适用于建筑物的承重或非承重墙体，也可预制配有门窗及各种异形构件。

5. 纤维增强硅酸钙板

通常称为"硅钙板"，是由钙质材料、硅质材料和纤维作为主要原料，经制浆、成坯、蒸压养护而成的轻质板材，其中建筑用板材厚度一般为5~12mm。生产纤维增强硅酸钙板的钙质原料为消石灰或普通硅酸盐水泥，硅质原料为磨细石英砂、硅藻土或粉煤灰，纤维可用石棉或纤维素纤维。同时，为进一步降低板的密度并提高其绝热性，可掺入膨胀珍珠岩；为进一步提高板的耐火极限温度并降低其在高温下的收缩率，有时也加入云母片等材料。根据标准《纤维增强硅酸钙板》（JC/T 564—2000）规定，硅钙板按其密度可分为D0.8、D1.0、D1.3三种。

该板材具有密度低、比强度高、湿胀率小、防火、防潮、防霉蛀、加工性良好等优点，主要用作高层、多层建筑或工业厂房的内隔墙和吊顶，经表面防水处理后可用作建筑物的外墙板。由于该板材具有很好的防火性，特别适用于高层、超高层建筑的墙体。

三、混凝土墙板

混凝土墙板由各种混凝土为主要材料加工制作而成。主要有蒸压加气混凝土板、轻骨料混凝土配筋墙板、挤压成型混凝土多孔条板等。

蒸压加气混凝土板是由钙质材料（水泥+石灰或水泥+矿渣）、硅质材料（石英砂或粉煤灰）、石膏、铝粉、水和钢筋组成的轻质板材。其内部含有大量微小、非连通的气孔，孔隙率达70%~80%，因而具有自重小、保温隔热性好、隔音性强等特点，同时具有一定的承载能力和耐火性，主要用作内、外墙板，屋面板或楼板。

轻骨料混凝土配筋墙板是以水泥为胶凝材料，陶粒或天然浮石为粗骨料，陶砂、膨胀珍珠岩砂、浮石砂为细骨料，经搅拌、成型、养护而制成的一种轻质墙板。为增强其抗弯能力，常常在内部轻骨料混凝土浇筑完后再铺设一层钢筋网片。在每块墙板内部均设置六块预埋铁件，施工时与柱或楼板的预埋钢板焊接相连，墙板接缝处需采取防水措施（主要有构造防水和材料防水两种）。

混凝土多孔条板是以混凝土为主要材料的轻质空心条板。按其生产方式有固定式挤压成型、移动式挤压成型两种；按其混凝土的种类有普通混凝土多孔条板、轻骨料混凝土多孔条板、VRC轻质多孔条板等。其中VRC轻质多孔条板是以快硬型硫铝酸盐水泥掺入35%~40%的粉煤灰为胶凝材料，以高强纤维为增强材料，掺入膨胀珍珠岩等轻骨料而制成的一种板材。以上混凝土多孔条板主要用作建筑物的内隔墙。

四、复合墙板和墙体

单独一种墙板很难同时满足墙体的物理、力学和装饰性能要求,因此常常采用复合的方式满足建筑物内、外墙体的综合功能要求,由于该复合墙板和墙体品种繁多,下面仅介绍常用的几种复合墙板或墙体。

GRC复合外墙板是以低碱度水泥砂浆作为基材,耐碱玻璃纤维作为增强材料制成面层,内设钢筋混凝土肋,并填充绝热材料作为内芯,一次制成的一种轻质复合墙板。

金属面夹芯板是近年来随着轻钢结构的广泛使用而产生的,通过黏结剂将金属面和芯层材料黏结。常用的金属面有钢板、铝板、彩色喷涂钢板、镀锌钢板、不锈钢板等,芯层材料主要有硬质聚氨酯泡沫塑料、聚苯乙烯泡沫塑料、岩棉等。

钢筋混凝土绝热材料复合外墙板包括承重混凝土岩棉复合外墙板和非承重薄壁混凝土岩棉复合外墙板。承重复合墙板主要用于大模和大板高层建筑,非承重复合墙板主要用于框架轻板和高层大模体系的外墙工程。

石膏板复合墙板是以石膏板为面层、绝热材料(通常采用聚苯乙烯泡沫塑料、岩棉或玻璃棉等)为芯材的预制复合板。石膏板复合墙体是以石膏板为面层、绝热材料为绝热层,并设有空气层与主体外墙进行现场复合而成的外墙保温墙体。

第四节 天 然 石 料

凡是由天然岩石开采而得到的毛料,或经加工而制成的块状或板状岩石,统称为石材。石材是古老的建筑材料之一,由于其抗压强度高,耐磨、耐久性好、美观而且便于就地取材,所以现在仍然被广泛地使用。世界上许多古老建筑,如埃及的金字塔、意大利的比萨斜塔、我国福建泉州的洛阳桥、河北赵州桥等,还有现代建筑,如北京天安门广场的人民英雄纪念碑等,均由天然石材建造而成。石材的缺点是:自身质量大,脆性大,抗拉强度低,结构抗震性能差,开采加工困难。随着现代化开采与加工技术的进步,石材在现代建筑中,尤其在建筑装饰中的应用越来越广泛。

在建筑中,块状的毛石、片石、条石、块石等常用来砌筑建筑基础、桥涵、墙体、勒脚、渠道、堤岸、护坡与隧道衬砌等;石板用于内外墙的贴面和地面材料;页片状的石材可用作屋面材料。纪念性的建筑雕刻和花饰均可采用各种天然石材。散状的砂、砾石、碎石等广泛用于道路工程、水利工程等,是混凝土、砂浆以及人造石材的主要原料。有些天然石材还是生产砖、瓦、石灰、水泥、陶瓷、玻璃的建筑材料的主要原材料。

一、天然石材的技术性质

天然石材的技术性质决定于其组成矿物的种类、结构和它的构造特征。

(一)物理性质

1. 表观密度

石材表观密度与其矿物组成和孔隙率有关。致密的石材,如花岗岩、大理石等,其表观密度接近于其密度,约为$2500\sim3100kg/m^3$。而孔隙率较大的石材,如火山凝灰岩、浮石等,其表观密度约为$500\sim1700kg/m^3$。

天然石材按表观密度大小可分为重石和轻石两类,表观密度大于$1800kg/m^3$的为重石，表观密度小于 $1800kg/m^3$ 的为轻石。重石可用于土木工程的基础、贴面、地面、房屋外墙、桥梁及水工构筑物等；轻石主要用作墙体材料。

2. 吸水性

岩石吸水性的大小与其孔隙率及孔隙特征有关。深成岩及许多变质岩，它们的孔隙率都很小，吸水率也较小。如花岗岩的吸水率小于0.5%；沉积岩的孔隙率及孔隙特征变化很大，吸水率波动也很大。如致密的石灰岩其吸水率可小于1%，而多孔的贝壳石灰岩的吸水率可高达15%。一般岩石吸水率低于1.5%的称为低吸水性岩石；吸水率高于3.0%的岩石称为高吸水性岩石；吸水率介于1.5%～3.0%的岩石称为中吸水性岩石。

石料吸水后其强度会降低、耐水性及抗冻性变差，导热性增大。

3. 抗冻性

石材的抗冻性和其矿物组成、晶粒大小及分布均匀性、天然胶结物性质等有关。石材在水饱和状态下，经规定次数的反复冻融循环，若无贯穿裂纹且质量损失不超过5%、强度损失不超过25%时，则为抗冻性合格。

4. 耐水性

根据软化系数（K）的大小，石材可分为高、中和低耐水性三等，$K>0.90$ 的石材为高耐度水性石材，$K=0.70\sim0.90$ 为中耐水性石材。$K=0.60\sim0.70$ 为低耐水性石材。一般 $K<0.80$ 的石材，不允许用于重要建筑。

5. 耐热性

石材的耐热性取决于其化学成分及矿物组成。含有石膏的石材，在100℃以上时开始破坏；含有碳酸镁的石材，当温度高于725℃时会发生破坏；含碳酸钙的石材，温度达827℃时开始破坏。由于石英和其他矿物所组成的结晶石材，如花岗岩等，当温度达到700℃以上时，由于石英受热发生膨胀，强度会迅速下降。

6. 导热性

石材的导热性主要与其表观密度和结构状态有关，重质石材导热系数可达2.91～3.49W/(m·K)。相同成分的石材，玻璃状态比结晶态的导热系数小。

（二）力学性质

1. 抗压强度

天然岩石抗压强度的大小，取决于岩石的矿物组成、结构与构造特征、胶结物质的种类及均匀性等因素。例如，组成花岗岩的主要矿物成分中石英是很坚强的矿物，其含量越高则花岗岩的强度也越高。而云母为片状矿物，易于分裂成柔软薄片。因此，岩石中云母含量越多，则其强度越低。结晶质石材强度较玻璃质的为高，等粒状结构的强度较斑状的高，构造致密的石材强度较疏松多孔的高，具有层状、带状或片状结构的石材，其垂直于层理方向的抗压强度较平行于层理方向的高。沉积岩由硅质物质胶结者，其抗压强度较大，石灰质物质胶结的次之，泥质物质胶结的则较小。

根据《砌体结构设计规范》（GB 50003—2001）规定，砌筑用石材的抗压强度是以边长为70mm的立方体抗压强度值表示，根据抗压强度值的大小，石材的强度等级分为MU100、MU80、MU60、MU50、MU40、MU30和MU20等七个等级。根据《天然饰面石材试验方法》规定，饰面石材干燥、水饱和的抗压强度是以边长为50mm的立方体

或 $\phi 50mm \times 50mm$ 的圆柱体抗压强度值表示。

2. 冲击韧性

天然岩石的抗拉强度比抗压强度小得多，约为抗压强度的 $1/14 \sim 1/50$，是典型的脆性材料。这是石材与金属材料和木材相区别的重要特征，也是限制其使用范围的重要原因。

岩石的冲击韧性取决于其矿物组成与结构。石英岩、硅质岩有很高的脆性，含暗色矿物较多的辉长岩、辉绿岩等具有对较好的韧性。通常，晶体结构的岩石较非晶体结构的岩石韧性好。

3. 耐磨性

耐磨性是指石材在使用条件下抵抗摩擦、边缘剪切以及冲击等复杂作用的性质。石材的耐磨性以单位面积磨耗量表示。石材耐磨性与其组成矿物质的硬度、结构、构造特征以及石材的抗压强度和冲击韧性等有关。组成矿物越坚硬、构造越致密以及石材的抗压强度和冲击韧性越高，则石材的耐磨性越好。

4. 硬度

岩石的硬度以莫氏或肖氏硬度表示，它取决于岩石组成矿物的硬度与构造。凡由致密、坚硬矿物组成的石材，其硬度就高。一般抗压强度高的，硬度较大。岩石的硬度较大，其耐磨性和抗刻划性能越好，但表面加工越困难。

（三）工艺性质

石材的工艺性质是指其对开采与加工的适应性，包括加工性、磨光性和易钻性等。

1. 加工性

加工性是指对岩石进行劈裂、破碎与凿琢等加工时的难易程度。影响石材加工性的主要因素有：强度和硬度、矿物成分和化学成分及岩石的结构构造。强度、硬度较高的石材，不易加工；石英和长石含量越高，越难加工；质脆而糙、有颗粒交错的结构、含有层状或片状构造以及已风化的岩石，都难以满足加工要求。

2. 磨光性

磨光性是指岩石能够研磨成光滑表面的性质。致密、均匀、细粒结构的岩石，一般都有良好的磨光性。通过一定的研磨、抛光工艺可获得光亮、洁净的表面，从而充分展天然石材斑斓的色彩和纹理质感，获得良好的装饰效果。疏松多孔、有鳞片状结构的岩石，磨光性均不好。

3. 易钻性

易钻性是指岩石钻孔的难易程度。影响易钻性的因素很复杂，一般与岩石的强度、硬冲击韧性等性质有关。

（四）石材的化学性质

应用于土木工程和建筑装饰工程的石材的化学性质，主要包括以下两个方面。

1. 石材自身的化学稳定性

通常情况下，可以认为石材的化学稳定性较好，但各种石材的耐酸性和耐碱性存在差别。例如大理石的主要成分是碳酸钙，易受化学介质的影响；而花岗石的化学成分为石英、长石等硅酸盐，其化学稳定性较大理石好。

2. 石材的化学性质对集料、结合料结合效果的影响

土木工程中配制水泥混凝土，沥青混凝土的集料可由石材轧制加工而成，因而，石材的化学性质将影响集料的化学性质，进而影响集料和水泥、沥青等结合料的结合效果。例如：沥青为酸性材料，利用碱性的石灰岩制备的沥青混合料的性能比利用酸性的花岗石、石英岩制备的沥青混合料的性能要好。

二、工程中常用的天然石料

土木工程在选用天然石材时，应根据建筑物的类型、使用要求和环境条件，再结合地方资源进行综合考虑，使所选用的石材满足适用、经济和美观的要求。

土木工程中常用的天然石材有毛（片）石、料石、石板、道碴、集料等。

(1) 毛石。是指形状不规则的块石，根据其外形又分为乱毛石和平毛石两种，前者系指各个面的形状均不规则的块石，后者指上、下两个面平行的块石。毛石主要用于砌筑建筑物基础、勒脚、墙身、挡土墙等。平毛石可用于铺筑园林中的小径石路，能形成不规则的拼缝图案，增加环境的自然美。

(2) 料石。是指经人工斩凿或机械加工成规则六面体的块石，通常又分为四种：

1) 毛料石。毛料石表面一般不经加工或仅稍加修整，为外形大致方正的石块。其厚度不小于200mm，长度通常为厚度的1.5～3倍，叠砌面凹凸深度不应大于25mm，抗压强度不得低于30MPa。

毛料石可用于桥梁墩台的镶面工程、涵洞的拱圈与帽石、隧道衬砌的边墙，也可以作为高大的或受力较大的桥墩台的填腹材料。

2) 粗料石。粗料石经过表面加工，外形较方正，截面的宽度、高度不应小于200mm，而且不小长度的1/4，叠砌面凹凸深度不应大于20mm。

粗料石的抗压强度视其用途而定，用作桥墩破冰体镶面时，不应低于60MPa；用作墩分水体时，不应低于40MPa；用于其他砌体镶面时，应不低于砌体内部石料的强度。

3) 半细料石。半细料石经过表面加工，外形方正，规格尺寸同粗料石，但叠砌面凹凸深度不应大于15mm。

4) 细料石。细料石表面经过细加工，外形规则，规格尺寸同粗料石，其叠砌面凹凸深度不应大于10mm。制作为长方形的称作条石，长、宽、高大致相等的称为方料石，楔形的称为拱石。

常用致密的砂岩、石灰岩、花岗石等经开采、凿制，至少应有一个面的边角整齐，以便相互合缝。料石常用于砌筑墙身、地坪、踏步、拱和纪念碑等；形状复杂的料石制品可用作柱头、柱基、窗台板、栏杆和其他装饰等。

(3) 石板。主要使用花岗岩和大理岩经机械加工而成。其中剁斧板、机刨板、粗磨板用于外墙面、柱面、地面等装饰。

近年来花岗石外饰面趋向于毛面花岗石为主，磨光花岗石仅作一些线条或局部衬托。这种毛面花岗石的制作工艺是将花岗石磨平，然后用高温火焰烧毛，看不出有色差，色彩均匀，无反光，给人视感舒适、自然美的享受。

(4) 道碴材料。道碴材料主要有碎石、砾石与砂三种。

1) 碎石道碴。由开采坚韧的岩浆岩或沉积岩，或是大粒径的砾石经过破碎而得到的。

碎石道碴按其粒径可分为：标准道碴（20～70mm），应用于新建、大修与维修铁道线路上；中道碴（15～40mm），应用于垫砂起道。碎石道碴的石质应是坚韧、耐磨、不易风化的，所含松软颗粒、尘屑不得超过规定限值。

2）砾石道碴。又分筛选砾石道碴与天然级配砾石道碴。

筛选砾石道碴是由粒径为 5～40mm 的天然级配的砾石，掺以规定数量的 5～40mm 的敲碎颗粒所组成。

天然级配砾石道碴是既有砾石，又有砂子的混合物。其中 3～60mm 的砾石约占混合物总量的 50%～80%，小于 3mm 的砂子约占混合物总量的 20%～50%。

砾石道碴同样应是坚韧、耐磨、不易风化的，所含松软颗粒、尘屑不得超过规定限值。

3）砂子道碴。基本上由坚韧的石英砂所组成，其中大于 0.5mm 的颗粒应超过总重量的 50%，尘末与黏土含量均不得超过规定值。

复习思考题

8-1 烧结普通砖的种类主要有哪些？其主要技术要求包括哪些方面？

8-2 试解释制成红砖与青砖的焙烧原理。为什么欠火砖、螺旋纹砖和酥砖不能用于工程？

8-3 烧结黏土砖在砌筑施工前为什么一定要浇水润湿？浸水过多或过少为什么不好？

8-4 何谓砖的泛霜和石灰爆裂？它们对建筑物有何影响？

8-5 烧结空心砖有何优越性？烧结多孔砖和烧结空心砖在规格、性能、应用等方面有何不同？

8-6 非烧结砖有哪几种？举例说明非烧结砖的强度来源。

8-7 常见的砌块有哪几种？砌块与烧结黏土砖相比，有什么优点？

8-8 石膏墙板主要有哪几种？简述石膏墙板的主要特性。

8-9 纤维复合板可分为哪几类？主要品种有哪些？

8-10 石材有哪些主要技术性质？影响石材抗压强度的主要因素有哪些？

第九章 木 材

木材是树木采伐后经过初步加工的树干或大枝，属于天然生长的有机高分子材料。在中国古代建筑中，木材是主要的建筑材料。随着现代工业与民用建筑向着高层、大跨、大荷载方向发展，木材作为结构材料存在的不足以及保护森林资源的需要，其结构用材的主体地位已被砖砌体、钢材、混凝土等代替，但由于原木、胶合板以及木材基复合材料等具有美观的天然纹理、容易加工、装饰效果好，因此在建筑门窗、地板及室内装修、园林仿古等方面，仍有大量应用。因此，木材与钢材、水泥被称为三大工程材料。

第一节 木材的分类、构造及物理性质

一、木材的分类

木材按其所产树种分为针叶树材和阔叶树材两大类。

（一）针叶树材

通常针叶树树叶细长如针，多为常绿树。树干通直高大，易得大材，其纹理顺直，材质均匀，木质较软而易于加工，又称软木材。针叶树强度较高、韧性较好，表观密度和胀缩变形较小，耐腐性较强，一般在土木工程中用作结构材料。常用树种有红松、落叶松、红豆杉、云杉、冷杉、柏木等。

（二）阔叶树材

阔叶树树叶宽大，叶脉成网状，大部分为落叶树。多数树种的树干通直部分较短，材质坚硬，难加工，又称硬木材。阔叶树材一般较重，强度高，但胀缩和翘曲变形大，易开裂，在建筑中常用作尺寸较小的装修和装饰灯等构件。对于具有美丽天然纹理的树种，特别适于作室内装修、家具及胶合板等。常用树种有水曲柳、桦木、榉木、榆木、柞木、樟木、栎木、核桃木、酸枣木等。

如做结构材料用途，《木结构设计规范》（GB 50005—2003）对各种材料的力学特性取值及结构计算方法等方面有具体要求和材料选用规定；装饰用材则需要根据其相对应标准进行选材。

二、木材的构造

木材的宏观和微观构造是决定木材性质的主要因素。不同树种、不同的生长环境条件，木材构造差别很大。因此研究木材的构造及构造对物理性能的影响通常从宏观和微观构造两个方面进行。

（一）木材的宏观构造

木材的宏观构造指的是木材构造形式不需借助仪器或仅用放大镜就能观察获得。通常，人们从树干的横切面（垂直于树轴的面）、经切面（通过树轴面的纵切面）和弦切面（平行于树轴的纵切面）三个切面上来分析木材宏观构造。其典型的宏观构造如图 9-1

所示。

通常，树木宏观构造可分为树皮、木质部和髓心三部分。土木工程领域，树皮是树木的表皮保护层，一般无使用价值；髓心是树木最早形成的木质部分，易于腐朽，故工程中一般也无用途；土木工程所应用的部分为木质部。木质部又分为心材和边材，接近树干中心木色较深的部分称为心材，靠近外围的部分色较浅的部分称为边材。相比边材，心材物理性能好，因此在土木工程领域，木材心材比边材更具使用价值。

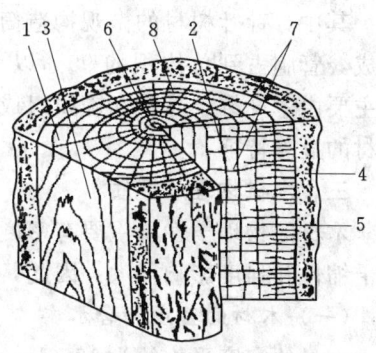

图9-1 木材的宏观构造
1—横切面；2—径切面；3—弦切面；
4—树皮；5—木质部；6—髓心；
7—髓线；8—年轮

从横切面上看，可以发现木质部具有深浅相同的同心圆环，俗称年轮。在同一年轮内，春季所形成的木质称为春材（早材），从夏季到秋季形成的木质称为夏材或秋材（晚材）。春材木质颜色较浅，质较松；夏材木质颜色较深，质较密。相同树种，年轮越密而均匀、材质越好，夏材部分愈多，木材强度愈高。

从髓心向外的一条条深色辐射线，称为髓线，髓线与周围组织连接较差，木材干燥时易沿此开裂。年轮和髓线组成了木材美丽的天然纹理。纹理美观但物理连接较弱，木结构梁、柱等构件若在使用中维护不到位、经常出现沿髓线开裂的裂缝。

（二）木材的微观构造

木材的微观构造需要借助显微镜才能观察获得。借助显微镜，我们可以发现针叶树种与阔叶树种的微观构造有较大差别，如图9-2和图9-3所示。

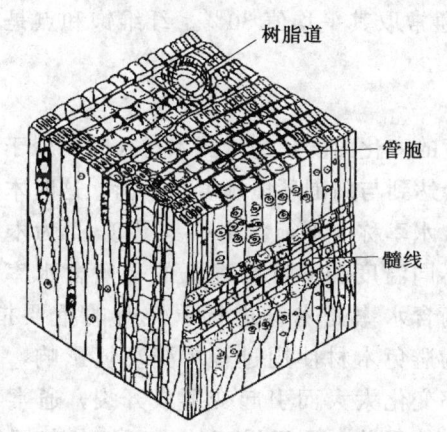 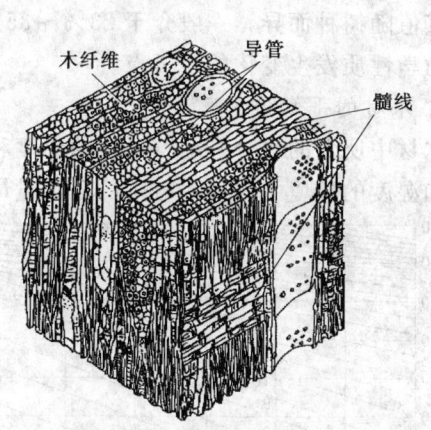

图9-2 针叶树马尾松微观构造　　　图9-3 阔叶树柞木微观构造

在显微镜下可以观察到，木材由无数细小空腔的管状细胞紧密结合而成。细胞又包含细胞壁和细胞腔，其中细胞壁由细纤维组成。细胞纤维纵向连接比横向连接牢靠，造成细胞壁纵向强度高，横向强度低。由此可见，细胞本身的微观构造决定了木材的物理性质。

木材的细胞壁越厚，细胞腔越小，木材越密实，其表观密度和强度也越大，但胀缩变形也越大。夏材与春材相比，细胞壁厚腔小，因此构造比春材密实。

其中，针叶树材的微观构造简单而规则，此类树材微观由管胞、髓线和树脂道三部分组成，管胞占到总体积的90%以上，髓线较细而不明显。阔叶树材显微构造比较复杂，其主要由木纤维、导管和髓线组成。最大特点是髓线发达，粗大而明显，这也是鉴别阔叶树材的显著特征。

三、木材物理学性质

木材的物理学性质主要有密度、含水率、湿胀干缩、强度等。其中含水率对木材的湿胀干缩性和强度影响很大。因此，木材含水率是其主要的物理性质之一。

（一）木材的密度和含水率

木材的密度平均约为1550kg/m³，表观密度400～900kg/m³。表观密度变化较大，与木材的种类和含水率有关。通常以含水率为15%（标准含水率）时的表观密度为准。

木材的含水率是指木材中所含水的质量占干燥木材质量的百分数。新伐木材的含水率在35%以上；风干木材的含水率为15%～25%；室内干燥木材的含水率常为8%～15%。木材含水率不同，物理性质有所不同。

1. 木材中的水分

木材吸水能力很强，其含水量随所处环境湿度变化而变化。木材所含水分可分三种：自由水、吸附水和结合水。自由水是存在于木材细胞腔和细胞间隙中的水分，吸附水是吸附在细胞壁内细纤维之间的水分，结合水是木材中的化合水。自由水的变化通常只影响木材的表观密度、保水性、燃烧性、干燥性，而吸附水则影响木材强度和胀缩变形性质。结合水在常温下不变化，对木材性质无影响。

2. 木材的纤维饱和点

当木材中无自由水，而细胞壁内吸附水达到饱和点时，此时的含水率称为纤维饱和点。其值随树种而异，一般介于23%～35%，通常取其平均值30%。纤维饱和点是木材物理力学性质发生变化的转折点。

3. 木材的平衡含水率

木材中所含的水分是随着环境的温度和湿度的变化而变化的，当木材长时间处于一定温度和湿度的环境中时，木材中的含水量最后会达到与周围环境湿度相平衡，这时木材的含水率称为平衡含水率。图9-4为木材在不同温度和湿度环境下的平衡含水率。平衡含水率是木材进行干燥时的重要指标。为避免木材使用过程中受环境影响，含水率变化太大而引起变形或开裂，通常木材在使用前，须干燥至使用环境长年平均的含水率。一般我国北方为12%左右，南方约为18%，长江流域大约15%。

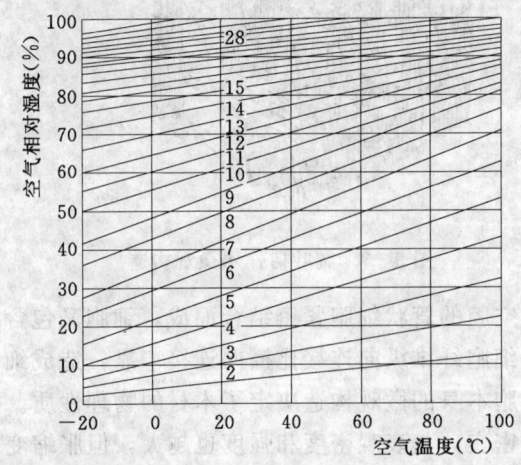

图9-4 木材平衡含水率

（二）木材的湿胀干缩

木材的湿胀干缩指的是细胞壁内吸附水的变化引起的木材变形。当木材的含水率在纤维饱和点以下时，木材中无自由水，除结合水外,其余水分吸附在细胞壁上。随着含水率的增大,吸附水分增加使得木材体积膨胀,随着含水量减小,木材体积收缩。而当木材含水率在纤维饱和点以上,仅自由水增减变化时,木材的体积不发生变化。木材含水率与其胀缩变的关系如图9-5所示,从图中可以看出,纤维饱和点是木材发生湿胀干缩变形的转折点。

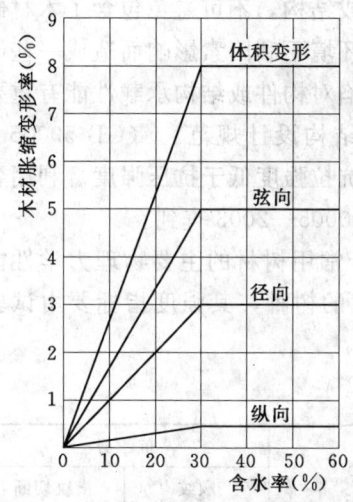

图9-5 木材含水率与胀缩
变形的关系

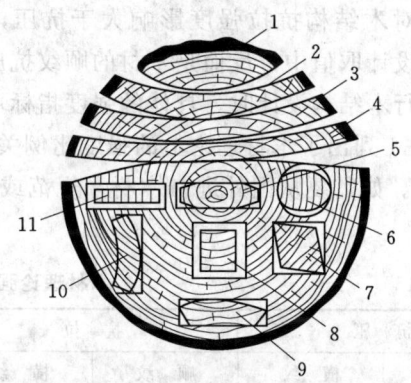

图9-6 木材的干缩变形
1—边板呈椭圆形;2、3、4—弦锯板呈瓦形反翘;5—通过髓心径锯板呈纺锤形;6—圆形变椭圆形;7—与年轮呈对角线的正方形变菱形;8—两边与年轮平行的正方形变长方形;9—弦锯板翘曲呈瓦形;10—与年轮呈40°角的长方形呈不规则翘曲;11—边材径锯板收缩较为均匀

由于木材为非均质的各向异性材料,其湿胀与干缩变形各向不同。其中以纵向(顺纤维方向)最小,径向次之,弦向最大。其中木材弦向胀缩变形大是因为管胞横向排列的髓线与周围联结较差。当木材干燥时,弦向干缩约为6%～12%,径向干缩3%～6%,纵向仅为0.15～0.35%。木材的湿胀干缩变形还随树种不同而异,一般来说,表观密度大、夏材含量多的木材,胀缩变形就较大。

图9-6为木材干燥时其横截面上各部分的不同变形情况。由图可知,板材距髓心愈远,其横向更接近于典型的弦向,因而干燥时收缩愈大。木材干燥时,使板材产生背向髓心的反翘变形。木材湿胀干缩性,对木材的实际应用有重要影响。干缩会造成木结构翘曲开裂、接榫松弛、拼缝不严,而湿胀又会使木材产生凸起变形。为尽可能消除木材的这种不利影响,在木材加工制作前预先将其进行干燥处理,使木材含水率干燥至与木构件使用时所处环境的湿度相适应的平衡含水率。

(三)木材的强度

1. 木材的强度

土木工程结构中,木构件根据受力状态常用到木材抗拉、抗压、抗弯和抗剪强度。由于木材性能表现为各向异性,致使各向强度有差异,为此木材的强度有顺纹强度和横纹强度之分。所谓顺纹强度指的是木材平行纤维方向的强度,横纹强度则是指木材垂直纤维方向的强度。木材强度结果通过在木材上截取的标准试件,然后按照标准试验方法获得,所截取试件不得包含木节等材质缺陷。试验结果表明木材顺纹强度比其横纹强度大很多,因此工程结构上经常利用木材的顺纹强度。木材的物理力学性质中,顺纹抗拉强度为最大,其次是抗弯强度和顺纹抗压强度。

但在实际进行木结构设计时,设计应用对象为木构件或结构,不可避免包含了木材缺陷。木材在数十年自然生长过程中,其间或多或少会受到环境不利因素影响而造成一些缺陷,如木节、斜纹、夹皮、虫蛀、腐朽等。木材中所含缺陷对构件或结构承载性能有重要影响,其对木结构抗拉强度影响大于抗压,因此在《木结构设计规范》(GB 50005—2003)的设计取值中,反而是木材的顺纹抗压强度最高,抗拉强度低于抗压强度。利用各树种材进行木结构设计时,具体的强度指标可从规范 GB 50005—2003 查到。

表 9-1 列出了木材理论上的强度比例关系。各种国产常用树材的主要物理力学性能见表 9-2。如需要从国外进口木材,规范或标准中未包含的树种,其强度指标要由试验获得。

表 9-1　　　　　　　　　　木材理论强度大小关系

抗 压		抗 拉		抗弯	抗 剪	
顺 纹	横 纹	顺 纹	横 纹		顺 纹	横纹切断
1	1/10~1/3	2~3	1/20~1/3	3/2~2	1/7~1/3	1/2~1

表 9-2　　　　　　　　　　常用树种木材的主要物理力学性能

树 种 名 称		产 地	气干表观密度 (kg·m^{-3})	顺纹抗压强度 (MPa)	顺纹抗拉强度 (MPa)	抗弯强度 (MPa)	顺纹抗剪强度 (MPa)	
							径面	弦面
针叶树材	杉木	湖南	371	38.8	77.2	63.8	4.2	4.9
		四川	416	39.1	83.5	68.4	6.0	5.9
	红松	东北	440	32.8	98.1	65.3	6.3	6.9
	马尾松	安徽	533	41.9	99.0	80.7	7.3	7.1
	落叶松	东北	641	55.7	129.9	109.4	8.5	6.8
	鱼鳞云杉	东北	451	42.4	100.9	75.1	6.2	6.8
	柏木	湖北	600	54.3	117.1	100.8	9.6	11.1
阔叶树材	柞栎	东北	766	55.6	155.1	124.1	11.8	12.9
	麻栎	安徽	930	52.1	155.4	128.6	15.9	18.0
	水曲柳	东北	686	52.5	138.1	118.6	11.3	10.5
	杨木	陕西	486	42.1	107.0	79.6	9.5	7.3

木材的强度检验是采用无疵病的木材制成标准试件,按相应标准方法进行测定。试验时,木材受荷载作用下的各向破坏原因各不相同。其中顺纹抗压破坏是由细胞壁失去稳定所致;横纹抗压破坏则因木材受力压紧后产生显著变形所致;顺纹抗拉破坏通常因纤维间撕裂而后拉断所致。

木材试件受弯作用时，试件截面上部顺纹受压，下部顺纹受拉，轴向平面内存在剪力。破坏时，首先试件上部受压区达到强度极限，产生大量变形，但这时构件仍能继续承载，当受拉区也达到强度极限时，则纤维及纤维间的联结产生断裂，导致最终破坏。

木材受剪切作用时，根据作用力对于木材纤维方向的不同，分为顺纹剪切、横纹剪切和横纹切断三种，如图9-7所示。其中，顺纹剪切破坏是由纤维间联结撕裂产生纵向位移和受横纹拉力作用所致；横纹剪切破坏则完全是因剪切面中的纤维的横向联结被撕裂的结果；横纹切断破坏是木材纤维被切断。横纹切断强度较大，一般为顺纹剪切强度的4～5倍。

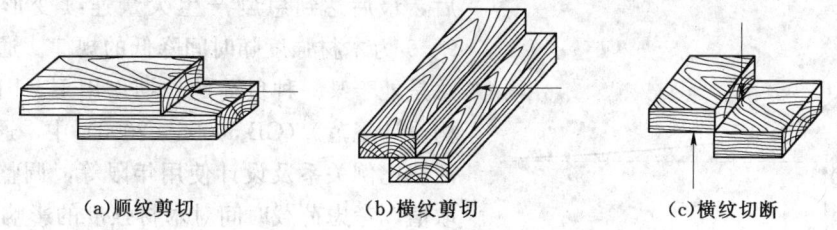

(a)顺纹剪切　　(b)横纹剪切　　(c)横纹切断

图9-7　木材不同受剪状态示意图

2.影响木材强度的主要因素

木材强度除由本身组织构造因素决定外，还与含水率、负荷持续时间、使用环境温度以及疵病等有关。

(1)含水率的影响。

木材的强度受含水率的影响很大。当木材的含水率在纤维饱和点以下时，随含水率降低，即吸附水减少，细胞壁趋于紧密，木材强度增大；反之，则木材强度减小。当木材含水率在纤维饱和点以上变化时，含水率对木材强度影响很小。含水率对木材强度的影响规律可以从图9-8看出。由于木材使用中，木材含水率会随环境变化，为了保证木材的使用可靠性，在进行木结构设计时，不同的使用条件如露天或室内，高温或潮湿，木材的设计值需要根据环境做必要的调整。

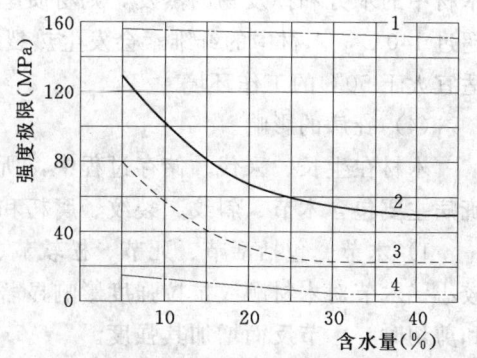

图9-8　含水量对木材强度的影响
1—顺纹抗拉；2—抗弯；3—顺纹抗压；
4—顺纹抗剪

根据国家标准《木材物理力学试验方法总则》(GB/T 1928—2009)规定，测定木材强度时，以平衡含水率为12%时的强度试验值为准，对于其他含水率时所测强度值，需换算成平衡含水率为12%的强度值时。其换算经验公式如式(9-1)

$$\sigma_{12} = \sigma_w [1 + \alpha(W - 12)] \tag{9-1}$$

式中　σ_{12}——含水率为12%时的木材强度，MPa；

σ_w——含水率为W(%)时的木材强度，MPa；

W——试验时的木材含水率，%；

α——木材含水率校正系数。

α随作用力和树种不同而异，如顺纹抗压所有树种均为0.05；顺纹抗拉时阔叶树为

0.015，针叶树为 0；抗弯所有树种为 0.04；顺纹抗剪所有树种为 0.03。

(2) 负荷时间的影响。

木材对长期荷载的抵抗能力与短期荷载不同。在长期外力作用下，只有当其应力远低于强度极限的某一定范围以下时，才可避免木材因长期负荷而破坏。木材在长期荷载作用下不致引起破坏的最大强度，称为持久强度。

木材的持久强度比其极限强度小得多，一般为极限强度的 50%～60%。其原因是木材在外力作用下产生等速蠕滑，经过长时间以后，最后达到急剧产生大量连续变形而致。图 9-9 为木材强度随时间降低的规律。通常木结构总是处于某一种负荷的长期作用下，因此《木结构设计规范》(GB 50005—2003) 中，通过恒载和活载比例关系及设计使用年限等，调整材料设计取值，考虑荷载时间对木材强度的影响。

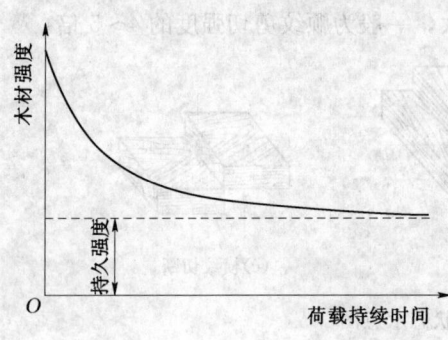

图 9-9 木材的持久强度随时间的变化

(3) 温度的影响。

木材强度随环境温度升高而降低。如针叶树材，当环境温度从 25℃ 升到 50℃ 时，抗拉强度降低 10%～15%，抗压强度降低 20%～24%。若木材长期处于 60～100℃ 环境温度时，木材中的水分和挥发物的蒸发，则材质呈暗褐色，强度明显下降，变形增大。若环境温度超过 140℃，木材中的纤维素会发生热裂解，色渐变黑，强度显著下降。因此，木结构不适宜大于 50℃ 的工作环境。

(4) 疵病的影响。

木材在生长、采伐、储存过程中，所产生的内部和外部的缺陷，统称为疵病。木材的疵病主要包含木节、斜纹、裂纹、腐朽和虫害等。这些缺陷对木材物理性能有重要影响。

1) 木节。包括活节、死节、松软节、腐朽节等几种。其中活节对结构物理性能影响较小。木节对木材顺纹抗拉强度影响显著，对顺纹抗压强度影响较小。在木材受横纹抗压和剪切时，木节反而增加其强度。

2) 斜纹。即木纤维与树轴成一定夹角。斜纹木材严重降低其顺纹抗拉强度，抗弯次之，对顺纹抗压影响较小。

裂纹、腐朽、虫害等疵病，会造成木材构造的不连续性或破坏其组织，因此严重影响木材的力学性质，有时甚至能使木材完全失去使用价值。

第二节　木材在土木工程中的应用

木材作为土木工程主要承重结构用材的作用逐渐降低，但由于木材独特的纹路、自然而高雅的美感，其在一些次要的结构构件或仿古、园林建筑结构领域仍有作用，尤其在建筑装饰领域，木材始终具有重要地位。

一、结构用木材

对于建筑用木材，通常以原木、板材、方材三种型材供应。原木系指去皮后按规格锯成一定长度的圆木料；板材是指宽度为厚度的二倍或二倍以上的型材；而方材则为宽度不足二倍厚度的型材（GB/T 4822—1999）。标准《锯材检验》（GB/T 4822—1999）根据木材缺陷情况分为特等、一等、二等、三等；结构和装饰用木材一般选用等级较高者。对于承重结构用的木材，根据《木结构设计规范》（GB 50005—2003）的规定，材质等级分为Ⅰ、Ⅱ、Ⅲ三级，不同等级的木材缺陷要求不同，因此结构设计时应根据构件的受力种类选用适当等级的木材。根据其承重特点，Ⅰ级材用于受拉或拉弯结构；Ⅱ级材用于受弯或压弯构件；Ⅲ级材用于受压构件及次要受弯构件（如吊顶小龙骨等）。用作承重结构的木材，Ⅰ、Ⅱ、Ⅲ三级均不允许出现腐朽现象。其次，各等级均对木材中的木节、斜纹、髓心、裂缝以及虫蛀等缺陷作了严格限定。

木材是传统的土木工程材料，在古建筑和现代建筑中都得到了广泛应用。在结构上，木材主要用于构架和屋顶，如梁、柱、檩条、椽、望板、斗拱等。我国许多古建筑物均为木结构，它们在建筑技术和艺术上均有很高的水平，并具独特的风格。

木材由于加工制作方便，广泛用于房屋的门窗、地板、天花板、扶手、栏杆、隔断、搁栅等。另外，古代房屋地基处理、河道边坡围护等都会用经过炭化等防腐处理的木桩等。

二、装饰用木材

无论是现代还是古代建筑，木材作为一种装饰用材，均给人以自然美的享受。尤其在古建筑中，木材更是用作细木装修的重要材料，如古建筑门窗、屋檐镂雕或浮雕工艺等，均是工艺要求极高的艺术装饰。现代室内装饰常用木材有以下几种。

（一）实木地板

实木地板有条木地板和拼花地板。条木地板由龙骨、水平撑和地板三部分构成，有单层和双层两种。单层条木板常选用松、杉等软质树材。双层地板的下层为毛板，面层为硬木条板，硬木条板多选用水曲柳、柞木、枫木、柚木、榆木等硬质树材。条板宽度一般不大于120mm，板厚为20～30mm，木质采用不易腐朽和变形开裂的优质板材。

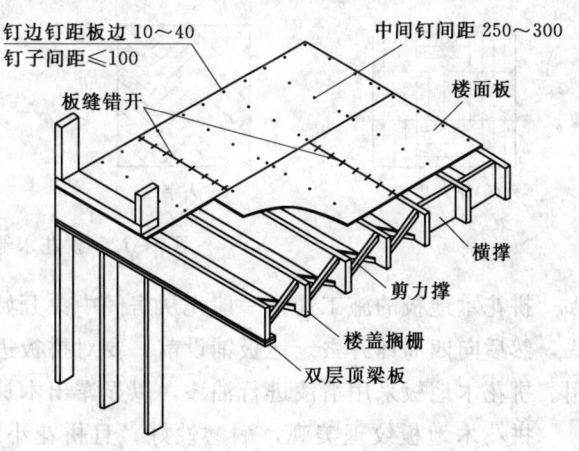

图9-10 木搁栅组成（单位：mm）

龙骨和水平撑组成木搁栅。木搁栅有空铺和实铺两种，空铺是将搁栅两头搁于墙内垫木上，木搁栅之间设剪刀撑（见图9-10），此方法木材用料较多，在20世纪70年代前国内比较流行，由于需要大量的方材或锯材，森林资源浪费，楼面不能承受较大荷载且使用功能受限，80年代以后逐渐退出楼面结构用材。实铺则是将木搁栅铺钉于钢筋混凝土楼板或者混凝土垫层上，搁栅内可填以炉渣等隔声材料。

目前使用最多的为实铺单层条木地板，也称普通木地板。条木拼缝做成企口或错口，如图9-11所示,直接铺钉在木龙骨上,断头接缝要相互错开。条木地板铺筑完工后,经过一段时间,待木材变形稳定后,再进行刨光、清扫及油漆。条木地板可采用调和漆,但当地板的木色和纹理较好时,可采用透明的清漆作涂层,使木材的天然纹理清晰可见。条木地板自重轻、弹性好,脚感舒适,导热系数小,且易于清洁。因此,条木地板是优良的室内地面装饰材料,适用于住宅起居室、旅馆客房、办公室、会客室、幼儿园及仪器室等场所。

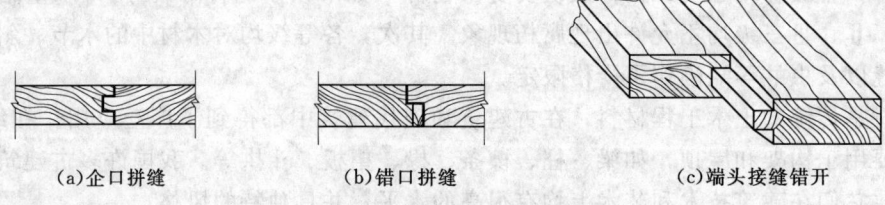

图9-11 条木地板拼缝

拼花木地板是高级的室内地面装修,有上下两层,下层为毛板层,上层面层拼花板材多选用水曲柳、柞木、核桃木、栎木、榆木、槐木、柳桉等质地优良、不易腐朽开裂的硬木树材。拼花小条木的尺寸一般为长250~300mm,宽40~60mm,板厚20~25mm,木条均带有企口,面层小板条用暗钉拼钉在毛板上。

拼花木地板通过小木板条不同方向的组合,可拼造出多种图案花纹,常用的有正芦席纹、斜芦席纹、人字纹、清水砖墙纹等,如图9-12所示。图案花纹的选用应根据使用者个人的爱好和房间面积的大小而定,希望图案选择的结果,能使面积大的房间显得稳重高雅,而面积小的房间能感觉宽敞、亲切、轻松。

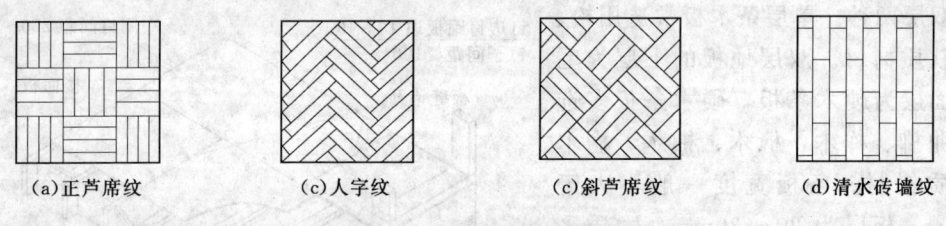

图9-12 拼花木地板图案

拼花木地板的施工铺设一般先从房间中央开始,画出图案样式,弹上墨线,铺好第一块,然后向四周铺开去。地板铺设前,要对拼板进行挑选,宜将纹理和木色相近者集中使用。拼花木地板采用清漆进行油漆,以显露出木材的天然纹理。

拼花木地板纹理美观,耐磨性好,且拼花小木板一般均经过远红外线干燥,含水率恒定(约12%),因而变形小,可保持地面平整、光滑而不翘曲变形。拼花木地板分高、中、低三档,高档产品适合于星级宾馆、大型会场、会议室等室内地面装饰;中档产品适用于办公室、疗养院、舞厅、酒吧等地面装饰;低档的用于各种民用住宅地面的铺装。

(二)护壁板

护壁板又称木台度,在铺设拼花地板的房间内,往往采用护壁板,以使室内空间的材料格调一致。护壁板可采用木板、企口条板、胶合板等装修而成，设计和施工时可采取嵌条、拼缝、嵌装等手法进行构图，以达到装饰墙壁的目的。护壁板制作形式示例如图 9-13 所示。为防止护壁板受潮翘曲变形，护壁板下面的墙面应要做的防潮层，有纹理的表面宜涂刷清漆，以尽显木纹饰面。

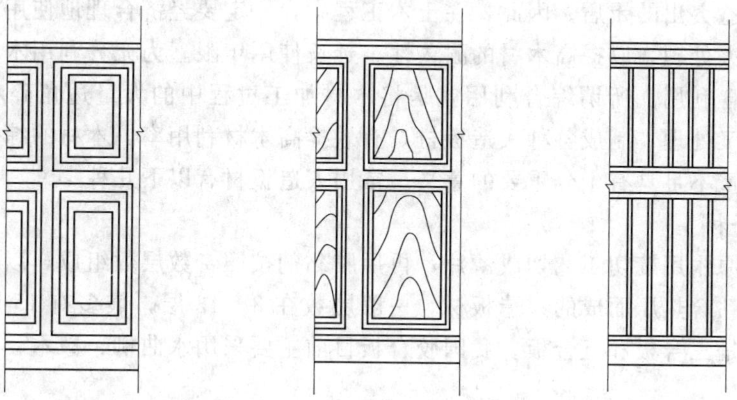

(a)凸装板 (b)胶合板 (c)企口板

图 9-13 护壁木板制作形式

（三）木花格

木花格即用木板和方木制作成、具有若干个分格的木架，通常分格的尺寸和形状各不相同。木花格具有加工制作较简便、饰件轻巧纤细、表面纹理清晰等特点。多用做建筑物室内的花窗、隔断、博古架等，起到调节室内设计格调、改进空间效能和提高室内艺术效果等作用。宜选用硬木活杉木树材制作，并要求材质木节少、木色好，无虫蛀和腐朽等缺陷。

（四）旋切微薄木

旋切微薄木是以色木、桦木或多瘤的树根为原料，经水煮软化后，以旋切工艺切成厚 0.1mm 左右的薄片，再用胶粘剂粘贴在坚韧的纸上（即纸依托），制成卷材。或者，采用柚木、水曲柳、柳桉等树材，通过精密旋切，制得厚度为 0.2～0.5mm 的微薄木，再采用先进的胶粘工艺和胶粘剂，粘贴在胶合板基材上，制成微薄木贴面板。

（五）木装饰线条

木装饰线条简称木线条。木线条种类繁多，主要有楼梯扶手、压边线、墙腰线、天花角线、半圆线条、麻花线条、鸠尾形线条、半圆饰、齿形饰、浮饰、S 形饰、贴附饰、钳齿饰、十字花饰、梅花饰、叶形饰以及雕饰等多样。木线条都是采用材质较好的树材加工而成。

建筑室内采用木线条装饰，可增添古朴、高雅、亲切的美感。木线条主要用作建筑物室内的顶棚装饰角线、墙面洞口装饰线、护壁板和勒脚的压条饰线、门框装饰线、楼梯栏杆扶手等。特别是我国园林建筑和宫殿式古建筑的修建工程，木线条是一种不可或缺的装饰材料。

此外，建筑室内还有一些小部位的装饰，也是采用木材制作的，如窗台板、窗帘盒、踢脚板等，使地板、墙壁互相联系，相互衬托。设计中要注意整体效果，以求得整个空间格调、材质、色彩的协调，力求用简洁的手法达到最好的装饰效果。

三、人造板材

林木生长缓慢，我国又是森林资源贫乏的国家之一，这与我国高速发展的经济建设的需要，形成日益突出的矛盾。因此，在土木工程中，一定要经济合理地使用木材，加强木材的防腐、防火处理，以提高木材的耐久性，延长使用年限。为充分利用木材资源，需要对木材进行综合利用。所谓综合利用就是将木材加工过程中的大量边角碎料、刨花木屑等，经过再加工处理，制成各种人造板材，有效提高木材利用率。木材的综合利用对于弥补木材资源严重不足具有十分重要的意义。常用人造板材有以下几种。

（一）胶合板

胶合板是原木用旋切工艺切成薄片，再用胶黏剂按照奇数层数组成，以各层纤维互相垂直的方向，粘合热压而成的人造板材。一般层数在3～13层，最多有15层，土木建筑工程中常用的是三合板和五合板。我国胶合板目前主要采用水曲柳、椴木、桦木马尾松等制成。

相对于原木板材，胶合板结构合理、生产过程中精细加工，可大体上克服原木板材的缺陷，大大改善和提高木材的物理力学性能。胶合板具有材质均匀，强度高，无疵病，幅面大，板面具有美丽的木纹，吸湿变形小，不翘曲开裂，使用方便，装饰性好等特点。

胶合板既具有原木的真实、立体和天然美感，同时又有自身特点，可用作建筑物室内隔墙板、护壁板、顶棚版、门面板以及各种家具及装修。

根据胶合板标准 GB/T 9846.1～8—2004，普通胶合板分为三类。

Ⅰ类胶合板，即耐气候胶合板，供室外条件下使用，能通过煮沸试验；

Ⅱ类胶合板，即耐水胶合板，供潮湿条件下使用，能通过63℃±3℃热水浸渍试验；

Ⅲ类胶合板，即不耐潮胶合板，供干燥条件下使用，能通过干状试验。

（二）纤维板

纤维板是将木材加工下来的板皮、刨花、树枝等废料经破碎浸泡、研磨成木浆，再加入一定的胶料，经热压成型、干燥处理而成的人造板材。分硬质纤维板（表观密度＞$800kg/m^3$）、中密度纤维板（表观密度 $400\sim800kg/m^3$）和软质纤维板（表观密度＜$400kg/m^3$）三种。生产纤维板可使木材的利用率达90%以上。

纤维板的特点是材质构造均匀，各向强度一致，耐磨，绝热性好，不易膨胀和翘曲变形，不腐朽，无木节、虫眼等缺陷。硬质纤维板，强度高，在建筑中应用最广，它可代替木板，主要用作室内壁板、门板、地板、家具等，通常在板表面施以仿木油漆处理。中密度纤维板常制成带有一定孔型的盲板孔，板表面常施以白色涂料，这种板兼具吸声和装饰作用，多用作宾馆等室内顶棚材料。软质纤维适合作保温隔热材料。

（三）细木工板

细木工板是由上、下两面层和芯材三部分组成。一般厚为20mm左右，长2000mm、宽1000mm左右。上、下面层为胶合板，芯材是由木材加工使用中剩下的短小木材经再加工成木条，用胶将其粘拼在面板上并经压合而制成。细木工板按照结构不同，分为芯板条不胶拼和芯板条胶拼两类。按照面板的材质和加工工艺质量不同，可分为一、二、三级。细木工板强度较高，幅面大，表面平整，使用方便。可代替实木板应用，现普遍用作建筑室内门、隔墙、隔断、橱柜等装修。

(四) 复合地板

复合地板是一种多层叠压木地板。通常是由面层、芯板和背层三部分组成；每层都有其不同的特色和功能。面层又由数层叠压而成，叠压面层是由经特别加工处理的木纹纸与透明的密胺树脂经高温、高压压合而成。面层经过耐磨处理，具有很好的耐磨性。芯板是用木纤维、木屑或其他木质粒状材料（均为木材加工的下脚料）等，在与有机物混合经加压而成的高密度板材；底层为用聚合物叠压的纸质层。复合地板规格一般为1200mm×200mm 的条板，板厚 8～12mm，其表面光滑美观，坚实耐磨，不变形和干裂，不需打蜡，耐久性较好，且易清洁，铺设方便。因板材薄，故铺设在室内原有地面上时，不需对门作任何更动。使用时注意防水，复合地板经水浸泡损坏后不可修复，由于表面较硬，因此脚感较差。

(五) 刨花板、木丝板、木屑板

刨花板、木丝板、木屑板是以刨花木渣、短小废料刨制的木丝、木渣等为原料，经干燥后拌入胶料，再经热压成型而制成的人造板材。所用胶料可为合成树脂，也可以为水泥、菱苦土等无机胶结料。这类板材一般表观密度较小，强度较低，主要用作绝热和吸声材料。经过处理较高强度的可用作吊顶、隔墙、家具等材料。

(六) 关于人造木板材的甲醛释放量限制问题

人造板材是目前我国室内装饰材料中应用最为广泛的一种材料。制造人造板材，绝大多数需要用到胶粘剂。而我国普遍采用的胶粘剂是酚醛树脂和脲醛树脂。这两种胶粘剂以甲醛为主要原料。人造板使用时，甲醛挥发产生的有毒气体对人体有非常大危害。对健康危害主要有以下几个方面。

刺激作用：危害表现为对皮肤黏膜的刺激作用，人吸入较高浓度甲醛时会出现呼吸道严重的刺激和水肿、眼刺激、头痛。

致敏作用：皮肤直接接触甲醛可引起过敏性皮炎等，吸入高浓度甲醛时可诱发支气管哮喘。

致突变作用：高浓度甲醛还是一种基因毒性物质，实验动物在实验室高浓度吸入的情况下，可引起鼻咽肿瘤。

吸入大量的甲醛会使人感觉头痛、乏力、恶心呕吐、胸闷嗓子痛、心悸失眠、体重减轻、记力减退以及植物神经紊乱等。

因此，国家标准《胶合板 第 3 部分：普通胶合板通用技术条件》(GB/T 9846.3—2004) 对室内用胶合板甲醛释放做了限制，不同用途的板材，甲醛释放量要求不同，见表 9-3。

表 9-3 胶合板的甲醛释放限量 (GB/T 9846.3—2004)

级别标志	限量值 (mg/L)	备注
E_0	≤0.5	可直接用于室内
E_1	≤1.5	可直接用于室内
E_2	≤5.0	必须饰面处理后可允许用于室内

第三节 木材的防腐与防火

木材有两大缺点，分别为易腐和易燃。因此土木建筑工程中应用木材时，必须考虑木材的防腐和防火问题。

一、木材的腐朽与防腐

（一）木材的腐朽

木材的腐朽为真菌侵害所致。木材受到真菌侵害后，其细胞改变颜色，结构逐渐变松、变脆，强度和耐久性显著降低。真菌分霉菌、变色菌和腐朽菌三种，前两种真菌对木材质量影响较小，但腐朽菌影响很大。腐朽寄生在木材的细胞壁中，它能分泌一种酵素，把细胞壁物质分解成简单的养分，供自身摄取生存，从而致使木材产生腐朽，并遭彻底破坏。真菌在木材中生存和繁殖必须具备三个条件，即：

（1）水分。真菌繁殖生存时适宜的木材含水率是35%~50%，亦即木材含水率在稍超过纤维饱和点时易产生腐朽，而对含水率在20%以下的气干木材不会发生腐朽；

（2）温度。真菌繁殖的适宜温度为25~35℃，温度低于5℃时，真菌停止繁殖，而高于60℃时，真菌则死亡；

（3）空气。真菌繁殖的适宜和生存需要一定氧气存在，所以完全浸入水中的木材，则因缺氧而不易腐朽。

其次，木材在使用过程中还受到白蚁、天牛、蠹虫等蛀蚀，使木材形成很多孔眼和沟道，破坏木质结构的完整性而使得木结构承载能力显著降低。

（二）木材防腐措施

根据木材产生腐朽的原因，通常防止木材腐朽的措施有以下两种。

1. 破坏真菌生存的条件

破坏真菌生存条件最常用的办法是：使木结构、木制品和储存的木材处于经常保持通风干燥的状态、木材含水率保持在20%以下，对木结构和木制品表面应进行油漆处理，油漆涂既使木材隔绝了空气，又隔绝了水分。由此可知，木材油漆首先是为了防腐，其次才是为了美观。

2. 把木材变成有毒的物质

因木材为多孔结构的材料，故可将有一定毒性的化学防腐剂注入木材中，使真菌无法寄生。木材防腐剂种类很多，一般分水溶性防腐剂、油质防腐剂和膏状防腐剂三类。水溶性防腐剂常用品种有氯化锌、氟化钠、硅氟酸钠、硼铬合剂、硼酚合剂、铜铬合剂。氟砷铬合剂等，多用于室内木结构的防腐处理。油质防腐剂常用的有煤焦油、混合防腐油、强化防腐油等。因其颜色深、有恶臭，常用于室外木构件的防腐。膏状防腐剂、油质防腐剂、填料和胶结料（煤沥青、水玻璃等）等按一定比例混合配制成，用于室外木材防腐。

二、木材的防火

木材属木质纤维材料，易燃烧。所谓木材防火，就是将木材经过具有阻燃性能的化学物质处理后，变成难燃的材料，以达到遇小火能自熄，与大火能延缓或阻滞燃烧蔓延，从而赢得扑救的时间。

木材在热的作用下要发生分解反应，随着温度升高，热分解加快。当温度高至220℃以上达木材燃点，木材燃烧发出大量可燃气体，这些可燃气体中有着大量高能量的活化基，活化基氧化燃烧后继续发出新的活化基，如此形成一种燃烧链反应，于是火焰在链状反应中得到迅速传播，使火越烧越旺，此称气相燃烧。达450℃以上，木材形成固相燃烧。在实际火灾中，木材燃烧温度可高达800～1300℃。

根据燃烧机理，阻止和延缓木材燃烧的途径，通常可有以下几种。

（1）抑制木材在高温下的热分解。实践证明，某些含磷化合物能降低木材的热稳定性，使其在较低温度下即发生分解，从而减少可燃气体的生成，抑制气相燃烧。

（2）阻滞热传递。通过实践发现，一些盐类特别是含结晶水的盐类，具有阻燃作用。例如，含结晶水的硼化物、含水氧化铝和氢氧化镁等，预热后则吸收热量而放出水蒸气，从而减少了热量传递。磷酸盐遇热缩聚成强酸，使木材迅速脱水炭化，而木炭的导热系数仅为木材的1/2～1/3，从而有效地抑制了热的传递。同时，磷酸盐在高温下形成的玻璃状液体物质覆盖在木材表面，也起到了隔热层作用。

（3）稀释木材燃烧面周围空气中的氧气和热分解产生的可燃气体，增加隔氧作用。如采用含结晶水的硼化物和含水氧化铝等，遇热放出的水蒸气，能稀释氧气及可燃性气体的浓度，从而抑制了木材的气相燃烧，而磷酸盐和硼化物等在高温下形成玻璃状覆盖层，则隔滞了木材的固相燃烧。另外，卤化物遇热分解生成的卤化氢，能稀释可燃气体，卤化氢还可与活化基作用面切断燃烧链，终止气相燃烧。

木材阻燃途径一般不单独采用，而是采用多途径手段，亦即在配置木材阻燃剂时，选用两种以上的成分复合使用，使其互相补充，互为加强阻燃效果，称为协同作用，以达到一种阻燃剂同时具有几种阻燃作用。

复 习 思 考 题

9-1 解释以下名词：
（1）自由水；
（2）吸附水；
（3）纤维饱和点；
（4）平衡含水率；
（5）标准含水率。

9-2 木材含水率的变化对其强度、湿胀干缩、表观密度和耐久性等的影响各如何？

9-3 将同一树种、含水率分别为纤维饱和点和大于纤维饱和点的两块木材，进行干燥，问哪块干缩率大？为什么？

9-4 将同一树种的3块试件烘干至恒重，其质量分别为5.3g、5.4g和5.2g，再把它们放到潮湿的环境中经长时间吸湿后，相应称的质量分别为7.0g、7.3g和7.5g。试问这时哪一块试件的体积膨胀率最大？

9-5 木材干燥时的控制指标是什么？木材在加工制作前为什么一定要进行干燥处理？

9-6 在潮湿的天气里，密度大的木材和密度小的木材哪个吸收空气中的水分多？为什么？

9-7 影响木材强度的主要因素有哪些？怎样影响？

9-8 一块松木试件长期置于相对湿度为60%、温度为20℃的空气中，测得其顺纹抗压强度为49.4MPa，问此木材在标准含水率情况下抗压强度为多少？

9-9 已知松木标准含水率时的抗弯强度为64.8MPa，求：

(1) 含水率分别为12%、28%、36%时的抗弯强度；

(2) 由计算结果绘出木材强度与其含水率的关系曲线；

(3) 依据所作曲线讨论木材强度与含水率的关系。

9-10 理论上木材的几种强度中顺纹抗拉强度最高，但为何实际用作受拉构件的情况较少，反而是较多地用于抗弯和承受顺纹抗压？

9-11 试说明木材腐朽的原因。有哪些方法可以防止木材腐朽？并说明其原理。

9-12 胶合板的构造如何？它具有哪些特点？用途怎样？

9-13 简述甲醛对人体的危害及室内用胶合板的甲醛释放限量值。

9-14 我国民间对于使用木材有一句谚语："干千年，湿千年，干干湿湿两三年"。试用科学理论加以解释。

第十章 合成高分子材料

以高分子化合物为主要原料加工而成的建筑材料称为高分子建材，也称化学建材。合成高分子是以聚合物为主料，配以各种填充料、助剂等调制而成，其主要品种有橡胶制品、塑料制品、涂料、胶粘剂及防水材料等。本章主要介绍建筑塑料、涂料和胶粘剂。

第一节 高分子化合物概述

一、高分子化合物基本概念

高分子化合物是一类分子量很大（一般大于10000）的化合物，因此也称为聚合物或高聚物。高分子化合物是由不饱和低分子碳氢化合物聚合而成，这种低分子化合物又称为单体。聚合物是由这些单体通过共价键互相结合起来而形成。这些单体在大分子中成为一种重复的单元，称为链节。一个大分子中链节的数目称为聚合度。聚合度的合成主要有两种方法，即加成聚合和缩合聚合，简称加聚和缩聚。

1. 加聚

能加聚的单体分子中都含有双键，在引发剂的作用下双键打开，单体分子之间互相联结而成为聚合物。如聚乙烯由乙烯单体聚合而成：

$$n\,CH_2=CH_2 \longrightarrow [CH_2-CH_2]n$$
乙烯单体　　　　　聚乙烯

加聚反应过程中没有副产物生成，反应速度很快，得到的聚合物大多数线型或带支链的分子。反应加聚反应方法生产的高分子化合物有聚乙烯（PE）、聚氯乙烯（PVC）、聚苯乙烯（PS）、聚甲基丙烯酸甲酯（PMMA）等。

2. 缩聚

能缩聚的单体分子中必须至少含有两个有反应的基团，常见的是羧基、羟基等。缩聚反应的特点是反应中有低分子副产物产生，如水、氨、醇等，并且反应速度慢，是可逆反应，因此想要得到高分子产物，就必须去除低分子产物，使反应能进一步进行。应用缩聚方法生产的高分子化合物如涤纶、脲酸树脂、环氧树脂、酚醛树脂和聚酯树脂等。

二、高分子化合物的主要性质

1. 物理力学性质

高分子化合物的密度较小，一般为 $0.8 \sim 2.2 g/cm^3$。它的比强度很高，是良好的轻质高强材料，但力学性质受温度变化的影响较大；它的电绝缘性较好，是很好的绝缘材料；它的导热系数小，能作为轻质保温隔热材料来使用。

2. 物理化学性质

（1）老化。在光、热和大气作用下，其组成和结构发生变化，导致其失去弹性、变硬、变脆、变软、开裂而失去原有的使用功能，这种现象就称为老化。

(2) 耐侵蚀性。一般的高分子化合物对侵蚀性化学物质（如酸、碱、盐等）及蒸汽的作用具有较高的稳定性。但某些聚合物会在有机物溶液中产生溶解或溶胀，导致其尺寸和形状发生改变，引起性能恶化。

(3) 可燃性及毒性。聚合物一般都是可燃性材料，但其可燃性受组成和结构的影响较大。如聚苯乙烯遇到明火会很快燃烧，但聚氯乙烯却有自熄性，离开火焰就自动熄灭。固化后的聚合物大部分是无毒的，而液态的聚合物则基本都具有一定的毒性。

三、高分子化合物的分类

1. 按来源分类

(1) 天然高分子，包括天然无机高分子（石棉、云母等）和天然有机高分子（纤维素、蛋白质、橡胶等）。

(2) 人工合成高分子，包括合成橡胶、合成纤维与合成树脂等。

(3) 半天然高分子，如改性淀粉、醋酸纤维等。

2. 按聚合物主链元素分类

(1) 碳链高分子，大分子主链完全由碳原子组成，如聚苯乙烯、聚乙烯等乙烯基类。

(2) 杂链高分子，主链除了碳原子外，还含有氧、硫、氮等杂原子，如聚酯、聚醚等。

(3) 元素有机高分子，主链不是由碳原子，而是由硅、硼、铝、硫、磷、氧等原子组成，如有机橡胶硅。

四、高分子化合物的结构与性能特点

高分子化合物性能是其结构和分子运动的反应，特别是它们的分子结构。高分子化合物的分子结构主要有：线型或带支链的分子结构（线型结构）、轻度交联的分子结构及网状结构（体型结构）。

线型或带支链的分子结构的高分子化合物，其分子链式以无轨线团的形式存在。分子量较低的线型聚合物为高黏度液体或脆性固体，不具有机械强度；但如果在它们的分子中含有反应性基团，就可以用固化剂使它们变为体型结构的分子，从而获得作为材料使用的机械强度。高分子量的现型聚合物则具有较高的机械强度。

具有轻度交联分子结构的分子是在线型分子是在线型分子之间形成一些交联键。这些交联键的存在使得分子链之间互相牵制，从而不能相对移动。除非发生分解，交联键断开，否则它们在受热时不会溶化，没有可塑性。由于交联密度不高，分子中的某一部分（链段）在高于一定温度时仍可活动，因此可以发生变形，而且由于交联键的牵制作用，这种变形可以恢复。

对于网状结构的情况，这个高分子化合物成为一个三向的体型分子。它的交联密度很高，因此分子链之间不能相对移动，而且链段也被完全冻结。具有这种结构的高分子化合物受热不会溶化，只能发生很小的变形。

总之，具有不同分子结构的高分子化合物在受热时表现出不同的性质。线型高分子化合物在较低温度下，整个分子和链段都被冻结，此时只能发生键角变化、键的拉伸等很小的变形，这一状态称为玻璃态。温度升高到某一特征温度时，由于分子动能的增加，链段

开始运动，这时可以在受力时发生较大的变形，这一特征温度称为玻璃化温度。温度高于玻璃化温度时的线型高分子化合物处于高弹态。温度再升高，整个分子链考试移动，在受力时聚合物产生流动，处于黏流态，这一温度称为黏流温度。具有交联结构的聚合物由于分子链之间相互牵制，它只有玻璃态和高弹态，不会发生流动。体型结构的聚合物仅有玻璃态。

第二节 建 筑 塑 料

塑料是以合成树脂为主要成分，加入一定的添加剂，经加工成型制成的有机合成材料。塑料用于建筑始于20世纪50年代，目前已成为继混凝土、钢材、木材之后的第四种重要的建筑材料。世界上用于建筑上的塑料已占全部建筑材料用量的11%，占塑料总产量的25%以上。建筑塑料主要用作装饰板材、保温材料、涂料、管道、门窗、防水及防腐材料等，玻璃纤维增强塑料可用作结构材料。

一、塑料的基本组成

塑料的主要成分是合成树脂，它是胶结材，此外还有一定量的填料和某些助剂，如稳定剂、着色剂、增塑剂等。

(1) 合成树脂。

合成树脂是用化学方法合成的高分子化合物，在塑料中起着黏结的作用，能将塑料其他组分牢固地胶结成一个整体，使其具有加工成型的性能。合成树脂在塑料中的含量约30%~60%，因此塑料的性质主要决定于合成树脂的种类和性质。用于热塑性塑料的树脂主要有聚氯乙烯、聚苯乙烯等；用于热固性塑料的树脂只要有酚醛树脂、环氧树脂等。

(2) 填料。

填料又称填充剂。适量地加入填料，可以降低链间的流淌性，提高塑料的强度、硬度及耐热性，并减少树脂的用量以降低成本。塑料中采用的填料种类很多，常用的有滑石粉、木粉、纸屑、石灰石粉、炭黑、石棉纤维、玻璃纤维、硅藻土等。

(3) 稳定剂。

为了防止某些塑料在外界环境作用下过早老化而加入的少量物质称为稳定剂，包括热稳定剂和光稳定剂两类。在塑料中，稳定剂的量虽然少，但往往又是必不可少的重要成分之一。常用的稳定剂有抗氧化剂和紫外线吸收剂等。

(4) 着色剂。

着色剂又称色料，可以使塑料具有鲜艳的颜色，改善塑料制品的装饰功能。着色剂的种类按其在着色介质中或水中的溶解性分为染料和颜料两大类。

(5) 增塑剂。

塑料中加入增塑剂可以使塑料在常温下具有较大的可塑性，易于加工成型。一般采用不挥发的、与聚合物能很好结合的液态有机物。增塑剂要求具有相容性和稳定性，常用的增塑剂有：樟脑、二甲苯酮、磷酸三甲酚脂、邻苯二甲酸二丁酯等。

(6) 其他添加料。

在塑料的加工和生产中还常加入一定量的其他添加剂，一方面可以改善塑料制品的性能；另一方面能够满足塑料制品的功能要求。如阻燃剂、固化剂、防雾剂、发泡剂、润滑剂等。

二、建筑塑料的特性

建筑塑料具有许多优良的特性，但也存在一些不足。

(1) 具有较高的比强度。塑料密度为 $0.8\sim2.2g/cm^3$，约为钢材的 $1/8\sim1/4$，是混凝土的 $1/3\sim2/3$。塑料的强度较高，其比强度接近或超过钢材，是混凝土的 $5\sim15$ 倍。因而在建筑中应用塑料代替传统材料，可以减轻建筑物的自重，而且还给施工带来了诸多便利。

(2) 优良的加工性能。塑料可以用多种方法加工成具有各种断面形状的通用材或异形材，生产效率高。如塑料薄膜、薄板、门窗型材、管材等，加工性能优良且可采用机械化大规模生产，在加工过程中能耗低、效率高。

(3) 耐热性和热伸缩性。一般情况下，塑料耐热性比较差，受到较高温度会产生热变形甚至分解。普通热塑性塑料的热变形温度仅 $60\sim120℃$。热固性塑料的耐热性稍微高些，但一般也仅 $150℃$ 左右。因此塑料制品不宜用于高温下。塑料的热膨胀系数较大，在温差变化较大的场所使用时，应该充分考虑这一点，以防止热应力的积累导致材料的破坏。

(4) 耐燃性。塑料一般可燃，但建筑塑料制品具有阻燃性，即制品在遇到明火时会阻燃或自熄。有些聚合物本身具有自熄性，如 PVC。这也是目前在建筑塑料制品中应用聚氯乙烯材料最多的主要原因之一。在塑料的生产过程中常通过特殊的配方技术，如添加阻燃剂、消烟剂等来改善它的耐燃性，但在使用时还应予以特别注意和采取必要的措施。

(5) 耐老化性。塑料存在易老化的问题，建筑塑料制品很多用于户外，直接受紫外线照射和风吹雨打，因此对抗光老化、热老化、抗氧化都有较高的要求。通过适当的配方和加工，如在建筑塑料的配方中加入抗老化和抗氧化的光稳定剂等，可以使塑料延缓老化，从而延长塑料的使用寿命。目前关于塑料老化的原因以及防止老化的方法的研究工作已取得了很大进展，许多能延缓老化的物质的出现大大提高了塑料的抗老化能力。因此目前老化问题已不再是建筑中使用塑料的主要障碍。

(6) 耐腐蚀性。大多数塑料对酸、碱、盐等腐蚀性物质的作用具有较高的稳定性，但热塑性塑料可被某些有机溶剂所溶解，热固性塑料则不能被溶解，仅可能出现一定的溶胀。

(7) 良好的装饰性能。塑料制品可以完全透明，也可以着色，且色彩绚丽耐久；可通过照相制版印刷，模仿天然材料的纹理，可达到以假乱真；还可以电镀、热压、烫金制成各种图案和花型。使表面具有立体感和金属质感。

(8) 多功能性。塑料是一种多功能材料。一方面可以通过调整配方及工艺条件制得不同性能的材料，例如，玻璃纤维增强塑料具有刚性，可以作为结构材料；有的具有柔性，如软质聚氯乙烯，可以作为门窗的密封条等；另一方面因塑料的种类很多，可以根据功能需求，选择不同的塑料制品。同时建筑塑料制品还应要求以人为本、环保绿色，对环境和人体无污染，在加工、建造、施工、居住等方面无不良影响。

三、建筑工程中常用的塑料制品

塑料在建筑中的应用美化了环境，提高了建筑物的功能，而且还能节省能源。在建筑工程中应用的塑料制品按其形态可分为：

(1) 薄膜，主要用作防水材料、壁纸、隔离层等。
(2) 薄板，主要用作地板、贴面板、模板、窗玻璃等。
(3) 异性板材，主要用作内外墙墙板、屋面板。
(4) 管材，主要用作给排水等管道系统。
(5) 异型管材，主要用作建筑门窗等装饰材料。
(6) 泡沫塑料，主要用作绝热材料。
(7) 模制品，主要是建筑五金、卫生洁具、管件。
(8) 溶液或乳液，主要用作黏合剂、建筑涂料。
(9) 复合板材，主要用作墙体和屋面材料。
(10) 盒子结构，主要是用作卫生间、厨房和单元建筑。
(11) 塑料编织制品，主要是建筑过程中用于制品的包装。

下面分别介绍几种常用的塑料制品。

(一) 塑料地板

塑料地板是以高分子合成树脂为主要材料，加入其他辅助材料加工而成的地面铺设材料。塑料地板种类很多，按形状分为：块状、卷状；按柔性分为：软质、半硬质；按结构分为：单层、多层复合。它与传统的地面铺设材料如天然石材、木材等相比，具有以下特点。

(1) 功能多、适应面广。可根据需要生产各种特殊功能的地面材料，如表面有立体感的防滑地板；电脑机房用的防静电地板；防腐用的无接缝地板；具有防火功能的地板等。
(2) 质量轻、施工铺设方便。
(3) 耐磨性好，使用寿命长。
(4) 维修保养方便，易清洁。
(5) 装饰性好。塑料地板的花色品种很多，可以满足各种不同场合的使用要求。

正确地选择和使用塑料地板，还应该了解以下性能。

(1) 耐磨性。聚氯乙烯塑料地板的耐磨性十分优异，明显优于其他材料。
(2) 耐凹陷性。表示对静止荷载的抵抗能力，一般硬质地板比软质的好。
(3) 耐刻划性。表面容易被地面的砂、石等硬物划伤，使用时应及时清扫。
(4) 耐污染、防尘性。表面致密，耐污染性好，不易粘灰，清洁方便。
(5) 尺寸稳定性。较长时间使用后尺寸会自然变化，造成地板接缝变宽或接缝顶起。
(6) 翘曲性。翘曲性是指塑料地板在长期使用后四边或四角翘起的程度，是塑料地板材质的不均匀性所导致。
(7) 耐热、耐燃和耐烟头性。聚氯乙烯塑料地板中含氯，其本身具有自熄性，而且地板中含有填料较多，因此其具有良好的耐燃性。
(8) 耐化学性。塑料地板对多数有机溶剂、腐蚀性气体或液体具有相当好的抗侵蚀能力。

(9) 抗静电性。塑料地板表面会产生静电,降低静电积累的方法是在塑料地板生产过程中加入抗静电剂。

(10) 耐老化性。聚氯乙烯塑料地板长期使用后会出现老化现象,表现为变脆甚至开裂。

目前世界塑料地板生产的先进工艺及特点是:采用化学抑制发泡压花工艺生产的弹性塑料地板,已经成为塑料地板的主要品种之一;转印纸转印花工艺,可使花色的更换在连续不断的生产过程中进行;花纹透底工艺,可使半硬质卷材地板具有"花色"的特点。

(二)塑料壁纸

塑料壁纸是以纸为基材,以聚氯乙烯塑料为面层,经过印花、压花或发泡处理后,而制成的一种室内墙面装饰材料。塑料壁纸性能优越,具有一定的伸缩性和抗裂强度,装饰效果好,粘贴方便,使用寿命长,易维修保养等特点。

塑料壁纸的宽度为530mm,每卷长度为10mm,或者宽度为900~1000mm,每卷长度为50mm。

塑料壁纸主要以聚氯乙烯为原材料生产,其花色和品种繁多,是目前发展最为迅速、应用最为广泛的墙面装饰材料。通常可以分为普通壁纸、发泡壁纸和特种壁纸。近年来,新品种层出不穷,如可洗刷的壁纸、表面十分光滑的壁纸以及仿丝绸壁纸、表面静电植绒壁纸等。目前,主要塑料壁纸产品有编织纤维壁纸、发泡壁纸(适用于室内吊顶、墙面的装饰)、耐水壁纸(适用于卫生间等湿度较大的墙面装饰)、防火壁纸(适用于防火要求较高的场所)、彩色砂粒壁纸(适用于房屋的门厅、柱头、走廊等处的局部装饰)等。

塑料壁纸发展趋势主要是增加花色品种和功能性壁纸,如防霉壁纸、防污壁纸、透气壁纸、报警壁纸、防蛀虫壁纸以及调节室温壁纸和室内除臭壁纸,特别是防火壁纸。

(三)塑料地毯

塑料地毯也称化纤地毯,约占世界地毯总产量中的95%。塑料地毯的外表像羊毛,耐磨而富有弹性,给人以舒适感,而且可以机械化生产,产量高,价格较低廉,因此目前应用最多,在公共建筑中往往用以代替传统的羊毛地毯。虽然羊毛堪称纤维之王,但其价格高,资源也有限,还易遭虫蛀和霉变,而化学纤维可以经过适当的处理得到与羊毛接近的性能,因此化纤地毯已成为很普通的地面装饰材料。化纤地毯的种类很多,按照其加工方法的不同,可分为:簇绒地毯、针扎地毯、机织地毯和手工编结地毯等,其中簇绒地毯使用最普遍。

(四)塑料门窗

塑料门窗是由硬质聚氯乙烯(PVC)型材经焊接、拼装、修整而成的门窗制品,目前已有推拉门窗和平开门窗等几大类系列产品。如果在热压塑料型材时,中间加入已做过防腐处理的一根钢板条和塑料同时挤出,塑料和钢板黏合在一起,用这种塑钢型材制作的窗称为"塑钢窗";如果在空心的塑料型材中间插上一根钢条,塑料和钢板没有黏合在一起,用这种塑料型材制作的窗称为"塑料窗"。

与钢、木门窗相比,塑料门窗具有外形美观、尺寸稳定、耐水耐蚀、抗老化、隔热性好、气密性和水密性好、隔音性能优良等一系列优点。塑料门窗的主要特性表现如下:

(1) 气密性优良。塑料窗户上由于窗扇和窗框的凹凸槽较深,而且其间密封防尘条较宽，接触面积大，且质量较好，与墙体间有填充料，窗框经过增韧，密封性能极佳，同时具有良好的保温性能。

(2) 节能、节材、符合环保要求。PVC 塑料型材的生产能耗低，使用塑料门窗可节约大量的木材、铝材、钢材，还可以保护生态环境，减少金属冶炼时的烟尘、废气和废渣等对环境带来的污染。

(3) 耐腐蚀性优良。通常塑料门窗使用寿命可达 50 年以上。塑料门窗不会生锈，不需涂刷油漆，对酸、碱、盐等化学介质的耐腐蚀性良好，在有盐雾腐蚀的沿海城市及有酸雾等腐蚀的工业区内，其耐腐蚀性的钢、铝窗比较尤为突出。

(4) 可加工性强。采用挤出工艺，在熔融状态下，塑料有较好的流动性，通过模具，可制成材质均匀、表面光洁的型材；此外还具有易切割、钻孔等可加工性能，便于施工。

(五) 塑料板材

塑料板材是以树脂为浸渍材料或以树脂为基材，采用一定的生产工艺制成的具有装饰功能的普通或者异形断面板材。常用塑料板材有塑料贴面板、覆塑装饰板、PVC 塑料装饰板等。这些板的板面色调丰富多彩，图案多样且表面平滑光亮，不变形，易清洁，可用作建筑物内外墙装饰、隔断、家具饰面等。PVC 板还可制成透明或半透明的板材，用于灯箱、透明屋面等。近年还出现许多新产品，如聚碳酸酯塑料板材等。

(六) 塑料管

塑料管是指采用塑料为原料，经挤出、注塑、焊接等工艺成型的管材和管件。塑料管在建筑、市政等工程以及工业中用途十分广泛，已成为建筑塑料中用量最大的品种（占建筑塑料产量的 40% 以上）。

塑料管与传统的铸铁管和镀锌钢管相比，塑料管具有不生锈、不结垢、耐腐蚀、轻质、施工方便和供水效率高等优点，因此在土木工程中得到广泛应用。

塑料管按管材结构可分为：普通塑料管，单壁波纹管（内、外壁均呈波纹状）、双壁波纹管（内壁光滑，外壁波纹）、纤维增强塑料管、塑料和金属复合管等。

塑料管按材质可分为：硬质聚氯乙烯（UPVC 或 RPVC）管、聚乙烯（PE）管、聚丙烯（PP）管、聚丁烯（PB）管、ABS（丙烯腈－丁二烯－苯乙烯共聚物）管、玻璃钢（FRP）管、铝塑管等。

土木工程中以 PVC 管使用量最大。PVC 管质量轻、能耗低、耐腐蚀性好、电绝缘性好、导热性低，适用于给水、排水、灌溉、供气、排气管道和电线、电缆线套管等。

PE 管的特点是密度小，比强度高，韧性和耐低温性能好，脆化温度可达 $-80℃$。可用作城市燃气管道、给、排水管等。

PP 管具有坚硬、耐热、防腐、使用寿命长、价格价廉等特点，常用作农田灌溉、污水处理、废液排放管等。

ABS 管具有质轻、高韧性、耐冲击等特点，常用作卫生洁具下水管、输气管、排污管、地下电气管、高腐蚀工业管道等。

PB 管具有独特的抗蠕变性能，还具有耐磨、耐高温、抗菌、抗霉等性能，可用于供水管、冷、热水管，其许用应力为 8MPa，弹性模量为 50MPa，正常使用寿命可达 50 年。

(七)聚合物防水卷材

详见第十一章第一节防水材料。

第三节 建 筑 涂 料

涂料是一类能涂覆于物体表面、并在一定条件下形成连续和完整涂膜的材料的总称。建筑物用的各类材料在受日光、大气、雨水等的侵蚀后,会发生腐朽、锈蚀和粉化。采用涂料在材料表面形成一层致密而完整的保护膜,可保护基本免受侵害,并可美化环境。

涂料是一种重要的建筑装饰材料。它具有造价低、省工省料、工效高、自重轻、维修方便等特点,因此广泛应用于装饰工程中。

一、涂料的组成

涂料是由多种材料调配而成,每种材料赋予涂料不同的性能。按照涂料中各材料在生产、施工和使用中所起作用的不同,可将组成材料分为主要成膜物质、次要成膜物质、溶剂和辅助材料。

(1)主要成膜物质。

主要成膜物质是将涂料中的其他组分黏结在一起,并能牢固附着在基层表面,形成连续均匀、坚韧的保护膜。它包括基料、胶黏剂和固着剂。主成膜物质具有独立成膜的能力,它决定着涂料的使用和涂膜的主要性质。根据涂料所处的工作环境,主成膜物质应该具有:较好的耐碱性;能常温固化成膜;又较好的耐水性和良好的耐热性等特点,才能满足配制性能优良的建筑涂料的需要。

涂料的主成膜物质主要有树脂和油料两类,常用的树脂类成膜物质有丙烯酸酯类、聚氨酯类、硅溶胶和氟树脂类等;常用的油料有桐油、亚麻子油等植物油。为了满足涂料的多种性能要求,可在一种涂料中采用多种树脂配合,或与油料配合,一同作为主要成膜物质。

(2)次要成膜物质。

次要成膜物质是涂料中所用颜料和填料,是构成涂膜的组成成分之一,并以微细粉状均匀分散于涂料介质中,赋予涂膜以色彩、质感,使涂膜具有一定的遮盖力,减少收缩,还能增加涂膜的机械强度,防止紫外线的穿透,起到提高涂膜的抗老化性、耐热性等作用,因而被称为次成膜物质,也称体质颜料。它不能离开主成膜物质而单独成膜。

(3)溶剂(稀释剂)。

溶剂在涂料生产过程中,是溶解、分散、乳化成膜物质的原料,能使涂料具有一定的稠度、黏性和流动性,还能增强成膜物质向基层渗透的能力,改善黏结性能。

(4)辅助材料。

辅助材料又称助剂,是为了改善涂料的性能、提高涂膜的质量而加入的辅助材料。它的用量很少,但种类很多,是改善涂料性能不可忽视的重要组成。

涂料的组成不同,性能各异。不同涂料的遮盖力不同,通常采用能使规定的黑白格遮盖所需涂料的质量表示,质量越大遮盖力越小。涂料的黏度影响着施工性能,不同的施工方法要求涂料具有不同黏度。涂料涂刷后形成的涂膜表面的平整性和光泽,与涂料的组成材料有关，组成材料的细度大小也决定着涂膜的平整性和光泽度。涂料与基层之间黏结力的大小通常用涂膜的附着力来表征。

二、常用建筑涂料

建筑涂料品种繁多，按其在建筑物中使用部位不同，可以分为：内墙涂料；外墙涂料；地面涂料；顶棚涂料；屋面防水涂料等。目前，建筑涂料主要是朝着高性能、环保型、抗菌功能型的方向发展。

（一）内墙涂料

内墙涂料亦可以用作顶棚涂料，要求其色彩丰富、细腻、协调，一般以浅淡、明亮为主。

由于墙面多带碱性，屋内的湿度也较大，因此要求内墙涂料必须具有一定的耐水、耐洗刷性，且不易粉化和良好的透气性。目前的开发重点是适应健康、环保、安全要求的涂料，包括水性涂料系列、绿色环保和抗菌型内墙乳胶漆等。常用内墙涂料有以下几种。

（1）聚乙烯醇水玻璃涂料。

聚乙烯醇水玻璃涂料是以水溶性树脂聚乙烯醇的水溶液和水玻璃为胶结料，加入一定的颜料和少量的助剂，经搅拌、研磨而成的一种有机水溶性涂料。这是国内生产较早、使用最普遍的一种内墙涂料，俗称106涂料。

（2）乙—丙乳胶漆。

乙—丙乳胶漆是以聚醋酸乙烯与丙烯酸酯共聚乳液为成膜物质，掺入适量的填料、少量颜料及助剂，经研磨和分散后，配制成亚光或有光的内墙涂料，具有耐水、耐洗刷、耐腐蚀、耐久性好的特点。

（3）内墙粉末涂料。

以水溶性树脂或有机胶粘剂为基料，配以适当的填充料等经研磨加工而成，具有不起壳、不掉粉、价格低廉和使用方便等特点。

（4）丝绸乳胶漆。

丝绸乳胶漆属改性的叔碳酸乙烯酯乳胶漆。这种乳胶漆的涂膜柔滑如丝，高贵优雅，不褪色，可以用水抹洗，溅散少而且涂刷方便。

（5）乙烯—醋酸乙烯酯（VAE）乳液类内墙涂料。

乙烯—醋酸乙烯酯（VAE）乳液类内墙涂料的性能和聚醋酸乙烯乳液类涂料相近，但耐碱、耐水性和耐洗刷性均有所提高，还能够和灰钙粉一起使用而涂料性能保持稳定。

（6）合成树脂乳液内墙涂料。

合成树脂乳液内墙涂料俗称内墙乳胶漆，具有色彩丰富，施工方便，易于翻新，干燥快，耐擦洗，安全无毒等优点，因而得到了广泛的应用，并已成为千家万户居室装修常用材料之一。

（7）隐形变色发光涂料。

可用于娱乐场所的墙面和顶棚装饰，以及舞台布景、广告、道具等。

（二）外墙涂料

外墙直接暴露在大气中，经常受雨水冲刷，还要经受日光、风沙、冷热等作用，因此要求外墙涂料比内墙涂料具有更好的耐水、耐热和耐污染等性能。目前的开发重点是适应高层建筑外墙装饰所需要的具有高耐热性、高耐污染性、保色性和低毒性的水乳型涂料。常用的外墙涂料有以下几种。

(1) 丙烯酸酯乳胶漆。

丙烯酸酯乳胶漆是由甲基丙烯酸甲酯、丙烯酸丁酯、丙烯酸乙酯等丙烯系单体，经共聚而制得的纯丙烯酸酯系乳业作为成膜物质，再加入填料、颜料及其他助剂而制成，是一种优质乳液型外墙涂料，具有很好的耐久性，耐热性和耐碱性等特性。丙烯酸酯及其共聚乳液类外墙涂料应用广泛，约占外墙涂料的50%以上。

(2) 砂壁状涂料。

砂壁状涂料又称彩砂涂料，是以合成树脂乳液为主成膜物质、以彩砂为骨料，外加填料等配制而成。其主要特点是无毒、无溶剂污染、快干、不燃、耐强光、不褪色、耐污染性能好。利用骨料不同组配和颜色的特点，可以使涂层色彩形成不同的层次，取得类似天然石材的丰富色彩和质感，主要用于各种板材及水泥砂浆抹面的外墙饰面。

(3) 聚氨酯系外墙涂料。

聚氨酯系外墙涂料是一种双组分固化型的优质外墙涂料，其主要组成成分是水性聚氨酯树脂。这种涂料形成的涂膜柔软，弹性变形能力大，可以随基层的变形而延伸，且具有优良的耐化学性、耐热性、耐污染性，低温柔性也比较好。水性聚氨酯弹性涂料非常适合冬季寒冷的地区使用，还可以与弹性丙烯酸酯类外墙涂料配套，作为罩面涂料使用，可以解决普通外墙涂料表面易开裂的问题，适用于墙体外表面的装饰与保护。

(4) 浮雕喷涂漆。

浮雕喷涂漆是一种以丙烯酸为基料的水性喷涂浮雕漆，能够以不同的形象变化效果保护及美化环境。这种涂料形成的涂膜具有良好的黏附性、抗碱性和耐久性能。

(5) 合成树脂共聚乳液建筑涂料。

合成树脂共聚乳液建筑涂料是在进口丙烯酸系列建筑涂料的基础上开发研制而成。它是以丙烯酸—醋酸乙烯共聚乳液为黏合基料，添加精选的颜料、填料、助剂，经高速分散、调色而成的水性外墙建筑涂料。合成树脂共聚乳液建筑涂料具有黏结力强，耐水性、耐酸碱性、耐擦洗性、耐老化性、耐冻融性好等特点，而价格仅为丙烯酸系列的一半，适用于中高档外墙装饰，可以直接用于混凝土、水泥砂浆墙面涂刷和墙面重新涂装。

(6) 氟碳涂料。

氟碳涂料按其主成膜的不同可分为三大类：不粘涂料、高温固化涂料和常温固化涂料。其中常温固化氟碳涂料在建筑工程中具有更好的前景。

常温固化氟碳涂料系采用三氟氯乙烯、乙烯基化合物、烯酸、乙烯基醚的四元化合物做基料，是一种常温固化的双组分涂料。其分子结构的特性，使氟碳高聚物高度绝缘，显示出优良的耐热性及乃介质腐蚀性能，在化学上表现为较好的热稳定性和化学惰性。漆膜的分子结构致密，显示出优良的不黏附性、低表面张力、低摩擦性及斥水、斥油、斥尘等性能。

(三) 地面涂料

地面涂料主要作用是装饰与保护室内地面，使地面清洁美观，因此地面涂料应该具备良好的耐磨性、耐水性、耐碱性、抗冲击性以及方便施工等特点。常用的地面涂料有以下几种。

(1) 聚氨酯地面涂料。

聚氨酯地面涂料分薄层罩面涂料与厚质弹性地面涂料两种。聚氨酯弹性地面涂料是甲、乙两组分常温固化型和橡胶类涂料。这种涂料形成的涂膜具有弹性、步感舒适、光而不滑、黏结力强、耐水、耐油、耐磨等特点。

(2) 环氧树脂厚质地面涂料。

环氧树脂厚质地面涂料是以环氧树脂为成膜物质的双组分常温固化型涂料，其特点是黏结力强，漆膜光亮平整、丰满度好，膜层坚硬耐磨，具有一定的韧性、耐久性和良好装饰性。在使用过程中，无异味且不易燃。

(3) 环氧自流平地面涂料。

它是环氧树脂涂料中无溶剂环氧树脂地面涂料，通常又称为"无溶剂环氧自流平洁净耐磨地面涂料"，俗称为"环氧自流地面平地面涂料"。它具有许多优点，例如，与基层的附着力强；表面平整光滑，整体无缝，易清洗；强度高，耐磨损，抗冲击；硬化收缩小，经久耐用；抗渗透，耐化学腐蚀性能强；室温固化成膜，容易保维修；色彩丰富，具有良好的装饰性；施工成型后地面无毒，符合卫生要求，有一定的阻燃性。

(4) 聚醋酸乙烯地面涂料。

聚醋酸乙烯地面涂料是由聚醋酸乙烯乳液、水泥及颜料、填料配置而成，是有机和无机材料相结合的聚合物水泥地面涂料，可取代地板和水磨石地坪，用于实验室、仪器装配车间等的水泥地面。

(四) 顶棚涂料

顶棚涂料即天花板涂料，包括薄涂料、轻质厚涂料及复层涂料三类，其中：薄涂料有水性乳液型、溶剂型及无机类薄涂料；轻质厚涂料包括珍珠岩粉厚涂料等；复层涂料有合成树脂乳液、硅溶胶类等。一般内墙涂料也可用作顶棚涂料。

(五) 屋面防水涂料

详见第十一章第一节防水材料。

第四节 胶 黏 剂

胶黏剂是有黏附性能并能将两个同质或不同物质紧密黏结在一起的物质。胶黏剂一般必须具有3个基本条件：首先，必须易于流动，表面张力较小；其次，能充分浸润被粘物，填平凹凸不平的表面；最后，必须通过化学或物理作用，使得被粘物牢固地结合起来，这也是胶接所要达到的最终目的。因此，用胶黏剂胶接材料具有工艺简单，省工省料，接缝处应力分布均匀，密封和耐腐蚀等优点。

一、胶黏剂的组成

尽管胶黏剂的品种很多，但其组分一般主要有粘料、固化剂、填料、稀释剂等几种。但并不一定每种胶黏剂都含有这些成分，这主要取决于其性能和用途。

1. 粘料

粘料又称基料，它是黏结剂中最主要的组分，它的性质决定了黏结剂的性能和用途。

合成胶黏剂的胶料，可用合成树脂、合成橡胶，也可采用二者的共聚体和机械混合物。

2. 固化剂

固化剂能使基本粘合物质形成网型或体型结构，增加胶层的内聚强度。常用的固化剂有硫黄类、胺类、酸酐类和高分子类等。

3. 填料

胶黏剂中的填料一般不参加化学反应，但加入填料可以改善胶黏剂的性能（如提高强度和耐热性、降低收缩性等），并且填料的加入还可以降低胶黏剂的成本。

4. 稀释剂

为改善工艺性、降低黏度和延长使用期，常加入稀释剂。稀释剂分为活性和非活性，前者参加固化反应，后者不参加固化反应，只起到稀释作用。

二、建筑常用胶黏剂

（1）环氧树脂胶黏剂。

环氧树脂胶黏剂俗称"万能胶"，它是以环氧树脂为主要原料，掺加适量固化剂、增塑剂、填料等配制而成。其特点为黏合力强，收缩性小，固化后具有很高的化学稳定性，广泛用于粘结金属材料及建筑物的修补，还可用于水下作业。在建筑工程中，环氧树脂黏合剂不仅用作结构黏合剂，也是很好的防水防腐材料。

（2）聚醋酸乙烯（PVAC）乳液胶黏剂。

该胶黏剂俗称"白乳胶"，是由聚醋酸乙烯单体、水、分散剂、引发剂以及其他辅助材料经乳液聚合而成，使用方便，价格便宜，应用十分普遍。其在常温固化，且速度快，初粘强度高，是一种可用以黏结玻璃、陶瓷、混凝土、纤维织物、木材等非结构用胶。

（3）氯丁橡胶（CR）胶黏剂。

这种胶是由氯丁橡胶、氧化锌、氧化镁、防老剂、抗氧剂和填料等混炼后溶于溶剂而成。它对水、油、弱酸、弱碱和醇类等均有良好抵抗能力，可在$-50\sim80℃$下工作，但有徐变性，易老化，经改性后可用作金属与非金属结构黏结。建筑工程中常用于水泥砂浆地面或墙面粘贴橡胶和塑料制品。

（4）水性聚氨酯胶黏剂。

在聚氨酯主链或侧链上引入带电荷的离子基团或亲水的非离子链段，制成带电荷的离聚体或亲水链段，它们能在水中乳化或自发地分散在水中形成水性聚氨酯。水性聚氨酯无异氰基残留、无毒、无污染、无溶剂残留，具有良好的初黏力。其继承了聚氨酯材料的全部优良性能，如耐磨、弹性好、耐低温、耐热性好，同时少了有机物溶剂的毒性、污染性和资源的浪费。

复 习 思 考 题

10-1 高分子化合物有哪些特征？这些特征与高分子化合物的性质有何联系？

10-2 什么是加聚反应和缩聚反应？

10-3 热塑性树脂和热固性树脂主要不同点有哪些？

10-4 聚合树脂都是热塑性的，而缩合树脂则有热固性的也有热塑性的，这是什么原因？

10-5 塑料的基本组成有哪些？

10-6 塑料的主要优缺点有哪些？

10-7 使用胶黏剂时应注意哪些问题？

10-8 叙述涂料的组成成分和它们所起的作用。

10-9 简述内墙涂料与外墙涂料在功能与性能要求上的区别。

10-10 试分别为家庭居室的地面、墙面及天花顶棚各选一种既美观大方、又经济耐用的有机饰面材料，并简述选用理由。

第十一章 功 能 材 料

土木工程中的功能材料作用主要有防水、保温、隔热、隔声、吸声、防火、防腐等。其目的在于保证工程结构、装饰材料在使用年限内的正常使用和耐久性能。本章着重介绍常用的防水材料、保温隔热材料和隔声、吸声材料。

第一节 防 水 材 料

工程防水是保证结构或装饰物发挥其正常功能和耐久性的一项重要措施。防水材料则是实现这一措施的物质基础。所谓防水材料是指能够防止雨水、地下水、或其他水分侵蚀渗透的材料。作为防水材料，应当具有防潮、防渗、防漏的功能，避免外界水分侵蚀，保证基材良好的工作性。同时还应具有良好的变形性能和耐老化性能，具有与基材协同工作的能力。

土木工程防水方式有为刚性防水和柔性防水两种。刚性防水主要采用防水混凝土和防水砂浆等材料；柔性防水材料主要采用防水卷材、防水涂料及密封材料等。防水混凝土、防水砂浆已在其他章节中作了介绍，本节主要讲述柔性防水材料。

防水材料按其生产工艺和使用功能特性分为防水卷材、防水涂料、密封或堵漏材料。随着石油工业和高分子材料的发展，近年来，防水材料发展迅速已由传统的沥青基防水材料向高聚物改性沥青防水材料和合成高分子防水材料发展，这些改性或高分子材料克服了传统防水材料温度适应性差、易老化、抗拉强度和极限延伸率低、寿命短等缺点。本节主要介绍防水卷材、防水涂料和密封材料。

一、防水卷材

防水卷材是工程防水材料的重要品种，尤其在建筑工程防水领域应用最广。卷材按照材料组成可分为沥青基防水卷材、高聚物改性沥青防水卷材、合成高分子防水卷材三大类。

（一）沥青基防水卷材

沥青基防水卷材分有胎卷材和无胎卷材。凡用原纸或玻璃布、石棉布、棉麻纸等胎料浸渍石油沥青（或焦油沥青）制成的卷状材料，称有胎卷材。将石棉、橡胶粉等掺入沥青材料中，经碾压成的卷状材料称为无胎卷材。

(1) 普通原纸胎基油毡。

采用低软化点沥青浸渍原纸所制成的无涂盖层的纸胎防水卷材叫油纸，当用高软化点沥青涂盖油纸的两面，并撒布隔离材料后，则称为油毡。目前建筑工程中常用的有石油沥青油纸、石油沥青油毡和煤沥青油毡三种。

原纸由植物纤维制成，易腐烂，耐久性较差，原纸胎基油毡抗拉强度及塑性较低，吸水率较大，防水性差。在雨水较少的干旱地区或临时建筑中使用较多。

(2) 塑性体改性沥青防水卷材（APP卷材）。

以聚酯毡或玻纤毡为胎基，无规聚丙烯（APP）或聚烯烃类聚合物（APAO、APO）

作改性沥青为浸涂层，两面覆以隔离材料制成的防水卷材统称 APP 卷材。国家标准《塑性体改性沥青防水卷材》(GB 18243—2008) 按胎体材料不同，分为聚酯毡（PY）、玻纤毡（G）和玻纤增强聚酯毡（PYG）。按上表面隔离材料分为聚乙烯膜（PE）、细砂（S，细砂粒径不超过 0.60mm）和矿物粒料（M）；下表面隔离材料为细砂（S）、聚乙烯膜（PE）。按卷材物理力学性能（可溶物含量、不透水性、拉力、延伸率、低温柔度等）分为 I 型和 II 型。

APP 防水卷材材料性能见表 11-1。

表 11-1　　APP 防水卷材性能

序号	项目		指标				
			I		II		
			PY	G	PY	G	PYG
1	可溶物含量（g/m²）	3mm	2100			—	
		4mm	2900				—
		5mm			3500		
		试验现象	—	胎基不燃	—	胎基不燃	
2	耐燃性	℃	110		130		
		≤	2				
		试验现象	无流淌、滴落				
3	低温柔性（℃）		−7		−15		
			无裂缝				
4	不透水性 30min		0.3MPa	0.2MPa	0.3MPa		
5	拉力	最大峰拉力（N/50mm）≥	500	350	800	500	900
		次高峰拉力（N/50mm）≥					800
		试验现象	拉伸过程中，试件中部无沥青涂盖层开裂或胎基分离现象				
6	延伸率	最大峰时延伸率（%）≥	25		40		
		第二峰时延伸率（%）≥					15
7	浸水后质量增加（%）≤	PE, S	1.0				
		M	2.0				
8	热老化	拉力保持率（%）≥	90				
		延伸率保持率（%）≥	80				
		低温柔性（℃）	−2		−10		
			无裂缝				
		尺寸变化率（%）≤	0.7	—	0.7	—	0.3
		质量损失率（%）≤	1.0				
9	接缝剥离强度（N/mm）≥		1.0				
10	钉杆撕裂强度[①]（N）≥		—				300
11	矿物粒料黏附性[②]（g）≤		2.0				

续表

序号	项目		指标				
			I		II		
			PY	G	PY	G	PYG
12	卷材下表面沥青涂盖层厚度③ (mm) ≥		1.0				
13	人工气候加速老化	外观	无滑动、流淌、滴落				
		拉力保持率 (%) ≥	80				
		低温柔性 (℃)	−2		−10		
			无裂缝				

① 仅适用于单层机械固定施工方式卷材。
② 仅适用于矿物粒料表面的卷材。
③ 仅适用于热熔施工的卷材。

产品标记按名称、型号、胎基、上表面材料、下表面材料、厚度、面积和标准号顺序标记。示例：10m² 面积、3mm 厚上表面为矿物粒料、下表面为聚乙烯膜聚酯毡 I 型塑性体改性沥青防水卷材标记为：APP I PY M PE 3 10 GB18243—2008。

(3) 弹性体改性沥青防水卷材（SBS 卷材）。

它是以聚酯毡或玻纤毡、玻纤增强聚酯毡为胎基，苯乙烯-丁二烯-苯乙烯（SBS）热塑性弹性体作石油沥青改性剂，两面覆以隔离材料所制成的防水卷材，简称 SBS 卷材。根据《弹性体改性沥青防水卷材》（GB 18242—2008）的 SBS 卷材分类、卷材规格与 APP 卷材相同。材料性能见表 11-2。

表 11-2　　　　　　　　　　SBS 防水卷材性能

序号	项目		指标				
			I		II		
			PY	G	PY	G	PYG
1	可溶物含量 (g/m²) ≥	3mm	2100		—		
		4mm	2900		—		
		5mm	3500				
		试验现象	—	胎基不燃	—	胎基不燃	
2	耐热性	℃	90		105		
		≤mm	2				
		试验现象	无流淌、滴落				
3	低温柔性 (℃)		−20		−25		
			无裂缝				
4	不透水性 30min		0.3MPa	0.2MPa	0.3MPa		
5	拉力	最大峰拉力 (N/50mm) ≥	500	350	800	500	900
		次高峰拉力 (N/50mm) ≥	—	—	—	—	800
		试验现象	拉伸过程中，试件中部无沥青涂盖层开裂或胎基分离现象				
6	延伸率	最大峰时延伸率 (%) ≥	30		40		
		第二峰时延伸率 (%) ≥	—		—		15

第十一章 功能材料

续表

序号	项目		指标				
			I		II		
			PY	G	PY	G	PYG
7	浸水后质量增加（%）≤	PE、S	1.0				
		M	2.0				
8	热老化	拉力保持率（%）≥	90				
		延伸保持率（%）≥	80				
		低温柔性（℃）	−15		−20		
			无裂缝				
		尺寸变化率（%）≤	0.7	—	0.7	—	0.3
		质量损失率（%）≤	1.0				
9	渗油性	张数≤	2				
10	接缝剥离强度（N/mm）≥		1.5				
11	钉杆撕裂强度①（N）≥		—				300
12	矿物粒料黏附性②（g）≤		2.0				
13	卷材下表面沥青涂盖层厚度③（mm）≥		1.0				
14	人工气候加速老化	外观	无滑动、流淌、滴落				
		拉力保持率（%）≥	80				
		低温柔性（℃）	−15		−20		
			无裂缝				

① 仅适用于单层机械固定施工方式卷材。
② 仅适用于矿物粒料表面的卷材。
③ 仅适用于热熔施工的卷材。

对比表 11-1 和表 11-2，APP 防水卷材的耐热性优于 SBS 防水卷材，而 SBS 卷材的低温柔性、接缝剥离强度等指标优于 APP 卷材。

由于 SBS 卷材具有良好的低温柔性和极高的弹性延伸性，相比 APP 卷材，更适合于北方寒冷地区和结构易变性的部位防水。而 APP 卷材由于耐热性更好，且具有良好的耐紫外线老化性能，因此更适合用于高温或太阳辐射强烈的地区结构防水。

（4）改性沥青聚乙烯胎防水卷材。

与 APP 和 SBS 相比，主要区别为其胎体为聚乙烯。是以高密度聚乙烯膜为胎基，上下表面为改性沥青或自粘沥青，表面覆盖隔离材料制成的防水卷材。国家标准《改性沥青聚乙烯胎防水卷材》（GB 18967—2009）将其按照施工工艺分为热熔型和自粘型两种；其中热熔型产品按照改性剂的成分分为改性氧化沥青防水卷材、丁苯橡胶改性氧化沥青防水卷材、高聚物改性沥青防水卷材、高聚物改性沥青耐根穿刺防水卷材四类。热熔型卷材上下表面的隔离材料为聚乙烯膜，自粘型卷材上下表面隔离材料为防粘材料。

高聚物改性沥青防水卷材具有高度强度、高弹性和延展性，综合性能优异，对基层伸缩和局部变形的适应力强，适用于建筑物屋面、地下室、立交桥、水库、游泳池等工程的防水、防渗和防潮。

（二）合成高分子防水卷材

合成高分子防水卷材以合成橡胶、合成树脂或两者的共混体为基料，加入适量的化学助剂和填充料等。经不同工序加工成可卷曲的片状防水材料；或把上述材料与合成纤维等复合形成两层或两层以上可卷曲的片状防水材料。按合成高分子材料种类可分为橡胶型（三元乙丙橡胶防水卷材、丁基橡胶防水卷材、氯丁橡胶防水卷材、EPT/IIR 防水卷材等）、树脂型（氯化聚乙烯防水卷材、氯磺化聚乙烯防水卷材、聚氯乙烯防水卷材）、橡塑共混型（氯化聚乙烯－橡胶共混防水卷材、三元乙丙橡胶－聚乙烯共混防水卷材等）三类。

合成高分子卷材的特点、适用范围及施工工艺见表 11 - 3。使用时可根据其性能和特点选择。

表 11 - 3　　　　常见合成高分子防水卷材特点、适用范围及施工工艺

类型	卷材名称	特点	适用范围	施工工艺
橡胶型	三元乙丙橡胶防水卷材	防水性能优异，耐候性、耐臭氧性、耐化学腐蚀好，弹性和抗拉强度大，对基层变形开裂适应性强，使用温度范围广、寿命长；但价格高，黏结材料需配套完善	防水要求较高、防水层耐用年限要求长的工业与民用建筑，可单层或复合使用	冷粘或自粘法施工
	丁基橡胶防水卷材	有较好的耐候性、耐油性、抗拉强度和延伸率，耐低温性低于三元乙丙橡胶防水卷材	单层或复合使用于要求较高的工程	冷粘法施工
树脂型	氯化聚乙烯防水卷材	具有良好的耐候、耐臭氧、耐热老化、耐油和耐化学腐蚀，抗撕裂性能也不错	单层或复合使用，宜用于紫外线强的炎热地区	冷粘法施工
	氯黄化聚乙烯防水卷材	耐高、低温性能、耐腐蚀性能优良，延伸率较大，弹性好，对基层开裂适应性较强，有很好的难燃性	适用于有腐蚀介质影响及寒冷地区的防水工程	冷粘法施工
	聚氯乙烯防水卷材	耐老化性能好，具有较高的拉伸和撕裂强度，延伸率大，原材料丰富，价格便宜	单层或复合使用，适合外露或有保护层的防水工程	冷粘法或热风焊接法施工
橡塑共混型	氯化聚乙烯－橡胶共混防水卷材	同时具有氯化聚乙烯特有的良好耐候、耐臭氧、耐热老化、耐油和耐化学腐蚀，抗撕裂性能及橡胶特有的高弹性、高延性以及低温柔性	单层或复合使用，适用于寒冷地区或变形较大的结构防水	冷粘法施工
	三元乙丙橡胶－聚乙烯共混防水卷材	属于热塑性弹性材料，具有良好的耐臭氧和耐老化性能，使用寿命长，低温柔性好，可在负温条件下施工	单层或复合使用于外露防水屋面，适用于寒冷地区	冷粘法施工

二、防水涂料

喷涂或刷涂在建筑物表面上，经溶剂或水分的挥发或两种组分的化学反应形成一层薄膜，使建筑物表面与水隔绝，并能抵制一定的水压力，从而起到防水、密封、防潮的作用，这些涂刷的黏稠液体称为防水涂料。涂料固化成膜后具有良好的防水性能，形成的无缝、完整的防水膜，尤其适用于建筑物或构筑物不规则、贴卷材困难的部位。多数采用冷施工，环保并利于施工操作。

（一）防水涂料的组成和分类

防水涂料是一种具有防水功能的特殊涂料。涂刷在基层上柔软、耐水、抗裂和富有弹性的防水涂膜，能够隔绝外部的水分子向基层深透。因此，防水涂料的主要原材料通常采用憎水性强，耐水性好的有机高分子材料。工程中，防水涂料常用的主材包括聚氨酯、氯丁胶、再生胶、SBS 橡胶和沥青以及它们的混合物，辅材主要有固化剂、增韧剂、增粘剂、防霉剂、填充剂、乳化剂、着色剂等。除成分组成差异外，防水涂料的生产工艺和成膜机理与普通建筑涂料基本相同。

防水涂料根据组分的不同可以分成单组分防水涂料和双组分防水涂料。其中单组分涂料一般就是即开即用，而双组分涂料一般是由 A 和 B 两种物质，按一定比例，配制加工混合后使用。根据成膜主材的不同可以分为沥青基防水涂料、高聚物改性沥青防水涂料和合成高分子材料防水涂料。根据涂料的介质不同，又可分为溶剂型、水乳型和反应型。不同介质的防水涂料的性能特点见表 11-4。

表 11-4　　溶剂型、乳液型和反应型防水涂料的性能特点

项　目	溶剂型防水涂料	水乳型防水涂料	反应型防水涂料
高分子物质态	以分子状态溶解于有机溶剂中，成为溶液	以极微小的颗粒（而不是呈分子状态）稳定悬浮（而不是溶解）在水中	以预聚物液态形状存在，多以双组分构成涂料，几乎不含溶剂
成膜机理	通过溶剂挥发，经过高分子物质分子链接触、搭接等过程而结膜	通过水分子的蒸发、乳胶颗粒靠近、接触、变形等过程成膜	通过预聚体与固化剂发生化学反应成膜
干燥速度	干燥快，涂膜薄而致密	干燥较慢，一次成膜的致密性较溶剂型涂料低	可一次形成致密的较厚的涂膜，几乎无收缩
贮存稳定性	储存稳定性较好，应密封储存	储存期一般不宜超过半年	各组成应分开密封存放
安全性	易燃、易爆、有毒，应注意安全使用，注意防火	无毒，不燃，生产、贮运、使用比较安全	有异味，生产、运输和使用过程中应注意防火
施工情况	溶剂挥发快，施工时对环境有污染，施工阶段应通风良好，注意施工人员防护	施工较安全，操作简单，可在较潮湿的找平层上施工，施工温度不宜低于 5℃	按照规定配方配料，搅拌均匀

(二) 高聚物改性沥青基防水涂料

传统的以沥青为基料配制成的水乳型或溶剂型防水涂料。受沥青的性能限制，使用寿命较短，因此需要进行研究改进以适应社会需要。高聚物改性沥青是用合成高分子聚合物如氯丁橡胶、水乳型再生橡胶、SBS 等外掺剂（改性剂）等改性措施，使得防水性能改善而制成的防水涂料。改性沥青途径有两种：一是改变沥青化学组成；二是使改性剂均匀分布于沥青中形成一定的空间网络结构。

溶剂型的黏结性较好，但污染环境，对人体有害；水乳型的价格较便宜且使用方便、环境污染小，但黏结性比溶剂型稍差。从环境保护角度，水乳型更适合推广使用。

(1) SBS 改性沥青防水涂料。

SBS 改性沥青防水涂料有水乳型和溶剂型。水乳型是以石油沥青为基料，添加 SBS 丁苯热塑性弹性体等高分子材料制成。该涂料的优点是低温柔韧性好、抗裂性强、黏结性能优良、耐老化性能好，与玻纤布等增强胎体复合，能用于任何复杂的基层，防水性能好，可冷施工，是较为理想的中档防水涂料。

溶剂型是以石油沥青为基料，添加 SBS 热塑性弹性体做改性剂，配以适量的辅助剂、防老剂等制成，具有优良的防水性、黏结性、弹性和低温柔性。广泛应用于各种防水防潮工程，如屋面防水、地下及海底设施的防水、防潮工程等。

(2) 水乳型沥青防水涂料。

水乳型沥青基防水涂料是以乳化沥青为基料的防水涂料。《水乳型沥青防水涂料》(JC/T 408—2005) 和《路桥用水性沥青基防水涂料》(JT/T 535—2004) 均对水乳性沥青防水涂料做了规定。相对于标准 JC/T 408—2005，标准 JT/T 535—2004 对防水涂料性能指标要求更严格。标准 JT/T 535—2004 按采用的化学乳剂不同，水性沥青基防水涂料分为氯丁胶乳沥青基防水涂料（AE-1）和用其他化学乳化剂配制的乳化沥青基防水涂料（AE-2）。按其质量又分为Ⅰ型和Ⅱ型。Ⅰ型适用于热拌沥青混凝土路桥面；Ⅱ型适用于沥青玛蹄脂路桥面。

氯丁胶乳防水涂料（AE-1）成膜性能好，有足够的强度，耐热性、低温柔性、延伸性好，能充分适应基材变化，耐臭氧、耐老化、抗腐蚀、不透水，是一种低毒安全的防水涂料。除用于路桥面外，还适用于各种屋面防水、地下防水、补漏、防腐蚀。

(3) 水乳型再生橡胶改性沥青防水涂料。

水乳型再生橡胶改性沥青防水涂料是由阴离子型再生乳胶和阴离子型沥青乳胶混合均匀而成，再生橡胶和石油沥青的微颗粒借助于阴离子的表面活性剂的作用，稳定分散在水中而形成的乳状液体。

这种涂料具有无毒、无味、不燃的优点，可在常温下冷施工作业，并可在稍微潮湿无积水的表面施工，涂膜具有一定的柔韧性和耐久性。属于薄型涂料，需要多次涂刷才能达到规定防水厚度。

(三) 合成高分子防水涂料

合成高分子防水涂料是以合成橡胶或合成树脂为主要成膜物质，加入其他辅助剂配制而成的单组分或多组分防水材料。按其形态分为乳液型、溶剂型和反应型。乳液型的特点是经液态状高分子材料中的水分蒸发而成膜；溶剂型的特点是经溶剂挥发而成膜；反应型则是由液态状高分子材料作为主剂与固化剂进行固化反应而成膜。合成高分子涂料的品种很多，常见的有聚氨酯、硅酮、氯丁橡胶、聚氯乙烯、丙烯酸酯、丁基橡胶、氯磺化氯乙烯、偏二氯乙烯以及它们的混合物等。

(1) 聚氨酯防水涂料。

聚氨酯防水涂料是由异氰酸酯、聚醚等经聚合反应而成的含异氰酸酯基的预聚体，配以催化剂、无水助剂、无水填充剂、溶剂等，经混合等工序加工制成的反应型涂膜防水涂料。

聚氨酯防水涂料有单组分（S）和双组分（M），国家标准《聚氨酯防水涂料》（GB/T 19250—2003）将防水涂料按拉伸性能分为Ⅰ型和Ⅱ型。相对于双组分，单组分不需要现场计量搅拌，操作简单。

无论单、双组分，Ⅰ型和Ⅱ型的拉伸强度分别不低于1.90和2.45MPa；断裂伸长率Ⅰ型单组分不低于550%，双组分不低于450%。Ⅰ型和Ⅱ型聚氨酯防水涂层的撕裂强度分别不低于12N/mm和14N/mm。聚氨酯防水涂料使用温度范围宽，为-30~80℃。耐久性好，当涂膜厚为1.5~2.0mm时，耐用年限在10年以上。聚氨酯涂料对材料有良好的附着力，因此与各种基材如混凝土、砖、岩石、木材、金属、玻璃及橡胶等均能黏结牢固，且施工操作较简便。

聚氨酯防水涂膜在常温下即能交联固化，形成具有柔韧性、富有弹性、耐水、抗裂；固化时无体积收缩。它具有优异的耐候、耐油、耐臭氧、不燃烧等特性，是目前最常用的一种树脂基防水涂料，它可在任何复杂的基层表面施工，适用于各种基层的屋面、地下建筑、水池、浴室、卫生间等工程的防水。其缺点是不易维修，完全固化前变形能力较差，施工中易受损伤。

(2) 硅橡胶防水涂料。

硅橡胶防水涂料是以硅橡胶胶乳以及其他乳液的复合物为主要基料，掺入无机填料及各种助剂配制而成的乳液型防水涂料。它固化后形成网状结构的高聚物膜层，具有良好的防水、耐候、弹性、耐老化性及耐高温和低温等性能，无毒无味。此防水涂料具有涂膜防水和渗透防水二者的优良性能，在干燥的混凝土基层上，渗透深度达0.2~0.3mm，与基层黏结牢固。延伸率高，可达700%，抗裂性很好。此种防水涂料无毒，可用于各类地下工程，尤其是地下工程的防水、防渗涂膜，对地下水质无污染。也可用于混凝土、砂浆、钢材等表面防水或防腐。

(3) 丙烯酸酯防水涂料。

丙烯酸酯防水涂料是以丙烯酸酯共聚乳液为基料配置成的水乳型单组分涂料。此防水涂料不含任何有机溶剂，涂料环保。

丙烯酸酯防水涂料的最大优点是具有良好的耐候性、耐热性和耐紫外线性。在-30~80℃范围内性能基本无变化。一般为白色，故易配制成多种颜色的防水涂料，使防水层兼有装饰和隔热效果。适用于各类建筑防水工程，也可做防水层的维修或保护层。缺点是易沾灰，耐久性不足。

我国防水涂料的发展方向是：以水乳型取代溶剂型；厚质防水涂料取代薄质防水涂料；浅色、彩色防水涂料取代深色防水涂料；多功能复合防水涂料取代单一功能的防水涂料。今后将发展兼具装饰、防辐射、反光等功能的防水涂料。

三、密封材料

密封材料也可称为嵌缝材料,是指填充在结构构件的结合部位及其他缝隙内,具有气密性、水密性、隔离内外能量和物质交换通道的材料。密封材料的基材主要有油基、橡胶、树脂等有机化合物和无机化合物,生产工艺相对防水卷材或涂料而言较为简单。密封材料的防水效果取决于密封性、憎水性、耐久性以及一定的黏附力。

具体而言,密封材料通常需具有良好的黏结性、抗下垂性、不渗水透气、易于施工;具有良好的弹塑性,能长期承受被粘构件的伸缩和振动,在伸缩缝变化时不开裂、不脱落;并要求有良好的耐老化性能,长期保持所需的黏结性和内聚力,不受热和紫外线的影响。

密封材料的应用已有悠久的历史,通常装配门窗玻璃用的油膏及填嵌在公路、机场跑道和桥面板接缝用的沥青膏等,均属这类材料。密封材料通常分为定型密封材料(密封条和压条等)和非定型密封材料(密封膏或嵌缝膏等)两大类。非定型防水密封材料又可分为塑性、弹塑型及弹性密封膏等。

(一) 塑性密封膏

塑性油膏为普通油膏,主要有建筑防水沥青嵌缝油膏、以动、植物油作基料配制而成的亚麻仁油膏、桐油膏、鱼油膏等。

建筑防水沥青嵌缝油膏是以石油沥青为基料,在加入改性材料废橡胶粉和硫化鱼油、稀释剂及填充料等,经混拌制成膏状物,为冷用嵌缝材料。国家标准《建筑防水沥青嵌缝油膏》(JC/T 207—2011)按耐热性和低温柔性将油膏分为 702 和 801 两个型号。沥青嵌缝油膏具有炎夏不易流淌,寒冬不易脆裂,黏结力较强,延伸性、塑形和耐候性好等优点,因此广泛用于屋面板和墙板的接缝处,各种构筑物的伸缩缝、沉降缝等的嵌填密封材料。油膏表面可加石油沥青、油毡、砂浆、塑料等作覆盖层,以延缓油膏的老化。

(二) 弹塑性密封膏

(1) 氯丁橡胶基密封膏。

氯丁橡胶基密封材料是以氯丁橡胶和丙烯系塑料为主体材料,再掺入少量增塑剂、硫化剂、增韧剂、防老化剂、溶剂及填充料等配制而成,成为一种黏稠的溶剂型膏状体。其成膜硬化大体是经过两个阶段:第一个阶段是密封膏随其溶剂挥发,分散橡胶体微粒逐步靠拢、聚结而排列在一起;第二个阶段是胶体微粒的接触面增大,开始变形,由于它们的自粘性高而相互结合,自然流化成坚韧的定性弹性体。

氯丁橡胶基密封膏与砌体抹灰、混凝土、铁、铝及石膏板结构材料等有良好的黏结能力。良好的延伸性和回弹性能,伸长率可达 500%,恢复率 69%~90%。具有良好的耐候性、抗老化、耐热和耐低温性能。一般 70℃试验温度下垂直悬挂 5h 不流淌,在-35℃下弯曲 180°不裂不脆,挥发率 2.3% 以下。良好的挤出性能,便于施工。在高气温下施工垂直缝,密封膏不流淌,故其可用于垂直墙面的纵向缝、水平缝及各种异型变形缝。

(2) 聚氯乙烯嵌缝接缝膏。

聚氯乙烯嵌缝接缝膏(俗称 PVC 胶泥)是以煤焦油和聚氯乙烯树脂粉为基料,按一定比例加入增塑剂、稳定剂及填充料等,在 140℃温度下塑化而成的弹塑性热施工的膏状密封材料，又称聚氯乙烯胶泥。常用品种有802和703两种。具有耐热、耐寒、耐腐蚀和抗老化等性能，且表观密度小，原料易得，成本低廉。除适用于一般工程外，还适用于生产硫酸、盐酸、硝酸、氢氧化钠等有腐蚀性气体的车间屋面防水工程。PVC胶泥除热用外，也可以冷用，冷用时需加溶解剂稀释。

（三）弹性密封膏

弹性密封材料是目前发展的新型密封材料中的主要品牌，有单组分型和双组分型两大类。单组分型又可分为无溶剂型、溶剂型和乳液型三种。按其基础聚合物的不同可分为硅酮系、聚氨酯系、聚硫系及丙烯酸系等系列。

（1）聚氨酯密封膏。

以聚氨酯为主要组成组分，在配加其他组分材料而制成，它是最好的密封材料之一。聚氨酯密封材料一般为双组分，配制时必须采用二步法合成。即先制备预聚体（A组分），然后用交联剂（B组分）固化而获得弹性体。

聚氨酯密封材料对于混凝土具有良好的黏结性，而且不需要打底。虽然混凝土时多孔吸水材料，但吸水并不影响它同聚氨酯的黏结。所以聚氨酯封闭膏可以用作混凝土屋面和墙面的水平或垂直接缝的密封材料。聚氨酯密封膏尤其适用于游泳池工程，同时它还是公路及机场跑道的补缝、接缝的好材料，也可用于玻璃和金属材料的嵌缝。

（2）聚硫橡胶密封膏。

聚硫橡胶密封材料以液态聚硫橡胶为基料，再加入硫化、增塑剂、填充料等搅拌制成均匀的膏状体。其主键上结合有硫原子，因而具有良好的耐油性、耐溶剂性、耐老化性、耐冲击性、低透性及良好的低温挠曲性和黏结性。聚硫密封膏的弹性好，黏结力强，适应温度范围宽（$-40\sim80℃$），低温柔性好，抗紫外线暴晒以及抗冰雪和水浸能力强。还可根据可灌性、流平性及抗下垂性等不同要求，配制出不同类型的密封材料。

（3）有机硅橡胶（硅酮）密封膏。

有机硅橡胶为线性的聚硅氧烷，或称硅酮。用这种材料制得的密封膏因分子中有大量重复的硅氧键，故具有良好的耐候性、耐久性、耐热性、和耐寒性，而且使用时操作方便、毒性小。硅酮密封材料的突出优点是弹性大，拉伸压缩循环性能好，适用于高移动能量（$\pm50\%$）的场合。

（4）丙烯酸类密封膏。

丙烯酸类密封材料是由丙烯酸类树脂掺入填料增塑剂、分散剂等配制而成，分溶剂型和水乳型两种。目前应用以水乳型为主。丙烯酸类密封材料在一般建材基底（包括砖、砂浆、大理石、花岗石、混凝土等）上不产生污渍。它具有优良的抗紫外线性能，伸长率很大，初期固化阶段为200%～600%，经过热老化、气候老化试验后达到完全固化时伸长率的100%～350%。在$-34\sim80℃$温度范围内均能有良好的性能，并具有自密性。

丙烯酸类密封膏主要用于建筑物的屋面、墙板、门、窗嵌缝。由于其耐水性不够好，故不宜用于长期浸水的工程。丙烯酸类密封材料比橡胶类便宜，属于中等价格及性能的产品。

（四）止水带

止水带是用于全部或部分浇捣于混凝土中的橡胶密封止水带和具有钢边的橡胶密封止

水带。标准《高分子防水材料 第2部分：止水带》（GB 18173.2—2000）按止水带的用途分为B类（用于变形缝）、S类（用于施工缝）和J类（用于有特殊耐老化要求的接缝）。三类止水带的拉伸强度分别不低于15MPa、12MPa和10MPa，拉伸伸长率分别不低于380%、380%和300%。

（五）密封带条

密封带条根据弹性性能也分为塑性、弹塑性和弹性三种。塑性以聚丁烯为基料、掺入少量低分子量聚异丁烯或丁基橡胶增强，或以低分子量聚异丁烯为基料组成。用以二次密封或装配玻璃、隔热玻璃等。弹塑性通常以丁基橡胶或较高分子量的聚异丁烯为基料。弹性密封带通常以固化丁基橡胶或氯丁橡胶为基料。

第二节 保温隔热材料

保温隔热材料指的是降低材料两侧热交换的一种功能材料。尤其在建筑工程领域，冬天为了能保持室内热量、减少热量散失；夏天为了减少外部热量流入，保证空调制冷效果，其墙体、楼面和屋顶等围护结构需要有一定的保温隔热功能。保温和隔热良好的建筑物，还可以大大降低采暖和空调制冷的能耗，这对于"建筑节能"具有重要的意义。

一、材料的保温隔热作用原理及性能影响因素

热在本质上是组成物质的分子、原子和电子等在物质内部的移动、转动和振动所产生的能量，即热能。当任何介质中存在温度差时，就会产生热传递，热能将从温度较高的部分传递至温度较低的部分。热传递的基本方式有三种：热传导、热对流和热辐射。一般来说，热流传递过程中，传热方式总是两、三种方式同时存在。

隔热性能良好的材料通常制作成多孔材料。因为空气的导热系数仅为0.029W/(m·K)，是良好的隔热材料，虽然多孔材料内的空气在材料保温隔热时也会发生辐射和对流，但与材料热传导相比，空气的热辐射和对流引起的热量传递所占的比例很小。故在建筑热工计算时主要考虑材料的热传导性能，热辐射和热对流不予考虑。

因此，衡量材料保温隔热性能的主要指标为热传导系数λ。不同的建筑材料具有不同的热物理性能，导热系数越小，保温隔热性能越好。材料的导热系数与其自身的成分、表观密度、内部结构以及传热时的平均温度和材料的含水量有关。

影响导热系数的因素如下。

(1) 表观密度与孔隙率的特征。

由于材料中固体物质的导热能力比空气要大得多，同一种保温材料，表观密度小，导热系数就小。在孔隙率相同的条件下，孔隙尺寸小而密，导热系数小，孔隙尺寸愈大，导热系数就愈大；互相连通孔隙比封闭孔隙导热系数大。

对于表观密度很小的材料，特别是纤维状材料（如超细玻璃纤维），当其表观密度低于某一极限值时，导热系数反而会增大，这是由于孔隙增大且互相连通的孔隙大大增多，而使对流作用加强的结果。因此这类材料存在最佳表观密度，即在这个表观密度时导热系数最小。

(2) 湿度。

材料吸湿受潮后,其导热系数增大,在多孔材料中最为明显。这是由于湿度增大了材料孔隙中的水分(包括水蒸气),孔隙中蒸汽扩散或水分子热传导将占材料的主要传热作用。水的导热系数是 $0.58W/(m·K)$,比空气导热系数 $0.029W/(m·K)$ 大 20 倍左右。如果孔隙中的水结成了冰,冰的导热系数是 $2.33W/(m·K)$,则材料多导热系数更高。为达到保温隔热效果,保温材料在应用时必须注意防水避潮。

在保温隔热中、保温材料的蒸汽渗透是值得注意的问题。水蒸气能从温度较高的一边渗透入保温材料,当水蒸气在材料孔隙中达到了最大饱和度时就凝结成水,在温度较低的一边表面上出现冷凝水滴。这不仅大大增加了隔热材料的导热性,同时还会降低隔热材料的强度和耐久性。常规的防止方法是在可能出现冷凝水的界面上,用沥青卷材或铝箔、塑料薄膜等加做隔气层。

(3) 材料的组成和微观结构。

一般来说,不同材料的导热系数是不同的,导热系数最大为金属,非金属次之,液体较小,气体更小。对于同一种材料,内部结构不同,导热系数也差别很大。一般结晶结构的导热系数最大,微晶体结构的次之,玻璃体结构最小。但对于多孔的绝热材料来说,由于孔隙率高,气体(空气)对导热系数的影响起着主要作用,而固体部分的结构无论是晶态或玻璃态对其影响都不大。

(4) 温度。

保温材料的导热系数随材料温度的升高而增大,因为温度升高时,材料固体分子的热运动增强,同时材料孔隙中空气的导热和孔壁间的辐射作用也有所增加。但这种影响在 $0\sim50℃$ 温度范围内并不显著,只对处于高温或负温下的材料,才要考虑温度的影响。

(5) 热流方向。

对于各向异性的材料,如木材料等纤维质的材料,当热流平行于纤维方向时,热流受到阻力小,而热流垂直于纤维方向时,受到的阻力就大。以松木为例,当热流垂直于木纹时,热导系数是 $0.17W/(m·K)$,而当热流平行于木纹时,导热系数则是 $0.35W/(m·K)$。

以上因素中,对材料保温隔热性能影响最大的是表观密度和湿度。绝大多数建筑材料的导热系数介于 $0.023\sim3.49W/(m·K)$ 之间,通常把热导系数不大于 $0.23W/(m·K)$ 的材料称为绝热材料,而将其中热导系数小于 $0.14W/(m·K)$ 的绝热材料称为保温材料。

二、常用保温隔热材料

保温隔热材料按化学成分可分为有机和无机两大类,按材料的构造可分为纤维状、松散颗粒状和多孔材料三种,工程应用中,根据需要可制成板、卷材或管壳等多种形式的制品。一般来说,无机绝热材料的表观面密度比有机材料大,但使用过程中不易腐朽,不会燃烧,有的材料还耐高温。有机绝热材料质轻,保温隔热性能好,但耐高温性较差。常用的隔热材料简单介绍如下。

(一) 纤维状无机保温隔热材料

这类材料主要是指矿棉、石棉、玻璃棉等人造无机纤维状材料。该类材料在外观上具有相同的纤维状形态和结构，具有密度小、隔热效果好，不燃烧、耐腐蚀、化学稳定性强、吸声性能好、无毒、无污染、防蛀、价廉等优点，广泛应用于住宅建筑和热工设备、管道等的保温、隔热、隔冷和吸声材料。

(1) 矿棉及其制品。

矿棉一般包括矿渣棉和岩石棉。矿渣棉所用原料有高炉矿渣、铜矿渣等，并加一些调节原料（钙质和硅质原料）；岩棉的主要原料为天然岩石（白云石、花岗石、玄武岩等）。上述原料经熔融后，用喷吹法或离心法制成细纤维。矿棉具有轻质、不燃、绝热和电绝缘等性能，且原料来源广，成本较低。可制成矿棉板、矿棉毡及管壳等。可用作建筑物的墙壁、屋顶、天花板等处的绝热和吸声材料，以及热力管道的绝热材料。

(2) 石棉及其制品。

石棉是一种天然矿物纤维，主要化学成分是含水硅酸镁，具有耐火、耐热、耐酸碱、防腐隔音等特性。由于石棉中的粉尘对人体有害，民用建筑中已很少使用，目前多数用在工业建筑领域的隔热保温或防火。

(3) 玻璃棉及其制品。

用玻璃原料或碎玻璃经熔融后制成纤维状材料，包括短棉和超细棉两种。短棉的表观密度为 $40\sim150kg/m^3$，导热系数是 $0.035\sim0.058W/(m·K)$。可制成沥青玻璃棉毡、板，酚醛玻璃棉毡、板等制品，广泛应用于温度较低的热力设备和房屋建筑中的保温。超细棉直径 $4\mu m$ 左右，表观密度可小至于 $18kg/m^3$，热导系数为 $0.028\sim0.037W/(m·K)$，保温性能更为优良。

(4) 陶瓷纤维及其制品。

陶瓷纤维是一种新型优质保温隔热材料。我国生产的陶瓷纤维是将氧化硅、氧化铝，经 2100℃ 高温熔化，用高速离心或喷吹工艺制成。陶瓷纤维耐高温性能好，按最高使用温度可分为低温型（900℃以下）、标准型（1200℃）和高温型（1400~1600℃）；高温区导热系数小，在 1000℃ 时，其导热系数仅为耐火黏土砖的 15%，表观密度为 $80\sim200kg/m^3$，化学稳定性好，除强碱、氢氟酸、磷酸外几乎不受其他化学药品腐蚀。

(二) 无机多孔状保温隔热材料

(1) 膨胀蛭石及其制品。

蛭石是一种层状的含水镁铝硅酸盐矿物，经 850~1000℃ 煅烧，体积急剧膨胀（可膨胀 5~20 倍）而成为金黄色或灰白色的松散颗粒，其堆积密度为 $80\sim200kg/m^3$，导热系数为 $0.046\sim0.07W/(m·K)$，可在 1000~1100℃ 下使用，用于填充墙壁、楼板及顶层，保温效果佳。但其吸水性大，使用时应注意防潮。

膨胀蛭石也可与水泥、水玻璃等胶凝材料配合，制成砖、板、管壳等用于围护结构及管道保温。水泥膨胀蛭石表观密度为 $300\sim500kg/m^3$，导热系数为 $0.08\sim0.10W/(m·K)$。耐热温度为 600℃ 水玻璃膨胀蛭石制品是由膨胀蛭石、水玻璃和适量氢氟酸钠配置而成，其表观密度 $300\sim400kg/m^3$，导热系数为 $0.079\sim0.084W/(m·K)$，耐热温度达到 900℃。

(2) 膨胀珍珠岩及其制品。

膨胀珍珠岩是由天然珍珠岩、黑曜岩或松脂岩为原料，经煅烧，体积急剧膨胀（约

20倍)而得蜂窝状白色或灰白色松散颗粒。堆积密度为40~300kg/m³,导热系数为0.025~0.048W/(m·K),耐热温度为800℃,为高效能保温填充材料。

膨胀珍珠岩制品是以膨胀珍珠岩为骨料,配以适量胶凝材料,经拌和、成型、养护(或干燥、或焙烧)后制成的砖、板、管等产品。目前国内主要产品有水泥膨胀珍珠岩制品,水玻璃膨胀珍珠岩制品,磷酸盐膨胀珍珠岩制品及沥青膨胀珍珠岩制品等。

(3) 微孔硅酸钙制品。

微孔硅酸钙制品是粉状硅藻土(主要成分二氧化硅)、石灰、纤维增强材料及水等经搅拌、成型、蒸压养护和干燥等工序而制成。用于围护结构及管道保温,其保温隔热效果好。

(4) 泡沫混凝土。

泡沫混凝土是由水泥、水、松香泡沫剂混合后,经搅拌、成型、养护等工艺而制成的多孔、轻质、保温、隔热吸声的材料。也可用粉煤灰、石灰、石膏和泡沫剂制成粉煤灰泡沫混凝土。其表观密度300~500kg/m³,导热系数约0.082~0.186W/(m·K)。

(5) 加气混凝土。

加气混凝土是以硅质材料和钙质材料(砂、粉煤灰、石灰、水泥等)为主要原料,掺加发气剂(通常用铝粉),通过配料、搅拌、浇注、预养、切割、蒸压、养护等工艺过程制成的轻质多孔硅酸盐制品。是一种保温隔热性能良好的轻质材料。其表观密度300~800kg/m³,导热系数0.15~0.22W/(m·K)。

(6) 泡沫玻璃。

泡沫玻璃是由玻璃粉和发泡剂等经配料、烧制而成。通常采用玻璃粉加入1%~2%发泡剂(石灰石或碳化钙),经粉磨、混合、装模,在800℃下烧成含有大量封闭气泡(直径0.1~5mm)的制品。它具有导热系数小、抗压强度、抗冻性、耐久性好等特点,且易于进行锯切、钻孔等机械加工为高级保温材料。

(三) 其他绝热材料

(1) 软木板。

软木也叫栓木。软木板是用栓皮、栎树皮或黄菠萝树皮为原料,经破碎后与皮胶溶液拌和,压成型后,在80℃的干燥室中干燥一昼夜而制成。软木板具有表观密度小,导热性、抗渗和防腐性能高等特点。常用热沥青错缝粘贴,用于冷藏库隔热。

(2) 蜂窝板。

蜂窝板是由两块较薄的面板,牢固的粘贴在一层较厚的蜂窝状芯材两面而制成的板材,亦称蜂窝夹层结构。蜂窝状芯材是用浸渍过合成树脂(酚醛、聚酯等)的牛皮纸、玻璃布和铝片等,经加工粘合成六角形空腹(蜂窝状)的整块芯材。芯材的厚度可根据使用要求而定,孔腔的尺寸在10mm以上。常用的面板为浸渍过的牛皮纸、玻璃布或不经树脂浸渍的胶合板、纤维板、石膏板等。面板必须采用合适的胶粘剂与芯材牢固的粘合在一起,才能显示出蜂窝板的优异特性,即具有比强度大,导热性低和抗振性好等多种功能。

(3) 纤维板。

采用木质纤维或稻草等草质纤维经物理化学处理后,加入水泥、石膏等胶结剂,再经过压制等工艺而成。其表管密度为 210~1150kg/m³，导热系数约 0.058~0.307W/(m·K)。可用于建筑物的墙壁、地板、顶棚等，也可用于包装箱、冷藏库等。

选用建筑用保温隔热材料，应满足导热系数不宜大于 0.23 W/(m·K)，表观密度不宜大于 600kg/m³；强度不小于 0.3MPa。保温隔热材料孔隙率大，通常强度都比较低，除了能单独承受一定荷载的少数材料外，在围护结构中，经常把保温隔热层与结构承重层复合使用。如混凝土框架承重、外围护加气混凝土砌块填充墙以达到外墙保温隔热效果。同时，也要考虑保温隔热材料的耐久性、耐候性及防火性能等。

第三节 吸声材料

为保持良好的音响效果或减少噪音对人体的危害。通常在需要保证声音传播质量效果的音乐厅、会议厅等和需要消除噪音影响的工业建筑中，室内的墙面、顶面、地面等都根据需要选择合适的隔音材料。

一、材料吸声的原理及其技术指标

声音起源于物体的振动，振动迫使邻近空气跟着振动并向外传播而成为声波。声波有方向性并与空气流动方向有关。声音在传播过程中，一部分声能随着传播距离而扩散，另一部分则因空气分子的吸收而减弱。声能的这种减弱现象，在室外空旷处颇为明显，但在室内如果房间的体积并不太大，上述的这种声能减弱就起不了主要作用，反而由于声波的反射与折射等使得声音混淆。因此，在歌剧院、会议室等场合，墙体或楼地面的吸声尤为重要。

当声波遇到材料表面时，一部分被反射，另一部分穿透材料，其余的部分则在材料内部传播，在材料的孔隙中引起空气分子与孔壁的摩擦和黏滞阻力，因此材料内部相当一部分声能转化为热能被吸收掉。这些被吸收的能量（E）（包括部分穿透材料的声能在内）与传递给材料的全部声能（E_0）之比，是评定材料吸声性能好坏的主要指标，称为吸声系数（α），即 $\alpha=E/E_0$。

吸声系数与声音的频率及声音的入射方向有关。因此吸声系数用声音从各方向入射的吸收平均值表示，并应指出对哪一频率的吸收最为有效。通常采用六个频率：125、250、500、1000、2000、4000Hz 表示。任何材料对声音都能吸收，只是吸收声音频率成分和程度不同。通常是将对上述六个频率的平均吸声系数大于 0.2 的材料，称为吸声材料。

吸声材料按吸声机理的不同可分为两类。一类是疏松多孔的材料。多孔性吸声材料如矿渣棉、毯子等，其吸声机理是声波深入材料的空隙，且空隙多为内部互相贯通的开口孔，受到空气分子摩擦和黏滞阻力，以及使细小纤维作机械振动，从而使声能转变为热能。这类多孔吸声材料的吸声系数，一般从低频到高频逐渐增大，故对高频和中频的声音吸收效果较好。另一类是柔性材料、膜状材料、板状材料、穿孔板。这些材料在声波作用下发生共振，使声能转变为机械能被吸收。它们对于不同频率有择优倾向，柔性材料和穿孔板以吸收中频声波为主，膜状材料以吸收低中频声波为主，而板状材料以吸收低频声波为主。

二、多孔吸声材料

多孔吸声材料是比较常用的一种吸声材料，具有良好的中高频吸声性能。其吸声性能与下列因素有关。

(1) 材料的表观密度。一般对同一种多孔材料而言，当其表观密度增大时（即孔隙率减小时），能够提高低频的吸声效果，而对高频的吸声效果则有所降低。

(2) 材料的孔隙特征。多而小的开口孔隙，吸声效果愈好。如果孔隙太大，则效果就差。如果材料中的孔隙多为独立封闭的气孔（如泡沫塑料），则因声波不能进入，从吸声机理上来讲，就不属多孔性吸声材料。当多孔材料表面涂刷油漆或材料吸湿时，则因材料的孔隙被涂料或水分堵塞，其吸声效果亦将大大降低。

(3) 材料的厚度。增加多孔材料的厚度，可提高对低频的吸声效果，而对高频则没有多大的影响。材料的厚度增加到一定的程度后，对吸声效果的影响不再明显。

(4) 背后空气层的影响。大部分吸声材料都是固定在龙骨上，安装在离墙面 5～15mm 处。材料背后空气层的作用相当于增加了材料的厚度，吸声效能一般随空气层厚度增加而提高。研究发现，当材料离墙面的安装距离（即空气层厚度）等于 1/4 波长的奇数倍时，可获得最大的吸声系数。根据这个原理，通过调整材料背后空气层厚度的方法，可达到提高吸声效果的目的。

许多多孔吸声材料与多孔隔热材料材质相同，但对气孔特征的要求不同。隔热材料要求气孔封闭，不相连通，以有效地阻止热空气对流的进行；这种气孔越多，绝热性能越好。而吸声材料则要求气孔开放，互相连通，且气孔越多，吸声性能越好。这种材质相同而气孔结构不同的多孔材料制得，主要通过原料组分的某些差别以及生产工艺中的热工制度和压力不同来实现。

三、共振吸声结构

除了多孔吸声材料吸声外，还可以将材料组成不同的吸声结构，得到更好的吸声效果。常用的吸声结构形式有薄板共振吸声结构和穿孔板吸声结构。

薄板共振吸声结构系采用胶合板、木纤维板、塑料板、金属板等薄板固定在框架上，薄板与板后的空气层构成了薄板共振吸声结构。其原理是利用薄板在声波交变压力作用下振动，使板弯曲变形，将机械能转变为热能而消耗声能。

穿孔板吸声结构是用穿孔的胶合板、纤维板、金属板或石膏板等组成吸声结构主体，与板后墙面之间的空气层（空气层中有时可填充多孔材料）构成吸声结构。当入射声波的频率和系统的共振频率一致时，孔板颈处的空气产生振动摩擦，使声能减弱。该结构吸声的频带较宽，对中频的吸声能力最强。

建筑吸声材料的品种很多，目前我国生产使用比较多的主要石膏装饰吸声板、软质纤维装饰吸声板、硬质纤维装饰吸声板、钙塑及铝塑装饰吸声板、聚苯乙烯泡沫材料装饰吸声板、硅钙装饰吸声板、珍珠岩装饰吸声板、岩（矿）棉装饰吸声板玻璃棉吸声板、金属装饰吸声板、水泥木丝板。水泥刨花板等。常用吸声材料及吸声系数见表 11-5。

表 11-5　　常用吸声材料及吸声系数

名称	厚度 (mm)	表观密度 (kg·m^{-3})	各种频率下的吸声系数						装置情况
石膏砂浆（掺有水泥、玻璃纤维）	2.2		0.24	0.12	0.09	0.30	0.32	0.83	粉刷在墙上
水泥膨胀珍珠岩板	2	350	0.16	0.46	0.64	0.48	0.56	0.56	贴实
矿渣棉	3.13 8.0	210 240	0.10 0.35	0.21 0.65	0.60 0.65	0.95 0.75	0.85 0.85	0.72 0.92	贴实
玻璃棉	5.0 5.0	80 130	0.06 0.10	0.08 0.12	0.18 0.31	0.44 0.76	0.72 0.85	0.82 0.99	贴实
超细玻璃棉	5.0 15.0	20 20	0.10 0.50	0.35 0.85	0.85 0.85	0.85 0.85	0.86 0.86	0.86 0.80	贴实
泡沫玻璃	4.0	1260	0.11	0.32	0.44	0.44	0.52	0.33	贴实
脲醛泡沫塑料	5.0	20	0.22	0.29	0.68	0.68	0.95	0.94	贴实
软木板	2.5	260	0.05	0.11	0.63	0.63	0.70	0.70	贴实
木丝板	3.0		0.10	0.36	0.53	0.53	0.71	0.90	钉在木龙骨上，后留 10cm 空气层
三夹板	0.3		0.21	0.73	0.19	0.19	0.08	0.12	钉在木龙骨上，后留 5cm 空气层
穿孔五夹板	0.5		0.01	0.25	0.30	0.30	0.16	0.19	钉在木龙骨上，后留 5cm 空气层
工业毛毡	3	370	0.10	0.28	0.60	0.60	0.60	0.59	张贴在墙上

四、隔声材料

能减弱或隔断声波传递的材料称为隔声材料。声波传播到材料或结构时，材料或结构的吸收会消耗一部分声能，透过材料的声能总是小于入射声能，这样，材料或结构起到了隔声作用，材料的隔声能力可通过材料对声波的透射系数（τ）来衡量，见式（11-1）

$$\tau = E_\tau / E_0 \tag{11-1}$$

式中　τ——声波透射系数；

E_τ——透过材料的声能；

E_0——入射总声能。

材料对声波的透射系数越小，隔声性能越好。工程上常用构件的隔声量 RdB 来表示构件对空气声隔绝能力，它与透射系数的关系是：$R = -10\lg\tau$。

人们要隔绝的声音按着传播的途径可分为空气声（由于空气的振动）和固体声（由于固体的撞击或震动）两种。对空气声的隔声，根据声学中的"质量定律"，墙或板的隔声量大小，主要取决于其单位面积的质量，质量越大，越不易振动，则隔声效果越好，故此必须选用密实、沉重的材料（如黏土砖、钢板、钢筋混凝土）作为隔声材料。对固体声的隔声，最有效的措施是采用不连续的结构处理，即在墙壁和承重梁之间、房屋的框架和隔墙及楼板之间加弹性衬垫，如毛毡、软木、橡皮等材料，或在楼板上加弹性地毯。

复 习 思 考 题

11-1 何谓导热系数？其物理意义如何？影响材料导热性的主要因素有哪些？怎样影响？

11-2 相同材料，为什么隔热用途材料总是轻质的？使用时为什么要一定注意防潮？

11-3 当材料的导热系数（λ）值为多少时，才被称为绝热材料？试列举五种常用的隔热材料，并指出他们各自的用处。

11-4 选用绝热材料有哪些基本要求和应予以考虑的问题？

11-5 试述隔蒸汽层的作用、意义和具体做法。

11-6 何谓吸声系数？它有何物理意义？试述影响多孔性吸声材料的吸声效果的主要因素。

11-7 试述多孔材料、穿孔材料及薄板共振结构的吸声原理。随着材料表观密度和厚度的增加，材料吸声效果性能有何变化？

11-8 多孔性吸声材料的选用原则。吸声材料在施工安装时应注意哪些事项？在多孔吸声材料表面满刷油漆行否？为什么？

11-9 材料的吸声系数为多少时被列为吸声材料？试列举五种常用的吸声材料或吸声结构。

11-10 吸声材料和绝热材料在构造特征上有何异同？泡沫玻璃是一种强度较高的多孔结构材料，但不能用作吸声材料，为什么？

11-11 隔声材料和吸声材料有何区别？试述隔绝空气传声和固体撞击传声的处理原则。

第十二章 土木工程材料试验

土木工程材料试验是本课程教学非常重要的一环，是本课程实践性教学环节。通过材料试验环节，不但对课堂教学有巩固作用，也会增加学生实践动手能力。通过试验环节，可以增强对土木工程的一些典型用材的属性认识。通过试验环节，可以学习常用土木工程材料的检验和评定方法和步骤。通过试验环节，可以进一步了解材料的基本属性，丰富土木工程材料的理论知识。通过试验环节，培养学生的基本试验技能和严谨的科学态度，为将来的进一步学习或科研工作打下必要的基础。

各种材料的技术属性，在相应的国家标准、行业标准中都有严格的要求。其技术指标和试验结果是有条件的、相对的，与取样、试验环境、试验步骤、数据处理密切相关。在进行土木工程材料试验的过程中，材料的取样、环境条件、试验操作和数据处理，都应严格按照国家（或部颁）现行的有关标准和规范进行，以保证试样的代表性，试验条件稳定一致，以及计算结果的准确性。

土木工程材料试验项目，按照土木工程专业课程教学大纲要求，并依据国家最新标准和规范编写而成。规范如有更新，其相应内容需要调整。如在工作中应用本书试验部分，需要注意本书所采用的规范或标准版本。

试验一　材料基本性质试验

一、密度试验

密度是材料在密实状态下单位体积的质量。不同材料的密度试验，方法有所不同，本节试验介绍用李氏瓶法测定材料密度。

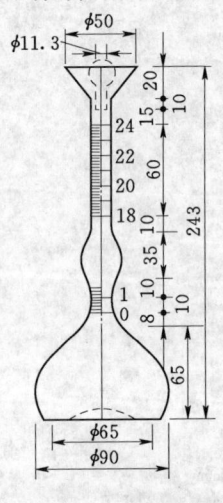

图 12-1　李氏瓶

（一）主要仪器

李氏瓶，量筒，物理天平（称量 1000g，感量 0.01g），烘箱，筛子（孔径 0.20mm），漏斗，小勺，温度计等。李氏瓶形状与尺寸如图 12-1 所示。

（二）试样制备

将材料（可采用石灰石）试样碾成粉末，使它全部通过 0.2mm 孔筛，再将粉末用托盘放入烘箱中，在不超过 110℃ 的温度下，烘至恒重，取出后放置在干燥器中冷却至室温备用。

（三）试验步骤

（1）将不与试样起化学反应的液体（如水、无水煤油等）注入李氏瓶至凸颈下 0～1mL 刻度线范围内。用滤纸将瓶颈内液面上部内壁吸附的煤油仔细擦净。

（2）将注有煤油的李氏瓶放入盛水的恒温水槽内，使刻度线以下部分浸入,水槽中的水温控制在 20℃±2℃,恒温 30min、塞上瓶盖、待瓶内液体温度与水温相同后,后读出液面的初体积 V_1(以凹液面下部切线为准),精确到 0.1mL(下同)。

(3) 从恒温水槽中取出李氏瓶、擦干外表面、放于物理天平上,称得初始质量 m_1,准确至 0.01g(下同)。

(4) 用小匙将粉末徐徐装入李氏瓶中,下料速度不得超过瓶内液体浸没物料的速度,以免阻塞。如有阻塞,应将瓶微倾且摇动,使物料下沉后再继续添加,直至液面上升接近 20mL 的刻度时为止。

(5) 排除瓶中气泡。以左手指捏住瓶颈上部,右手指托着瓶底,左右摆动或转动(也可使用超声波振动),使气泡上浮,反复摇至无气泡上升为止。同时将瓶倾斜并缓缓转动,以便使瓶内煤油将黏附在瓶颈内壁上的粉末洗入煤油中。

(6) 将瓶置于天平上称出加入物料后的最终质量 m_2,再将瓶放入恒温水槽中,在相同水温下恒温 30min(恒温水槽温差不大于 0.2℃),读出第二次体积读数 V_2。

(四)结果计算

(1) 按下式计算试样密度 ρ(精确至 0.01g/cm³):

$$\rho=\frac{m_2-m_1}{V_2-V_1} \tag{12-1}$$

(2) 以两次试验结果的平均值作为密度的测定结果。两次试验结果的差值不得大于 0.02g/cm³,否则应重新取样进行试验。

二、表观密度试验

表观密度又称体积密度,是指材料包含自身孔隙在内的单位体积的质量。以普通烧结砖为试件(以下试验均以普通烧结砖为例),进行表观密度测定。

(一)主要仪器

台秤(称量 6kg,感量 5g)、直尺(精度为 1mm)、砖用卡尺(精度为 0.5mm)、烘箱。当试件较小时,应选用精度 0.1mm 的游标卡尺和感量为 0.1g 的天平进行试验。

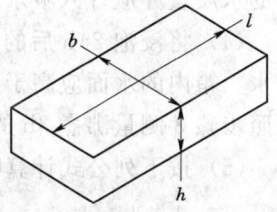

(二)试样制备

取块 5 块普通黏土砖,外观完整。

图 12-2 砖尺寸量法

(三)试验步骤

(1) 清理试样表面,然后将试件放入 105℃±5℃ 的烘箱烘至恒重,取出冷却至室温称重 m(g)。检查外观情况,不得有缺棱、掉脚等破损。如有破损者,须重新换备用试样。

(2) 用直尺量出各试件的尺寸(见图 12-2),并计算出其体积 V_0(cm³)。对于六面体试件,量尺寸时,长、宽、高各方向中间处分别测量两个尺寸,当被测处有缺损或凸出时,可在其旁边测量,但应选择不利的一侧,精确至 0.5mm。每个方向尺寸以两次测量值的算术平均值表示,精确至 1mm。

(四)结果计算

(1) 材料的表观密度 ρ_0 按下式计算:

$$\rho_0 = \frac{m}{LBH} \times 10^6 \qquad (12-2)$$

式中 ρ_0——表观密度，kg/m³；

m——试样干质量，g；

L——试样长度，mm；

B——试样宽度，mm；

H——试样高度，mm。

(2) 表观密度以五次试验结果的平均值表示，计算精确至 1kg/m³。

三、孔隙率计算

将已测得的密度与表观密度代入下式，可算出材料的孔隙率 P_0（精确至 0.01%）：

$$P_0 = \frac{\rho - \rho_0}{\rho} \times 100 \qquad (12-3)$$

四、吸水率试验

（一）主要仪器设备

台秤（感量 5g）、烘箱、蒸煮箱等。

（二）试样制备

取块 5 块普通黏土砖，烧结多孔砖可用 1/2 块，烧结空心砖可用 1/4 块，外观完整。

（三）试验步骤

(1) 清理试样表面，然后置于 105℃±5℃烘箱中干燥至恒重，然后再以感量为 5g 的台秤称其质量 m_0（g）。

(2) 将干燥试样浸水 24h，水温 10～30℃。

(3) 取出试样，用湿毛巾拭去表面水分，立即称量。称量时试样表面毛孔渗出天平盘中的水质量亦应计入吸水质量中，所得质量为浸泡 24h 的湿质量 m_{24}。

(4) 将浸泡 24h 后的湿样侧立放入蒸煮箱的箅子上，试样间距不得小于 10mm，注入清水，箱内的水面应高于试样表面 50mm，加热至沸腾，沸煮 3h，停止加热冷却至常温。按照步骤 3 测量沸煮 3h 的湿质量 m_3。

(5) 按下列公式计算吸水率 W：

$$W_{24} = \frac{m_{24} - m_0}{m_0} \times 100 \qquad (12-4)$$

式中 W_{24}——常温水浸泡 24h 试样的吸水率，%；

m_0——试样干质量，g；

m_{24}——试样浸水 24h 的湿质量，g。

$$W_3 = \frac{m_3 - m_0}{m_0} \times 100 \qquad (12-5)$$

式中 W_3——试样煮沸 3h 吸水率，%；

m_0——试样干质量，g；

m_3——试样煮沸 3h 的湿质量，g。

(6) 取 5 个试样的吸水率计算其平均值（精确至 0.01%）。

五、抗压强度

(一) 主要仪器设备

压力试验机（见图 12-3），示值误差应不大于±1%，其下加压板应为球铰，预期最大破坏荷载应在量程的 20%～80%之间。试件制备平台，水平尺（规格 250～300mm），钢直尺（精度 1mm），切割设备。

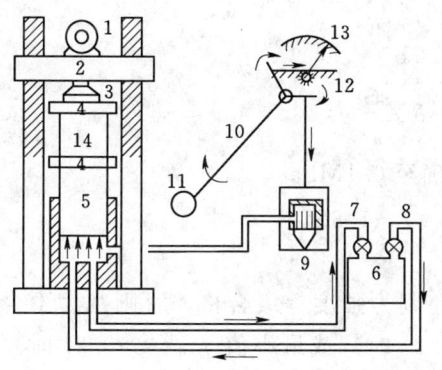

图 12-3 压力试验机液压传动工作原理图
1—马达；2—横梁；3—球座；4—承压板；5—活塞；6—油泵；
7—回油阀；8—送油阀；9—测力计；10—摆杆；11—摆锤；
12—推杆；13—度盘；14—试件

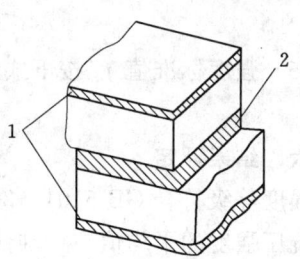

图 12-4 水泥净浆层厚度示意图
1—水泥净浆层厚 3mm；
2—水泥净浆层厚 5mm

(二) 样品数量及制备

试样数量为 10 块。分别将其切断或锯成两个半截砖，断开的半截砖边长不得小于 100mm，如果不足 100mm，应另取备用试样补足。在试样制备平台上，将已断开的两个半截砖放入室温的净水中浸 10～20min 后取出，放在湿润的垫纸上，并以断口相反方向叠放，两者中间抹以厚度不超过 5mm 的用强度等级 32.5 级普通硅酸盐水泥调成稠度适宜的水泥净浆黏结，上下两面用厚度不超过 3mm 的同种水泥抹平。制成的试件上下两面须相互平行，并垂直于侧面，见图 12-4。

普通制样法制成的抹面试件应置于不低于 10℃的不通风室内养护 3d。

(三) 试验步骤

专用卡尺或钢直尺测量每个试件连接面或受压面的长、宽尺寸各两个，分别取其平均值，精确至 1mm。将试件平放在加压板的中央，垂直于受压面平稳均匀地加荷，加荷速度以 4kN/s 为宜，记录最大破坏荷载 P。

(四) 结果计算

(1) 计算每块试样的抗压强度，精确至 0.01MPa。

$$f_p = P/LB \tag{12-6}$$

式中 f_p——抗压强度，MPa；
P——最大破坏荷载，N；
L——受压面的长度，mm；
B——受压面的宽度，mm。

(2) 试件平均抗压强度按下式计算，精确至 0.1MPa

$$\overline{f} = \frac{1}{10}\sum_{i=1}^{10} f_{ci} \tag{12-7}$$

(3) 抗压强度标准差按下式计算，精确至 0.01MPa

$$S = \sqrt{\frac{1}{9}\sum_{i=1}^{10}(f_{ci}-\overline{f})^2} \tag{12-8}$$

(4) 变异系数按下式计算，精确至 0.01

$$\delta = \frac{S}{\overline{f}} \tag{12-9}$$

(5) 强度标准值 f_k 按下式计算，精确至 0.1MPa

$$f_k = \overline{f} - 1.8S \tag{12-10}$$

六、结果评定

强度等级符合 GB 5101—2003 规定，判为强度等级合格，否则判为不合格，或者根据其抗压强度的平均值与标准值 $f_k(\delta \geqslant 0.21$ 时) 或最小值 $f_{min}(\delta \geqslant 0.21$ 时) 确定其相应的强度等级。

试验二 水 泥 试 验

水泥试验参考《混凝土结构工程施工质量验收规范》(GB 50204—2002，2010 年版)、《水泥取样方法》(GB/T 12573—2008)、《水泥的标准稠度用水量、凝结时间、安定性检验方法》(GB 1346—2011)、《水泥胶砂强度试验方法（ISO 法）》(GB/T 17671—1999)、《水泥细度检验方法（筛析法）》(GB/T 1345—2005) 和《水泥比表面积测定方法（勃氏法）》(GB/T 8074—1987) 进行。试验结果应满足 GB 175—2007 或 GB 1344—1999 等标准中规定的质量指标。

一、水泥试验的一般规定

(1) 取样方法，以同一水泥厂、同品种、同强度等级、同期到达的水泥进行取样和编号。袋装不超过 200t、散装不超过 500t 为一批，每批抽样不少于一次。取样应具有代表性，可连续取，也可在 20 个以上不同部位抽取等量的样品，总量不少于 12kg。当散装水泥运输工具的容量超过该厂规定出厂编号吨数时，允许该编号的数量超过取样规定吨数。

(2) 所取得的样品应充分混合后，过孔径为 0.9mm 的方孔筛，并将样品均分成试验样和封存样。封存样密封保存 3 个月。

(3) 试验用水必须是洁净的饮用水。

(4) 试验室温度应为 20℃±2℃，相对湿度应不低于 50%；湿气养护箱温度为 20℃±1℃，相对湿度应不低于 90%；养护池水温为 20℃±1℃。

(5) 水泥试样、标准砂、拌和水及仪器用具的温度应与试验室温度相同。

二、水泥细度检验

水泥细度检验分水筛法和负压筛法两种，如对两种方法检验结果有争议时，以负压筛法为准。硅酸盐水泥细度用比表面积表示。

(一) 主要仪器设备

(1) 试验筛。筛孔尺寸为 80μm 或 45μm，有负压筛、水筛和手工筛。试验筛每使用 100 次需重新标定。

(2) 负压筛析仪。由筛座、负压源及收尘器组成，负压可调整范围为 4000~6000Pa。

(3) 天平（称量为 100g，感量为 0.01g），烘箱等。

(二) 试样准备

将烘干试样通过 0.9mm 的方孔筛，试验时，80μm 筛称取试样 25g，45μm 筛称取试样 10g，均精确至 0.01mm。

(三) 试验方法与步骤

1. 负压筛析法

(1) 把负压筛放在筛座上，盖上筛盖，接通电源，检查控制系统，调节负压至 4000~6000Pa 范围内。

(2) 称取过筛的水泥试样，置于洁净的负压筛中，并放于筛座上，盖上筛盖。

(3) 开动筛析仪，并连续筛析 2min，在此期间如有试样黏附于筛盖，可轻轻敲击使试样落下。

(4) 筛毕取下，用天平称量筛余物的质量（g），精确至 0.01g。

2. 水筛法

(1) 筛析试验前，调整好水压（0.05 MPa±0.02MPa）及水筛架的位置使其能正常运转，并控制喷头底面和筛网之间距离为 35~75mm 之间。

(2) 称取过筛的试样，置于洁净的水筛中，立即用淡水冲至大部分细粉通过，再将筛子置于水筛架上，用水压为 0.05 MPa±0.02MPa 的喷头连续冲洗 3min。

(3) 筛毕，将少量的水将筛余物冲到一边，用少量的水将筛余物冲至蒸发皿内，待水泥颗粒全部沉淀后，将水倒出。

(4) 将蒸发皿放入烘箱中烘至恒重，称量试样的筛余量，精确至 0.01g。

在没有负压筛和水筛条件时，也可采用手工筛析法。

(四) 结果计算

水泥试样筛余百分数 F（%）按下式计算（精确至 0.1%）

$$F=\frac{R_t}{W}\times 100\% \qquad (12-11)$$

式中 R_t——水泥筛余物的质量，g；

W——水泥试样的质量，g。

筛析结果应进行修正，修正方法是将水泥试样筛余百分数乘以试验筛标定修正系数。

(五) 结果评定

每个样品应称取两个试样分别筛析，取筛余平均值为筛析结果。若两次筛余结果绝对误差大于 0.5% 时（筛余值大于 5.0% 可放至 1.0%），应再做一次，取两次相近结果的算术平均值，作为最终结果。

三、水泥比表面积测定

水泥比表面积是指单位质量的水泥粉末具有的总表面积，以 m^2/kg 表示。其测定原理是根据一定量的空气通过具有一定空隙率和固定厚度的水泥层时，所受阻力不同而引起流速的变化来测定水泥的比表面积。在一定空隙率的水泥层中，空隙的大小和数量是颗粒尺寸的函数，同时也决定了通过料层的气流速度。

（一）主要仪器

勃氏比表面积透气仪，烘箱（控制温度灵敏度±1℃），分析天平（精确至0.001g），秒表（精确到0.5s），分析纯汞，滤纸（ϕ12.7mm）等。

（二）试样准备

水泥样品按照GB/T 12573—2008进行取样，先通过0.9mm方孔筛，再在110℃±5℃下烘干1h，并在干燥器中冷却至室温。实验室环境相对湿度不大于50%。

（三）试验步骤

(1) 首先用已知密度、比表面积等参数的标准粉对仪器进行校正，用水银排代法测粉料层的体积，同时须进行漏气检查。

(2) 依据《水泥密度测定方法》（GB/T 208—1994）测定水泥密度。

(3) PⅠ、PⅡ型水泥的空隙率采用0.500±0.005，其他水泥或粉料的空隙率选用0.530±0.005。

(4) 按照下式计算需要的试样质量m

$$m = \rho_{水泥} V(1-\varepsilon) \qquad (12-12)$$

式中　m——需要的试样数量，g；

$\rho_{水泥}$——试样密度，g/cm³；

V——试料层的体积，cm³；

ε——试料层空隙率。

(5) 将穿孔板放入透气圆筒的突缘上，用捣棒把一片滤纸放到穿孔板上，边缘放平压实。称取按照第4步确定的试样数量，精确到0.001g，倒入圆筒。轻敲圆筒边，使水泥表层平坦。再放入一片滤纸，用捣器均匀捣实试料直至捣器的支持环与圆筒顶边接触，旋转1~2圈后慢慢取出捣器。

(6) 把装有试料层的透气圆筒下锥面涂一层活塞油脂，然后把它插入压力计顶端锥形磨口处，旋转1~2圈，保证连接不漏气。开动抽气泵，使比表面仪压力计中液面上升到一定高度，关闭旋塞和气泵，记录压力计中液面由指定高度下降至一定距离时的时间，同时记录试验温度。

（四）结果计算

当试验和校准的温差≤3℃时，且试样与标准粉具有相同的空隙率时，水泥比表面积S可按下式计（精确至10cm²/g）

$$S = \frac{S_s \sqrt{T}}{\sqrt{T_s}} \qquad (12-13)$$

式中　T、T_s——水泥试样与标准试样在透气试验中测得的时间，s；

S_s——标准试样的比表面积。cm²/g。

当试验温差＞3℃、试料层的空隙率与标准试样不同时，应按GB/T 8074—2008中具体步骤进行测定。水泥比表面积应由二次试验结果的平均值确定，如两次试验结果相差

2%以上时,应重新试验。并将结果换算成 m^2/kg 为单位。

四、水泥标准稠度用水量测定

水泥标准稠度净浆对标准试杆(或试锥)的沉入具有一定阻力。通过试验不同含水量水泥浆的穿透性,以确定水泥标准稠度净浆中所需加入的水量。

(一)主要仪器设备

(1)水泥净浆搅拌机。质量符合 JC/T 729 的要求。

(2)标准法维卡仪:如图 12-5 所示,标准稠度测定用试杆[图 12-5(c)]有效长度为 $50\pm1mm$、由直径为 $\phi10mm\pm0.05mm$ 的圆柱形耐腐蚀金属制成。测定凝结时间时取下试杆,用钢制试针[图 12-5(a)、(b)]代替试杆。初凝针有效长度为 $50\pm1mm$、终凝针有效长度为 $30\pm1mm$、直径为 $\phi1.13mm\pm0.05mm$ 的圆柱体。滑动部分的总质量为 $300g\pm1g$。与试杆、试针联结的滑动杆表面应光滑,能靠重力自由下落,不得有紧涩和晃动现象。

盛装水泥净浆的试模(见图 12-5)由耐腐蚀的、有足够硬度的金属制成。试模为深 $40mm\pm0.2mm$、顶内径 $\phi65mm\pm0.5mm$、底内径 $\phi75mm\pm0.5mm$ 的截顶圆锥体。每个试模应配备一个边长或直径 100mm、厚度 4~5mm 的平板玻璃底板或金属板。

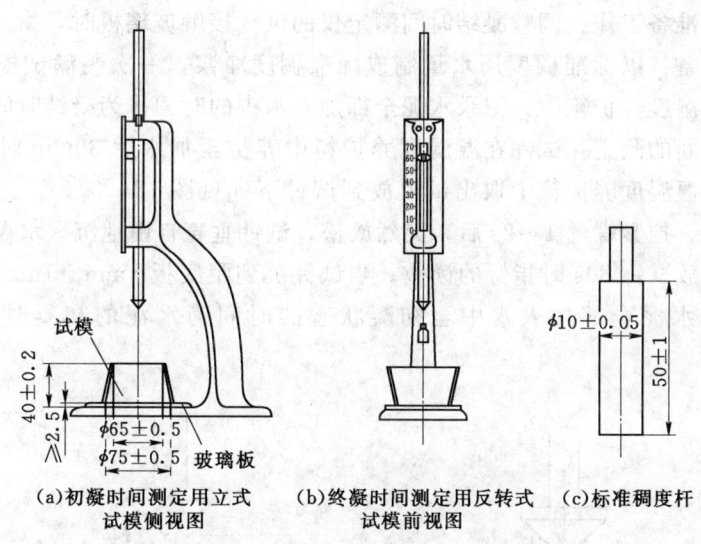

图 12-5 测定水泥标准稠度和凝结时间用的维卡仪

(3)天平、铲子、小刀、量筒等。

(二)试验方法与步骤

1. 试验前准备工作

(1)维卡仪金属棒能自由滑动。试模和玻璃底板用湿布擦拭,将试模放在地板上。

(2)调整至试杆接触玻璃板时指针对准零点。

(3)搅拌机运行正常。

2. 水泥净浆的拌制

用水泥净浆搅拌机搅拌,搅拌锅和搅拌叶先用湿布擦过,将拌和水倒入搅拌锅内,然后在 5～10s 内小心将称好的 500g 水泥加入水中，防止水和水泥溅出；拌和时，先将锅放在搅拌机的锅座上，升至搅拌位置，启动搅拌机，低速搅拌 120s，停 15s，同时将叶片和锅壁上的水泥刮入锅中间，接着高速搅拌 120s 停机。

3. 标准稠度用水量的测定步骤

拌和结束后，立即将拌制好的水泥净浆装入已置于玻璃底板上的试模中，用小刀插捣，轻轻振动数次，刮去多余的净浆；抹平后迅速将试模和底板移动到维卡仪上，并将其中心定在试杆下，降低试杆直至与水泥净浆表面接触，拧紧螺丝 1～2s 后，突然放松，使试杆垂直自由地伸入水泥净浆中。在试杆停止沉入或释放试杆 30s 时记录试杆距底板之间的距离，升起试杆后，立即控净；整个操作应在搅拌后 1.5min 内完成。以试杆沉入净浆并距底板 6mm±1mm 的水泥净浆为标准稠度净浆。其拌和水量为水泥的标准稠度用水量（P），按水泥质量的百分比计。

五、水泥凝结时间测定

（一）主要仪器设备

标准法维卡仪，如图 12-5 所示，其他仪器设备同标准稠度测定。

（二）试验方法与步骤

（1）测定前准备工作：调整凝结时间测定仪的试针接触玻璃板时，指针对准零点。

（2）试件制备：以标准稠度用水量制成标准稠度净浆，一次装满试模，振动数次刮平，立即放入温湿度养护箱中。记录水泥全部加入水中的时间作为凝结时间的起始时间。

（3）初凝时间的测定：试件在温湿度养护箱中养护至加水后 30min 时进行第一次测定。测定时，从温湿度养护箱中取出试模放到试针下［见图 12-6（a）］，降低试针与水泥净浆表面接触。拧紧螺丝 1～2s 后，突然放松，试针垂直自由地沉入水泥净浆。观察试针停止下沉或释放试针 30s 时指针的读数。当试针沉到距底板 4mm±1mm 时，为水泥达到初凝状态；由水泥全部加入水中至初凝状态的时间为水泥的初凝时间，用"min"表示。

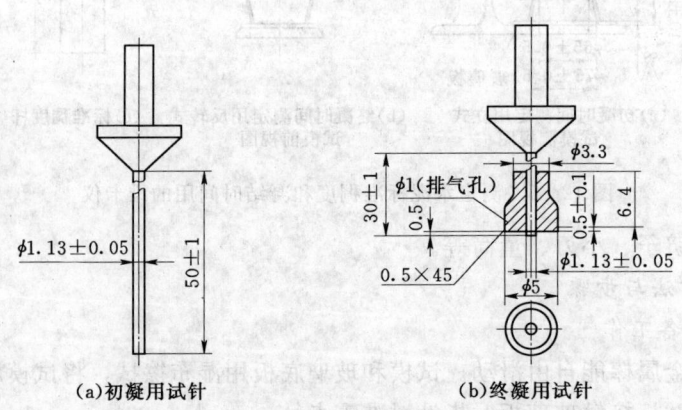

图 12-6 水泥初凝、终凝时间测定用试针

（4）终凝时间的测定：为了准确测试针沉入的状况，在终凝针上安装了一个环形附件［见图 12-6（b）］。在完成初凝时间测定后，立即将试模连同浆体以平移的方式从玻璃板

取下,翻转180°,直径大端向上,小端向下放在玻璃板上,再放入湿气养护箱中继续养护,当试针沉入试体0.5mm时,即环形附件开始不能在试体上留下痕迹时,为水泥达到终凝状态,由水泥全部加入水中至终凝状态的时间为水泥的终凝时间,用"min"表示。

(5) 测定时应注意,在最初测定的操作时应轻轻扶持金属柱,使其徐徐下降,以防试针撞弯,但结果以自由下落为准;在整个测试过程中试针沉入的位置至少要距试模内壁10mm。临近初凝时,每隔5min测定一次,临近终凝时每隔15min测定一次,到达初凝或终凝时应立即重复一次,当两次结论相同时才能定为到达初凝或终凝状态。每次测定不能让试针落入原针孔,每次测试完毕须将试针擦净并将试模放回湿气养护箱内,整个测试过程要防止试模受振。

注:可以使用能得出与标准中规定方法相同结果的凝结时间自动测定仪,有矛盾时以标准方法为准。

六、水泥安定性试验

用沸煮法鉴定游离氧化钙对水泥安定性的影响。安定性试验分雷氏法和试饼法(代用法)两种,有争议时以雷氏法为准。

(一) 主要仪器设备

(1) 沸煮箱。有效容积为410mm×240mm×310mm,内设篦板及加热器两组。能在30min±5min内将一定量的水由20℃升至沸腾,并保持恒沸3h。

(2) 雷氏夹。由不锈钢或铜质材料制成,形状如图12-7(a)所示,当用300g砝码校正时,二根针的针尖距离增加应在17.5mm±2.5mm范围内,如图12-7(b)所示。

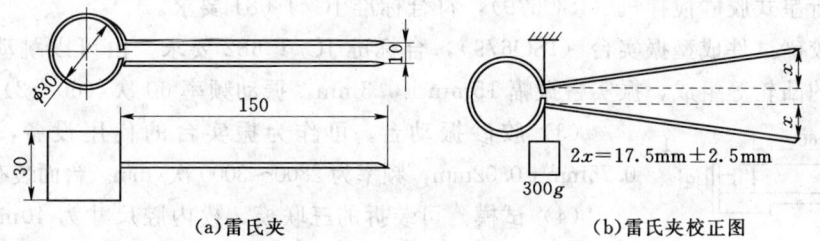

(a)雷氏夹　　　　　　(b)雷氏夹校正图

图12-7　雷氏夹与雷氏夹校正图

(3) 雷氏夹膨胀测定仪。标尺最小刻度为0.5mm。

(4) 净浆搅拌机、天平、标准养护箱、小刀等。

(二) 试验步骤

1. 雷氏法(标准法)

(1) 每个试样应成型两个试件,每个雷氏夹应配备两个边长或直径为80mm,厚度4~5mm的玻璃板,一垫一盖,凡是与水泥净浆接触的玻璃板和雷氏夹内表面涂上一层矿物油。

(2) 将预先准备好的雷氏夹放在已稍擦油的玻璃板上,并立即将制备好的标准稠度的水泥浆一次装满雷氏夹,并一只手轻扶雷氏夹,另一只手用宽25mm的直刀边将浆体表面轻轻插捣3次右后抹平,并盖上涂油的玻璃板。随即将成型好的试模移至标养箱内,养护24h±2h。

(3) 调整好沸煮箱内的水位，能保证水位在整个沸煮过程中都超过试件，不需中途添补试验用水。从标养箱内取出雷氏夹，除去玻璃板，测量雷氏夹指针尖端间的距离（A），精确至 0.5mm，接着将试件放在沸煮箱内水中箅板上，指针朝上，然后在 30min±5min 内加热至沸并恒沸 180min±5min。

(4) 煮沸结束后，取出沸煮后冷却到室温的试件，用膨胀值测定仪测量试件雷氏夹指针两针尖之间的距离（C），精确至 0.5mm，计算膨胀值（$C-A$），取 2 个试件膨胀值的算术平均值，若不大于 5.0mm 时，则判定该水泥安定性合格。若 2 块膨胀值相差超过 5.0mm 时，应用同种水泥重做试验。以复检结果为准。

2. 试饼法（代用法）

(1) 将制备好的标准稠度的水泥净浆取出约 150g，分成两等份，使之呈球形，放在已涂油的玻璃板上，用手轻振玻璃板使水泥浆摊开，并用小刀由边缘向中央抹动，做成直径 70～80mm、中心厚约 10mm 边缘渐薄、表面光滑的试饼，放入标准养护箱内标养 24h±2h。

(2) 除去玻璃板并编号，先检查试饼，在无缺陷的情况下放于沸煮箱的箅板上，调好水位与水温，接通电源，在 30min±5min 内加热至沸并恒沸 180min±5min。

(3) 沸煮结束后放掉热水、冷却至室温，用目测未发现裂纹，用直尺检查平面也无弯曲现象时为安定性合格，反之为不合格。当两个试饼判别结果有矛盾时，也判为不合格。

七、水泥胶砂强度试验

（一）主要仪器设备

(1) 行星式胶砂搅拌机（ISO679），符合标准 JC/T 681 要求。

(2) 胶砂试件成型振实台（ISO679），合标准 JC/T 682 要求。由可以跳动的台盘和使其跳动的凸轮等组成，振实台振幅 15mm±0.3mm，振动频率 60 次/(60±2) s。

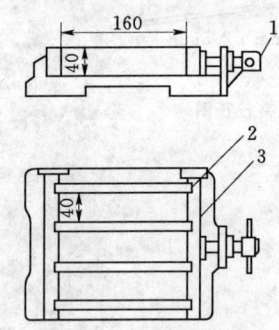

图 12-8 水泥胶砂试模
1—底模；2—侧模；3—挡板

(3) 胶砂振动台。可作为振实台的代用设备，其振幅为 0.75mm±0.02mm，频率为 2800～3000 次/min。台面装有卡具。

(4) 试模。可装拆的三联模，模内腔尺寸为 40mm×40mm×140mm，如图 12-8 所示。

(5) 下料漏斗。

(6) 水泥电动抗折试验机，符合标准 JC/T 724，游铊移动速度为 5cm/min。

(7) 压力试验机与抗压夹具。压力机最大荷载以 200～300kN 为宜，误差不大于±1%，并有按 2400N/s±200N/s 速率加荷功能，抗压夹具由硬钢制成，加板受压面积为 40mm×40mm，加压面必须磨平。

（二）胶砂制备与试件成型

(1) 将试模擦净、模板四周与底座的接触面上应涂黄油、紧密装配、防止漏浆。内壁均匀刷一薄层机油。

(2) 标准砂应符合 GB/T 17671—1999 中国 ISO 标准砂的质量要求。试验采用灰砂比为 1∶3，水灰比为 0.50。

(3) 每成型 3 条试件需称量：水泥 450g±2g，标准砂 1350g±5g，水 225mL±1mL，称量用天平精度±1g，加水滴管精度±1mL。

(4) 用 ISO 胶砂搅拌机进行胶砂搅拌，先把水加入锅内，再加入水泥，把锅放在固定器上，上升至固定位置然后立即开动机器，低速搅拌 30s 后，在第二个 30s 开始的同时均匀地将砂子加入（一般是先粗后细），再高速搅拌 30s 后，停拌 90s，在第一个 15s 内用一胶皮刮具将叶片和锅壁上的胶砂刮入锅中间，在调整下继续搅拌 60s。各个搅拌阶段，时间误差应在±1s 以内。

(5) 试件用振实台成型时，将空试模和套模固定在振实台上，用勺子直接从搅拌锅内将胶砂分两层装模。装第一层时，每个槽里约放入 300g 胶砂，并用大播料器播平，接着振动 60 次，再装入第二层胶砂，用小播料器播平，再振动 60s。移走套模，从振实台上取下试模，用一金属尺近似 90°的角度架在试模模顶的一端，沿试模长度方向以横向锯割动作慢慢向另一端移动，一次将超过试模部分的胶砂刮去，并用同一直尺以近乎水平的情况下将试件表面抹平。

(三) 试件养护

(1) 将成型好的试件连模放入标准养护箱（室）内养护，在温度为 20℃±1℃、相对湿度不低于 90%的条件下养护。一直养护到规定的脱模时间。

(2) 将试件从养护箱（室）中取出，用墨笔编号，编号时应将每只模中三条试件编在两个以上龄期内，同时编上成型与测试日期。然后脱膜，脱模时应防止损伤试件。对于 24h 以上龄期，应在成型后 20～24h 之间脱模；对于龄期为 24h 的应在成型至试验前 20min 内脱模。如经 24h 养护，会因脱模对强度造成损害时，可以延迟至 24h 以后脱模，但在试验报告中予以说明。

(3) 试件脱模后立即水平或竖直放入水槽中养护，养护水温为 20℃±1℃，水平放置时刮平面应朝上，试件之间留有间隙，以让水与试件六个面接触，水面至少高出试件 5mm。最初用自来水装满水池，并随时加水以保持恒定水位，不允许在养护期间全部换水。

(四) 水泥抗折强度试验

(1) 不同龄期的试件，必须在规定的时间 24h±15min、48h±30min、72h±45min、7d±2h、≥28d±8h 内进行强度测试，于试验前 15min 从水中取出三条试件。试件龄期是从水泥加水搅拌开始时间算起。

(2) 测试前须先擦去试件表面的水分和砂粒，清除夹具上圆柱表面黏着的杂物，然后将试件安放到抗折夹具内，应使试件侧面与圆柱接触。

(3) 调节抗折仪零点与平衡，开动电机以 50N/s±10N/s 速度均匀加荷，直至试件折断，记录抗折破坏荷载 F_f(N)。

(4) 按下式计算抗折强度 f_f（精确至 0.1MPa）

$$f_f = \frac{1.5 F_f L}{b^3} \tag{12-14}$$

式中 L——抗折支撑圆柱中心距，$L=100$mm；

b——棱柱体正方形截面边长，均为 40mm。

(5) 抗折强度结果取三块试件的平均值；当三块试件中有一块超过平均值的±10%

时，应予剔除，取其余两块的平均值作为抗折强度试验结果。

（五）水泥抗压强度试验

（1）抗折试验后的六个断块试件应保持潮湿状态，并立即进行抗压试验，抗压试验须用抗压夹具进行。清除试件受压面与加压板间的砂粒杂物，以试件侧面作受压面，并将夹具置于压力机承压板中央。

（2）开动试验机，以2400N/s±200N/s的速度进行加荷，直至试件破坏。记录最大抗压破坏荷载 F_c(N)。

（3）按下式计算抗压强度 f_c（精确至0.1MPa）

$$f_c = \frac{F_c}{A} \tag{12-15}$$

式中　A——试件的受压面积（即40mm×40mm=1600mm²）。

（4）六个抗压强度试验结果中，有一个超过六个算术平均值的±10%时，剔除最大超过值，以其余五个的算术平均值作为抗压强度试验结果，如五个测定值中再有超过它们平均数±10%时，则此组结果作废。

八、水泥试验结果评定

（一）水泥的物理性能评定

按照《通用硅酸盐水泥》(GB 175—2007)与《矿渣硅酸盐水泥、火山灰质硅酸盐水泥及粉煤灰硅酸盐水泥》(GB 1344—1999)中所规定的通用水泥（即六大水泥）的质量指标。

硅酸盐水泥和普通硅酸盐水泥用比表面积表示细度，其比表面积应大于300m²/kg；其他四种水泥细度以筛余表示，度其80μm方孔筛筛余不大于10%，或45μm方孔筛筛余不大于30%。

硅酸盐水泥初凝时间不早于45min，终凝时间不大于390min；普通硅酸盐水泥、矿渣硅酸盐水泥、火山灰质硅酸盐水泥、粉煤灰硅酸盐水泥和复合硅酸盐水泥初凝时间不少于45min，终凝不大于600min。

安定性用沸煮法检验必须合格。

检查试验结果是否满足这些质量指标。

（二）水泥强度等级评定

按照国家水泥标准规定的强度指标，各类型、各强度等级水泥的各龄期强度不得低于标准规定值。由此根据试验结果评定出所试验水泥的强度等级。

试验三　混凝土用砂、石试验

本节试验内容参考标准 GB/T 14684—2011、GB/T 14685—2011、JGJ 52—2006 对普通混凝土用砂、石进行各质量指标检验，评定其质量，并为混凝土配合比设计提供原材料参数。

一、取样方法与检验规则

（一）砂、石的验收与取样

（1）验收。

使用单位应根据砂或石的同产地同规格分批验收。采用大型工具运输的（如火车、货船或汽车），以 400m³ 或 600t 为一验收批。采用小型工具（如拖拉机）运输的，以 200m³ 或 300t 为一验收批，不足上述量者，按一个验收批进行。当砂、石质量稳定并且每日用砂量较大时，可以以 1000t 为一个验收批。

（2）取样。

从料堆上取样时，取样部位应均匀，取样前先将取样部位表面铲除，然后由各部位抽取大致相等的砂 8 份，石子 16 份，组成各自一组样品。从皮带运输机上取样时，应在皮带运输机机尾的出料处用接料器定时抽取砂 4 份，石 8 份组成各自一组样品。从火车等运输工具上取样时，应从不同部位和深度抽取大致相等的砂 8 份，石子 16 份，组成各自一组样品。

（二）四分法缩取砂试样

（1）砂。将取回的砂试样拌匀后摊成厚度约 20mm 的圆饼，在其上画十字线，分成大致相等的四份，除去其对角线的两份，将其余两份拌匀重新做成圆饼，按同样的方法再持续进行，直至缩分后的材料量略多于试验所需的数量为止。

（2）石子。将样品置于平板上，自然状态下拌匀，堆成锥体，然后沿互相垂直的两条直径把锥体分成大致相等的四份，取其对角线的两份重新拌匀，在堆成锥体，重复过程直至把样品缩分至试验所需量为止。含水率、堆积密度检验所需试样可不经缩分，拌匀后直接进行试验。

（三）检验规则

砂石检验项目主要有颗粒级配、表观密度、堆积密度与空隙率、泥含量及泥块含量、有害物质含量、坚固性和石子的压碎值、针片状颗粒含量等。经检验后，其结果符合标准规定相应类别规定时，可判为该产品合格，若其中一项不符合，则应再次从同一批样品中加倍抽样并对该项进行复检，复验仍不符合本标准技术指标，则该批产品为不合格。

二、砂的筛分析试验（JGJ 52—2006）

（一）主要仪器设备

（1）砂筛。方孔筛，GB/T 14684 标准筛孔径为 0.150、0.300、0.600、1.18、2.36、4.75、9.50（mm）；JGJ52 标准筛孔径为 0.160、0.315、0.630、1.25、2.50、5.00、10.0（mm），各附有筛底和筛盖。

（2）物理天平（称量 1000g，感量 1g）、烘箱（能使温度控制在 105℃±5℃）、浅盘、毛刷等。

（3）摇筛机。电动振动筛，振幅 0.5mm±0.1mm，频率 50Hz±3Hz。

（二）试验步骤

（1）试样先用孔径为 10.0mm 筛筛除大于 10.0mm 的颗粒（算出其筛余百分率），然后用四分法缩分至每份不少于 550g 的试样两份，放在烘箱中于 105℃±5℃烘至恒重，冷却至室温后，分成大致两份备用。

恒重是指在相邻两次称量间隔时间不小于 3h 的情况下，前后两次称量之差小于试验所要求的称量精度。

（2）准确称取试样 500g，精确至 1g（特细砂可称 250g）。将筛子按筛孔由大到小叠合起来，附上筛底。将砂样倒入最上层（孔径为 5mm）筛中。

(3) 将整套砂筛置于摇筛机上并固紧,摇筛 10min;也可用手筛,但时间不少于 10min。

(4) 将整套筛自摇筛机上取下,再按筛孔从大到小的顺序,逐个在清洁的浅盘中进行手筛,筛至每分钟通过量小于试样总量的 0.1% 为止。通过的砂粒并入下一号筛中,并和下号筛中的试样一起过筛,按此顺序进行,直至各号筛全部筛完为止。

当试样含泥量超过 5% 时,应先将试样水洗,然后烘干至恒重,再进行筛分。

(5) 称取各号筛上的筛余量。试样在各号筛上的筛余量不得超过下式计算值

$$m_r = \frac{A\sqrt{d}}{300} \quad (12-16)$$

式中 m_r——某一筛上的剩余量,g;
A——筛的面积,mm^2;
d——筛孔边长,mm。

超过时应将该筛余试样分成两份或数份,再进行筛分,并以两次或数份筛余量之和作为该号筛的筛余量。

称取各筛筛余试样的质量(精确至 1g),所有各筛的分计筛余量和底盘重的筛余量之和与筛分前的试样总量相比,相差不得超过 1%。

(三) 结果计算与评定

(1) 计算分计筛余百分率。各号筛上筛余量除以试样总质量(精确至 0.1%)。

(2) 计算累计筛余百分率。该号筛上孔和大于该筛孔径的各筛上的分计筛余百分率之和(精确至 0.1%),并绘制砂的筛分曲线。

(3) 根据各筛的两次试验累计筛余百分率的平均值,按照标准规定的级配区范围,评定该砂试样的颗粒级配是否合格。

(4) 按下式计算砂的细度模数 M_x (精确至 0.1)

$$M_x = \frac{(A_2 + A_3 + A_4 + A_5 + A_6) - 5A_1}{100 - A_1} \quad (12-17)$$

式中 $A_1、A_2、\cdots、A_6$——5.00、2.50、$\cdots$、0.16mm 孔筛上的累计筛余百分率。

(5) 取两次试验测定值的算术平均值作为试验结果。

(6) 砂按细度模数(M_x)分为粗、中、细和特细四种规格,由所测细度模数按规定评定该砂样的粗细程度。

三、砂的表观密度测定

(一) 主要仪器

天平(称量 1000g,感量 1g)、容量瓶(500mL)、烘箱、干燥器、料勺、温度计等。

(二) 试验步骤

(1) 称取烘干试样 300g(m_0)、装入盛有半瓶冷开水的容量瓶中,摇动容量瓶,使试样充分搅动以排除气泡。塞紧瓶塞,静置 24h。

(2) 打开瓶塞,用滴管添水使水面与瓶颈 500mL 刻线平齐。塞紧瓶塞,擦干瓶外水分,称其质量 m_1(g)。

(3) 倒出瓶中的水和试样,清洗瓶内外,再装入与上项水温相差不超过 2℃ 的冷开水

至瓶颈 500mL 刻度线。塞紧瓶塞，擦干瓶外水分，称其质量 m_2（g）。

（三）结果计算

(1) 按下式计算砂的表观密度 ρ_0（精确至 $10kg/m^3$）

$$\rho_0 = \left(\frac{m_0}{m_0 + m_2 - m_1} - \alpha_t\right) \times 1000 \tag{12-18}$$

式中 ρ_0——砂的密度，取 $10kg/m^3$；

m_0——试样的烘干质量，g；

m_1——试样、水及容量瓶的总质量，g；

m_2——水及容量瓶的总质量，g；

α_t——水温对砂表观密度的影响系数（表 12-1）。

表 12-1　　　　　　　　不同水温对砂的表观密度影响的修正系数

水温（℃）	15	16	17	18	19	20
α_t	0.002	0.003	0.003	0.004	0.004	0.005
水温（℃）	21	22	23	24	25	—
α_t	0.005	0.006	0.006	0.007	0.008	—

(2) 砂的表观密度以两次试验结果的算术平均值作为测定值，如两次结果之差大于 $20kg/m^3$ 时，应重新取样进行试验。

在砂的表观密度试验过程中，应测量并控制水的温度，试验的各项称量可在 15～25℃的温度范围内进行，从试样静置的最后 2h 起直至试验结束，其温度相差不应超过 2℃。

四、砂的堆积密度与空隙率测定

（一）主要仪器

(1) 台秤（称量 5kg，感量 5g），烘箱，漏斗或料勺，直尺，浅盘等。

(2) 容量筒。金属圆柱形，容积 1L，内径 108mm，净高 109mm，筒壁厚 2mm，桶底厚度 5mm。

（二）试样制备

先用公称直径 5.00mm 的筛子过筛，然后经缩分后的样品不少于 3L，装入浅盘，在温度为 105℃±5℃烘箱中烘干至恒重，取出并冷却至室温，分成大致相等的两份备用，每份约 1.5L。试样烘干后有结块，应在试验前先予捏碎。

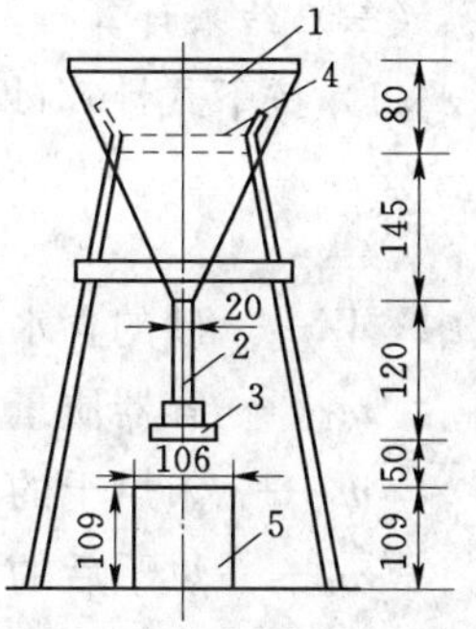

图 12-9　砂堆积密度试验装置
1—漏斗；2—ϕ20 管子；3—活动门；4—筛子；5—容量筒

（三）试验步骤

(1) 称量容量筒质量 m_1（kg），并将其置于浅盘内的下料漏斗出料口下面，使出料口正对中心，下料斗口距筒口不超过 50mm（图 12-9）。

(2) 用料勺将试样装入下料斗，并徐徐落入容量筒中直至试样装满并超出筒口为止。用直尺沿筒口中心线向两个相反方向将筒上部多余的砂样刮去。称出容量筒连同砂样的总

质量 m_2 (kg)。

(3) 容量筒容积校正。以 20℃±2℃ 的饮用水装满容量筒，用玻璃板沿筒口滑移，使其紧贴水面盖住容量筒，擦干筒外壁水分，然后称质量 m_2'(kg)，倒出水并称出擦干后的容量筒和玻璃板总质量 m_1'(kg)，按下式计算其容积 V (L)

$$V = m_2' - m_1' \qquad (12-19)$$

（四）结果计算与评定

(1) 砂的堆积密度 ρ_0' 按下式计算（精确至 10kg/m^3）

$$\rho_0' = \frac{m_2 - m_1}{V} \times 1000 \qquad (12-20)$$

(2) 砂的空隙率 P_0' 按下式计算（精确至 1%）

$$P_0' = (1 - \frac{\rho_0'}{\rho_0 \times 1000}) \times 100 \qquad (12-21)$$

(3) 取两次试验的算术平均值作为试验结果，并评定该试样的表观密度、堆积密度与空隙率是否满足标准规定值。

五、砂的含水率测定

（一）主要仪器设备

天平（称量 1000g，感量 1g），烘箱，浅盘等。

（二）试验步骤

(1) 取缩分后的试样一份约 500g，装入已称质量（m_1）的浅盘中，称出试样和浅盘的总质量（m_2）。然后摊开试样，将试样与容器一起放入温度为 105℃±5℃ 的烘箱中烘至恒重。

(2) 称量烘干后的砂试样与浅盘的总质量（m_3）。

（三）结果计算

(1) 按下式计算砂的含水率（精确至 0.1%）

$$W = \frac{m_2 - m_3}{m_3 - m_1} \times 100 \qquad (12-22)$$

式中　W——砂的含水率，%；

　　　m_1——容器质量，g；

　　　m_2——未烘干的试样与容器的总质量，g；

　　　m_3——烘干后的试样与容器的总质量，g。

(2) 以两次试验结果的算术平均值作为测定结果。通常也可采用炒干法代替烘干法测定砂的含水率。

六、石子筛分析试验

（一）主要仪器设备

(1) 石子套筛 GB/T 14685 标准筛方孔孔径为 2.36、4.75、9.50、16.0、19.0、26.5、31.5、37.5、53.0、63.0、90mm；JGJ 53 标准筛孔径为 2.50、5.00、10.0、16.0、20.0、25.0、31.5、40.0、50.0、63.0、80.0、100.0mm，并附有筛底和筛盖。

(2) 天平及台秤。天平的称量 5kg，感量 5g，秤的称量 20kg，感量 20g。

(3) 摇筛机，电动振动筛，振幅 0.5mm±0.1mm，频率 50Hz±3Hz。
(4) 烘箱，浅盘。

（二）试样准备

按表 12-2 规定的试样量称取经缩分，并烘干或风干的石子试样一份，精确到 1g。

表 12-2　　　　　　　　　不同粒径的石子的试样最小质量

石子最大粒径（mm）	10.0	16.0	20.0	25.0	31.5	40.0	63.0	80.0
筛分时每份试样量（kg）	2.0	3.2	4.0	5.0	6.3	8.0	12.6	16.0
表观密度每份试样质量（kg）	2.0	2.0	2.0	2.0	3.0	4.0	6.0	6.0

（三）试验步骤

(1) 按试样粒级要求选取不同孔径的石子筛，按孔径从大到小叠合，并附上筛底。
(2) 将烘干、缩分的试样其中一份倒入最上层筛中并加盖，然后进行筛分。
(3) 将套筛置于摇筛机紧固并筛分，摇筛 10min，取下套筛，按孔径大小顺序逐个再用手筛，筛至每分钟通过量小于试样总量的 1% 为止。通过的颗粒并入下一号筛中，并和下一号筛中的试样一起过筛，如此顺序进行，直至各号筛全部筛完为止。

当每只筛上的筛余厚度大于试样最大粒径值时，应将该筛上的筛余试样分成两份，再次进行筛分，直至各筛每分钟通过量小于试样总量的 1%。
(4) 称取各筛筛余的质量，精确至试样总质量的 0.1%。

（四）结果计算与评定

(1) 计算石子分计筛余百分率和累计筛余百分率，方法同砂筛分析，精确至 0.1%。
(2) 根据各筛的累计筛余百分率，精确至 1%，按照标准规定的级配范围，评定该石子的颗粒级配是否合格。
(3) 根据公称粒级确定石子的最大粒径。

七、石子的表观密度试验（标准方法）

（一）主要仪器

液体天平（称量 5kg，感量 1g），允许在壁上悬挂盛试样的吊篮并在水中称重；吊篮直径和高度均为 150mm，由孔径为 1~2mm 的筛网或钻有孔径为 2~3mm 孔洞的耐锈蚀金属板制成；有溢流孔的盛水容器；方孔试验筛（孔径为 5mm）；烘箱；温度计（0~100℃）；带盖容器；浅盘；毛巾和刷子等。

（二）试样准备

将石子试样筛去 5mm 以下颗粒，用四分法缩分至不少于表 12-2 规定的 2 倍质量，然后洗净后分成两份备用。

（三）试验步骤

(1) 取石子试样一份装入吊篮中，并浸入盛水的容器中，水面至少高出试样 50mm。
(2) 浸水 24h 后移至称量用的盛水容器中，并用上下升降吊篮的方法排除气泡，试样不得露出水面，吊篮每秒升降一次，升降高度为 30~50mm。
(3) 测定水温后，用天平称取吊篮及试样在水中的质量（m_2），称量时盛水容器中的水面高度由溢流孔控制。

(4) 提起吊篮,将试样放在浅盘中,放入 105℃±5℃ 的烘箱中烘至恒重,取出后放在带盖的容器中冷却至室温,再称质量(m_0)。

(5) 称取吊篮在同样的温度的水中质量(m_1),称量时盛水容器中的水面高度仍由溢流孔控制。

(四) 结果计算

(1) 按下式计算出石子的表观密度 ρ(精确至 $10 kg/m^3$)

$$\rho = \left(\frac{m_0}{m_0 + m_1 - m_2} - \alpha_t \right) \times 1000 \qquad (12-23)$$

式中 m_0——试样的烘干质量,g;

m_1——吊篮在水中的质量,g;

m_2——吊篮及试样在水中的质量,g;

α_t——水温对表观密度影响的修正系数,见表 12-3。

表 12-3　　　　　　不同水温下碎石或卵石表观密度影响的修正系数

水温(℃)	15	16	17	18	19	20	21	22	23	24	25
α_t	0.002	0.003	0.003	0.004	0.004	0.005	0.005	0.006	0.006	0.007	0.008

(2) 以两次试验结果的算术平均值作为测定值,两次结果之差应小于 $20 kg/m^3$,否则应重新取样进行试验。对于颗粒材质不均匀的试样,两次试验结果之差大于 $20 kg/m^3$ 时,可取四次测定结果的算术平均值作为测定值。

试验温度要求与砂相同。

八、石子堆积密度与空隙率试验

(一) 主要仪器设备

(1) 台秤(称量 100kg,感量 100g)、烘箱、平口铁锹等。

(2) 容量筒。容量筒的规格要求见表 12-4。

表 12-4　　　　　　　　容量筒规格要求

碎石或卵石的 最大公称粒径(mm)	容量筒容积 (L)	容量筒规格(mm)		筒壁厚度 (mm)
		内径	净高	
10.0, 16.0, 20.0, 25.0	10	208	294	2
31.5, 40.0	20	294	294	3
63.0, 80.0	30	360	294	1

(二) 试样准备

按照标准 JGJ 52—2006 的表 12-2 的规定称取试样,视不同最大粒径用四分法缩取 40kg、80kg 或 120kg 试样。放入浅盘,在 105℃±5℃ 的烘箱中烘干,也可摊在清洁的地面上风干,拌匀后分成两份备用。

(三) 试验步骤

(1) 取试样一份,置于平整干净的地板(或铁板)上,用平口铁锹铲起石子试样,使之自由落入容量筒内。此时锹口距筒口的距离保持在为 50mm 左右。装满容重筒后除去高出筒口表面的颗粒,并以合适的颗粒填入凹陷部分,使表面凸起部分和凹陷部分的体积大致相等,称出试样与容量筒的总质量 m_2 (kg)。

(2) 称出容量筒的质量 m_1 (kg)。

(3) 容量筒容积校正。将容量筒装满 20℃±5℃ 的饮用水,称水与筒的总质量 m_2'(kg),则容量筒容积 V (L) 由下式确定。

$$V = m_2' - m_1 \tag{12-24}$$

(四) 结果计算与评定

(1) 按下式计算出石子的堆积密度 ρ_0' 按下式计算(精确至 10kg/m^3)

$$\rho_0' = \frac{m_2 - m_1}{V} \times 1000 \tag{12-25}$$

(2) 按下式计算石子的空隙率 ρ_0' 按下式计算(精确至 1%)

$$\rho_0' = \left(1 - \frac{\rho_0'}{\rho}\right) \times 100 \tag{12-26}$$

式中 ρ——石子表观密度,kg/m^3。

(3) 取两次试验的算术平均值作为试验结果,并评定该石子试样的表观密度、堆积密度与空隙率是否满足标准规定值。

试验四 普通混凝土配合比试验

新拌混凝土拌和物的和易性及科学的混凝土配合比设计是保证混凝土便于施工、质量均匀、保证施工质量和满足设计要求的前提。本节试验内容及方法参照标准《普通混凝土拌和物性能试验方法标准》(GB/T 50080—2002),《普通混凝土配合比设计规程》(JGJ 55—2011),《建筑施工手册》进行。

一、混凝土试验室拌和方法

(一) 试验条件

(1) 在试验室制备混凝土拌和物时,拌和时的环境温度应保持在 20℃±5℃,所用材料的温度与试验室温度保持一致。需要模拟施工条件下所用的混凝土时,所用原材料温度宜与施工现场保持一致。

(2) 从试样制备完毕到开始进行拌和物各项性能的试验不宜超过 5min。

(3) 材料用量应以质量计,称量精度要求:骨料(砂、石)为±1%,水、水泥、掺和料、外加剂为±0.5%。

(4) 混凝土配合比设计应采用工程实际使用的原材料,配合比设计所采用的细骨料含水率应小于 0.5%,粗骨料含水率应小于 0.2%。

(5) 拌和前,确认各原材料品种、规格、产地及性能指标及材料用量。

(二) 主要仪器设备

(1) 混凝土搅拌机。容量 50~100L,转速 18~22r/min。

(2) 台秤。称量 50kg,感量 50g。

(3) 其他用具,量筒(500mL,100mL)、天平、拌铲与拌板等。

(三) 试验拌和步骤

1. 人工拌和

(1) 按所定配合比称取各材料用量。

(2) 将拌板和拌铲用湿布润湿后,把称好的砂倒在铁拌板上,然后加水泥,用铲自拌板一端翻拌至另一端,如此重复,拌至颜色均匀,再加入石子翻拌混合均匀。

(3) 人工搅拌混凝土,只适宜于野外作业,施工条件困难,工程量少,强度等级不高等情况下的混凝土拌制。一般用"三干三湿"法,即先将水泥加入砂中干拌两遍,再加入石子翻拌一遍。然后将干混合料堆成堆,中间围一凹槽,将已称量好的水倒适量在凹槽中,仔细翻拌,注意勿使水流出。然后将剩余的一边加入一边翻拌,其间每翻拌一次,用拌铲在拌和物上铲切一次,直至拌和均匀为止。

(4) 拌和时力求动作敏捷,拌和时间自加水时算起,应符合相关规定。一般情况下,人工拌和混凝土的参考时间如下:拌和物体积为30L时拌4~5min,30~50L时拌5~9min,51~75L时拌9~12min。

2. 机械搅拌

(1) 按给定的配合比称取各材料用量。

(2) 用按配合比称量的水泥、砂、水及少量石子在搅拌机中预拌一次,使水泥砂浆部分黏附搅拌机的内壁及叶片上,并刮去多余砂浆,以避免影响正式搅拌时的配合比。

(3) 依次向搅拌机内加入石子、砂和水泥,开动搅拌机干拌均匀后,再将水徐徐加入,全部加料时间不超过2min,加完水后再继续搅拌2min左右。

(4) 将拌和物自搅拌机卸出,倾倒在铁板上,再经人工拌和2~3次,即可做拌和物的各项性能试验或成型试件。从开始加水起,全部操作必须在30min内完成。

二、混凝土拌和物稠度试验

试验分坍落度法和维勃稠度法两种;前者适用于坍落度值不小于10mm的混凝土拌和物的稠度测定,后者适用于维勃稠度在5~30s之间的混凝土拌和物的稠度测定。要求骨料最大粒径均不得大于40min。

(一) 坍落度与坍落扩展度测定

1. 主要仪器设备

(1) 坍落度筒:截头圆锥形,由薄钢板或其他金属板制成,形状和尺寸见图12-10所示。

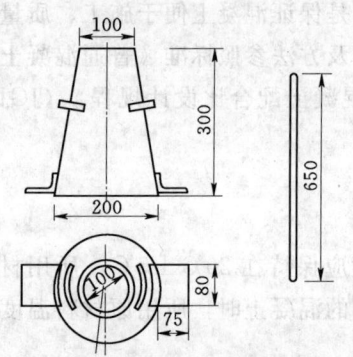

图12-10 坍落度筒及捣棒(单位:mm)

(2) 捣棒(端部应磨圆)、装料漏斗、小铁铲、钢直尺、镘刀等。

2. 试验步骤

(1) 湿润坍落度筒及底板,在坍落度筒内壁和底板上应无明水。底板应放置在坚实水平面上,并把筒放在底板中心,然后用脚踩住二边的脚踏板,坍落度筒在装料时应保持固定的位置。

(2) 把按要求取得的混凝土试样用小铲分三层均匀地装入筒内,使捣实后每层高度为筒高的1/3左右。每层用捣棒插捣25次。插捣应沿螺旋方向由外向中心进行,各次插捣应在截面上均匀分布。插捣筒边混凝土时，捣棒可以稍稍倾斜。插捣底层时，捣棒应贯穿整个深度。插捣第二层和顶层时，捣棒应插透本层至下一层的表面；浇灌顶层时，混凝土应灌到高出筒口。插捣过程中，如混凝土沉落到低于筒口，则应随时添加，顶层插捣完后，刮去多余的混凝土，并用抹刀抹平。

(3) 清除筒边底板上的混凝土后，垂直平稳地提起坍落度筒。坍落度筒的提离过程应在5～10s内完成；从开始装料到提坍落度筒的整个过程应不间断地进行，并应在150s内完成。

(4) 提起坍落度筒后，测量筒高与坍落后混凝土试体最高点之间的高度差，即为该混凝土拌和物的坍落度值。坍落度筒提离后，如混凝土发生崩坍或一边剪坏现象，则应重新取样另行测定；如第二次试验仍出现上述现象，则表示该混凝土和易性不好，应予记录备查。

(5) 观察坍落后的混凝土试体的黏聚性及保水性，黏聚性的检查方法是用捣棒在已坍落的混凝土锥体侧面轻轻敲打，此时如果锥体逐渐下沉，则表示黏聚性良好；如果锥体倒塌、部分崩裂或出现离析现象，则表示黏聚性不好。保水性以混凝土拌和物稀浆析出的程度来评定。坍落度筒提起后如有较多的稀浆从底部析出，锥体部分的混凝土也因失浆而骨料外露，则表明此混凝土拌和物的保水性能不好；如坍落度筒提起后无稀浆或仅有少量稀浆自底部析出则表示此混凝土拌和物保水性良好。当混凝土拌和物的坍落度大于220mm时，用钢尺测量混凝土扩展后最终的最大直径和最小直径，在这两个直径之差小于50mm的条件下，用其算术平均值作为坍落扩展度值。否则，此次试验无效。

3. 试验结果

(1) 稠度。坍落度和坍落扩展度值以毫米为单位，测量精确至1mm，结果表达修约至5mm。

(2) 黏聚性。以捣棒轻敲混凝土锥体侧面，如锥体逐渐下沉，表示黏聚性良好；如锥体倒坍、崩裂或离析，表示黏聚性不好。

(3) 保水性。提起坍落度筒后如底部有较多稀浆析出，骨料外露，表示保水性不好；如无稀浆或少量稀浆析出，表示保水性良好。

坍落后的混凝土试体如果发现粗骨料在中央集堆或边缘有水泥浆析出，表示此混凝土拌和物抗离析性不好应予记录。

(二) 维勃稠度测定

1. 主要仪器设备

(1) 维勃稠度仪：其振动频率为50Hz±3Hz，装有空容器时台面振幅应为0.5mm±0.1mm。

(2) 秒表，其他仪器同坍落度试验。

2. 试验步骤

(1) 将维勃稠度仪放置在坚实水平的基面上，用湿布将容器、坍落度筒、喂料斗内壁及其他用具湿润。将喂料斗提到坍落度筒上方扣紧，矫正仪器位置，使其中心与喂料中心重合，然后拧紧固定螺丝。

(2) 将混凝土拌和料用小铲分三层经喂料斗装入坍落度筒，装料与捣实方法同坍落度试验。

(3) 将喂料斗转离，垂直地提起坍落度筒，应注意不使混凝土试体产生横向扭动。

(4) 将透明圆盘转到混凝土试体顶面，放松测杆螺丝，降下圆盘，使其轻轻接触到混凝土试体顶面，拧紧定位螺丝，并检查测杆螺钉是否完全放松。

(5) 开启振动台，同时用秒表计时，当振至透明圆盘的底面被水泥浆布满的瞬间关闭振动台，并停表计时。

3. 试验结果

由秒表读出的时间即为该混凝土拌和物的维勃稠度值，以秒计时，精确至1s。

三、混凝土拌和物表观密度试验

(一) 主要仪器设备

(1) 容量筒。金属制成的圆筒，对骨料最大粒径不大于40mm，容量筒为5L，内径与内高均为186mm±2mm，筒壁厚3mm；当粒径大于40mm时，容量筒内径与高均应大于骨料最大粒径4倍。

(2) 台秤。称量50kg，感量50g。

(3) 振动台。频率为(3000±200)次/min，空载振幅为0.5mm±0.1mm。

(4) 捣棒。

(二) 试验步骤

(1) 用湿布把容量筒内外擦干净，称其质量 m_1 (kg)，精确至50g。

(2) 将配制好的混凝土拌和料装入容量筒并使其密实。当拌和料坍落度不大于70mm，可用振动台振实，大于70mm用捣棒捣实。

(3) 用振动台振实时，应将拌和料一次装满，振动时随时准备添料，振至表面出浆，没有大气泡向上冒为止。用捣棒捣实时，混凝土分两层装入，每层插捣25次（对5L容量筒），各次插捣应由边缘向中心均匀插捣，插捣底层时捣棒应贯穿整个深度，插捣第二层时，捣棒应插透本层至下一层表面，每一层插捣完后用橡皮锤轻轻沿容器外壁敲打5～10次，进行振实，直到拌和物表面插捣孔消失并不见大气泡为止。

(4) 用镘刀将多余混凝土拌和物刮去并抹平，擦净筒外壁，称出拌和料与容量筒的总质量 m_2 (kg)，精确至50g。

(三) 结果计算

按下式计算混凝土拌和物的表观密度 $\rho_{0c测}$ （精确至10kg/m³）

$$\rho_{0c测}=\frac{m_2-m_1}{V_0}\times 1000 \tag{12-27}$$

式中　V_0——容量筒体积，L；

m_1——容量筒质量，kg；

m_2——容量筒质量和拌和料总质量，kg。

四、混凝土配合比的试配与确定

(一) 混凝土配合比试配

(1) 按混凝土计算配合比确定的各材料用量水泥 m_c、砂 m_s、石子 m_g 及水 m_w 等进行称量，然后进行拌和及稠度试验，以检定拌和物的性能。

（2）和易性调整。若配制的混凝土拌和物坍落度（或维勃稠度）不能满足要求，或黏聚性和保水性不好时，应进行和易性调整。

当坍落度过小时，须在水灰比 W/C 不变的前提下，分次掺入备用的5%或10%的水泥浆，至符合要求为止。当坍落度过大时，可保持砂率不变，酌情增加砂和石子；当黏聚性、保水性不好时，可适当改变砂率。调整中应尽快拌和均匀后重做稠度试验，直到符合要求为止，从而得出检验混凝土用的基准配合比。

（3）以混凝土基准配合比中的基准水灰比 W/C 和基准 $(W/C)\pm0.05$，配制三组不同的配合比，其用水量不变，砂率可增加或减少1%。制备好拌和物，应先检验混凝土的稠度、黏聚性、保水性及拌和物的表观密度，然后每种配合比制作一组（3块）立方体试块，在标准养护室养护28d试压。

（二）混凝土配合比设计值的确定

（1）根据上步试验所得到的不同 W/C 配置的混凝土强度，用作图或计算求出与配制强度相对应的灰水比值，并初步求出每立方米混凝土的材料用量：

用水量 m_w——取基准配合比中的用水量值，并根据制作强度试件时测得的坍落度（或维勃稠度）值，加以适当调整。

水泥用量 m_c——取用水量乘以经试验定出的、为达到配制强度所必需的 W/C。

粗、细骨料用量（m_g 与 m_s）——取基准配合比中粗、细骨料用量，并作适当调整。

（2）配合比表观密度校正。混凝土计算表观密度为 $\rho_{0c计}$（$\rho_{c0计}=m_w+m_c+m_s+m_g$），实测表观密度为 $\rho_{0c测}$，则校正系数为 $\delta=\rho_{0c测}/\rho_{c0计}$。

当表观密度的实测值与计算值之差不超过计算值的2%时，不必校正，则上述确定的配合比即为配合比的设计值。当二者差值超过2%时，则须将配合比中每项材料用量均乘以校正系数 δ，即为最终定出的混凝土配合比设计值。

试验五　混凝土性能与非破损法抗压强度试验

本节试验参考标准《普通混凝土力学性能试验方法标准》（GB/T 50081—2002），《混凝土强度检验评定标准》（GB/T 50107—2010），《回弹法检测混凝土抗压强度技术规程》（JGJ/T 23—2011），《超声回弹综合法检测混凝土强度技术规程》（CECS 02—2005）实施以下试验项目。

一、混凝土抗压强度试验

（一）主要仪器设备

（1）压力试验机。精度不低于±1%，试验时由试件最大荷载选择压力机量程，使试件破坏时的荷载位于全量程的20%~80%范围以内。

（2）振动台。振动频率为50Hz±3Hz，空载振幅约为0.5mm。

（3）搅拌机、试模、捣棒、镘刀等。

（二）试件制作

（1）抗压强度试验系采用立方体试件，以龄期分组、每组3个试件，混凝土试件尺寸按表 12-5 骨料最大粒径选定。

表 12-5　　　　混凝土试件尺寸

试件尺寸（mm）	粗骨料最大粒径（mm）	
	劈裂抗拉强度试验	其他试验
100×100×100	20	31.5
150×150×150	40	40
200×200×200	—	60

（2）制作试件前，应将试模擦干净并在试模内表面涂一薄层脱模剂，再将配制好的混凝土拌和物装模成型。

（3）拌制的混凝土应在拌制完成后尽短时间内成型，一般不宜超过 15min。

（4）根据混凝土拌和物的稠度确定混凝土成型方法，坍落度不大于 70mm 的混凝土宜用振动台振实，大于 70mm 的混凝土宜用捣棒人工捣实，检验现浇混凝土或预制构件的混凝土，试件成型方法宜与实际采用的方法相同。

（5）对于坍落度不大于 70mm 的混凝土拌和物，将其一次装入试模并高出模口，将试件移至振动台上，开动振动台振至混凝土表面出现水泥浆并无气泡上冒为止，振动时应防止试模在振动台上自由跳动。刮去多余的混凝土并用镘刀抹平。记录振动时间。

对于坍落度大于 70mm 的混凝土拌和物，将其分两层装入试模，每层厚度大致相等，用捣棒按螺旋方向从边缘向中心均匀插捣，插捣次数一般每 10000mm² 应不少于 12 次，同时用镘刀沿试模内壁插入数次。最后刮去多余混凝土并抹平表面。

（三）试件养护

（1）标准养护的试件成型后表面应覆盖，以防止水分蒸发，并在 20℃±5℃ 的条件下静置 1~2 昼夜，然后编号、拆模。拆模后的试件随即放入温度为 20℃±2℃、相对湿度为 90% 以上的标准养护室养护，直至试验龄期（28d）。在标准养护室内试件应放在架上，彼此间隔为 10~20mm，并应避免用水直接冲淋试件。

（2）当无标准养护室时，混凝土试件可为温度在 20℃±2℃ 的不流动 $Ca(OH)_2$ 饱和溶液中养护。

（四）抗压强度测试

（1）试件自养护室取出后随即擦干并及时进行试验，试验前将试件表面和试验机上下承压板擦干净。

（2）将试件安放在试验机承压板中心，试件的承压面与成型面垂直。开动试验机，当上压板与试件接近时，调整球座，使接触均衡。

（3）加荷时应连续而均匀，加荷速度为：混凝土强度等级＜C30 时，取 0.3~0.5MP/s；≥C30 且＜C60 时，取 0.5~0.8MP/s；≥C60 时，取 0.8~1.0MP/s。当试件接近破坏而急剧变形时，停止调整试验机油门，直至试件破坏。记录破坏荷载 P。

（五）结果计算

（1）按下式计算混凝土立方体试件抗压强度，精确至 0.1MPa

$$f_{cu}=\frac{P}{A} \tag{12-28}$$

式中　f_{cu}——立方体抗压强度，MPa；
　　　P——破坏荷载，N；
　　　A——试件截面积，mm²。

(2) 以三个试件测定值的算术平均值作为该组试件的抗压强度值。三个测值中的最大值或最小值中如有一个与中间值的差值超过中间值的15%时，则把最大及最小值一并舍去，取中间值作为该组试件的抗压强度值；如有两个测值的差均超过中间值的15%，则该组试件的试验结果无效。

(3) 取150mm×150mm×150mm试件的抗压强度为标准，其他尺寸的试件测得的强度值均应乘以尺寸换算系数，换算成标准值。

(六) 混凝土强度等级评定

(1) 混凝土强度等级

混凝土强度等级应按立方体抗压强度标准值划分。分为C15、C20、…、C80各级，混凝土立方体抗压强度标准值系指按标准方法制作和养护的边长为150mm的立方体试件，在28d或设计规定的龄期以标准试验方法测得的具有95%保证率的抗压强度值。

(2) 混凝土强度等级评定方法

根据GB/T 50107—2010标准规定，混凝土强度应分批进行检验评定，一个验收批的混凝土强度应由强度等级相同、试验龄期相同、生产工艺条件和配合比基本相同的混凝土组成。

混凝土强度等级评定，可采用统计方法或非统计方法进行评定。详见表12-6。

表12-6 　　　　　　　　　混凝土强度质量合格评定方法

合格评定方法	合格判定条件	备注
统计方法	1. $m_{f_{cu}} \geq f_{cu,k} + 0.7\sigma_0$ 2. $f_{cu,min} \geq f_{cu,k} - 0.7\sigma_0$ 且当强度等级不高于C20时，$f_{cu,min} \geq 0.85 f_{cu,k}$ 当强度等级高于C20时，$f_{cu,min} \geq 0.9 f_{cu,k}$ 式中 $m_{f_{cu}}$——同批三组试件抗压强度平均值，N/mm²，精确至0.1 N/mm²（下同）； 　　$f_{cu,min}$——同批三组试件抗压强度中的最小值（MP）； 　　$f_{cu,k}$——混凝土立方体抗压强度标准值； 　　σ_0——检验批的混凝土立方体抗压强度的标准差；当检验批混凝土强度标准差σ_0计算值小于2.5时，取2.5，精确至0.01 N/mm²	验收批混凝土强度标准差按下式确定： $$\sigma_0 = \sqrt{\frac{\sum_{i=1}^{n} f_{cu,i}^2 - n m_{f_{cu}}^2}{n-1}}$$ n—前一检验期内的样本容量，在该期内不小于45
当样本容量大于10组时，强度应同时满足的条件	1. $m_{f_{cu}} \geq f_{cu,k} + \lambda_1 S_{f_{cu}}$ 2. $f_{cu,min} \geq \lambda_2 f_{cu,k}$ 式中 λ_1、λ_2——合格判定系数，按下表取用； 　　$S_{f_{cu}}$——n组混凝土试件强度标准差，当检验批混凝土强度标准差$S_{f_{cu}}$计算值小于2.5时，取2.5，精确至0.01 N/mm²。 混凝土强度的合格评定系数表 | 试件组数 | 10~14 | 15~19 | ≥20 | |---|---|---|---| | λ_1 | 1.15 | 1.05 | 0.95 | | λ_2 | 0.90 | | 0.85 |	$$S_{f_{cu}} = \sqrt{\frac{\sum_{i=1}^{n} f_{cu,i}^2 - n m_{f_{cu}}^2}{n-1}}$$ n—本检验期内的样本容量

续表

合格评定方法	合格判定条件	备注
非统计方法	1. $m_{f_{cu}} \geqslant \lambda_3 f_{cu,k}$ 2. $f_{cu,\min} \geqslant \lambda_4 f_{cu,k}$ 式中 λ_3, λ_4——合格判定系数，按下表取用： 混凝土强度的合格评定系数表 	试件组数	<C60	≥C60
λ_3	1.15	1.10
λ_4	0.95			一个验收批的试件组数小于 10 组

二、混凝土劈裂抗拉强度试验

（一）主要仪器设备

(1) 压力机。量程 200～300kN。

(2) 垫块。采用直径为 150mm 的钢制弧形垫块，其长度不短于试件的边长。

(3) 垫条。加放于试件与垫块之间，为木质三合板，宽 15～20mm，厚 3～4mm，长度不短于试件的边长。垫条不得重复使用。混凝土劈裂抗拉试验装置如图 12-11 所示。

(4) 试件成型用试模及其他器具同混凝土抗压强度试验。

（二）试件准备

按制作抗压强度试件的方法成型试件，每组 3 块。

（三）试验步骤

(1) 从养护室取出试件后，应及时进行试验。将试件表面和上下承压板擦干净，在试件成型顶面与底面中部画线定出劈裂面的位置，劈裂面弧形应与试件的成型面垂直。

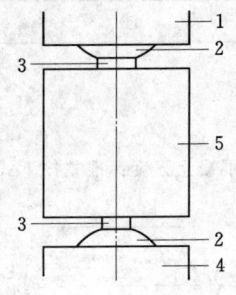

图 12-11 混凝土劈裂抗拉试验装置

1—试验机上压板；2—弧形钢垫块；3—垫条；4—试验机下压板；5—试块

(2) 将试件放在试验机下压板的中心位置，降低上压板，分别在上、下压板与试件之间加垫块与垫条，使垫块的接触母线与试件上的荷载作用线准确对正。

(3) 开动试验机，使试件与压板接触均衡后，连续均匀地加荷，加荷速度为：混凝土强度等级 < C30 时，取 0.02～0.05MPa/s；≥C30 且 <C60 时，取 0.05～0.08MPa/s，≥C60 时，取 0.08～0.10MPa/s。加荷至破坏，记录破坏荷载 P (N)。

（四）结果计算

(1) 按下式计算混凝土的劈裂抗拉强度，精确到 0.01MPa

$$f_{st} = \frac{2P}{\pi A} = 0.637 \frac{P}{A} \qquad (12-29)$$

式中 f_{st}——劈裂抗拉强度，MPa；

P——破坏荷载，N；

A——劈裂面积，mm^2。

(2) 以三个试件测值的算术平均值作为该组试件的劈裂抗拉强度值，其异常数据的取舍与混凝土抗压试验同。

(3) 采用 150mm×150mm×150mm 的立方体试件作为标准试件，如采用 100mm×100mm×100mm 立方试件时，试验所得的劈裂抗拉强度值，应乘以尺寸换算系数 0.85。

三、混凝土非破损检测

混凝土非破损检测方法又称无损检测，这类检测方法对构件没有损伤，不影响构件的使用性能。可以直接而迅速地测定混凝土的强度、内部缺陷的位置和大小，还可以判断混凝土结构物遭受破坏的程度等。

混凝土无损检验的方法很多，通常有超声波法、回弹法、拔出法、取芯法、雷达法、电测法及表面波法等，还可采用两种或两种以上的综合方法。无损检测的发展水平，在一定程度上反映了一个国家的工业发展水平。

混凝土强度回弹法检验。

根据混凝土表面硬度与强度的某种关系，来估算混凝土的抗压强度。采用中型回弹仪，以一定的能量弹击混凝土表面，由弹击后回弹的距离值，表示被测混凝土表面的硬度。然后经过碳化或其他方法修正，获得混凝土试件抗压强度。

1. 主要仪器设备

(1) 中型回弹仪。标称动能为 2.207J，其构造见图 12-12。

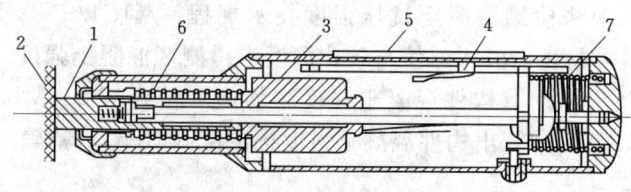

图 12-12 回弹仪构造图
1—弹击杆；2—混凝土试件；3—冲击锤；4—指针；5—刻度尺；6—拉力弹簧；7—压力弹簧

(2) 钢钻。洛氏硬度 RHC 为 60±2。

2. 试验准备

(1) 回弹仪率定。率定试验应分四次进行，且每个方向弹击前，弹击杆应旋转 90°，每个方向的回弹平均值均应为 80±2。否则不能使用。

(2) 混凝土构件测区与测面布置。对于一般构件，测区数不宜少于 10 个，当受检构件数量大于 30 个且不需提供单个构件推定强度，或受检构件某一方向尺寸不大于 4.5m 且另一方向尺寸不大于 0.3m 时，每个构件的测区数量可适当减少，但不应少于 5 个。

(3) 相邻两测区间距不超过 2m，距离构件端部或施工缝边缘的距离不宜大于 0.5m 且不宜小于 0.2m。测区应均匀分布，并具有代表性（测区宜选在侧面为好）。每个测区宜有两个相对的测面，每个测面约为 20cm×20cm。在构件的薄弱部位或重要部位应布置测区，并应避开预埋件。

(4) 测面应为原浆面，且平整光滑，必要时可用砂轮作表面加工，测面应自然干燥。对于弹击时产生颤动的较薄或较小构件，应进行固定。

3. 主要试验步骤

测量回弹值时，回弹仪的轴线应始终垂直于混凝土的检测面，并应缓慢施压，准确读数,快速复位。

每个测区应读取16个回弹值,每一测点的回弹值读数应精确至1,测点不应在气孔或外露的石子上,同一测点应只弹击一次。

回弹值测量完毕后,应在具有代表性的测区上测量碳化深度值,测点数量不应少于构件测区数量的30%,取其平均值作为该试件每个测区的碳化深度值。当碳化深度极差大于2.0mm时,应在每个测区分别测量碳化深度值。

4. 试验结果处理

(1) 回弹值计算。从测区的16个回弹值中分别剔除3个最大值和3个最小值,取其余10个回弹值的算术平均值,计算至0.1,作为该测区水平方向测试的混凝土平均回弹值。

(2) 回弹值测试角度及浇筑面修正。若测试方向非水平方向和浇筑面或底面时,按有关规定先进行角度修正,并对修正后的回弹值再进行浇筑面修正。

(3) 碳化深度修正。混凝土表面碳化后其强度提高,回弹值将增大,其回弹值应按标准规定进行修正。

(4) 根据室内试验建立的强度与回弹值关系曲线,查得构件测区混凝土强度值。在无专用测强曲线和地区测强曲线的情况下,对于符合规程条件的非泵送、泵送混凝土可分别按国家行业标准《回弹法检测混凝土抗压强度技术规程》(JGJ/T 23—2011)中的附录A、附录B的统一测强曲线,由回弹值与碳化深度求得测区混凝土强度。

(5) 按照规程规定,计算构件混凝土强度平均值(精确至0.1MPa)和强度标准差(精确至0.01MPa),最后计算出构件混凝土强度推定值(MPa),精确至0.1MPa。

试验六 建筑砂浆试验

本节试验参考标准《建筑砂浆基本性能试验方法》(JGJ/T 70—2009)、《砌体结构工程施工质量验收规范》(GB 50203—2011)进行,建筑砂浆试验包括稠度、表观密度、分层度、保水性、凝结时间、立方体抗压强度、拉伸黏结强度、抗冻性及收缩、静压弹性模量等试验,本节主要介绍砂浆稠度和立方体抗压强度试验。

一、砂浆拌和物取样及试样制备

(1) 建筑砂浆试验用料应从同一盘砂浆或同一车运送的砂浆中取出;取样数量不应少于试验所需量的4倍。

(2) 当施工过程中进行砂浆试验时,砂浆取样方法应按照相应的施工验收规范执行,并宜在现场搅拌点或预拌砂浆卸料点的至少3个部位及时取样。对于现场取得的试样,试验前应人工搅拌均匀。从取样完毕到开始进行各项性能试验,不宜超过15min。

(3) 试验室拌制砂浆进行试验时,试验材料应与现场用料一致,并提前24h运入室内,拌和时室温应为20℃±5℃;砂子应采用4.75mm孔径的筛过筛。材料称量精度要求:水泥、外加剂等为±0.5%,砂、石灰膏等为±1%。

(4) 砂浆的拌和。

在试验室搅拌砂浆时应采用机械搅拌,搅拌的用量宜为搅拌机容量的30%~70%,

搅拌时间不少于120s，掺有掺合料和外加剂的砂浆，其搅拌时间不应少于180s。

二、砂浆稠度试验

（一）主要仪器设备

（1）砂浆稠度测定仪。由试锥、容器和支架三部分组成。圆锥体试锥连同滑杆总质量为300g±2g，圆锥体高度为145mm，锥底直径为75mm；盛砂浆的圆锥筒容器高180mm，底口内径150mm。

（2）拌和锅、拌铲、捣棒、量筒、秒表等。

（二）试验步骤

（1）应先用少量的润滑油轻擦滑杆，再将滑杆上多余的油用吸油纸擦干净，使滑杆能自由滑动。

（2）将拌和好的砂浆立即做稠度试验，一次装入圆锥筒内，装至距离口约10mm，用捣棒自中心向边缘均匀插捣25次，并将容器轻轻摇动或敲击5~6次。

（3）将盛有砂浆的圆锥筒移至砂浆稠度测定仪底座上，放松固定螺丝并放下圆锥体试锥，对准容器的中心，并使锥尖正好接触到砂浆表面时拧紧固定螺丝。将指针调至刻度盘零点，然后突然放松固定螺丝，使圆锥体自由沉入砂浆中，并同时按下秒表，经10s后读出下沉的深度，即为砂浆稠度值（精确至1mm）。

（4）圆锥筒内的砂浆，只允许测定一次稠度，重复测定时应重新取样测之。如测定的稠度值不符合要求，可酌情加水或石灰膏，经重新拌和后再测，直至稠度满足要求为止。但自拌和加水时算起，不得超过30min。

（三）结果计算

取两次测定结果的平均值作为该砂浆的稠度值（精确至1mm）。如两次试验值之差大于10mm，应重新配料测定。

三、砂浆抗压强度试验

（一）主要仪器设备

（1）试模。应为70.7mm×70.7mm×70.7mm带底立方体金属模，每组两个三联模。

（2）压力机。精度1%，破坏荷载在试验机量程的20%~80%范围内。

（3）捣棒（直径10mm，长310mm），振动台，镘刀等。

（二）试件制备

（1）应采用黄油等密封材料涂抹试模外接缝，模内刷隔离剂，将拌好的砂浆一次装满砂浆试模，成型方法根据稠度而定，当稠度大于50mm时，宜采用人工插捣成型，当稠度不大于50mm时，宜采用振动台振实成型。

（2）人工插捣，采用捣棒均匀地由边缘到中心按螺旋方式插捣25次，插捣过程中当砂浆沉落低于试模口时，应随时添加砂浆，可用镘刀插捣数次，并用手将试模一边抬高5~10mm各振动5次，砂浆应高出试模顶面6~8mm。机械振动：将砂浆一次装满试模，放到振动台上，振动时试模不得跳动，振动5~10s或持续到表面泛浆为止，不得过振。

（3）试件成型后，经24h±2h时间、环境温度20℃±5℃养护后即可编号脱模。并按下列规定进行继续养护：

1）立即放入温度为20℃±2℃，相对湿度在90%以上的标准养护室中进行养护。

2) 养护期间，试件放置彼此间隔不小于10mm。混合砂浆、湿拌砂浆试件表面上应覆盖，防止有水滴滴在试件上。

（4）根据相关标准，砂浆标准养护龄期为28d，也可增加7d或者14d；然后测定其抗压强度，试验前，擦干净试块表面，测量试件表面，测量试件尺寸（精确至1mm）并计算受压面积A。

（5）以试件的侧面作为受压面，将试件置于压力机下承压板的中心位置，开动压力机进行加荷，加荷速度为0.25～1.5kN/s（砂浆强度不大于2.5MPa时，宜取下限），直至破坏，记录破坏荷载P。

（三）结果计算

（1）按下式计算试件的抗压强度

$$f_{m,cu}=K\frac{P}{A} \tag{12-30}$$

式中　$f_{m,cu}$——试件抗压强度，MPa（精确到0.1MPa）；

　　　K——换算系数，取1.35；

　　　P——试件破坏荷载，N；

　　　A——试件截面积，mm^2。

（2）应以三个试件测值的算术平均值作为该组试件的砂浆立方体抗压强度值（f_2），精确至0.1MPa。

（3）当三个测值中的最大或最小值中有一个与中间值差值超过中间值的15%时，应把最大值及最小值一并舍去，取中间值为该组试件的抗压强度值。

（4）当两个测值与中间值的差值约超过15%时，本次试验结果作废。

（四）砂浆试验结果评定

（1）根据试验结果确定砂浆稠度。

（2）砌筑砂浆试块强度验收时，其强度合格标准要求如下：

同一验收批砂浆试块强度平均值应大于或者等于设计强度等级值的1.10倍；同一验收批砂浆试块抗压强度的最小一组平均值应大于或等于涉及等级值的85%。

试验七　钢　筋　试　验

本节试验参考《钢筋混凝土用钢　第2部分：热轧带肋钢筋》（GB 1499.2—2007），《金属材料　拉伸试验　第1部分：室温试验方法》（GB/T 228.1—2010），《金属材料弯曲试验方法》（GB/T 232—2010），《数值修约规则与极限数值的表示和判定》（GB/T 8170—2008）。进行钢筋拉伸和弯曲力学性能试验。

一、试验取样规则

（1）应按批进行检查和验收。

（2）每批由同一厂别、同一炉罐号、同一规格、同一交货状态、同一进场时间的钢筋组成。

（3）热轧带肋钢筋、热轧光圆钢筋、低碳钢热轧圆盘条、余热处理钢筋每批数量不得大于 60t，每批取试样一组；大于 60t，每增加 40t，增加一个拉伸和弯曲。

(4) 冷轧带肋钢筋每批数量不得大于 50t。每批取试样一组。

(5) 每组试件数量见表 12-7。

表 12-7　　　　　　　　　　　　试 件 数 量

钢 筋 种 类	试件数量（个）	
	拉 伸 试 验	弯 曲 试 验
热轧带肋	2	2
热轧光圆	2	2
低碳钢热轧圆盘条	1	2
余热处理	2	2
冷轧带肋	逐盘 1 个	每批 2 个

(6) 取样方法：

1) 按上表中规定，凡取 2 个试件的（低碳钢热轧圆盘条冷弯试件除外）均应从任意两根（或两盘）中分别切取，即在每根钢筋上切取一个拉伸试件，一个弯曲试件。

2) 低碳钢热轧圆盘条冷弯试件应取自不同盘。

3) 盘条试件在切取时，应在盘条的任意一端截 500mm 后切取。

二、钢筋拉伸试验

(一) 主要仪器设备

(1) 材料拉力试验机。其示值误差不大于 ±1%。试验时所用荷载的范围应在最大荷载的 20%～80% 范围内。

(2) 钢筋画线机、游标卡尺（精度为 0.1mm）、天平等。

试验温度：应在室温状态下进行，进行试验时应进行记录，除非另有规定，试验一般在室温 10～35℃ 范围内进行。对温度要求严格的试验，试验温度应为 23℃ ±5℃。

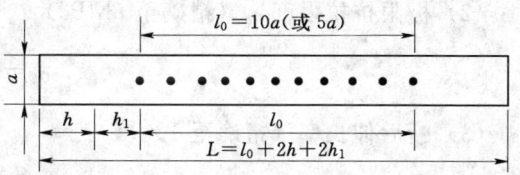

图 12-13　不经车削的试件

(二) 试验准备

(1) 钢筋试样不经车削加工，其长度要求见图 12-13。图中 a 为计算直径；l_0 为标距长度；h_1 为取 $(0.5～1)a$；h 为夹具长度。

(2) 在试样 l_0 范围内，按 5mm 等分画线（或打点）、分格、定标距。测量标距长度（精确至 0.1mm）。

(3) 测量试件长并称量。

(4) 拉伸，弯曲试验根据标准 GB 1499.1—2008 或 GB 1499.2—2007 规定，取标准规定的公称横截面积。

(三) 试验步骤

(1) 开启试验机，将试件上端固定在试验机上夹具内，调整试验机零点，用下夹具固定试件下端。

(2) 开动试验机进行拉伸,拉伸速度为屈服前应力增加速度按照 6～60MPa/s;屈服后的拉伸速率按照应变增加速度 (0.00025～0.0025) l_0/s 进行拉伸。

(3) 拉伸中,描绘器自动绘出荷载－变形曲线,由刻度盘指针及荷载变形曲线读出屈服荷载 P_s (指针停止转动或第 1 次回转时的最小荷载) 与最大极限荷载 P_b。

(4) 测量拉伸后的标距长度 l_1。将已拉断的试件在断裂处对齐,尽量使其轴线位于一条直线上。原则上只有断裂处与最接近的标距标记的距离大于原始标距的 1/3 情况方为有效,可用卡尺直接量取 l_1。如断裂处到邻近标距端点的距离小于或等于 l_0/3 时,可按移位法确定 l_1:在长段上自断点起,取等于短段格数得 B 点,再取等于长段所余格数 [偶数,见图 12－14(a)] 之半得 C 点,或者取所余格数 [奇数,见图 12－14(b)] 减 1 与加 1 之半得 C 与 C_1 点。则移位后的 l_1 分别为 $AB \pm 2BC$ 或 $AB + BC + BC_1$,如用直接量测所得的伸长率能达到标准值,则可不采用移位法。

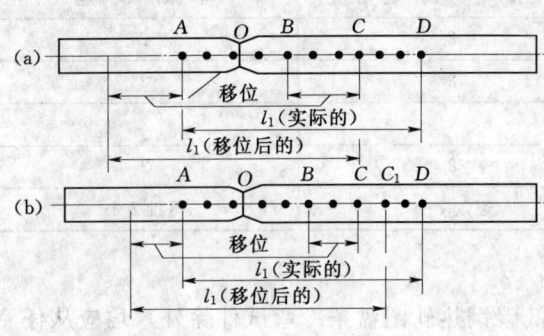

图 12－14 位移法计算标距

(四) 结果计算

(1) 屈服强度 σ_s (精确至 5MPa)

$$\sigma_s = \frac{P_s}{A} \qquad (12-31)$$

(2) 极限抗拉强度 σ_b (精确至 5MPa)

$$\sigma_b = \frac{P_b}{A} \qquad (12-32)$$

(3) 断后伸长率 (精确至 1%)

$$\delta_5(\delta_{10}) = \frac{l_1 - l_0}{l_0} \times 100 \qquad (12-33)$$

式中 δ_5、δ_{10} 分别表示 $l_0 = 5a$ 和 $l_0 = 10a$ 时的断后伸长率。如拉断处位于标距之外则断后伸长率无效,应重做试验。

测试值的修约方法:强度试验结果按照标准 GB/T 8170—2008 的十位数的 0.5 倍修约。假设强度计算结果为 333MPa,修约方法如下:333×2=666,修约到十位数为 670,最后得到修约后的强度计算结果为 670/2=335MPa。其中修约十位的进位按照四舍六入五单双规则。

(五) 试验结果判定

热轧带肋钢筋直径 28～40mm 范围断后伸长率可降低 1%,直径大于 40mm 的各牌号钢筋断后伸长率可降低 2%。

有抗震要求混凝土钢筋断后伸长率除表 12－8 外,尚应满足以下三条:

(1) 钢筋实测抗拉强度与屈服强度之比 σ_b/σ_s 不小于 1.25；

(2) 钢筋实测屈服强度与表 12-8 规定的屈服强度之比 σ_s/σ_s^0 不大于 1.3；

(3) 钢筋的最大伸长率 δ_5 不小于 9%。

表 12-8　　　　　　　　　　拉伸试验合格判断表

牌　号	σ_s (MPa)	σ_b (MPa)	δ_5 (%)
HPB235	235	370	25
HPBF300	300	420	
HRB335	335	455	17
HRBF335			
HRB400	400	540	16
HRBF400			
HRB500	500	630	15
HRBF500			

三、钢筋冷弯试验

（一）主要仪器设备

全能试验机及具有一定弯心直径的一组冷弯压头。

（二）试验步骤

(1) 试件长 $L=5a+150$ mm，a 为试件直径。

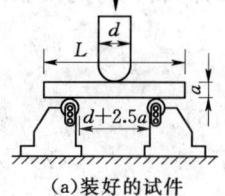 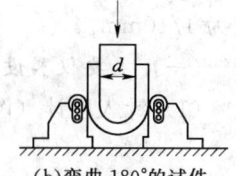

(a) 装好的试件　　　　(b) 弯曲 180°的试件

图 12-15　钢筋冷弯试验装置

(2) 按图 12-15 (a) 调整两支辊间的距离为 x 使 $x=(d+3a)±0.5a$。

(3) 按照表 12-9 选择弯心直径 d。

表 12-9　　　　　　　　　　钢筋弯芯直径表

牌　号	公称直径 a (mm)	弯芯直径 d (mm)
HPB235 HPB300	6～20	d
RB335 HRBF335	6～25	3d
	28～40	4d
	>40～50	5d
HRB400 HRBF400	6～25	4d
	28～40	5d
	>40～50	6d
HRB500 HRBF500	6～25	6d
	28～40	7d
	>40～50	8d

(4) 试件按图 12-15 装置好后，平稳地加荷，在荷载作用下，钢筋绕着冷弯压头，弯曲到 180°，见图 12-15 (b)。

(5) 取下试件检查弯曲处的外缘及侧面，如无肉眼可见裂缝即可评定冷弯试验合格。

试验八 石油沥青试验

本试验参考标准《沥青软化点测定法（环球法）》(GB 4507—1999)，《沥青延度测定法》(GB/T4508—1999) 和《沥青针入度测定法》(GB/T 4509—1998) 标准，测定石油沥青的软化点、延度及针入度等技术性质，以评定其牌号与类别。

一、取样方法

半固体或未破碎的固体沥青，同一批出厂，并且类别、牌号相同的沥青，从桶（或袋、箱）中取样，应在样品表面以下及距容器内壁至少75mm处采取。当沥青为可敲碎的块体，则用干净的工具将其打碎后取样；当沥青为半固体，则用干净的工具切割取样。取样数量为4kg。

二、针入度测定

针入度以标准针在规定的荷载、时间及温度条件下垂直穿入沥青试样的深度表示，单位为1/10mm。

（一）主要仪器设备

(1) 针入度计（图 12-16）。

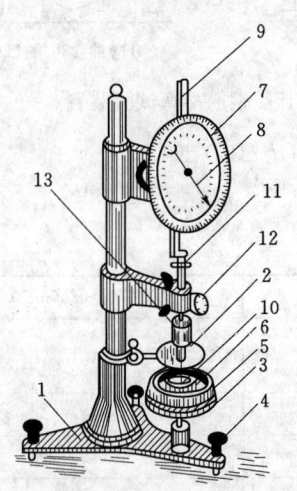

图 12-16 针入度仪器
1—底座；2—小镜；3—圆形平台；4—调平螺丝；5—保温皿；6—试样；7—刻度盘；8—指针；9—活册；10—标准针；11—连杆；12—按钮；13—砝码

(2) 标准针。由经硬化回火的不锈钢制成，洛氏硬度为54～60。针长约50mm，长针长约60mm，所有针的直径为1.00～1.02mm。针箍及其附件总质量应为2.5g±0.05g，标准针、连杆、砝码共重100g±0.05g。

(3) 恒温水浴（容量不少于10L，温度控制精确至0.1℃），试样皿，平底玻璃器皿，计时器（60s内精确至0.1s），温度计（-8～55℃，精确至0.10）。

（二）试样制备

(1) 将样品加热到能够易于流动，加热时，焦油沥青的加热温度不超过软化点的60℃，石油沥青不超过软化点的90℃。加热时间在保证样品充分流动的基础上尽可能的少。

(2) 将试样倒入器皿中，器皿中的试样深度至少是预计针入深度的120%。如果试样皿的直径小于65mm，而预期针入度大于200，每个试验条件都要准备三个样品。

(3) 将试样在15～30℃室温下，小试样皿中的样品冷却 45min～1.5h，中等试样皿中的样品冷却 1.0～1.5h，较大试样皿中的样品冷却 1.5～2.0h，然后将盛样皿放入规定温度25℃±0.1℃的恒温水浴中，小试样皿盛的样品恒温 45min～1.5h，中等试样皿盛的样品恒温 1.0~1.5h，中等试样皿盛的样品恒温 1.5~2.0h。浴中水面应高出试样表面 10mm 以上。

（三）试验步骤

(1) 调节针入度计使之水平，检查指针、连杆和轨道，确保无水和其他杂物，无明显摩擦，装好标准针、放好砝码。

(2) 如果试验时，针入度计在水浴[恒温 25℃±0.1℃]中，则直接将试样皿放在浴水的支架上，同时保证试样浸没在水中，如果针入度计不在水中，则将试样皿放在平底玻璃器皿中的三角支架上，用与水浴相同温度的水完全浸没样品。

(3) 慢慢放下针连杆，使针尖刚好与试样表面接触时固定。拉下活杆，使与针连杆顶端相接触，调节指针或刻度盘使指针归零。然后用手紧压按钮，同时启动秒表，使标准针自由下落穿入沥青试样，经 5s 后，放松按钮，使指针停止下沉。

(4) 再拉下活杆使之与标准针连杆顶端接触。这时刻度盘指针所指的读数或与初始值之差，即为试样的针入度，精确至 0.1mm。

(5) 同一试样重复测定至少 3 次，每次测定前都应检查并调节保温皿内水温，使其保持在 25℃±0.1℃；试验点之间及试验点与试样皿内壁的距离不应小于 10mm，每次试验都应采用干净的标准针；当针入度超过 200 时，用三个样品进行试验，每个试样皿扎一针，三个试样皿得到三个数据。或者同一试样扎三次，至少用三根针，每次试验完成后，标准针留在试样中，直到三根针扎完时再将针从试样中取出。这种试验方法测得的针入度最高值和最低值之差不得超过两次平均值的 4%。

（四）结果评定

三次针入度测定值的平均值，取整作为该试样的针入度。三次测定的针入度相差不应超过表 12-10。

表 12-10　　　　　　石油沥青针入度测定值的最大允许差值

针入度	0~49	50~149	150~249	250~350	351~500
最大差值（0.1mm）	2	4	6	8	20

三、延度测定

延度一般指规定尺寸的沥青试样用延度仪进行测试，在 25℃±0.5℃ 温度下，以 (5±0.25)cm/min 速度拉伸至断裂时的长度，以 cm 计。

（一）主要仪器设备

(1) 延度仪。常用的延度仪见图 12-17，其他类似产品只要相关参数满足标准要求，均可使用。

(2) "8" 字模见图 12-18，由两个端模和两个侧模组成。

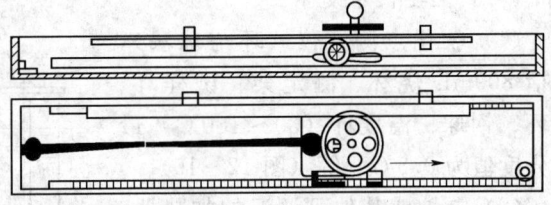

图 12-17　延度仪

(3) 水浴设备，同针入度试验。

(4) 温度计（0~50℃，分度为 0.1℃ 和 0.5℃ 各一只），隔离剂（以质量计，甘油：滑石粉=2:1），黄铜质支撑板等。

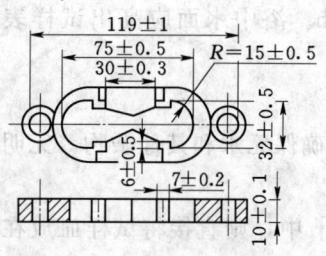

图 12-18 延度"8"字模

(二) 试样制备

(1) 将隔离剂均匀地涂于金属（或玻璃）底板和两侧模的内侧面（端模勿涂），将模具组装在底板上水平放好。

(2) 沥青加热方式同针入度试验。

将熔化的沥青充分搅拌后倒入模具中，以细流状缓慢自试模一端至另一端注入，经往返几次而注满，并略高出试模。然后在15~30℃环境中冷却30~40min，放入25℃±0.1℃的水浴中，保持30min再取出，用热刀将高出模具的沥青刮去，试样表面应平整光滑。

(3) 将支撑板、模具和试件移入25℃±0.1℃水浴中恒温85~95min。然后从板上取下试件，拆掉侧模，立即进行试验。

(三) 试验步骤

(1) 检查延度仪滑板，调节水槽水位使水面高于试件2.5cm。水温保持在25℃±0.5℃范围。

(2) 将模具两端的孔分别套在水槽内滑板及横端板的金属小柱上，以5cm/min±0.25cm/min速度拉伸至试件断裂，当试件拉断时，立即读出指针所指标尺上的读数，即为试样的延度，以cm表示。试验过程中水温保持在25℃±0.5℃。

(3) 试验时，若发现沥青细丝浮于水面或沉入槽底时，则表明试验不正常，应使用乙醇或氯化钠调整水的密度，使得沥青既不浮于水面，又不沉于槽底，然后再继续进行测定。

(4) 正常的试验应将试件拉成锥形或线形、柱形。直至在断裂时实际横断面面积接近于零或一个均匀断面。如果三次试验得不到正常结果，则报告该条件下延度无法测定。

(四) 试验结果

若三个试件测定值在平均值的5%以内，取平行测定的三个试件延度的平均值作为该试样的延度值。若3个测定值与其平均值之差有不在其平均值的5%以内，但其中两个较高值在平均值的5%以内，则弃去最低值，取2个较高值的算术平均值作为测定结果，否则重新测定。

四、软化点测定

沥青的软化点是试样在测定条件下，因受热而下坠达25mm时的温度，以℃表示。

(一) 主要仪器设备

(1) 软化点测定仪（环与球法），包括800mL烧杯、测定架、试样环、套环、钢球、温度计（30~180℃，最小分度值为0.5℃）等（图12-19）。

(2) 电炉或其他可调温的加热器，金属板或玻璃板。

(3) 蒸馏水，隔离剂（以质量计，甘油和滑石粉2∶1），刮刀，筛孔为

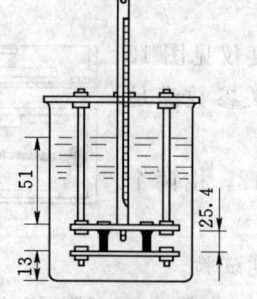

(a) 软化点测定仪装置

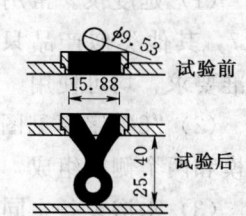

(b) 试验前后钢球位置示意图

图 12-19 软化点测定仪

0.3~0.5mm 的金属网筛。

（二）试验步骤

（1）试样制备。将黄铜环置于涂有隔离剂的金属板或玻璃板上，将已加热熔化、脱水且过滤后的沥青试样注入黄铜环内至略高出环面为止。（若估计软化点在 120℃ 以上时，应将黄铜环与金属板预热至 80~100℃）。将试样在低于预计软化点 10℃ 以上的环境中冷却 30min，用热刀刮去高出环面的沥青，使与环面齐平。从开始倒试样起，至完成试验的时间不得超过 240min。

（2）选择加热介质。新煮沸蒸馏水适于软化点为 30~80℃ 的沥青，起始加热介质温度应为 5℃±1℃。

甘油适于软化点为 80~157℃ 的沥青，起始加热介质的温度应为 30℃±1℃。

烧杯内注入新煮沸并冷却至约 5℃±1℃ 的蒸馏水或注入预热至 30℃±1℃ 的甘油（根据沥青种类确定），使液面略低于连接杆上的深度标记。

（3）将装有试样的铜环置于环架上层板的圆孔中，放上套环，把整个环架放入烧杯内，调整液面至深度标记，环架上任何部分均不得有气泡。将温度计由上层板中心孔垂直插入，使水银球与铜环下面齐平，恒温 15min。水温保持 5℃±1℃（或甘油温度保持 30℃±1℃）。

（4）将钢球放在试样上（须使环的平面在全部加热时间内完全处于水平状态）立即加热，使烧杯内水或甘油温度在 3min 后保持每分钟上升 5℃±0.5℃，否则重做。

（5）观察试样受热软化情况，当其软化下坠至与环架下层板面接触（即 25.4mm）时，记下此时的温度，即为试样的软化点（精确至 0.5℃）。

（三）试验结果

取平行测定的两个试样软化点的算术平均值作为测定结果。两个软化点测定值相差超过 1℃，则重新试验。

重复测定两次结果的差数不得大于 1.2℃，同一试样由两个实验室各自提供的试验结果之差不应超过 2.0℃。

五、试验结果评定

（1）石油沥青按针入度来划分其牌号，而每个牌号还应保证相应的延度和软化点。若后者某个指标不满足要求，应予以注明。

（2）石油沥青按其牌号，可分为道路石油沥青、建筑石油沥青、防水防潮石油沥青和普通石油沥青。由上述试验结果，按照标准规定的各技术要求的指标可确定该石油沥青的牌号与类别。

试验九 沥青混合料试验

一、试验目的

本节试验参考《公路工程沥青与沥青混合料试验规程》（JTG E52—2011），介绍标准击实法制作沥青混合料试件，水中重法测定沥青混合料的表观密度、稳定度和流值。

二、标准击实法制作沥青混合料试件

（一）试验仪器

(1) 马歇尔标准击实仪（图 12-20）：由击实锤、φ98.5mm±0.5mm 平圆形压实头和带手柄的向导棒组成。标准击实锤质量 4536g±9g。用机械将压实锤提升至 457.2mm±1.5mm 高度沿导向棒自由落下连续击实（大型击实仪具体见标准要求）。

(2) 试验室用沥青混合料搅拌机。

(3) 试模，由碳钢或工具钢制成，试模（标准击实法）的内径 101.6mm±0.2mm，圆柱形金属筒高 87mm，底座直径约 120.6mm，套筒内径 104.8mm，高 70mm。

(4) 脱模器，带温度调节的大型和中型烘箱各一台，布洛克菲尔德黏度计一台。

(5) 天平或电子秤，沥青称量用，感量不大于 0.1g；矿料称量用，感量不大于 0.5g。

(6) 量程为 0～300℃（分度值 1℃），带有长度不小于 150mm 金属杆的插入式数显温度计。

(7) 电炉，沥青熔化锅，拌和铲，标准筛，滤纸，胶布，卡尺等。

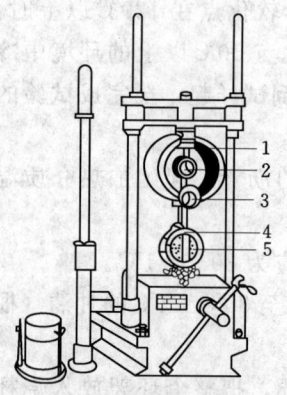

图 12-20 马歇尔稳定仪
1—应力环；2—千分表；
3—流值计；4—加荷
压头；5—试样

（二）试样数量

当集料公称最大粒径小于或等于 26.5mm 时，采用标准击实法。一组试件的数量不少于 4 个。

当集料公称最大粒径大于 26.5mm 时，宜采用大型击实法。一组试件的数量不少于 6 个。

（三）沥青混合料试样制作前准备工作

(1) 根据试验采用的沥青品种和标号，通过标准规定的方法试验确定或查表，确定适宜于沥青混合料拌和和压实的等黏温度。常温沥青混合料的拌和及压实在常温下进行。

将石料及砂和石粉分别过筛、洗净，并分别装入浅盘中，置于 105℃±5℃ 的烘箱中烘干至恒重（一般不少于 4～6h），按集料试验方法测定各种矿料的视密度及矿料颗粒组成。

(2) 将烘干分级的集料，按设计级配要求称其质量，在金属盘中混合均匀，矿粉单独放入小盆；然后置于烘箱中加热至沥青拌和温度以上约 15℃（石油沥青 163℃，改性沥青 180℃）备料。常温沥青混合料的矿料不加热。

(3) 将采取的沥青试样在烘箱中加热至规定的沥青混合料的拌和温度，但不得超过 175℃。

（四）沥青混合料拌制（黏稠石油沥青混合料）

(1) 用蘸有少许黄油的棉纱擦净试模，套筒和击实座等，置 100℃左右烘箱中加热 1h 备用。常温沥青混合料用试模不加热。

(2) 将沥青混合料拌和机提前预热至拌和温度 10℃ 左右。

(3) 按矿料在混合料中所占的配合比例,称出每一组或一个试件所需要的材料置于瓷盘中;将粗细集料置于拌和锅中。将拌和锅中的各种矿料继续加热,并拌匀、摊开,然后加入需要数量的热沥青,并迅速地拌和均匀。待沥青均匀包裹粗细集料表面后,最后加入热矿粉继续拌和,直至色泽均匀为止,并使混合料保持在温度 140~160℃(石油沥青)的范围之内。标准的总拌和时间为 3min。

(五) 击实成型

(1) 称取拌好的混合料均匀地分为三份,每份约 1200g,通过铁漏斗装入底部垫有一张滤纸的热试模中,并用热刀沿周边插捣 15 次,中间 10 次,插捣后将沥青混合料表面平整。在混合料中心附近插入温度计以检查混合料温度。

(2) 待温度符合要求后,将装好混合料的试模放在击实台上,再垫上一张滤纸,加盖预热的击实座(120~150℃),再把装有击实锤的导向杆插入击实座内,然后将击实锤从 457mm 的高度自由落下,如此击实到规定的次数(标准 50 或 75 次),石油沥青混合料的击实温度保持在 120~150℃。在击实过程中,必须使导向杆垂直于模型的底板。达到击实次数后,将模型倒置,再以同样的次数击实另一面。

(3) 卸去套模和底板,将装有试样的试模横向放置冷却至室温后(不少于 12h),置脱模器上脱出试件。

(4) 压实后试件的高度应为 63.5mm±1.3mm;如试件高度不符合要求时,可按下式调整沥青混合料的用量。

调整后混合料用量＝63.5×所用混合料实际质量÷制备试件实际高度

将试件仔细地放在平滑的台面上,供试验用。

三、测定试件的表观密度

(一) 试验仪器

(1) 浸水天平或电子天平,最大称量小于 3kg 时,感量不大于 0.1g;最大称量大于 3kg 时,感量不大于 0.5g;应由测量水中重的挂钩。

(2) 试件悬吊装置,吊篮。

(3) 秒表,电风扇或烘箱。

(二) 试验方法与步骤

(1) 试件准备,数量按照上一试验确定,干燥状态。除去试件表面的浮粒,称取干燥试件的空中质量 m_g,根据天平感量读数,精确至 0.1 或 0.5g。

(2) 挂上网篮,将试件浸入溢流水箱的水中,水的温度保持在 25℃±0.5℃。调节水位,将天平调平并置零,把试件置于网篮中(水不能晃动),待天平稳定后立即读数,称取水中质量 m_s。若天平读数持续变化,不能在数秒钟达到稳定,说明试件有吸水现象,不适用水中重法。

(3) 按以下公式计算试件的表观密度

$$\rho_m = \frac{m_g}{m_g - m_s} \rho_w \tag{12-34}$$

式中 ρ_m——试件的表观密度,g/cm³;

m_g——试件在空气中的质量,g;

m_s——试件在水中的质量，g；

ρ_w——25℃使水的密度，0.9971g/cm³。

四、马歇尔稳定度与流值的测定

（一）试验仪器

(1) 自动马歇尔试验仪。

(2) 恒温水槽，控温精确至1℃，深度不小于150mm。

(3) 烘箱，天平（感量0.1g），温度计（分度值1℃），卡尺，棉纱，黄油等。

（二）试验方法与步骤

(1) 试件准备，数量按照上一试验确定，干燥状态。

(2) 将测定密度后的试件置于60℃±1℃（石油沥青）的恒温水浴中保持30～40min，试件间应有间隔，试件离底版不小于5cm，并低于水面。

(3) 将马歇尔稳定度仪上下压头取下，放入的水浴中得到同样的温度。

(4) 马歇尔稳定度仪自水中取出后，上下压头内面拭净，必要时在导杆上涂以少许黄油，使上压头能自由滑动。从水浴中取出试样放在下压头上，再盖上上压头，然后挪到加荷设备上。

(5) 将位移传感器插入上压头边缘插孔中并与下压头上表面接触。

(6) 在上压头的球座上放妥钢球，并对准应力环下的压头，然后调整应力环中的百分表对准零。

(7) 开启马歇尔稳定度仪，使试件承受荷载，加荷速度为50mm/min±5mm/min，当达到最大荷载时，即荷载开始减小的瞬间，读取马歇尔稳定度值和流值。最大荷载值即为该试件的马歇尔稳定度值 MS（kN），最大荷载值所对应的变形即为流值 FL（mm），精确至0.1mm。

(8) 恒温水槽中取出试件到测出最大荷载值的时间，不应超过30s。

（三）试验数据处理与计算

$$T=\frac{MS}{FL} \tag{12-35}$$

式中　T——试件的马歇尔模数，kN/mm；

　　　MS——试件的稳定度，kN；

　　　FL——试件的流值，mm。

当一组试件测定值中某个测定值与平均值之差大于标准差的 k 倍时，该测定值应予以舍弃，并以其余测定值的平均值作为试验结果。当试件数目 n 为3、4、5、6个时，k 值分别为1.15、1.46、1.67、1.82。

参 考 文 献

[1] 符芳. 土木工程材料 [M]. 南京：东南大学出版社，2006.
[2] 钱晓倩. 建筑工程材料 [M]. 杭州：浙江大学出版社，2009.
[3] 赵庆新. 土木工程材料 [M]. 北京：中国电力出版社，2010.
[4] 邢振贤. 土木工程材料 [M]. 北京：中国建材工业出版社，2011.
[5] 焦宝祥. 土木工程材料 [M]. 北京：高等教育出版社，2009.
[6] 吴科如，张雄. 土木工程材料 [M]. 上海：同济大学出版社，2008.
[7] 邓德华. 土木工程材料 [M]. 北京：中国铁道出版社，2010.
[8] 阎培渝. 土木工程材料 [M]. 北京：人民交通出版社，2009.
[9] 湖南大学. 土木工程材料 [M]. 北京：中国建材工业出版社，2002.
[10] 王春阳，裴锐. 建筑材料 [M]. 北京：北京大学出版社，2009.
[11] 柯国军. 土木工程材料 [M]. 北京：北京大学出版社，2006.
[12] 苏达根. 土木工程材料 [M]. 北京：高等教育出版社，2005.
[13] 柳俊哲. 土木工程材料 [M]. 北京：科学出版社，2006.
[14] 周士琼. 土木工程材料 [M]. 北京：中国铁道出版社，2004.
[15] 何平笙. 新编高聚物的结构与性能 [M]. 北京：科学出版社，2009.
[16] 翁晓红，姚劲，张帆，等. 建筑装饰工程材料 [M]. 上海：同济大学出版社，2000.
[17] 黄晓明，潘钢华，赵永利，等. 土木工程材料 [M]. 南京：东南大学出版社，2001.
[18] 王立久. 土木工程材料 [M]. 北京：中国水利水电出版社，2008.
[19] 宋少民，孔凌. 土木工程材料 [M]. 武汉：武汉理工大学出版社，2001.
[20] 张俊才，董梦臣，高均昭，等. 土木工程材料 [M]. 徐州：中国矿业大学出版社，2009.
[21] 霍曼琳. 建筑材料学 [M]. 重庆：重庆大学出版社，2009.
[22] 杨医博. 土木工程材料 [M]. 广州：华南理工大学出版社，2007.